普通高等教育“十三五”规划教材

Matlab/Simulink
动力学系统建模与仿真

王　砚　黎明安　郭旭侠　解　敏　吴　昊　马　凯　**编著**

机 械 工 业 出 版 社

本书主要介绍了动力学系统中微分方程模型、传递函数模型和状态空间模型等建立的基础理论，并引入了Simulink仿真技术，为解决复杂动力学问题（特别是不易得到解析解的动力学问题）提供了有效方法。书中给出了大量的例题（用来说明各类动力学仿真模型的建立方法）以及差分模型、相似模型、时域和频域等仿真模型，最后将动力学控制基础知识作为后续研究的扩展内容做了介绍。

本书是一本多学科内容相互交叉的教材，涉及了力学、电学和动力学控制等学科的交叉知识。

本书适合具有一定数学和力学基础的理工科专业的本科高年级学生使用，可以作为机械工程、土木工程、车辆工程、仪器仪表和印刷机械等本科高年级学生和相关专业的研究生在学习有关动力学系统建模与仿真内容时的参考书，也可供相关工程技术人员学习参考。

与本书配套的后续教材《动力学控制基础与应用》和《动力学系统建模控制典型实例分析》也即将出版，敬请关注。

图书在版编目（CIP）数据

Matlab/Simulink动力学系统建模与仿真/王砚等编著．—北京：机械工业出版社，2018.12（2025.1重印）
普通高等教育“十三五”规划教材
ISBN 978-7-111-61461-6

Ⅰ．①M…　Ⅱ．①王…　Ⅲ．①计算机辅助计算-应用-动力系统-系统建模②计算机辅助计算-应用-动力系统-系统仿真　Ⅳ．①TP391.75②O19

中国版本图书馆CIP数据核字（2018）第267398号

机械工业出版社（北京市百万庄大街22号　邮政编码100037）
策划编辑：李永联　责任编辑：李永联　张　超
责任校对：刘志文　封面设计：马精明
责任印制：张　博
北京雁林吉兆印刷有限公司印刷
2025年1月第1版第6次印刷
184mm×260mm・18.5印张・454千字
标准书号：ISBN 978-7-111-61461-6
定价：48.50元

凡购本书，如有缺页、倒页、脱页，由本社发行部调换

电话服务
服务咨询热线：010-88379833
读者购书热线：010-88379649

网络服务
机 工 官 网：www.cmpbook.com
机 工 官 博：weibo.com/cmp1952
教育服务网：www.cmpedu.com
金 书 网：www.golden-book.com

前言

本书是在“工程力学”本科专业开设的“动态系统建模与计算机仿真”课程基础上编写而成的。本书一开始就采用了模型框图，使学生在学习过程中掌握和使用仿真框图的表示方法，为今后建立仿真模型奠定基础。本书结合了Simulink仿真平台的基础知识，学生可以在各章例题中学会Matlab基本的编程和Simulink基本模块的应用。Simulink的基础知识被分散到了各个章节中由浅入深地讲授，使学习者容易掌握。

全书共10章，第1章到第3章介绍了建模与仿真的数学、力学基础知识，以及用框图表示系统模型的方法，主要以微分方程模型为主线，介绍了简单仿真模型的建立；第4章介绍了系统的传递函数模型以及传递函数仿真模型的建立；第5章介绍了状态空间模型；第6章介绍了基于采样的连续系统离散化方法；第7章介绍了机电模拟系统；第8章介绍了动力学系统的时域瞬态响应分析方法；第9章介绍了频域分析方法；第10章介绍了动力学系统控制基础。全书贯穿了Matlab/Simulink仿真技术。

本书中的仿真实例均在Matlab（R2007a）下调试通过，建议读者在该版本环境下搭建和调试仿真模型。

本书绪论、第1~5章由王砚和郭旭侠编著，第6~10章由黎明安、吴昊、马凯和解敏编著。

本书由西安理工大学王忠民教授、师俊平教授审阅，两位教授提出了宝贵的修改意见，研究生雷霜、崔凯和朱晓雄等对初稿进行了认真的校对，在此表示衷心感谢。

西北工业大学支希哲教授、朱西平教授，西安空军工程大学冯立富教授，陕西理工大学张宝中教授，西安科技大学郭志勇教授，西安工业大学顾致平教授，西安理工大学徐开亮博士等在编写过程中给予了大力帮助，在此表示衷心的感谢。

由于编者水平有限，本书还有很多需要改进的地方，敬请使用者提出宝贵意见。

编著者

目　录

绪　论

0.1 概述

动力学问题广泛存在于众多科学技术领域，如火箭、导弹、飞机等在升空和飞行过程中遇到不稳定气流时会引起轨道的偏离，机械在加工过程中遇到干扰时车辆在高低不平道路上的行使过程，家用电器在运转过程中和建筑结构在地震与风载干扰中所引起的动态效应等。为了深入揭示系统在各种外力干扰下的响应，必须建立系统的力学模型，这些模型大多是二阶微分方程（方程组），包括时变微分方程和定常微分方程，或者是高阶线性或非线性微分方程。随之而来的问题就是求解这些微分方程，但是，只有极少数动力学方程能够得到解析解，与工程实际相联系的绝大多数动力学微分方程得不到解析解，或者解析解非常繁琐，如遇到有状态切换的分段参数的微分方程，理论上可以分段求解，然而这个求解过程非常复杂。长期以来，力学工作者已提出了多种力学模型的建立方法，形成了一套力学建模的基础理论。力学工作者针对这些动力学系统，应用理论知识进行了理论分析，尽管对一些复杂的动力学方程的求解可以使用各种数值分析的方法，并借助于计算机得到数值解，但是这些数值求解需要编写庞大的计算程序，反复的计算和程序设计使得力学工作者在分析方程解的过程中遇到了瓶颈。

20 世纪集成电路技术和计算机技术快速发展，出现了大量的仿真系统，给分析复杂的动力学问题提供了新的途径，用计算机对实际系统的仿真日益被人们接受，当今科学技术的迅猛发展使得各个领域中的系统设计与分析变得日益复杂起来，工程中的力学问题也越来越复杂，如何建立动力学系统模型对动力学系统进行仿真与分析，对于复杂的动力学问题的分析和建立仿真系统具有极其重要的意义。

0.2 仿真技术的三大组成部分

对一个工程技术系统进行模拟仿真，包括建立系统数学模型、实验求解和结果分析三个主要步骤。

1. 建立系统数学模型

在建立数学模型时，首先要对仿真的问题进行定量描述。模型是对真实世界的模仿，真实世界是五彩缤纷的，因此模型也是千姿百态的。

根据模型中是否包含随机因素，可将模型分为随机型模型和确定型模型；根据模型是否具有时变性，可将模型分为定常模型和时变模型；根据模型参数是否在空间连续变化，可将模型分为分布参数模型和集中参数模型；根据模型参数是否随时间连续变化，可将模型分为连续系统模型和离散系统模型；根据模型的数学描述形式，又可将模型分为常微分方程、偏微分方程、差分方程和离散模型等。

建模的过程是一个信息处理的过程，换而言之，信息是构造模型的“原材料”，根据建模所用“原材料”类型的不同，可将建模方法归为两类：

（1）分析法　它是对系统各部分的运转机理进行分析，根据它们所依据的物理规律或化学规律分别建立相应的运动方程。例如，电学中有基尔霍夫定律，力学中有牛顿定律、拉格朗日方程、哈密顿原理，热力学中有热力学定律等。在分析法中，演绎法起着重要作用，其过程是从某些前提、假设、原理和规则出发，通过数学逻辑推导建立模型。因此，这是一个从一般到特殊的过程，即根据普遍的技术原理推导出被仿真对象的特殊描述。

（2）实验法　它是人为地给系统施加某种测试信号，记录其输出响应，并用适当的数学模型去逼近，这种方法称为系统辨识。近几年来，系统辨识和参数识别已发展成一门独立的学科分支，本书的研究重点是如何用分析法建立系统数学模型的方法。这种建模的重要手段是归纳法建模，即利用对真实系统的试验数据信息建模，其过程是通过对真实系统的测试获得数据，这些数据中包含着能反映真实系统本质的信息，然后通过数据处理的方法，从中得出对真实系统规律性的描述。

但是在实际应用中，常常是通过上述两类方法的结合完成模型的建立，即混合法建模。不管用哪种方法建模，其关键都在于对真实系统的了解程度。如果对真实系统没有充分和正确的了解，那么所建的模型将不能准确地模仿出真实系统的本质。

无论怎样，模型都是对真实系统的模仿，那么就有一个模仿得像不像的问题，这就是模型的可信度、相似度、精度等问题。

模型的可信度既取决于建模所用的信息，即“原材料”（经验知识、实验数据）是否正确完备，还取决于所用建模方法（演绎、归纳）是否合理、严密。此外，对于许多仿真软件来说，还要将数学模型转化为仿真算法所能处理的仿真模型。因此，这里还有一个模型转换的精度问题。建模中任何一个环节的失误，都会影响模型的可信度。因此，在模型建立好以后，对模型进行可信度检验是不可缺少的重要步骤。检验模型可信度的方法通常是：首先由熟悉被仿真的系统的专家对模型做分析评估，然后对建模所用数据进行统计分析，最后对模型进行试运行，将初步仿真结果与估计结果相比较。

2. 仿真计算

仿真计算是对所建立的仿真模型进行数值实验和求解的过程，不同的模型有不同的求解方法。例如，对于连续系统，通常用常微分方程、状态空间和传递函数；对于分布参数的动力学系统，往往要用偏微分方程对其进行描述。对于工程实际的大多数复杂问题来说，由于要得到这些方程的解析解几乎是不可能的，所以一般采用数值解法，如对于常微分方程主要采用各种数值积分法，对于偏微分方程则采用有限差分法或有限元方法等。

3. 仿真结果的分析

要想通过模拟仿真得出正确、有效地结论，必须对仿真结果进行科学的分析。早期的仿真软件都是以大量数据的形式输出仿真的结果，因此有必要对仿真结果数据进行整理，进行各种统计分析，以得到科学的结论。现代仿真软件广泛采用了可视化技术，通过图形、图表甚至动画，生动、逼真地显示出被仿真对象的各种状态，使模拟仿真的输出信息更加丰富、详尽，更加有利于对仿真结果进行科学分析。

0.3 Simulink 仿真系统简介

Math Works 公司推出的基于 Matlab 平台中的 Simulink 是动力学系统仿真领域中最为著名的仿真集成环境之一，它在各个领域均得到了广泛的应用。Simulink 能够帮助用户迅速构建自己的动力学系统仿真模型，并在此基础上进行仿真分析，通过仿真结果修正系统设计，从而快速完成系统的设计。Simulink 集成环境的运行受到 Matlab 的支持，因此 Simulink 能够直接使用 Matlab 强大的科学计算功能。毫无疑问，Simulink 具有出色的能力，因此它在系统仿真领域中有着重要的地位。

近几年来，在学术界和工程领域中，Simulink 已经成为动力学系统建模和仿真领域中应用最为广泛的软件之一。Simulink 可以很方便地创建和维护一个完整的模块，评估不同的算法和结构，并验证系统的性能。由于 Simulink 是采用模块组合方式建模，所以用户能够快速、准确地创建动力学系统的计算机仿真模型，特别是对于复杂的时变系统和不确定非线性系统，建模更为方便。

Simulink 可以用来模拟线性和非线性、连续和离散或者两者的混合系统，可以用来模拟几乎所有可能遇到的动力学系统。另外，Simulink 还提供一套图形动画的处理方法，尤其适用于复杂、多层次、高度非线性的系统仿真，提高了仿真的集成化和可视化程度，使用户可以方便地观察到仿真的整个过程。

第1章 系统建模与仿真基础

本章主要介绍仿真框图结构基础知识与系统建模数学基础，包括拉普拉斯变换及其性质、Z 变换、矩阵的特征值问题和相似变换等。

1.1 系统仿真模型框图表示法

如果对于一个已知的动力学系统数学模型，要建立它的仿真模型，则要熟悉一些仿真框图的基本组成，进一步得到对应的仿真结构图（简称仿真图），仿真图是从另一个方面表示的动力学系统。下面先介绍构成 Simulink 仿真图的几个基本元件，如表 1-1 所示。

表 1-1　仿真基本元件

1	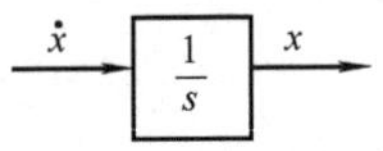 $\dot{x}$ → $\frac{1}{s}$ → x 积分器（Integrator）	4	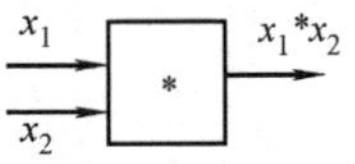 x_1, x_2 → * → x_1*x_2 乘法器（Dotproduct）
2	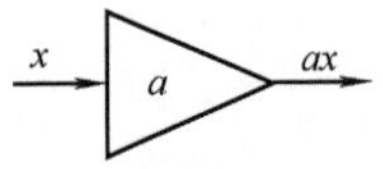 x → a → ax 系数器（Gain）	5	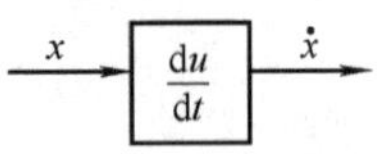 x → $\frac{du}{dt}$ → $\dot{x}$ 导数器（Derivative）
3	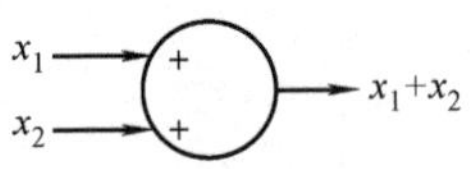 x_1, x_2 → + + → x_1+x_2 求和器（Sum）	6	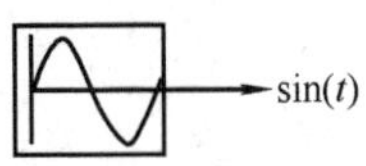 → sin(t) 信号源（Sine Wave）

1.1.1　仿真基本元件

（1）积分器（Integrator）　它有一个输入端口和一个输出端口，其功能是对一个变量进行积分，输出端口的信号是输入端口信号的积分。

（2）系数器（Gain） 它有一个输入端口和一个输出端口，输出端口的信号是输入端口信号的倍数。系数器也称增益器（放大器），增益倍数由系数确定。

（3）求和器（加法器）（Sum） 其输入端有两个或多个输入端口，一个输出端口，输出端口的信号是各个输入端口信号的代数和。

（4）乘法（除法）器（状态量相乘或相除）（Dotproduct） 它至少有两个输入端口和一个输出端口，输出端口的信息是两个输入端口的信息之积。可以推广到多个变量的相乘或相除。

（5）导数器（Derivative） 它有一个输入端口和一个输出端口，输出端口的信号是输入端口信号的一阶导数。

（6）信号源（Sine Wave） 它产生动态信号提供给仿真系统的输入，相当于一个信号发生器。

以上只是简单地介绍了构成框图的最基本的几个元件，其他仿真元件的使用在后续的章节中陆续介绍。Simulink 工具中提供了丰富的、功能强大的各种模型，常用 Simulink 仿真系统模块库见附录 A。

1.1.2 简单仿真框图结构

动力学系统除了使用数学方程表示外，还可以使用仿真框图来表示，简称框图。一个框图可以表示具有某个功能的一个系统，也可以是一个复杂的子系统，但是一个数学模型有不同形式的框图。框图内部是由各种功能的仿真元件构成的。利用框图表示一个动态模型非常直观，输入和输出层次分明。值得注意的是，同一个数学模型可以有不同形式的仿真框图。仿真模型是对数学模型的另一种表示形式。

例 1-1 设信号 u 等于一正弦信号的一阶微分的 2.5 倍。这个问题的数学方程为 $u=2.5\frac{\mathrm{d}}{\mathrm{d}t}(\sin t)$，如果使用模拟仿真，可以采用一个正弦信号发生器，该信号通过一个导数器，再用一个示波器将信号显示出来，这样就构成了对应于数学模型的仿真框图，如图 1-1 所示。

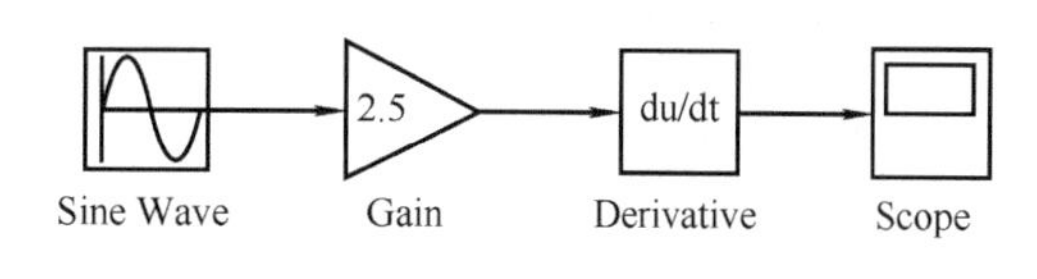

图 1-1 简单仿真框图

例 1-2 画出微分方程 $\dot{x}=u-2x$ 的模拟仿真框图，其中 $u=\sin t$。

解 该系统是一个一阶微分方程，需要有一个加法器和一个积分器，另外还有一个系数器，其加法器的输出来自输入信号 u 与 x 的差，构成的仿真框图如图 1-2 所示。

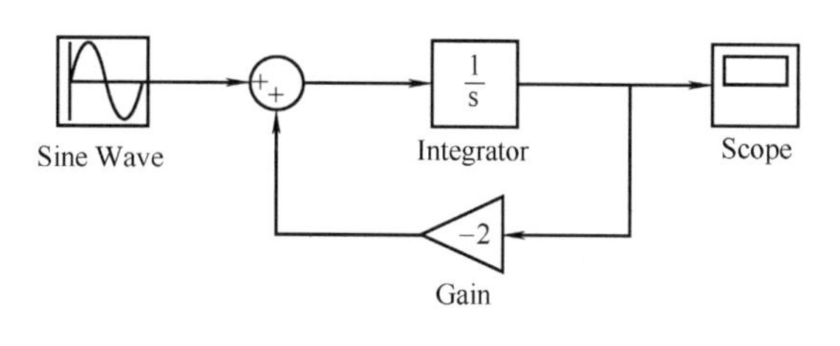

图 1-2 仿真框图

例 1-3 画出单位质量单自由度有阻尼的弹簧系统（见图 1-3）在正弦激励下的仿真框图。

解 可以容易得到系统的数学模型为

$$m\ddot{x}+c\dot{x}+kx=f(t),f(t)=\sin t$$

为了得到仿真框图，将数学模型改写为

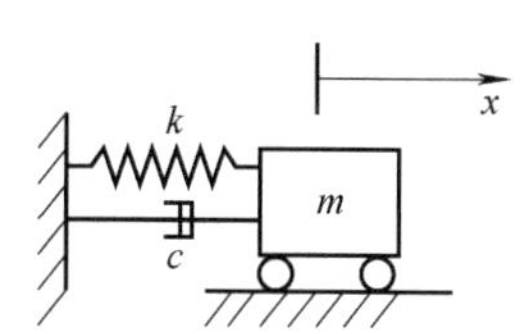

图 1-3 单自由度有阻尼的弹簧

$$\ddot{x} = \frac{1}{m}[f(t) - c\dot{x} - kx]$$

在设计仿真框图时，要分清系统的输入和输出。在该模型中，可以看到系统的输出是 x，系统的输入是 $f(t)$，要得到位移的变化规律，需要两个积分器积分两次，第一个积分器的输入端口的信息来源于加法器输出端口的信号的 $1/m$ 倍数。加法器有三个输入端口，分别来自一个正弦波信号发生器、速度 $\dot{x}$ 的 c 倍和位移 x 的 k 倍的负值，如果要得到输出位移 x 随时间的变化规律，需用一个示波器（Scope）显示。

设系统的参数为 $m=1$，$c=4$，$k=40$，根据给出的微分方程数学模型

$$\ddot{x} = \frac{1}{m}[f(t) - c\dot{x} - kx]$$

可以建立仿真框图，如图 1-4（模型 1）所示。

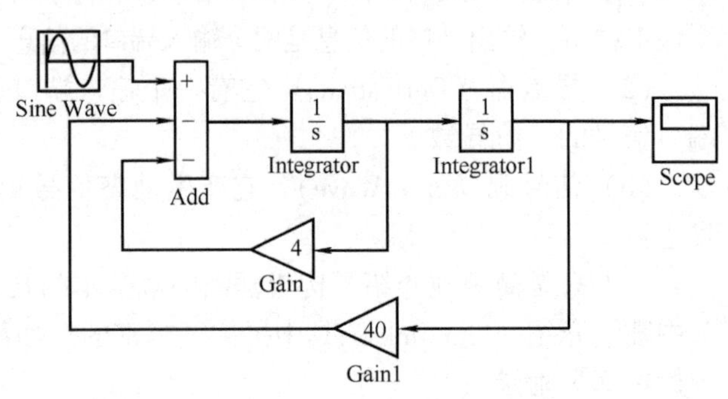

图 1-4　仿真框图 1

根据微分方程的不同形式，还可以得到其他形式的仿真框图。可以通过位移信号的导数，再通过放大器得到阻尼项，建立仿真模型 2，如图 1-5 所示。

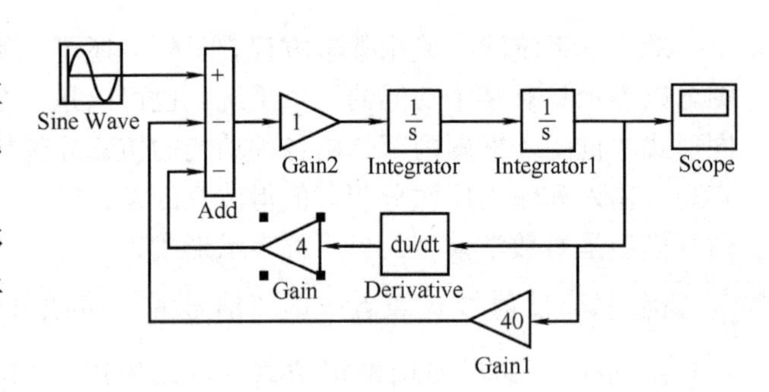

图 1-5　仿真框图 2

也可以将阻尼力和弹性力通过位移的一次导数和两次导数得到，这里，将原数学模型表示为

$$x = \frac{1}{k}[f(t) - c\dot{x} - m\ddot{x}]$$

得到的仿真模型 3 如图 1-6 所示。

在实际使用中，一般要避免仿真图中单独出现微分环节以及过多的中间重复环节（详见第四章 4.2.3 节），在图 1-5 中出现了单独的微分环节，图 1-6 中不但出现了单独的微分环节，还出现了重复的导数环节，因此，图 1-4 是有效的仿真图。在某些特殊情况下，图 1-5 和图 1-6 有可能得不到正确的仿真结果。

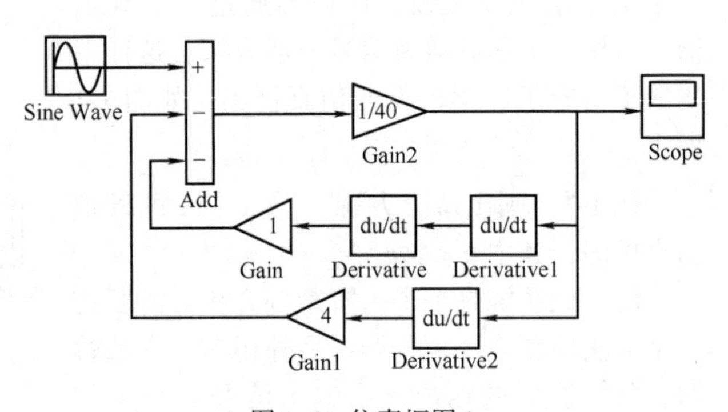

图 1-6　仿真框图 3

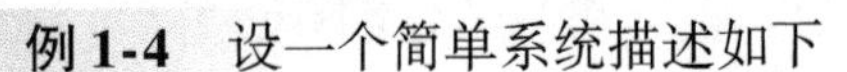

例 1-4　设一个简单系统描述如下

$$y(t) = \begin{cases} 2u(t) & t > 25 \\ 10u(t) & t \leqslant 25 \end{cases}$$

系统的输入是一正弦波形 $\sin t$，试画出仿真示意框图，如图 1-7 所示。

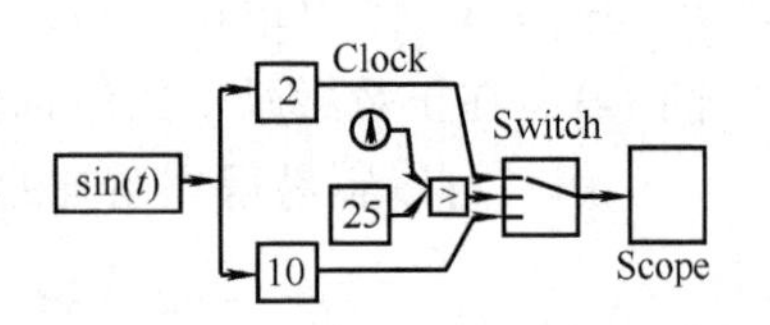

图 1-7　仿真示意图

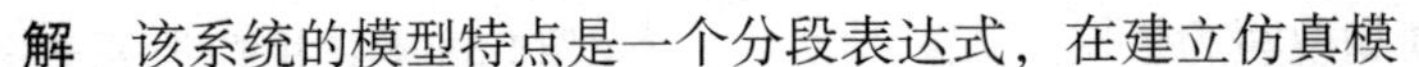

解　该系统的模型特点是一个分段表达式，在建立仿真模

型时，通常采用开关元件（Switch）和关系操作符元件（Relational Operator）表达这种关系，如图 1-8 所示。

开关元件特性：通过设置开关的临界值和开关的控制信号来控制输出信号。如果控制信号（开关元件的中间输入端口）大于等于临界值，则开关的输出端口信号与顶端的输入端口连接；如果控制信号小于临界值，则开关的输出端口信号与底部的输入端口连接。利用开关元件建立分段函数的仿真图如图 1-8 所示。

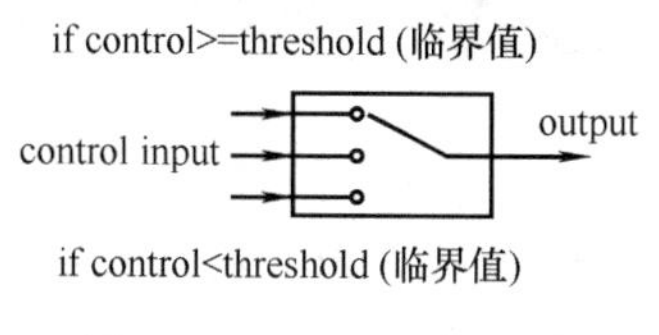

图 1-8 Switch 元件原理

例 1-5 蹦极跳动力学仿真。蹦极者质量为 58kg，设桥梁与水面之间的距离为 80m，弹性绳长为 30m，刚度系数为 k，一端系在桥梁上，另一端系于蹦极者。从桥梁位置开始无初速度落下，坐标原点 O 取在绳长位置，如图 1-9 所示。

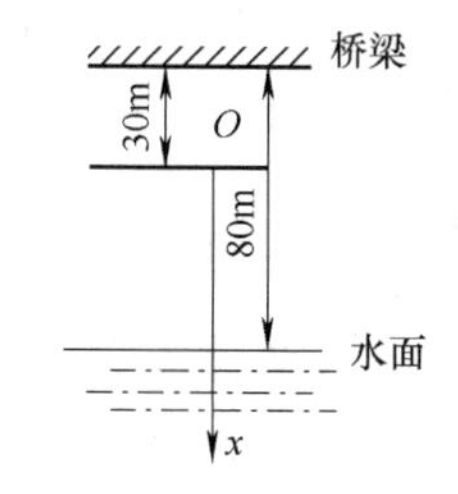

图 1-9 蹦极跳模型示意图

解 以蹦极者为研究对象，可以得到动力学微分方程为

$$m\ddot{x} = mg + b(x) - a_1\dot{x} - a_2|\dot{x}|\dot{x}$$

式中

$$b(x) = \begin{cases} -kx & x>0 \\ 0 & x\leqslant 0 \end{cases}$$

设：$m=58\text{kg}$，$k=20\text{N/m}$，$g=10\text{m/s}^2$，空气阻尼为非线性阻尼模型；$a_1=a_2=1$，其初始条件为 $x(0)=-30$，$\dot{x}(0)=0$。

在蹦极过程中，蹦极者不能越过水面位置，因此，在给定的条件下，蹦极者的质量必须有一定的限制，这就必须要事先知道其运动规律。然而这是一个复杂的力学模型，由于非线性阻尼项的存在，难以得到系统的解析解，但容易建立系统的仿真解。在图 1-10 仿真图中使用了开关元件来处理分段函数模型。

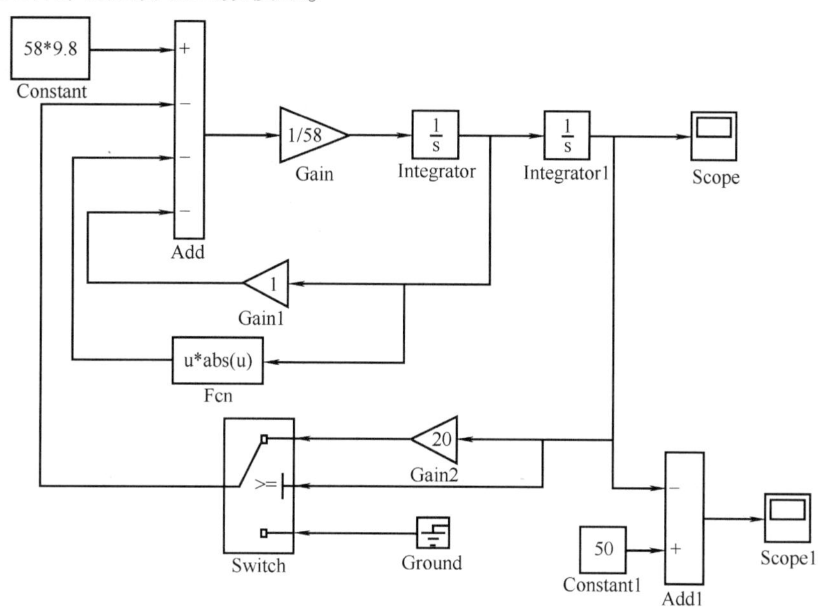

图 1-10 蹦极跳仿真图

请读者思考：如果将坐标原点取在静平衡位置，那么如何给出数学模型和初始条件？

1.2 拉普拉斯变换

拉普拉斯变换是动力学系统仿真中的一个重要数学工具，它是一种可以方便地求解线性定常微分方程的有效方法。它的主要优点是将时间函数的微分等价于一个复变量 s 与变换函数的乘积，这样一个以时间为变量的微分方程就变成了以 s 为变量的代数方程，这样，微分方程的解可以用拉普拉斯变换表或分项分式展开方法求得。拉普拉斯变换方法的另一个优点是，在求解微分方程时自动考虑初始条件，能同时得到特解和补解。借助于拉普拉斯变换，还可以得到动态系统的传递函数和频率响应函数（详见第四章、第九章）。

1.2.1 拉普拉斯变换的定义及其性质

1. 拉普拉斯变换的定义

设 $f(t)$ 是时间函数，对于 $t<0$，有 $f(t)=0$，$s=a+b\mathrm{j}$ 为一复变量，于是，拉普拉斯变换为

$$L[f(t)] = \int_0^\infty \mathrm{e}^{-st} f(t)\,\mathrm{d}t = F(s) \tag{1-1}$$

由拉普拉斯变换求时间函数 $f(t)$ 的反过程称为拉普拉斯逆变换。拉普拉斯逆变换记为

$$\frac{1}{2\pi\mathrm{j}}\int_{a-\mathrm{j}\infty}^{a+\mathrm{j}\infty} f(s)\,\mathrm{e}^{st}\,\mathrm{d}s = L^{-1}[F(s)] = f(t) \tag{1-2}$$

2. 拉普拉斯变换的性质

性质 1　线性定理

如果函数 $f_1(t)$ 和 $f_2(t)$ 都存在拉普拉斯变换，那么 $f_1(t)+f_2(t)$ 的拉普拉斯变换为 $L[f(t)]=L[f_1(t)]+L[f_2(t)]$，即函数和的拉普拉斯变换等于各单个函数拉普拉斯变换的和。

性质 2　微分定理

$$L[f(t)] = \int_0^\infty f(t)\mathrm{e}^{-st}\mathrm{d}t = \frac{-1}{s}f(t)\mathrm{e}^{-st}\Big|_0^\infty - \int_0^\infty \frac{\mathrm{d}f(t)}{\mathrm{d}t}\frac{\mathrm{e}^{-st}}{-s}\mathrm{d}t = \frac{f(0)}{s} + \frac{1}{s}L\left[\frac{\mathrm{d}f(t)}{\mathrm{d}t}\right]$$

则有

$$L\left[\frac{\mathrm{d}f(t)}{\mathrm{d}t}\right] = sF(s) - f(0) \tag{1-3}$$

如果将式（1-3）中的 $f(t)\to\dot{f}(t)$，可以得到二阶导数拉普拉斯变换

$$L[\dot{f}(t)] = \int_0^\infty \dot{f}(t)\mathrm{e}^{-st}\mathrm{d}t = \frac{-1}{s}\dot{f}(t)\mathrm{e}^{-st}\Big|_0^\infty - \int_0^\infty \frac{\mathrm{d}^2f(t)}{\mathrm{d}t^2}\cdot\frac{\mathrm{e}^{-st}}{-s}\mathrm{d}t = \frac{\dot{f}(0)}{s} + \frac{1}{s}L\left[\frac{\mathrm{d}^2f(t)}{\mathrm{d}t^2}\right]$$

即

$$L\left[\frac{\mathrm{d}^2f(t)}{\mathrm{d}t^2}\right] = sL\left[\frac{\mathrm{d}f(t)}{\mathrm{d}t}\right] - \dot{f}(0) = s^2F(s) - sf(0) - \dot{f}(0) \tag{1-4}$$

同理可以得到高阶拉普拉斯变换。

性质 3　积分定理

应用分部积分，可以得到积分定理如下：

$$
\begin{aligned}
L\left[\int f(t)\,\mathrm{d}t\right] &= \int_0^{\infty}\left[\int f(t)\,\mathrm{e}^{-st}\mathrm{d}t\right]\mathrm{d}t \\
&= \left[\frac{-1}{s}\int f(t)\,\mathrm{d}t\right]\mathrm{e}^{-st}\Big|_0^{\infty} - \int_0^{\infty} f(t)\,\frac{\mathrm{e}^{-st}}{-s}\mathrm{d}t \\
&= \frac{1}{s}\int f(t)\,\mathrm{d}t\Big|_{t=0} + \frac{1}{s}\int_0^{\infty} f(t)\,\mathrm{e}^{-st}\mathrm{d}t \\
&= \frac{f^{-1}(0)}{s} + \frac{F(s)}{s}
\end{aligned} \tag{1-5}
$$

式中，$f^{-1}(0)$为积分$\int f(t)\,\mathrm{d}t$在$t=0$时的值。

同理可以得到多重积分的拉普拉斯变换。

性质4　终值定理

终值定理是讨论$f(t)$稳定性的，在分析动力学系统稳定性方面有很大用处，定理形式为

$$
\lim_{t\to\infty} f(t) = \lim_{s\to 0} sF(s) \tag{1-6}
$$

可以根据微分定理证明

$$
\lim_{s\to 0} L\left[\frac{\mathrm{d}f(t)}{\mathrm{d}t}\right] = \lim_{s\to 0}\left[\int \frac{\mathrm{d}f(t)}{\mathrm{d}t}\right]\mathrm{e}^{-st}\mathrm{d}t = \lim_{s\to 0} sF(s) - f(0)
$$

因为$\lim\limits_{s\to 0}\mathrm{e}^{-st}=1$，则有

$$
\lim_{s\to 0}\left[\int_{t=0}^{\infty}\frac{\mathrm{d}f(t)}{\mathrm{d}t}\right]\mathrm{e}^{-st}\mathrm{d}t = \int_{t=0}^{\infty}\left[\frac{\mathrm{d}f(t)}{\mathrm{d}t}\right]\mathrm{d}t = f(\infty) - f(0) = \lim_{s\to 0} sF(s) - f(0)
$$

由此可得

$$
f(\infty) = \lim_{t\to\infty} f(t) = \lim_{s\to 0} sF(s) \tag{1-7}
$$

性质5　初值定理

初值定理与终值定理是对应的，利用初值定理能够直接由$f(t)$的拉普拉斯变换求出在$t=0^+$时的$f(t)$的值，这个定理可以陈述如下：

如果$f(t)$和$\mathrm{d}f(t)/\mathrm{d}t$都是满足拉普拉斯变换的，并且$\lim\limits_{s\to\infty} sF(s)$存在，则有

$$
f(0^+) = \lim_{s\to\infty} sF(s) \tag{1-8}
$$

证明　根据$L\left[\frac{\mathrm{d}f(t)}{\mathrm{d}t}\right]=sF(s)-f(0^+)$，这里对于时间$0^+\leqslant t\leqslant\infty$，当$s\to\infty$时，$\mathrm{e}^{-st}\to 0$，因此

$$
\lim_{s\to\infty}\int_{0^+}^{\infty}\left[\frac{\mathrm{d}f(t)}{\mathrm{d}t}\right]\mathrm{e}^{st}\mathrm{d}t = \lim_{s\to\infty}\left[sF(s) - f(0^+)\right] = 0
$$

得

$$
f(0^+) = \lim_{s\to\infty} sF(s)
$$

性质6　函数平移定理

对于某函数$f(t)$，如果将其平行的移动到a，可以将其写成如下形式$f(t-a)\cdot 1(t-a)$，根据定义，有

$$
L[f(t-a)\cdot 1(t-a)] = \int_0^{\infty} f(t-a)\cdot 1(t-a)\,\mathrm{e}^{-st}\mathrm{d}t = \int_{-\alpha}^{\infty} f(\tau)\cdot 1(\tau)\,\mathrm{e}^{-s(t-\tau)}\mathrm{d}\tau
$$

上式中利用了变量变换$\tau=t-a$，注意：当$\tau<0$时，有$f(\tau)\cdot 1(\tau)=0$，则上式的积分

下限可以写为0，因此，有

$$L[f(t-a)\cdot 1(t-a)] = \int_0^{\infty} f(\tau)\cdot 1(\tau)\mathrm{e}^{-s(t-\tau)}\mathrm{d}\tau = \mathrm{e}^{-as}F(s) \tag{1-9}$$

性质7　卷积定理

两函数的时域卷积的拉普拉斯变换等于该两函数的拉普拉斯变换的乘积，即

$$L[f_1(t)*f_2(t)] = f_1(s)f_2(s)$$

而拉普拉斯域中两个函数的卷积的拉普拉斯逆变换等于对应两时域函数的乘积，即

$$L^{-1}[f_1(s)*f_2(s)] = f_1(t)f_2(t)$$

证明

$$L[f_1(t)*f_2(t)] = L\left[\int_0^t f_1(t-\tau)f_2(\tau)\mathrm{d}\tau\right] = \int_0^{\infty}\left[\int_0^t f_1(t-\tau)f_2(\tau)\mathrm{d}\tau\right]\mathrm{e}^{-st}\mathrm{d}t$$

当$t<0$时，有$t-\tau<0$，即$f_1(t-\tau)=0$，因此在上式中，有

$$\int_0^t f_1(t-\tau)f_2(\tau)\mathrm{d}\tau = \int_0^{\infty} f_1(t-\tau)f_2(\tau)\mathrm{d}\tau$$

交换积分次序，并有$\mathrm{e}^{-st}=\mathrm{e}^{-s(t-\tau)}\mathrm{e}^{-s\tau}$，代入上式，则有

$$\int_0^{\infty}\left[\left[\int_0^t f_1(t-\tau)\mathrm{e}^{-s(t-\tau)}\mathrm{d}t\right]f_2(\tau)\mathrm{e}^{-s\tau}\right]\mathrm{d}\tau = \int_0^{\infty}[f_1(s)f_2(\tau)\mathrm{e}^{-s\tau}]\mathrm{d}\tau$$

$$= f_1(s)\int_0^{\infty} f_2(\tau)\mathrm{e}^{-s\tau}\mathrm{d}\tau = f_1(s)f_2(s)$$

1.2.2　拉普拉斯逆变换

拉普拉斯逆变换是指对应的拉普拉斯变换$F(s)$求时间函数$f(t)$的过程。有多种方法可用于求解拉普拉斯逆变换，其中最简单的是用拉普拉斯变换表求出对应的拉普拉斯变换$F(s)$的时间函数$f(t)$，通常采用分项分式展开方法结合拉普拉斯变换表而得到拉普拉斯逆变换。

分项分式展开法确定拉普拉斯逆变换。如果把$f(t)$的拉普拉斯变换$F(s)$分解成多个组成部分，即

$$F(s) = F_1(s) + F_2(s) + \cdots + F_n(s)$$

则有

$$L^{-1}[F(s)] = L^{-1}[F_1(s) + F_2(s) + \cdots + F_n(s)] = f_1(t) + f_2(t) + \cdots + f_n(t)$$

这样得到的拉普拉斯逆变换是唯一的，除非时间函数在这些点处不连续。

在动力学系统问题分析中，经常会有以下形式：

$$F(s) = \frac{B(s)}{A(s)} \tag{1-10}$$

式中，$A(s)$和$B(s)$为关于s的多项式，并且$B(s)$关于s的阶次不超过$A(s)$的阶次。

利用分项分式展开法将$F(s)$展成分项分式形式，它的每一项都是s的简单函数，因此，只要记住了几种简单的拉普拉斯变换对，就不需要查阅拉普拉斯变换表了。在使用分式展开法求拉普拉斯逆变换时，分母多项式$A(s)$的根必须预先知道，考虑如下形式：

$$F(s) = \frac{B(s)}{A(s)} = \frac{K(s+z_1)(s+z_2)\cdots(s+z_m)}{(s+p_1)(s+p_2)\cdots(s+p_n)}$$

式中，p_1，p_2，…，p_n，z_1，z_2，…，z_m 为实数或复数。对于每个复数 p_i 或 z_i 都有对应的共轭复数，并且这里假定 $n>m$。

在$\frac{B(s)}{A(s)}$的分项分式展开式中，$A(s)$关于 s 的最高次数高于 $B(s)$的最高次数是很重要的，如果不是这样，则分子 $B(s)$被分母 $A(s)$相除会得到一个关于 s 的余项。可分为以下几种情况：

(1) 包含不同极点的 $F(s)$的分项分式展开式

这种形式为

$$F(s)=\frac{B(s)}{A(s)}=\frac{a_1}{s+p_1}+\frac{a_2}{s+p_2}+\cdots+\frac{a_n}{s+p_n}$$

式中，a_1，a_2，…，a_n 为常数。a_k 称为在极点 $s=-p_k$ 处的留数，a_k的值可以在上式两边乘以 $s+p_k$，并把 $s=-p_k$代入方程求出，即

$$\begin{aligned}&\left[(s+p_k)\frac{B(s)}{A(s)}\right]_{s=-p_k}\\&=\frac{a_1}{s+p_1}(s+p_k)+\frac{a_2}{s+p_2}(s+p_k)+\cdots+\frac{a_k}{s+p_k}(s+p_k)+\cdots+\frac{a_n}{s+p_n}(s+p_k)\\&=a_k\quad(k=1,2,3,\cdots)\end{aligned}$$

例 1-6　求 $F(s)=\frac{s+3}{(s+1)(s+2)}$的拉普拉斯逆变换。

解　将上式分项分式展开为

$$F(s)=\frac{s+3}{(s+1)(s+2)}=\frac{a_1}{s+1}+\frac{a_2}{s+2}$$

其中的留数 a_1，a_2 可以通过下式得到

$$a_1=\left[(s+1)\frac{s+3}{(s+1)(s+2)}\right]_{s=-1}=\left[\frac{s+3}{s+2}\right]_{s=-1}=2$$

$$a_2=\left[(s+2)\frac{s+3}{(s+1)(s+2)}\right]_{s=-2}=\left[\frac{s+3}{s+1}\right]_{s=-2}=-1$$

因此有

$$f(t)=L^{-1}[F(s)]=L^{-1}\left[\frac{2}{s+1}\right]+L^{-1}\left[\frac{-1}{s+2}\right]=2\mathrm{e}^{-t}-\mathrm{e}^{-2t}\qquad(t\geqslant 0)$$

例 1-7　求 $H(s)=\frac{s^3+5s^2-9s+7}{(s+1)(s+2)}$的拉普拉斯逆变换。

解　这里，由于分子多项式的次数比分母多项式的次数高 1 次，必须用分子除以分母，得

$$g(s)=s+2+\frac{s+3}{(s+1)(s+2)}$$

注意：单位脉冲函数 $\delta(t)$的拉普拉斯变换等于 1，而 $\mathrm{d}\delta(t)/\mathrm{d}t$ 的拉普拉斯变换等于 s，利用例 1-6 的结果，容易得到

$$g(t)=\frac{\mathrm{d}}{\mathrm{d}t}\delta(t)+2\delta(t)+2\mathrm{e}^{-t}-\mathrm{e}^{-2t}$$

当一个函数 $F(s)$的分母中包含了二次因子 s^2+bs+c 时，如果该二次式有共轭复根，则最好不要把二次式因式分解，以免出现复数。例如，当 $F(s)$形如下式

$$F(s)=\frac{p(s)}{s(s^2+as+b)}$$

式中，$a\geqslant 0$ 和 $b>0$。

如果 $s^2+as+b=0$ 有一对共轭复根，则 $F(s)$ 可以展成下面的分项分式：

$$F(s)=\frac{c}{s}+\frac{ds+e}{s^2+as+b}$$

例 1-8 求 $F(s)=\dfrac{2s+12}{s^2+2s+5}$ 的拉普拉斯逆变换。

解 将分母多项式因式分解为

$$s^2+2s+5=(s+1+2\mathrm{j})(s+1-2\mathrm{j})$$

分母为两个共轭复根，因此把 $F(s)$ 展成衰减正弦函数与衰减余弦函数之和。注意到

$$s^2+2s+5=(s+1)^2+2^2$$

而

$$L[\mathrm{e}^{-at}\cdot\sin\omega t]=\frac{\omega}{(s+a)^2+\omega^2},\quad L[\mathrm{e}^{-at}\cos\omega t]=\frac{s+a}{(s+a)^2+\omega^2}$$

则可以将原式写为

$$F(s)=\frac{2s+12}{s^2+2s+5}=\frac{10+2(s+1)}{(s+1)^2+2^2}=5\frac{2}{(s+1)^2+2^2}+2\frac{s+1}{(s+1)^2+2^2}$$

$$L^{-1}[F(s)]=5\mathrm{e}^{-t}\sin 2t+2\mathrm{e}^{-t}\cos 2t\qquad(t\geqslant 0)$$

(2) 关于多重极点的分式展开式

通过下式说明当分母多项式有重根时的变换方法，考虑

$$F(s)=\frac{s^2+2s+3}{(s+1)^3}$$

$F(s)$的分式包括三项

$$F(s)=\frac{B(s)}{A(s)}=\frac{b_3}{(s+1)^3}+\frac{b_2}{(s+1)^2}+\frac{b_1}{(s+1)}$$

各个系数的获得可以应用以下方法得到：

$$(s+1)^3\frac{B(s)}{A(s)}=b_3+b_2(s+1)+b_1(s+1)^2$$

令 $s=-1$，得

$$\left[(s+1)^3\frac{s^2+2s+3}{(s+1)^3}\right]_{s=-1}=2=b_3$$

而

$$\frac{\mathrm{d}}{\mathrm{d}t}\left[(s+1)^3\frac{B(s)}{A(s)}\right]=b_2+2b_1(s+1)$$

而

$$\frac{\mathrm{d}}{\mathrm{d}t}\left[(s+1)^3\frac{B(s)}{A(s)}\right]_{s=1}=\frac{\mathrm{d}}{\mathrm{d}t}[s^2+2s+3]_{s=-1}=[2s+2]_{s=-1}=0=b_2$$

进一步有

$$\frac{\mathrm{d}^2}{\mathrm{d}t^2}\left[(s+1)^3\frac{B(s)}{A(s)}\right]=2b_1$$

而

$$\frac{\mathrm{d}^2}{\mathrm{d}t^2}\left[(s+1)^3\frac{B(s)}{A(s)}\right]_{s=-1}=\left[\frac{\mathrm{d}^2}{\mathrm{d}t^2}(s^2+2s+3)\right]_{s=-1}=2=2b_1$$

即

$$b_3=2, b_2=0, b_1=1$$

得

$$f(t)=L^{-1}[F(s)]=L^{-1}\left[\frac{2}{(s+1)^3}\right]+L^{-1}\left[\frac{0}{(s+1)^3}\right]+L^{-1}\left[\frac{1}{(s+1)^3}\right]=t^2\mathrm{e}^{-t}+\mathrm{e}^{-t}$$

1.2.3 拉普拉斯变换在求解线性常系数微分方程中的应用

拉普拉斯变换方法能够得到线性定常微分方程的全解（补解和特解）。求解微分方程全解的经典方法需要根据初始条件确定积分常数的值。然而，在应用拉普拉斯变换方法的情况下，这个是不必要的，因为这些初始条件自动包含在微分方程的拉普拉斯变换中。

如果所有初始条件为零，那么微分方程的拉普拉斯变换就可以用 s 代替 $\mathrm{d}/\mathrm{d}t$，s^2 代替 $\mathrm{d}^2/\mathrm{d}t^2$，等等。

在用拉普拉斯变换方法求解线性定常微分方程时，分如下两步：

（1）把给定的微分方程每一项取拉普拉斯变换，变微分方程为代数方程，然后整理代数方程，得到函数的拉普拉斯变换的表达式。

（2）微分方程的时间解是通过求解函数的拉普拉斯逆变换求得的。

用拉普拉斯变换方法求解线性定常微分方程的方法见例 1-9。

例 1-9 求微分方程 $\ddot{x}+4\dot{x}+40x=0$，$x(0)=x_0$，$\dot{x}(0)=0$。

解 对上述方程两边取拉普拉斯变换，有

$$[s^2x(s)-sx(0)-\dot{x}(0)]+4[sx(s)-x(0)]+40x(s)=0$$

考虑到

$$x(0)=x_0, \dot{x}(0)=0$$

则有

$$(s^2+4s+40)x(s)=sx_0+4x_0$$

或

$$x(s)=\frac{(s+4)x_0}{s^2+4s+40}=\frac{2x_0+(s+2)x_0}{s^2+4s+40}=\frac{2x_0+(s+2)x_0}{(s+2)^2+6^2}$$

$$=\frac{2x_0}{(s+2)^2+6^2}+\frac{(s+2)x_0}{(s+2)^2+6^2}$$

再根据拉普拉斯逆变换，得（参见例 1-8）

$$x(t)=\frac{1}{3}x_0\mathrm{e}^{-2t}\sin 6t+x_0\mathrm{e}^{-2t}\cos 6t=\mathrm{e}^{-2t}\left(\frac{1}{3}\sin 6t+\cos 6t\right)x_0$$

设 $x_0=1$，响应曲线如图 1-11 所示。

下面分析当初始条件不变时，系统在受到幅值为 f_0（常数）的阶跃激励时的响应，即 $\ddot{x}+4\dot{x}+40x=f_0 1(t)$，$x(0)=x_0$，$\dot{x}(0)=0$。

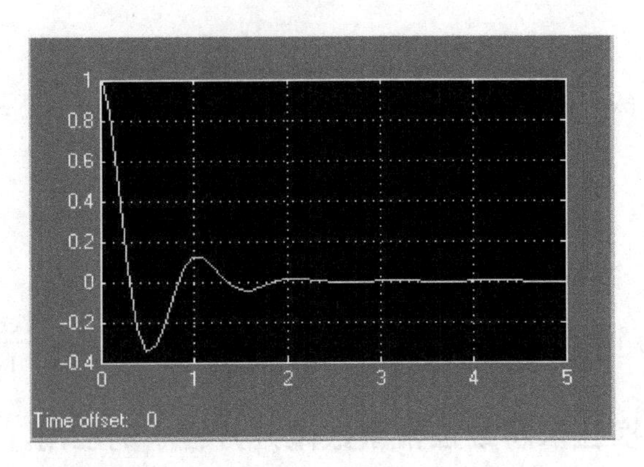

图 1-11　位移响应图

利用拉普拉斯变换，可以得到

$$[s^2x(s)-sx(0)-\dot{x}(0)]+4[sx(s)-x(0)]+40x(s)=\frac{f_0}{s}$$

则有

$$(s^2+4s+40)x(s)=\frac{f_0}{s}+(s+4)x_0$$

或

$$x(s)=\frac{f_0}{s}\frac{1}{(s+2)^2+6^2}+\frac{x_0}{(s+2)^2+6^2}+\frac{(s+2)x_0}{(s+2)^2+6^2}$$

其中第一项可分解为

$$\frac{1}{s}\frac{1}{(s+2)^2+6^2}=\frac{1}{40}\left(\frac{1}{s}-\frac{s+4}{(s+2)^2+6^2}\right)=\frac{1}{40}\left(\frac{1}{s}-\frac{2}{6}\frac{6}{(s+2)^2+6^2}-\frac{s+2}{(s+2)^2+6^2}\right)$$

取拉普拉斯逆变换可以得到时域响应为

$$x(t)=\frac{f_0}{40}-\frac{f_0}{40}\mathrm{e}^{-2t}\left(\frac{1}{3}\sin6t+\cos6t\right)+\mathrm{e}^{-2t}\left(\frac{1}{3}\sin6t+\cos6t\right)x_0$$

这个结果分成了三项，各项有明显的物理意义，其中的第一项是稳态振动，它表示了当时间 t 趋于无穷大时系统的稳态值；第二项是与外激励有关的简谐振动，其振动频率等于系统的自由振动频率，它是外部激励引起的自由振动，在此称为**瞬态分量**，其特点是与初始条件无关，即使初始条件为零，瞬态分量照样存在；第三项是与初始条件有关的自由振动。

对于一个连续系统，除了直接求解微分方程的解析解外，还可以通过拉普拉斯变换得到系统输出与输入之间的关系，即系统的传递函数（见第 4 章）。

例 1-10　设无阻尼系统开始时处于静止状态，在单位脉冲激励下的动力学方程为 $m\ddot{y}+ky=\delta(t)$，在另一个时刻 T 又作用一个单位脉冲 $A\delta(t-T)$，试分析系统能在脉冲 $\delta(t-T)$ 作用下停止的时刻 T 的取值。

解

$$m\ddot{y}+ky=\delta(t)+A\delta(t-T)$$

对该式进行拉普拉斯变换，有

$$(ms^2+k)y(s)=1+A\mathrm{e}^{-sT}$$

这样，系统的响应为

$$y(s)=\frac{1}{ms^2+k}+\frac{Ae^{-sT}}{ms^2+k}$$

对此式取拉普拉斯逆变换，则有

$$y(t)=\frac{1}{\sqrt{mk}}\sin\sqrt{\frac{k}{m}}t+\frac{A}{\sqrt{mk}}\sin\sqrt{\frac{k}{m}}(t-T)1(t-T)$$

显然有

$$T=(2i-1)\pi\sqrt{\frac{m}{k}}\qquad(i=1,2,\cdots,\infty)$$

则

$$\sin\sqrt{\frac{k}{m}}(t-T)=\sin\sqrt{\frac{k}{m}}\left[t-(2i-1)\pi\sqrt{\frac{m}{k}}\right]=\sin\left[\sqrt{\frac{k}{m}}t-(2i-1)\pi\right]=-\sin\sqrt{\frac{k}{m}}t$$

因此，当 $A=1$，$T=(2i-1)\pi\sqrt{\frac{m}{k}}(i=1,2,\cdots,\infty)$时，能使得系统静止。

这个例子说明了在取得合适的外力下，可对原系统加以有效的控制，这是一种开环控制的思想。请读者使用 Simulink 建立仿真框图并验证结果。

在 Matlab 仿真系统中，可以通过函数 laplace（sys,t,s）计算拉普拉斯变换和 ilaplace（sys,t,s）计算拉普拉斯逆变换。其中 sys 是时间域函数表达式，t，s 表示由时间域变换到 s 域。

例 1-11 设时域函数为 $f(t)=3t^4+4t^3+t+20$，求拉普拉斯变换以及其逆变换。

解

（1）拉普拉斯变换命令 laplace（sys,t,s）:

```
syms x t s                        %定义符号
ft =3 * t^4 +4 * t^3 +t +20
fs =laplace(ft,t,s)               % 拉普拉斯正变换,将时间与函数变换到 s 域。
fs =laplace(ft)                   %或者使用该函数,系统默认时间 t 函数变换为 s 域,
```

运行结果为

```
fs =72/s^5 +24/s^4 +1/s^2 +20/s
```

（2）拉普拉斯逆变换命令 ilaplace（sys,t,s）:

```
ft =ilaplace(fs,s,t)              %逆变换,由 S 域函数变换为时间(t)域函数
%也可以使用
ft =ilaplace(fs)                  %系统默认 S 域函数变换为时间(t) 函数
```

显示结果为

```
ft =3 * t^4 +4 * t^3 +t +20
```

1.3 Z 变换与 Z 变换的逆变换

在离散系统分析中，为简化运算而建立的对函数序列的数学变换，其作用与拉普拉斯变换在连续系统分析中的作用很相似。Z 变换对求解线性差分方程是一种简单而有效的方法。在采样控制理论中，Z 变换是主要的数学工具。Z 变换还在时间序列分析、数据平滑、数字

滤波等领域有广泛的应用。当一个连续信号通过一定时间间隔 T（秒）闭合一次的采样开关时，就得到一个离散序列。

Z 变换是处理离散系统的重要数学工具，因为工程中的某些问题本身就是离散系统，或者在处理连续系统时，也可以离散成各种序列。

1.3.1 Z 变换的定义

Z 变换的定义可以借助抽样信号的拉普拉斯变换导出，也可以直接对离散时间信号给予 Z 变换的定义。

首先看抽样信号的拉普拉斯变换。设一个时间连续的信号 $f(t)$，通过采样，可以将一个连续信号化为一个离散的序列 $f_T(t)$，如图 1-12a 所示，称 T 为采样周期，τ 为采样持续时间，如果当 τ 远小于采样周期 T 的时候，实际的脉冲可以近似认为是理想脉冲 $f_s(t)$，如图 1-12b 所示。

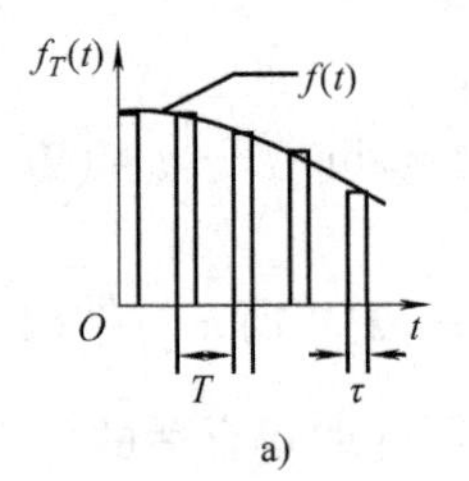

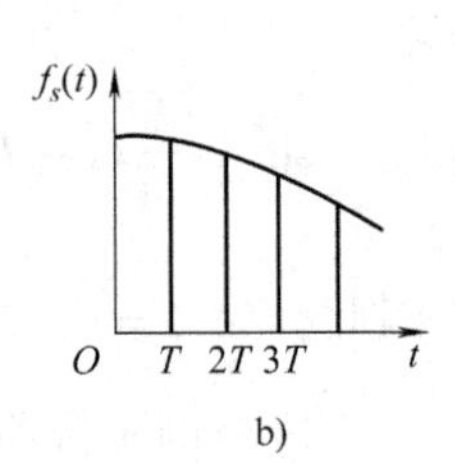

图 1-12 采样示意图

a）采样信号 b）理想脉冲信号

一个取样信号可以表示为 $f_T(t)=\sum_{k=-\infty}^{\infty} f(t)\delta(t-kT)$，如果考虑取样信号为单边函数，则可表示为 $f_T(t)=\sum_{k=0}^{\infty} f(t)\delta(t-kT)$。

信号 $f(t)$ 虽然仅仅在取样瞬间才有函数值，但它仍然可以在连续时间域内进行处理，于是取这个信号的拉普拉斯变换为

$$F_s(s)=L[f_s(t)]=L\left[\sum_{k=0}^{\infty} f(t)\delta(t-kT)\right]=\int_0^{\infty}\sum_{k=0}^{\infty} f(t)\delta(t-kT)\mathrm{e}^{-st}\mathrm{d}t$$

将积分与求和交换次序，并利用冲激函数的抽样特性，得

$$F_s(s)=\sum_{k=0}^{\infty}\int_0^{\infty} f(t)\delta(t-kT)\mathrm{e}^{-st}\mathrm{d}t=\sum_{k=0}^{\infty} f(kT)\mathrm{e}^{-sKT}$$

若令 $z=\mathrm{e}^{sT}$，则 $s=\frac{1}{T}\ln z$，而 $\mathrm{e}^{-sT}=z^{-1}$，将此关系代入上式，得

$$F(z)=Z[f(t)]=\sum_{k=0}^{\infty} f(kT)z^{-k}$$

式中，T 表示采样周期，称该式为离散信号的 Z 变换。

如果要把 $F(z)$ 转化为采样信号 $f_T(t)$，则称为 Z 变换的逆变换，记为

$$f_T(t)=Z^{-1}[F(z)]$$

1.3.2 Z 变换的应用

由于 Z 变换是利用拉普拉斯变换导出的，所以它的计算方法和一些性质与拉普拉斯变换相对应。下面通过几个例题来说明 Z 变换的方法。常用函数的 Z 变换与 Z 变换的逆变换见附录 B。

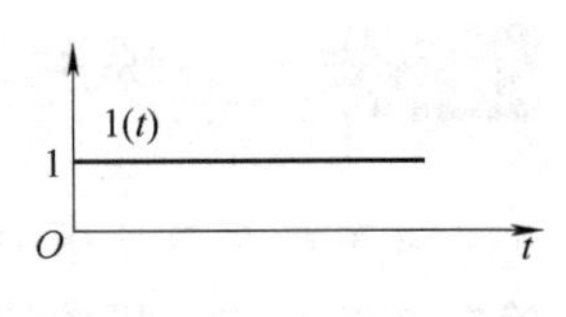

图 1-13 单位阶跃函数

例 1-12 求单位阶跃函数，如图 1-13 所示，$f(t)=1(t)$ 的 Z 变换。

解 当 $k>0$ 时，有 $f(kT)=1$

则有

$$Z[f(kT)] = \sum_{k=0}^{\infty} f(k)z^{-k} = 1 + z^{-1} + z^{-2} + z^{-3} + \cdots$$

上式为等比级数，可以将上式简化为

$$Z[1(t)] = \frac{1}{1-z^{-1}} = \frac{z}{z-1}$$

例 1-13 求 $f(t)=1(t)-e^{-\alpha t}$ 的 Z 变换。

解 根据定义，有

$$f_s(t) = \sum_{n=0}^{\infty}[1-e^{-\alpha t}]\delta(t-kT)$$

再根据 Z 变换表，得

$$f(z)=z[f(t)]=z[(1(t)]-z[(e^{-\alpha t})]=\frac{1}{1+z^{-1}}-\frac{1}{1-e^{\alpha T}z^{-1}}=\frac{z}{z-1}-\frac{ze^{\alpha T}}{ze^{\alpha T}-1}$$

$$=\frac{z(ze^{-\alpha T}-1)-z(z-1)e^{-\alpha T}}{(z-1)(ze^{-\alpha T}-1)}=\frac{z(e^{-\alpha T}-1)}{(z-1)(ze^{-aT}-1)}$$

例 1-14 求拉普拉斯变换函数 $X(s)=L[x(t)]=\dfrac{1}{s(s+1)}$ 的 Z 变换。

解 将原式表示为

$$\frac{1}{s(s+1)}=\frac{1}{s}-\frac{1}{s+1}$$

根据 Z 变换表，得

$$X(z)=Z[x(t)]=\frac{1}{z-1}-\frac{z}{z-e^{-T}}=\frac{z(1\text{-}e^{-T})}{z^2-(1+e^{-T})T+e^{-T}}$$

注： 也可以将拉普拉斯变换函数 $X(s)$ 变换为时间函数 $X(t)$，然后将 $X(t)$ 变换到 Z 域函数 $X(z)$。

例 1-15 求 $F(z)=\dfrac{z^2+z}{z^2-2z+1}$ 的逆变换 $f_s(t)$。

解 把 $F(z)$ 写成 z^{-1} 的升幂形式：

$$F(z)=\frac{1+z^{-1}}{1-2z^{-1}+z^{-2}}$$

用分子除以分母，写成多项式形式

$$F(z)=1+3z^{-1}+5z^{-2}+7z^{-3}+9z^{-5}+\cdots$$

对上式取 Z 变换的逆变换，有

$$F(t)=\delta(t)+3\delta(t-T)+5\delta(t-2T)+7\delta(t-3T)+9\delta(t-4T)+\cdots$$

在 Matlab 仿真系统中，可以通过函数 ztrans 和 iztrans 来计算 Z 变换和 Z 逆变换。

例 1-16 用 Matlab 指令求函数 $f(s)=\dfrac{a-b}{(s+a)(s-b)}$ 的 Z 变换。

解 由于 Matlab 提供的函数只有关于时域的 Z 变换，因此对于拉普拉斯域先将 s 域函数转换到时间域，再使用 ztrans( ) 变换到 Z 域。

```
Syms  t z s a b K T                    % 定义符号
```

```
fs=(a-b)/((s+a)*(s-b));
ft=ilaplace(fs,s,t)              % 拉普拉斯反变换
fT=subs(ft,'t','k*T')            % 替换函数,将 t 替换为 k*T
fT=simple(fT)                    % 简化变换
fz=ztrans(fT)                    % Z 变换
gz=simple(fz)                    % 简化函数
```

运行结果

```
fs=(a-b)/(s+a)/(s-b)
ft=(a-b)*(exp(b*t)-exp(-a*t))/(b+a)
fT=(a-b)*(exp(b*(k*T))-exp(-a*(k*T)))/(b+a)
fT=(a-b)*(exp(b*k*T)-exp(-a*k*T))/(b+a)
fz=(a-b)/(b+a)*(z/exp(b*T)/(z/exp(b*T)-1)-z/exp(-a*T)/(z/exp(-a*T)-1))
gz=(-a+b)*(exp(-a*T)-exp(b*T))*z/(b+a)/(z-exp(b*T))/(z-exp(-a*T))
```

1.4 矩阵的特征值与特征向量

在动态问题分析中，特征值与特征向量占有相当重要的地位。

1.4.1 标准特征值问题

设有 N 阶方阵 $\boldsymbol{A}$，则满足 $(\boldsymbol{A}-\lambda_i I)\boldsymbol{X}=0$ 的解，其中 λ_1，λ_2，…，λ_n 称为矩阵 $\boldsymbol{A}$ 的特征值，称向量 $\{X_i\}$ 为对应特征值 λ_i 的特征向量，对于高阶系统（$N>3$），一般利用计算机求解。

在 Matlab 中有专门的函数求解矩阵的特征值与特征向量，函数如下：

```
P=eig(A)          %求得矩阵 A 的特征值 P
[V,P]=eig(A)      %求得矩阵 A 的特征向量 V 和对应的特征值 P
```

例 1-17 设有方阵

$$\boldsymbol{A}=\begin{pmatrix} 3 & -4 & 3 \\ -4 & 6 & 3 \\ 3 & 3 & 1 \end{pmatrix}$$

求矩阵 $\boldsymbol{A}$ 的标准特征值问题。

解 在 Matlab 命令空间中编写脚本文件（M 文件）：

```
A=[3 -4 3; -4 6 3;3 3 1];        % 矩阵的表示
P=eig(A)                          % 求矩阵 A 的特征值
[V,P]=eig(A)                      % 求矩阵 A 的特征值 P 和对应的特征向量 V.
```

运行结果为

```
P=       -3.5995
          4.7296
```

```
          8.8699
V =      -0.5818      0.6312      0.5130
         -0.4534      0.2719     -0.8488
          0.6752      0.7264     -0.1280
P =      -3.5995      0           0
          0           4.7296      0
          0           0           8.8699
```

1.4.2　广义特征值问题

1. 广义特征值的计算

在振动问题中，经常会遇到广义特征值问题，这种问题的形式为：设有矩阵 $\boldsymbol{A}$ 和矩阵 $\boldsymbol{B}$，若满足

$$(\boldsymbol{A}-\boldsymbol{B}\lambda)X=0$$

则称为广义特征值问题。当矩阵 $\boldsymbol{B}$ 为非奇异矩阵时，可以方便地化为标准特征值问题，即可以将原表达式写为

$$(\boldsymbol{B}^{-1}\boldsymbol{A}-\lambda\boldsymbol{I})X=0$$

这样就化成了标准特征值问题。或者利用[V,P] = eig(A,B)函数求得矩阵 $\boldsymbol{A}$，$\boldsymbol{B}$ 的特征值 P 和对应的特征向量 $\boldsymbol{V}$。

例 1-18　设多自由度质点振动系统动力学方程为

$$\boldsymbol{M}\ddot{\boldsymbol{X}}+\boldsymbol{K}\boldsymbol{X}=0$$

其中质量矩阵 $\boldsymbol{M}$ 和刚度矩阵 $\boldsymbol{K}$ 如下

$$\boldsymbol{M}=\begin{pmatrix}1&0&0\\0&2&0\\0&0&1\end{pmatrix}\qquad \boldsymbol{K}=\begin{pmatrix}2&-1&0\\-1&2&-1\\0&-1&1\end{pmatrix}$$

求系统的固有频率和振型矩阵，以及主质量矩阵和主刚度矩阵。

解　系统的特征对问题为

$$(-\lambda\boldsymbol{M}+\boldsymbol{K})\boldsymbol{A}=0$$

当 $\boldsymbol{M}$ 为非奇异阵时，即

$$(\boldsymbol{M}^{-1}\boldsymbol{K}-\lambda\boldsymbol{I})\boldsymbol{A}=0$$

令 $\boldsymbol{C}=\boldsymbol{M}^{-1}\boldsymbol{K}$，即化为标准特征值问题，有

$$(\boldsymbol{C}-\lambda\boldsymbol{I})\boldsymbol{A}=0$$

用 Matlab 命令编写脚本文件：

```
clc
M=[1 0 0; 0 2 0 ;0 0 1]                % 质量矩阵
K=[2 -1 0; -1 2 -1;0 -1 1]             % 刚度矩阵
C=inv(M)*K                             % inv(M)求M的逆矩阵。
%[V,P]=eig(C)                          % 化为标准特征值问题,V是特征向量P是特征值。
[V,P]=eig(K,M)                         % 广义特征值问题,适用于迭代法求稀疏矩阵的广义
```

特征值问题

```
PD=sqrt(P)                              % 求系统的固有频率
MP=V'*M*V                               % 求系统的主质量阵
KP=V'*K*V                               % 求系统的主刚度阵
V1=[V(:,1)/V(1,1),V(:,2)/V(1,2),V(:,3)/V(1,3)] %振型矩阵,并各列除以第一个元素
VN=[V(:,1)/sqrt(MP(1,1)),V(:,2)/sqrt(MP(2,2)),V(:,3)/sqrt(MP(3,3))]
                                        % 归一化振型矩阵
x=[1 2 3];y0=[0 0 0];                   % x 表示三质点位置,y0 设置一条水平线
plot(x,V',x,y0)                         % 画出离散振型图
```

运行结果为

```
特征向量:    V =      0.2818      -0.5059      0.8152
                      0.5227      -0.3020     -0.3682
                      0.6116       0.7494      0.2536
特征值:      P =      0.1454       0            0
                      0            1.4030       0
                      0            0            2.4516
固有频率:    PD =     0.3813       0            0
                      0            1.1845       0
                      0            0            1.5658
主质量矩阵:  MP =     1.0000       0.0000       0.0000
                      0.0000       1.0000       0.0000
                      0.0000       0.0000       1.0000
主刚度矩阵:  KP =     0.1454      -0.0000      -0.0000
                     -0.0000       1.4030      -0.0000
                     -0.0000       0.0000       2.4516
主振型矩阵:  V1 =     1.0000       1.0000       1.0000
                      1.8546       0.5970      -0.4516
                      2.1701      -1.4812       0.3111
归一化振型:  VN =     0.2818      -0.5059       0.8152
                      0.5227      -0.3020      -0.3682
                      0.6116       0.7494       0.2536
```

2. 利用符号函数求解特征对问题

设两自由度系统的质量矩阵与刚度矩阵为

$$\boldsymbol{M}=m\begin{pmatrix}2 & 0\\0 & 1\end{pmatrix},\qquad \boldsymbol{K}=k\begin{pmatrix}2 & -1\\-1 & 1\end{pmatrix}$$

% M 文件如下:

```
p=sym('p');d=sym('d');m=sym('m');k=sym('k')
M=m*[2 0;0 1];          % 定义 M 阵
K=k*[2 -1; -1 1];       % 定义 K 阵
C=K-p*M                 %特征对问题
D=det(C)                %求矩阵 c 的行列式
X=solve(D,'p')          % 求解代数方程 D=0 关于 p 的解(缺省值为 x 或最接近 x 的字母)
```

运行结果为

```
C=[ 2*k-2*p*m,          -k]
  [   -k,              k-p*m]
D=k^2 -4*k*p*m+2*p^2*m^2
X=[ (1+1/2*2^(1/2))*k/m]
  [ (1-1/2*2^(1/2))*k/m]
```

1.4.3 相似变换及其特性

在动力学系统分析中，经常会遇到将一种状态空间变换到另一种状态空间的情况，例如，在线性振动的模态分析法当中，常需要将物理空间变换到模态空间，这种变换会给问题分析带来很大方便。

1. 广义特征向量的加权正交性

设 n 阶方阵 $\boldsymbol{A}$，$\boldsymbol{B}$ 的广义特征值问题为

$$(\boldsymbol{A}-\boldsymbol{B}\lambda)\boldsymbol{X}=0$$

假定该系统有 n 个不相等的特征值 λ_1，λ_2，…，λ_n，其特征向量矩阵为 $\boldsymbol{v}_1$，$\boldsymbol{v}_2$，…，$\boldsymbol{v}_n$，将特征向量表示为一个方阵 $\boldsymbol{V}$：

$$\boldsymbol{V}=(v_1,v_2,\cdots,v_n)$$

式中，$\boldsymbol{V}$ 为特征向量矩阵。

可以证明，当 $\boldsymbol{A}$，$\boldsymbol{B}$ 是实对称矩阵时，则有下式存在：

$$\boldsymbol{V}^{\mathrm{T}}\boldsymbol{A}\boldsymbol{V}=\mathrm{diag}(s_1,s_2,\cdots,s_n),\ \boldsymbol{V}^{\mathrm{T}}\boldsymbol{B}\boldsymbol{V}=\mathrm{diag}(p_1,p_2,\cdots,p_n) \tag{1-11}$$

证明：

设

$$(\boldsymbol{A}-\lambda_i\boldsymbol{B})\boldsymbol{v}_i=0 \tag{1-12}$$

$$(\boldsymbol{A}-\lambda_j\boldsymbol{B})\boldsymbol{v}_j=0 \tag{1-13}$$

将式（1-12）转置后右乘特征向量 $\boldsymbol{v}_j$，即

$$\boldsymbol{v}_i^{\mathrm{T}}(\boldsymbol{A}^{\mathrm{T}}-\lambda_i\boldsymbol{B}^{\mathrm{T}})\boldsymbol{v}_j=0 \tag{1-14}$$

将式（1-13）左乘特征向量 $\boldsymbol{v}_i^{\mathrm{T}}$，即

$$\boldsymbol{v}_i^{\mathrm{T}}(\boldsymbol{A}-\lambda_j\boldsymbol{B})\boldsymbol{v}_j=0 \tag{1-15}$$

考虑到 $\boldsymbol{A}$ 为对称矩阵，即 $\boldsymbol{A}^{\mathrm{T}}=\boldsymbol{A}$，$\boldsymbol{B}^{\mathrm{T}}=\boldsymbol{B}$，则将式（1-14）和式（1-15）相减，得

$$(\lambda_j-\lambda_i)\boldsymbol{v}_i^{\mathrm{T}}\boldsymbol{B}\boldsymbol{v}_j=0$$

由于 $\lambda_j\neq\lambda_i$，则有 $\boldsymbol{v}_i^{T}\boldsymbol{B}\boldsymbol{v}_j=0$。再将该关系代入式（1-14），易得 $\boldsymbol{v}_i^{\mathrm{T}}\boldsymbol{A}\boldsymbol{v}_j=0$。将此关系写成矩阵形式，有

$$\boldsymbol{V}^{\mathrm{T}}\boldsymbol{A}\boldsymbol{V}=\mathrm{diag}(s_1,s_2,\cdots,s_n),\ \boldsymbol{V}^{\mathrm{T}}\boldsymbol{B}\boldsymbol{V}=\mathrm{diag}(p_1,p_2,\cdots,p_n)$$

满足上式的特征向量称为加权正交性。

根据这样的结论，不难得到，当系统为标准特征值问题时，即

$$(\boldsymbol{A}-\lambda\boldsymbol{I})\boldsymbol{X}=0$$

可以证明，当 $\boldsymbol{A}$ 为对称矩阵时，有

$$\boldsymbol{V}^{\mathrm{T}}\boldsymbol{A}\boldsymbol{V}=\mathrm{diag}(\lambda_1,\lambda_2,\cdots,\lambda_n)$$

2. 能控标准型矩阵的正交性

在动态分析问题中，常常会遇到如下形式的矩阵：

$$
\boldsymbol{A}=\begin{pmatrix} 0 & 1 & 0 & \cdots & 0 \\ 0 & 0 & 1 & \cdots & 0 \\ \vdots & \vdots & \vdots & & \vdots \\ 0 & 0 & 0 & \cdots & 1 \\ -a_1 & -a_2 & -a_3 & \cdots & -a_n \end{pmatrix}
$$

这种矩阵为能控标准型。在这种情况下，假定该系统有 n 个不相等的特征值 λ_1，λ_2，$\cdots$，λ_n，则可以证明，取一组特征向量为

$$
\begin{pmatrix} 1 \\ \lambda_1 \\ \lambda_1^2 \\ \vdots \\ \lambda_1^{n-1} \end{pmatrix},\begin{pmatrix} 1 \\ \lambda_2 \\ \lambda_2^2 \\ \vdots \\ \lambda_2^{n-1} \end{pmatrix},\cdots\begin{pmatrix} 1 \\ \lambda_n \\ \lambda_n^2 \\ \vdots \\ \lambda_n^{n-1} \end{pmatrix}
$$

写成矩阵（也称为范德蒙矩阵）形式为

$$
\boldsymbol{P}=\begin{pmatrix} 1 & 1 & \cdots & 1 \\ \lambda_1 & \lambda_2 & \cdots & \lambda_n \\ \lambda_1^2 & \lambda_2^2 & \cdots & \lambda_n^2 \\ \vdots & \vdots & & \vdots \\ \lambda_1^{n-1} & \lambda_2^{n-1} & \cdots & \lambda_n^{n-1} \end{pmatrix}
$$

进一步可以证明：

$$
\boldsymbol{P}^{-1}\boldsymbol{A}\boldsymbol{P}=\mathrm{diag}(\lambda_1,\lambda_2,\cdots,\lambda_n) \tag{1-16}
$$

下面以三阶矩阵来验证。

设

$$
\boldsymbol{A}=\begin{pmatrix} 0 & 1 & 0 \\ 0 & 0 & 1 \\ -a_1 & -a_2 & -a_3 \end{pmatrix}
$$

则标准特征值问题为

$$
(\boldsymbol{A}-\lambda\boldsymbol{I})\boldsymbol{X}=0
$$

特征值

$$
\det[\boldsymbol{A}-\lambda\boldsymbol{I}]=\begin{vmatrix} -\lambda & 1 & 0 \\ 0 & \lambda & 1 \\ -a_1 & -a_2 & -a_3-\lambda \end{vmatrix}=0
$$

即

$$
\lambda^3+a_3\lambda^2+a_2\lambda+a_1=(\lambda-\lambda_1)(\lambda-\lambda_2)(\lambda-\lambda_3)=0
$$

假设系统的特征值无重根，设第 i 个特征对写为

$$\begin{pmatrix} 0 & 1 & 0 \\ 0 & 0 & 1 \\ -a_1 & -a_2 & -a_3 \end{pmatrix}\begin{pmatrix} x_{i1} \\ x_{i2} \\ x_{i3} \end{pmatrix}=\lambda_i\begin{pmatrix} x_{i1} \\ x_{i2} \\ x_{i3} \end{pmatrix}$$

简化为方程组为

$$\begin{cases} x_{i2}=\lambda_i x_{i1} \\ x_{i3}=\lambda_i x_{i2} \\ -a_1x_{i1}-a_2x_{i2}-a_2x_{i3}=\lambda_i x_{i3} \end{cases}$$

这是一组非独立的方程组，第三式是前两式的线性组合，根据上面方程组的前两个式子，显然有

$$\begin{pmatrix} x_{i1} \\ x_{i2} \\ x_{i3} \end{pmatrix}=\begin{pmatrix} x_{i1} \\ \lambda_i x_{i1} \\ \lambda_i^2 x_{i1} \end{pmatrix}=\begin{pmatrix} 1 \\ \lambda_i \\ \lambda_i^2 \end{pmatrix}x_{i1}$$

所以三个特征向量为

$$\begin{pmatrix} 1 \\ \lambda_1 \\ \lambda_1^2 \end{pmatrix}x_{11},\ \begin{pmatrix} 1 \\ \lambda_2 \\ \lambda_2^2 \end{pmatrix}x_{21},\ \begin{pmatrix} 1 \\ \lambda_3 \\ \lambda_3^2 \end{pmatrix}x_{31}$$

并注意到：如果 x_i 是一个特征向量，则 ax_i（这里 a 为任意非零常数）也是一个特征向量，因为 $a(\boldsymbol{A}x_i)=a(\lambda_i\boldsymbol{x}_i)$ 或 $\boldsymbol{A}(a\boldsymbol{x}_i)=\lambda_i(a\boldsymbol{x}_i)$，也就是说特征向量有无穷多组，但各组之间只相差同一个倍数。

将以上三组向量分别除以 x_{11}，x_{21}，x_{31}，则得到其中的一组特征向量为

$$\begin{pmatrix} 1 \\ \lambda_1 \\ \lambda_1^2 \end{pmatrix}\begin{pmatrix} 1 \\ \lambda_2 \\ \lambda_2^2 \end{pmatrix}\begin{pmatrix} 1 \\ \lambda_3 \\ \lambda_3^2 \end{pmatrix}$$

写成矩阵形式为

$$\boldsymbol{P}=\begin{pmatrix} 1 & 1 & 1 \\ \lambda_1 & \lambda_2 & \lambda_3 \\ \lambda_1^2 & \lambda_2^2 & \lambda_3^2 \end{pmatrix}$$

即 $\boldsymbol{P}$ 矩阵中的任意列都是一个对应的特征向量。

进一步有

$$\begin{aligned}\boldsymbol{AP}&=\begin{pmatrix} 0 & 1 & 0 \\ 0 & 0 & 1 \\ -a_1 & -a_2 & -a_3 \end{pmatrix}\begin{pmatrix} 1 & 1 & 1 \\ \lambda_1 & \lambda_2 & \lambda_3 \\ \lambda_1^2 & \lambda_2^2 & \lambda_3^2 \end{pmatrix}\\ &=\begin{pmatrix} \lambda_1 & \lambda_2 & \lambda_3 \\ \lambda_1^2 & \lambda_2^2 & \lambda_3^2 \\ -a_1-a_2\lambda_1-a_3\lambda_1^2 & a_1-a_2\lambda_2-a_3\lambda_2^2 & a_1-a_2\lambda_3-a_3\lambda_3^2 \end{pmatrix}\end{aligned}$$

由于 $\lambda^3+a_1\lambda^2+a_2\lambda+a_3=0$，则有 $\lambda^3=-a_1\lambda^2-a_2\lambda-a_3$。

因此上式为

$$\boldsymbol{AP}=\begin{pmatrix}\lambda_1 & \lambda_2 & \lambda_3\\ \lambda_1^2 & \lambda_2^2 & \lambda_3^2\\ \lambda_1^3 & \lambda_2^3 & \lambda_3^3\end{pmatrix}$$

为了证明

$$\boldsymbol{P}^{-1}\boldsymbol{AP}=\begin{pmatrix}\lambda_1 & 0 & 0\\ 0 & \lambda_2 & 0\\ 0 & 0 & \lambda_3\end{pmatrix}$$

只需要证明

$$\boldsymbol{AP}=\boldsymbol{P}\begin{pmatrix}\lambda_1 & 0 & 0\\ 0 & \lambda_2 & 0\\ 0 & 0 & \lambda_3\end{pmatrix}$$

即有

$$\begin{pmatrix}1 & 1 & 1\\ \lambda_1 & \lambda_2 & \lambda_3\\ \lambda_1^2 & \lambda_2^2 & \lambda_3^2\end{pmatrix}\cdot\begin{pmatrix}\lambda_1 & 0 & 0\\ 0 & \lambda_2 & 0\\ 0 & 0 & \lambda_3\end{pmatrix}=\begin{pmatrix}\lambda_1 & \lambda_2 & \lambda_3\\ \lambda_1^2 & \lambda_2^2 & \lambda_3^2\\ \lambda_1^3 & \lambda_2^3 & \lambda_3^3\end{pmatrix}$$

即可证明下式

$$\boldsymbol{P}^{-1}\boldsymbol{AP}=\begin{pmatrix}\lambda_1 & 0 & 0\\ 0 & \lambda_2 & 0\\ 0 & 0 & \lambda_3\end{pmatrix}$$

成立。

3. 相似矩阵特征值的不变性

设$\boldsymbol{A}$，$\boldsymbol{B}$都是n阶矩阵，如果存在n阶可逆矩阵$\boldsymbol{P}$，使得$\boldsymbol{B}=\boldsymbol{P}^{-1}\boldsymbol{AP}$，则称$\boldsymbol{A}$相似于$\boldsymbol{B}$，其变换称为相似变换。下面证明矩阵$\boldsymbol{A}$经过线性变换后其特征值保持不变。

设矩阵$\boldsymbol{B}$是矩阵$\boldsymbol{A}$的一个相似线性变换，即$\boldsymbol{B}=\boldsymbol{P}^{-1}\boldsymbol{AP}$，其中$\boldsymbol{P}$是变换矩阵，现在证明$\det[\lambda\boldsymbol{I}-\boldsymbol{A}]=\det[\lambda\boldsymbol{I}-\boldsymbol{B}]$，其中$\lambda$保持不变。

证明

$$\begin{aligned}\det[\lambda\boldsymbol{I}-\boldsymbol{B}]&=\det[\lambda\boldsymbol{I}-\boldsymbol{P}^{-1}\boldsymbol{AP}]=\det[\lambda\boldsymbol{P}^{-1}\boldsymbol{P}-\boldsymbol{P}^{-1}\boldsymbol{AP}]\\&=\det[\boldsymbol{P}^{-1}(\lambda\boldsymbol{I}-\boldsymbol{A})\boldsymbol{P}]=\det[\boldsymbol{P}^{-1}]\cdot\det[\lambda\boldsymbol{I}-\boldsymbol{A}]\cdot\det[\boldsymbol{P}^{-1}]\\&=\det[\boldsymbol{P}^{-1}]\cdot\det[\boldsymbol{P}]\cdot\det[\lambda\boldsymbol{I}-\boldsymbol{A}]\end{aligned}$$

并注意到

$$\det[\boldsymbol{P}^{-1}]\cdot\det[\boldsymbol{P}]=\det[\boldsymbol{P}^{-1}\boldsymbol{P}]=1$$

则有

$$\det[\lambda\boldsymbol{I}-\boldsymbol{B}]=\det[\lambda\boldsymbol{I}-\boldsymbol{A}]$$

这就证明了相似矩阵$\boldsymbol{B}$和原矩阵$\boldsymbol{A}$具有相同的特征值。

习 题

习题1-1 设某系统的动力学微分方程为

$$\frac{d^2y}{dt^2}+\sin(y)=0$$

其中 $\sin(y)$ 用泰勒级数展开，有

$$\sin(y)\approx\frac{y}{1}-\frac{y^3}{3!}+\frac{y^5}{5!}-\frac{y^7}{7!}+\cdots$$

试分别取级数的前一项和前四项作为近似解，建立 Simulink 仿真图，观察在两种初始的曲线差异：

（1）$y(0)=0.1$，$\dot{y}(0)=0$；

（2）$y(0)=0.6$，$\dot{y}(0)=0$。

习题1-2 如果 $f(t)$ 是周期为 T 的周期函数，试证明：

$$L[f(t)]=\frac{\int_0^T f(t)e^{-st}dt}{1-e^{-Ts}}$$

习题1-3 设某单自由度系统的振动微分方程为

$$\ddot{x}+2\dot{x}+5x=3,\ x(0)=0.1,\ \dot{x}(0)=0$$

（1）试用拉普拉斯变换法求解系统的稳态响应、过渡响应和自由振动响应。

（2）绘制 Simulink 仿真框图，通过 Scope 元件显示系统的运动规律 $x(t)$。

习题1-4 设单自由度系统的动力学方程为

$$\ddot{x}+2\dot{x}+2x=3\delta(t),\ x(0)=0,\ \dot{x}(0)=0$$

试用拉普拉斯变换法求解系统的稳态响应。

习题1-5 求 $F(z)=\dfrac{z+2}{2z^2-7z+3}$ 的 Z 逆变换。

习题1-6 分别利用查表法和 Matlab 命令方法求

$$F(s)=\frac{s^4+2s^3+3s^2+4s+5}{s(s+1)}$$

的拉普拉斯逆变换。

习题1-7 试计算下面矩阵

$$\boldsymbol{A}=\begin{pmatrix}2&-3&3\\-3&3&3\\3&3&2\end{pmatrix}\qquad \boldsymbol{A}=\begin{pmatrix}6&-1&3\\-1&5&3\\3&3&6\end{pmatrix}$$

的特征值与特征向量，并根据相似矩阵特征值的不变性验证：

$$\boldsymbol{P}^{-1}\boldsymbol{AP}=\mathrm{diag}(\lambda_1,\lambda_2,\lambda_3)$$

式中，λ_1，λ_2，λ_3 为矩阵 $\boldsymbol{A}$ 的特征值；$\boldsymbol{P}$ 为特征向量矩阵。

习题1-8 已知方阵 $\boldsymbol{A}$ 的特征值是 $\lambda_1=0$，$\lambda_2=1$，$\lambda_3=3$，相应的特征向量矩阵为

$$\boldsymbol{P}=\begin{pmatrix}1&1&1\\1&0&-2\\1&-1&1\end{pmatrix}$$

求矩阵 $\boldsymbol{A}$。

习题 1-9 已知方阵 $\boldsymbol{A}$ 和方阵 $\boldsymbol{B}$ 如下：

$$\boldsymbol{A}=\begin{pmatrix}4&1&1&1\\2&1&2&2\\2&2&4&1\\1&1&1&1\end{pmatrix},\quad \boldsymbol{B}=\begin{pmatrix}1&2&1&3\\2&2&-1&1\\1&-1&1&1\\2&1&1&1\end{pmatrix}$$

求矩阵 $\boldsymbol{A}$ 和 $\boldsymbol{B}$ 的广义特征向量。

习题 1-10 利用 Matlab 函数计算，单位脉冲函数 $t_1=\delta(t-a)$；阶跃函数，$t_2=u(t-b)$，$t_3=\mathrm{e}^{-at}\sin(bt)$，$t_4=t^2\mathrm{e}^{-at}$的拉普拉斯变换。

提示： Matlab 中单位脉冲函数的符号表示为

```
t1 = sym ('Dirac(t - a)');
```

阶跃函数的表示为

```
t2 = sym ('Heaviside(t - b)');
```

习题 1-11 设有分段函数描述如下：

$$y(t)=\begin{cases}5\sin t & 0<t<5\\10\sin t & 5\leqslant t<10\\12\sin 2t & 10\leqslant t<15\end{cases}$$

建立其 Simulink 仿真模型。

提示： 利用两个 Switch 元件与逻辑部件的串联表示分段函数。

习题 1-12 线性代数方程组：$\boldsymbol{AX}=\boldsymbol{B}$，其中，

$$\boldsymbol{A}=\begin{pmatrix}1&2&3\\2&2&2\\3&1&5\end{pmatrix},\ \boldsymbol{X}=\begin{pmatrix}x_1\\x_2\\x_3\end{pmatrix},\ \boldsymbol{B}=\begin{pmatrix}-7\\-8\\-15\end{pmatrix}$$

试根据矩阵的正交性质化为对角阵求解$\boldsymbol{A}^*\boldsymbol{Y}=\boldsymbol{B}^*$，这里，$\boldsymbol{X}=\boldsymbol{C}\boldsymbol{y}$，$\boldsymbol{A}^*=\mathrm{diag}(a_1,a_2,a_3)$，并求出矩阵 $\boldsymbol{A}^*$，$\boldsymbol{B}^*$和 $\boldsymbol{C}$ 中的元素。

第2章 动力学系统的微分方程模型

在利用计算机进行仿真时，一般情况下要给出系统的数学模型，因此有必要掌握一定的数学建模方法。在动力学系统中，大多数情况下可以使用微分方程来表示系统的动态特性，也可以通过微分方程将原来的系统简化为状态方程或者差分方程模型等。本章重点介绍建立系统动态问题的微分方程的基本原理和方法。

在实际工程中，一般把系统分为两种类型，一是连续系统，其数学模型一般是高阶微分方程；另一种是离散系统，它的数学模型一般是差分方程。本章介绍建立动力学微分方程所需要的一些基础理论。

2.1 动力学建模基本理论

2.1.1 动力学系统基本元件

一个动力学系统，一般来说有三种类型的基本机械元件构成，即惯性元件、弹性元件和阻尼元件。

1. 惯性元件

惯性元件是指具有质量或转动惯量的元件，惯量可以定义为使加速度（或角加速度）产生单位变化所需要的力（或力矩）。

$$\text{惯量(质量)}=\frac{\text{力}}{\text{加速度}}\left(\frac{\mathrm{N}}{\mathrm{m/s^2}}\right)$$

$$\text{惯量(转动惯量)}=\frac{\text{力矩}}{\text{角加速度}}\left(\frac{\mathrm{N\cdot m}}{\mathrm{rad/s^2}}\right)$$

2. 弹性元件

弹性元件是在外力或外力偶作用下可以产生变形的元件，这种元件可以通过外力做功来储存能量。按变形性质可以分为线性元件和非线性元件，通常等效成弹簧来表示。

对于线性弹簧元件，弹簧中所受到的力与位移成正比，比例常数为刚度系数 k，即，

$$F = k\Delta x$$

式中，k 为刚度系数；Δx 为弹簧相对于原长的变形量。

弹性力的方向总是指向弹簧的原长位置，除了弹簧和受力之间是线性关系以外，还有硬弹簧和软弹簧，它们的受力和弹簧变形之间的关系是一非线性关系，即

$$F = k(\Delta x)^{\alpha}$$

$\alpha = 1$，线性弹簧；$\alpha > 1$，硬弹簧；$\alpha < 1$，软弹簧。

3. 阻尼元件

阻尼元件是以热的形式消耗能量而不储存能量，可以形象地表示为一个活塞在一个充满流体介质的油缸中运动，阻尼力通常表示为

$$\boldsymbol{F} = c\dot{\boldsymbol{x}}^{\alpha}$$

阻尼力的方向总是与速度的方向相反。当 $\alpha = 1$ 时，为线性阻尼模型，否则为非线性阻尼模型。应注意当 α 等于偶数时，要将阻尼力表示为

$$\boldsymbol{F} = -c\dot{\boldsymbol{x}}\,|\dot{\boldsymbol{x}}^{\alpha-1}|$$

式中，“ - ” 表示与速度方向相反；c 为阻尼系数。

2.1.2 动力学建模基本定理

1. 动力学普遍定理

对于大多数力学问题，可以使用我们熟知的牛顿动力学基本定理解决，动力学普遍定理包括动量定理、动量矩定理和动能定理以及其他变形形式。普遍定理的特点是比较直观，在使用中针对不同的问题可以选择不同形式的力学定理，在一般情况下利用普遍定理可以得到大多数动力学系统的数学模型。

（1）动量定理与质心运动定理

设系统在任意瞬时的动量为 $\boldsymbol{p}$，作用在系统上的外力矢量和为 $\sum \boldsymbol{F}_i$，则任意瞬时的动量对时间的导数等于作用在系统中所有外力的矢量和，这就是动量定理。

$$\frac{\mathrm{d}\boldsymbol{p}}{\mathrm{d}t} = \sum \boldsymbol{F}_i \tag{2-1}$$

通常将式（2-1）投影到直角坐标轴系、自然坐标轴系等（更详细的内容请参阅理论力学有关知识）。

利用质心坐标的计算表达式，可以将动量定理转化为质心运动定理，即

$$m\boldsymbol{a}_C = \sum \boldsymbol{F}_i \quad 或 \quad \sum m_i \boldsymbol{a}_{Ci} = \sum \boldsymbol{F}_i \tag{2-2}$$

式中，m 为系统的总质量；$\boldsymbol{a}_C$ 为系统的质心；m_i 为分刚体的质量；$\boldsymbol{a}_{Ci}$为分刚体的质心。

（2）动量矩定理

系统在任意瞬时的动量矩对时间的导数等于作用在系统中所有外力矩的矢量和，即

$$\frac{\mathrm{d}\boldsymbol{L}_O}{\mathrm{d}t} = \sum \boldsymbol{M}_O(\boldsymbol{F}_i) \tag{2-3}$$

式中，$\boldsymbol{L}_O$ 为系统对固定点 O 的动量矩，$\boldsymbol{M}_O(\boldsymbol{F}_i)$为力$\boldsymbol{F}_i$ 对 O 点的矩。

除了对固定点的动量矩定理外，还有对质心的动量矩定理、对速度瞬心的动量矩定理和对加速度瞬心的动量矩定理。

（3）动能定理

动能定理的导数形式：系统在任意瞬时的动能对时间的导数等于作用在系统中所有力的功率的代数和，即

$$\frac{\mathrm{d}T}{\mathrm{d}t} = \sum P \tag{2-4}$$

动能定理的积分形式：系统在任意两瞬时的动能的变化等于作用在系统中所有力的功的代数和，即

$$T_2 - T_1 = \sum W$$

2. 动力学普遍方程

将达朗贝尔原理与虚位移原理相结合，就得到了建立动力学模型的另一种方法。

（1）达朗贝尔原理

达朗贝尔原理提供了研究动力学问题的一个新的方法，即借助于惯性力（$\boldsymbol{F}_{\mathrm{Q}} = -m\boldsymbol{a}$）的概念，用研究静力学平衡的方法来研究动力学问题，这种方法也常称为动静法，即在任意时刻，质点在主动力、约束力和惯性力的主矢作用下处于平衡，且主动力、约束力和惯性力对某点的矩矢等于零，即

$$\begin{cases} \sum \boldsymbol{F}_i + \sum \boldsymbol{F}_{\mathrm{N}i} + \sum \boldsymbol{F}_{\mathrm{Q}i} = 0 \\ \sum \boldsymbol{M}_o(\boldsymbol{F})_i + \sum \boldsymbol{M}_o(\boldsymbol{F}_{\mathrm{N}i}) + \sum \boldsymbol{M}_o(\boldsymbol{F}_{\mathrm{Q}})_i = 0 \end{cases} \tag{2-5}$$

通常先计算惯性力的主矢和主矩，从而得到质点系的达朗贝尔原理。对于理想约束系统，达朗贝尔原理可以简化为

$$\begin{cases} \sum \boldsymbol{F}_i + \sum \boldsymbol{F}_{\mathrm{Q}i} = 0 \\ \sum \boldsymbol{M}_o(\boldsymbol{F})_i + \sum \boldsymbol{M}_o(\boldsymbol{F}_{\mathrm{Q}})_i = 0 \end{cases} \tag{2-6}$$

（2）虚位移原理

虚位移原理本身是通过虚功的引入，提出了求解静力学问题的一种方法，它与达朗贝尔原理相结合得到了建立动力学模型的另一种方法。

对于理想约束的完整系统，质点（质点系）在其给定位置上处于平衡的必要充分条件是作用在该质点（质点系）上的所有主动力 $\boldsymbol{F}_i$ 在其作用点的虚位移 $\delta \boldsymbol{r}_i$ 上所做的虚功之和等于零，即

$$\sum \boldsymbol{F}_i \cdot \delta \boldsymbol{r}_i = 0$$

或

$$\sum (F_{ix} \cdot \delta x_i + F_{iy} \cdot \delta y_i + F_{iz} \cdot \delta z_i) = 0 \tag{2-7}$$

（3）动力学的普遍方程

在受理想约束的系统中，作用在质点系上的所有主动力和惯性力在各自的虚位移上所做的虚功之和等于零，即

$$\sum_{i=1}^{n} (\boldsymbol{F}_i - m_i \boldsymbol{a}_i)\delta \boldsymbol{r} = 0$$

或

$$\sum_{i=1}^{n}[(F_{ix}-m_i\ddot{x}_i)\delta x_i+(F_{iy}-m_i\ddot{y}_i)\delta y_i+(F_{iz}-m_i\ddot{z}_i)\delta z_i]=0 \tag{2-8}$$

在具体应用这个方程时，可以先引入广义坐标，使得问题处理简单。

例 2-1 缓冲装置如图 2-1 所示，质量为 m 的均质杆可以绕定轴 O 转动，试求系统做微幅振动时的微分方程。

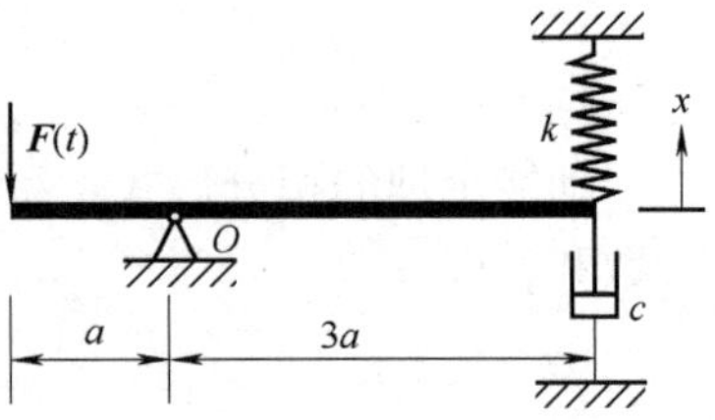

解 杆绕 O 轴做定轴转动，水平位置为系统的平衡状态，取杆绕 O 轴转动的角 ϕ 为坐标，可以方便地使用动量矩定理建立动力学方程（假定在微小转动情况下）：

$$J\ddot{\phi}=F(t)a-(c\dot{\phi}3a+k\phi3a)3a$$

图 2-1 缓冲装置

式中，J 为杆绕 O 轴转动的转动惯量。

这是关于 ϕ 的二阶线性微分方程。如果不计杆的质量，则微分方程为

$$9ca\dot{\phi}+9ka\phi=F(t)$$

这个方程是关于 ϕ 的一阶线性微分方程，称该系统模型为一阶系统。

例 2-2 悬浮摆的动力学建模。图 2-2 所示为小型起重机简图，m_1，m_2 是吊车和吊重的质量，吊绳长为 l 且不计质量，吊车的驱动力为 $\boldsymbol{F}$，考虑轨道的阻力为 $c\dot{x}$。试以 x，θ 为广义坐标，建立系统的动力学控制方程。

解 利用水平方向的质心运动定理，即

$$m_1\ddot{x}+m_2\frac{\mathrm{d}^2}{\mathrm{d}t^2}(x+l\sin\theta)=\boldsymbol{F}-c\dot{x} \tag{2-9}$$

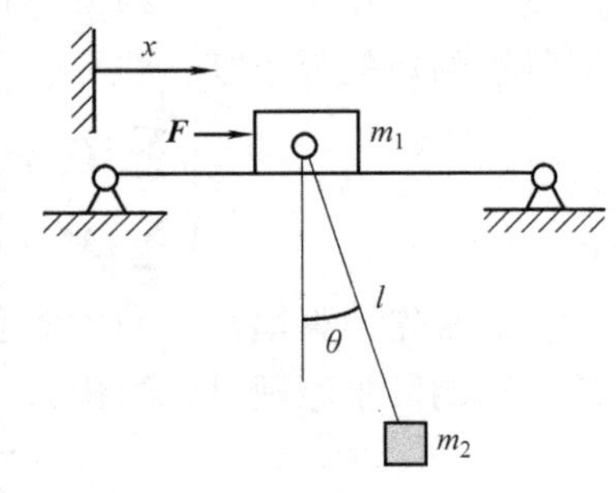

图 2-2 悬浮摆

重物做平面曲线运动，则可以直接利用牛顿定律得到切线方向的动力学方程

$$m_2(l\ddot{\theta}+\ddot{x}\cos\theta)=-m_2g\sin\theta \tag{2-10}$$

式（2-9）和式（2-10）是耦合的非线性动力学方程。

当系统被限制在 $\theta=0$ 附近运动时，可将其在 $\theta=0$ 处进行线性化处理，并略去二阶小量，则可以得到系统的方程为

$$(m_1+m_2)\ddot{x}+c\dot{x}-m_2l\ddot{\theta}=F,\qquad m_2(l\ddot{\theta}+\ddot{x})=-m_2g\theta$$

当给定 $F=F(t)$ 时，可以建立仿真模型。

请读者思考，如果要考虑摆杆的质量，则动力学方程如何建立？

例 2-3 车辆悬架系统的动力学模型。如图 2-3 所示是汽车悬架系统示意图，设计悬架缓冲系统的 k_1，c_1，k_2，c_2 的目的是减小车辆在崎岖道路上行驶时产生的振动，因为道路表面的不平坦会引起悬架沿垂直方向的移动和绕某个轴的转动。

将整个系统的质量中心作为坐标的原点，因此系统在不平道路上的振动可以看作是质心沿垂直方向的平移运动以及绕质心的旋转运动。车架质量为 m，转动惯量为 J，受力图如图 2-4 所示。输入车轮的位置信息 y_1，y_2 表明路况信息。假设每个车

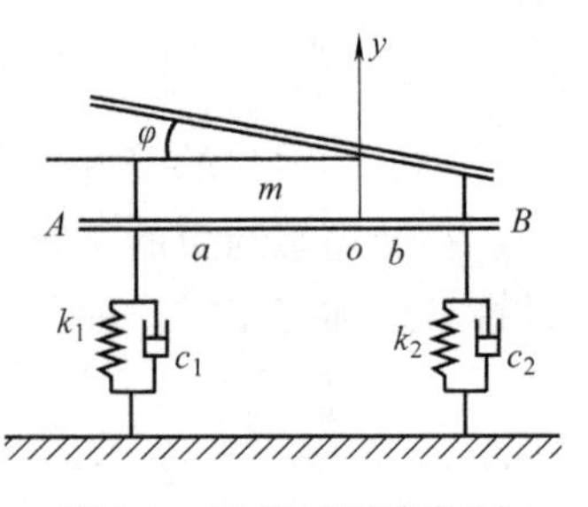

图 2-3 悬架系统示意图

轴的缓冲系统由具有阻尼特性的弹簧构成。忽略轮胎的质量，每个车轮受到的外力为弹簧弹力与阻尼力之和，即

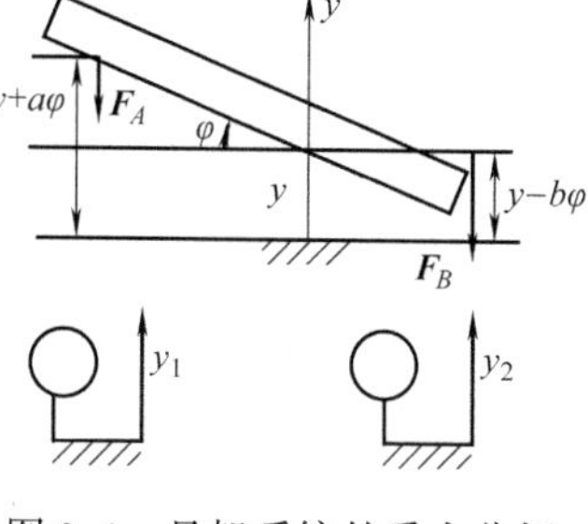

图 2-4 悬架系统的受力分析

$$F_A=\left(c_1\frac{\mathrm{d}}{\mathrm{d}t}+k_1\right)y_A(s)=(c_1\dot{y}_A+k_1y_A)$$

$$F_B=\left(c_2\frac{\mathrm{d}}{\mathrm{d}t}+k_2\right)y_B(s)=(c_2\dot{y}_B+k_2y_B)$$

式中，y_A 和 y_B 为每个弹簧距离参考位置的瞬时距离。

$$y_A=y+a\varphi-y_1,\qquad y_B=y-b\varphi-y_2$$

代入上式，有

$$F_A=\left(c_1\frac{d}{\mathrm{d}t}+k_1\right)(y+a\varphi-y_1)$$

$$F_B=\left(c_2\frac{d}{\mathrm{d}t}+k_2\right)(y-b\varphi-y_2)$$

根据质心运动与相对于质心的动量矩定理，得

$$M\frac{\mathrm{d}^2y}{\mathrm{d}t^2}=-F_A-F_B$$

或者

$$m\ddot{y}=-c_1(\dot{y}+a\dot{\varphi}-\dot{y}_1)-k_1(y+a\varphi-y_1)-c_2(\dot{y}-b\dot{\varphi}-\dot{y}_2)-k_2(y-b\varphi-y_2)$$

整理，得

$$m\ddot{y}+(c_1+c_2)\dot{y}+(k_1+k_2)y+(c_1a-c_2b)\dot{\varphi}+(k_1a-k_2b)\varphi$$
$$=c_1\dot{y}_1+c_2\dot{y}_2+k_1y_1+k_2y_2$$

用 $y(t)$ 和 $\varphi(t)$ 分别表示系统质心的平移位移和沿质心的旋转角度。上式中假定在很小的角度位置条件下满足 $\sin\varphi\approx\varphi$，并且 φ 取沿顺时针的旋转方向为正方向。再根据系统相对于质心的动量矩定理，得

$$J\frac{\mathrm{d}^2\varphi}{\mathrm{d}t^2}=F_Bb\cos\varphi-F_Aa\cos\varphi\approx F_bb-F_aa$$

式中，J 是汽车悬架相对于质心的转动惯量。将上式整理后，得

$$J\frac{\mathrm{d}^2\varphi}{\mathrm{d}t^2}=\left(c_2\frac{\mathrm{d}}{\mathrm{d}t}+k_2\right)(y-b\varphi-y_2)b-\left(c_1\frac{\mathrm{d}}{\mathrm{d}t}+k_1\right)(y+a\varphi-y_1)a$$

或

$$J\ddot{\varphi}+(c_2b+c_1a)\dot{\varphi}+(c_1-c_2)\dot{y}+(k_2b^2+k_1a^2)\varphi+(k_1a-k_2b)y$$
$$=c_1a\dot{y}_1-c_2b\dot{y}_2+k_1ay_1-k_2by_2$$

将系统的动力学方程写成矩阵形式为

$$\begin{pmatrix}m&0\\0&J\end{pmatrix}\begin{pmatrix}\ddot{y}\\\ddot{\varphi}\end{pmatrix}+\begin{pmatrix}B_{11}&B_{12}\\B_{21}&B_{22}\end{pmatrix}\begin{pmatrix}\dot{y}\\\dot{\varphi}\end{pmatrix}+\begin{pmatrix}C_{11}&C_{12}\\C_{21}&C_{22}\end{pmatrix}\begin{pmatrix}y\\\varphi\end{pmatrix}=\begin{pmatrix}E_{11}&E_{12}\\E_{21}&E_{22}\end{pmatrix}\begin{pmatrix}\dot{y}_1\\\dot{y}_2\end{pmatrix}+\begin{pmatrix}F_{11}&F_{12}\\F_{21}&F_{22}\end{pmatrix}\begin{pmatrix}y_1\\y_2\end{pmatrix}$$

简写为

$$A\begin{pmatrix}\ddot{y}\\ \ddot{\varphi}\end{pmatrix}+B\begin{pmatrix}\dot{y}\\ \dot{\varphi}\end{pmatrix}+C\begin{pmatrix}y\\ \varphi\end{pmatrix}=E\begin{pmatrix}\dot{y}_1\\ \dot{y}_2\end{pmatrix}+F\begin{pmatrix}y_1\\ y_2\end{pmatrix}$$

式中

$$A=\begin{pmatrix}m & 0\\ 0 & J\end{pmatrix},\quad B=\begin{pmatrix}c_1+c_2 & c_1a-c_2b\\ c_1a-c_2b & c_1a+c_2b\end{pmatrix},\ C=\begin{pmatrix}k_1+k_2 & k_1a-k_2b\\ k_1a-k_2b & k_1a+k_2b\end{pmatrix}$$

$$E=\begin{pmatrix}c_1 & c_2\\ c_1a & -c_2b\end{pmatrix},\quad F=\begin{pmatrix}k_1 & k_2\\ k_1a & -k_2b\end{pmatrix}$$

当 A 为非奇异阵时，可写成如下形式

$$\begin{pmatrix}\ddot{y}\\ \ddot{\varphi}\end{pmatrix}+A^{-1}B\begin{pmatrix}\dot{y}\\ \dot{\varphi}\end{pmatrix}+A^{-1}C\begin{pmatrix}y\\ \varphi\end{pmatrix}=A^{-1}E\begin{pmatrix}\dot{y}_1\\ \dot{y}_2\end{pmatrix}+A^{-1}F\begin{pmatrix}y_1\\ y_2\end{pmatrix}$$

通过矢量信号可以得到系统的仿真模型如图 2-5 所示。

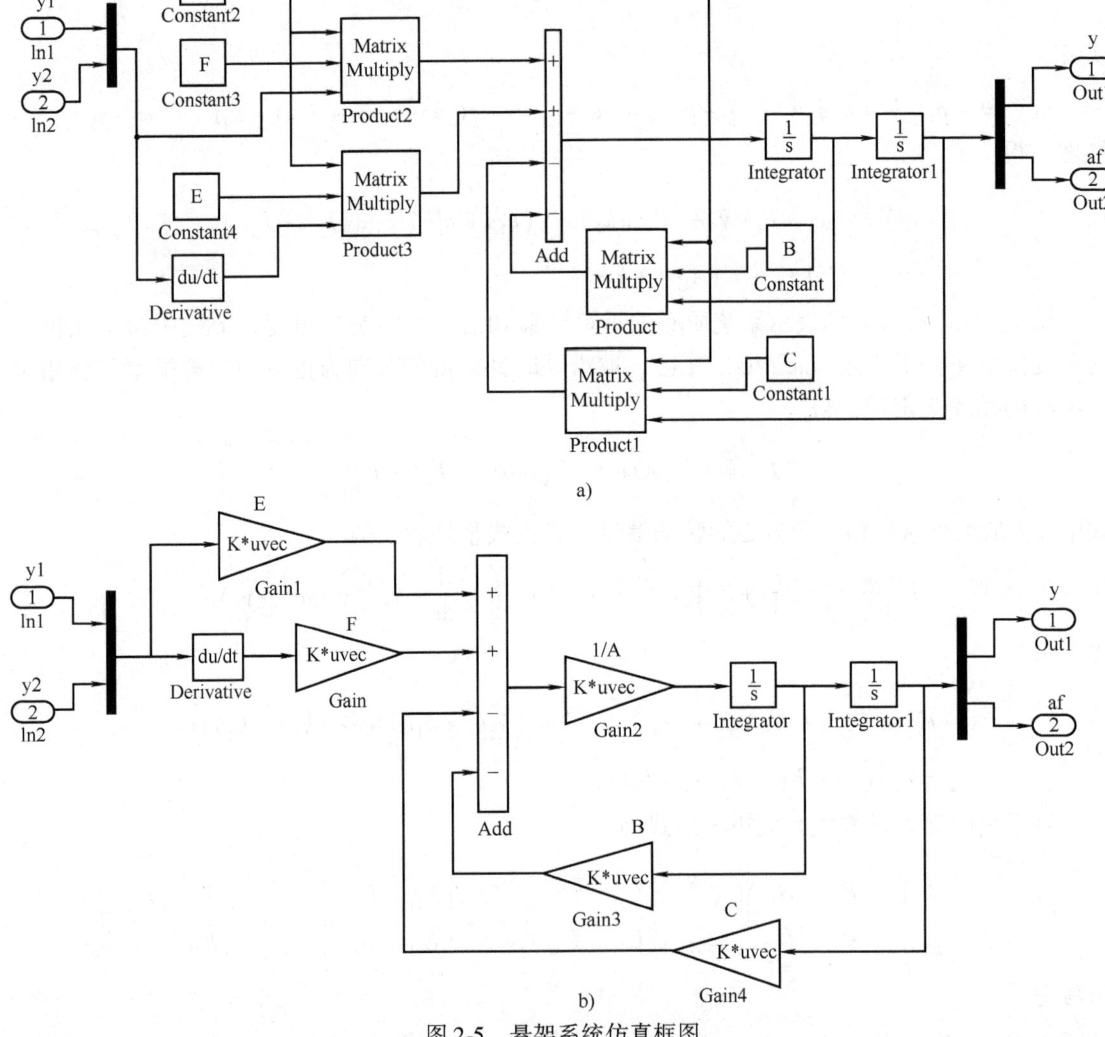

图 2-5　悬架系统仿真框图

以上系统中假定 y_1，y_2 是系统两个相互独立的输入变量，但实际上，后轮与前车轮的位置时间相差 $\Delta t = L/v$（L 为前后轮间的距离，v 为车辆的速度）。这样，实际系统满足 $y_2 = y_1(t-\Delta t)$。由于借助了拉普拉斯变换，将微分方程换成了代数方程，如果要得到时域响应，则需要借助拉普拉斯逆变换。在此给出了基于微分方程的仿真模型，具体计算过程留给读者练习。

例 2-4 机构运动学建模。曲柄滑块机构的运动学仿真建模（速度分析与建模）。曲柄滑块机构如图 2-6 所示，该机构只有一个自由度，首先给出机构的运动学分析模型。

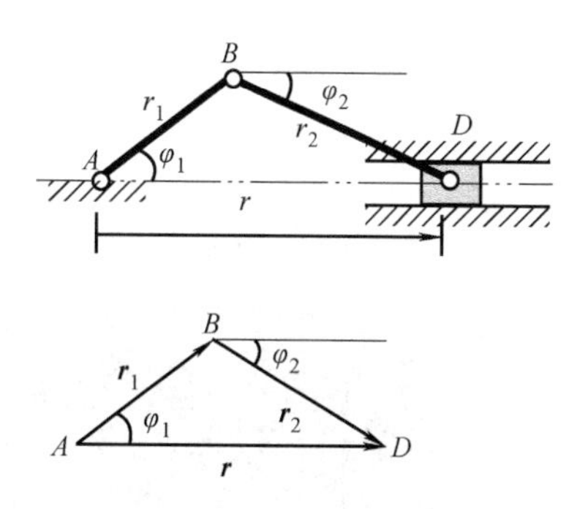

图 2-6 曲柄滑块机构简图

（1）曲柄滑块机构的速度仿真

① 机构的封闭的矢量方程为

$$\boldsymbol{r} = \boldsymbol{r}_1 + \boldsymbol{r}_2$$

② 矢量方程的分解式为

$$\begin{cases} r_1\cos\varphi_1 + r_2\cos\varphi_2 = r \\ r_1\sin\varphi_1 + r_2\sin\varphi_2 = 0 \end{cases}$$

③ 机构速度问题的运动学方程为

$$\begin{cases} -r_1\sin\varphi_1\ \dot{\varphi}_1 - r_2\sin\varphi_2\ \dot{\varphi}_2 = \dot{r} \\ r_1\cos\varphi_1\ \dot{\varphi}_1 + r_2\cos\varphi_2\ \dot{\varphi}_2 = 0 \end{cases}$$

机构的输入运动量为 $\varphi_1, \dot{\varphi}_1$，输出量为 $\varphi_2, \dot{\varphi}_2, r, \dot{r}$，写成矩阵形式为

$$\begin{pmatrix} r_2\sin\varphi_2 & 1 \\ r_2\cos\varphi_2 & 0 \end{pmatrix} \cdot \begin{pmatrix} \dot{\varphi}_2 \\ \dot{r} \end{pmatrix} = \begin{pmatrix} -r_1\sin\varphi_1 \\ -r_1\cos\varphi_1 \end{pmatrix} \cdot \dot{\varphi}_1$$

可以写成显式表达式

$$\begin{pmatrix} \dot{\varphi}_2 \\ \dot{r} \end{pmatrix} = \begin{pmatrix} r_2\sin\varphi_2 & 1 \\ r_2\cos\varphi_2 & 0 \end{pmatrix}^{-1} \cdot \begin{pmatrix} -r_1\sin\varphi_1 \\ -r_1\cos\varphi_1 \end{pmatrix} \cdot \dot{\varphi}_1$$

④ Simulink 速度仿真模型的建立。该仿真模型如图 2-7 所示，设系统的输入角速度为 $\dot{\varphi}_1 = 150\text{rad/s}$，通过一次积分可以得到角度 φ_1，将这两个输入量通过一个信号混合器（以矢量形式混合为一路信号）输入给 Matlab Fcn 模块，通过写入该函数模块中的代码，可以得到输出量（$\dot{\varphi}_2$，$\dot{r}$），再进一步积分后，得到位移量 $\varphi_2(t)$，$r(t)$。

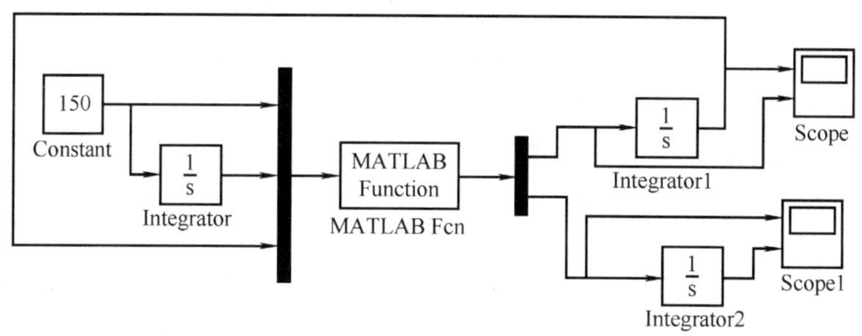

图 2-7 曲柄滑块机构速度仿真图

在 Matlab Function 模块中写上函数过程文件名：Compv，其他不变，建立 M 脚本文件如下（函数子程序）：

```
function[x] =compv(u);  % [x]输出,(u)输入。
                        % 参数说明:r1 曲柄长度,r2 连杆长度
                        % u(1)曲柄角速度;u(2)曲柄角度,u(3)连杆角度
r1 =15; r2 =55;
a =[r2 * sin(u(3)) 1; r2 * cos(u(3)) 0];
b = -u(1) * r1 * [sin(u(2)); cos(u(2))];
x =inv(a) * b;
```

将该文件名储存为 compv. m，然后运行仿真模型，得到的结果如图 2-8 和图 2-9 所示。

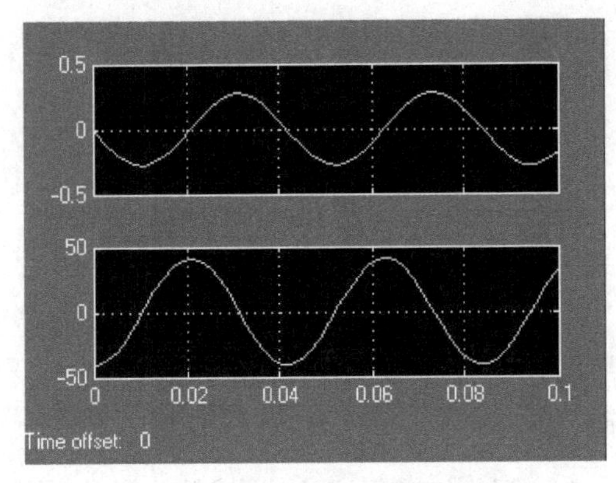

图 2-8　连杆的角度与角速度的变化规律

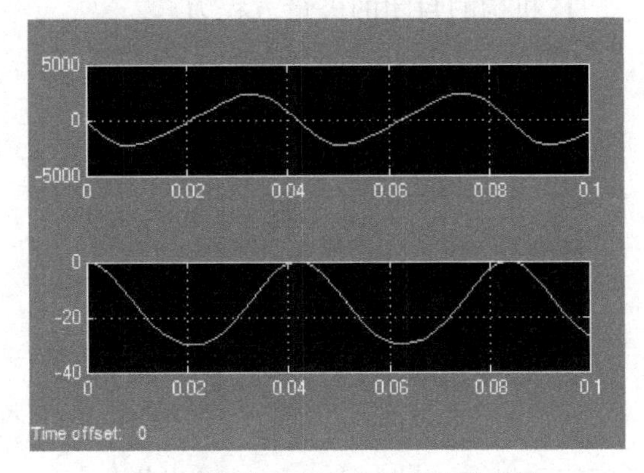

图 2-9　滑块的位移与速度变化规律

（2）曲柄滑块机构的运动加速度仿真。

加速度表达式为

$$-r_1(\cos\varphi_1\ \dot{\varphi}_1^2+\sin\varphi_1\ \ddot{\varphi}_1)-r_2(\cos\varphi_2\ \dot{\varphi}_2^2+\sin\varphi_2\ \ddot{\varphi}_2)=\ddot{r}$$

$$r_1(-\sin\varphi_1\ \dot{\varphi}_1^2+\cos\varphi_1\ \ddot{\varphi}_1)+r_2(-\sin\varphi_2\ \dot{\varphi}_2^2+\cos\varphi_2\ \ddot{\varphi}_2)=0$$

机构的输入运动量为 $\varphi_1,\dot{\varphi}_1,\ddot{\varphi}_1$，其中，$\dot{\varphi}_1=0.1\sin0.1t$，输出量为 $\varphi_2,\dot{\varphi}_2,\ddot{\varphi}_2,r,\dot{r},\ddot{r}$，写成矩阵形式为

$$\begin{pmatrix} r_2\sin\varphi_2 & 1 \\ r_2\cos\varphi_2 & 0 \end{pmatrix}\begin{pmatrix} \ddot{\varphi}_2 \\ \ddot{r} \end{pmatrix}=\begin{pmatrix} -r_1\cos\varphi_1\ \dot{\varphi}_1^2-r_2\cos\varphi_2\ \dot{\varphi}_2^2-r_1\sin\varphi_1\ \ddot{\varphi}_1 \\ r_1\sin\varphi_1\ \dot{\varphi}_1^2-r_1\cos\varphi_1\ \ddot{\varphi}_1+r_2\sin\varphi_2\ \dot{\varphi}_2^2 \end{pmatrix}$$

$$\begin{pmatrix} \ddot{\varphi}_2 \\ \ddot{r} \end{pmatrix}=\begin{pmatrix} r_2\sin\varphi_2 & 1 \\ r_2\cos\varphi_2 & 0 \end{pmatrix}^{-1}\begin{pmatrix} -r_1\cos\varphi_1\ \dot{\varphi}_1^2-r_2\cos\varphi_2\ \dot{\varphi}_2^2-r_1\sin\varphi_1\ \ddot{\varphi}_1 \\ r_1\sin\varphi_1\ \dot{\varphi}_1^2-r_1\cos\varphi_1\ \ddot{\varphi}_1+r_2\sin\varphi_2\ \dot{\varphi}_2^2 \end{pmatrix}$$

与速度仿真一样，请读者建立机构的加速度仿真模型。

如果要对此机构的动力学进行仿真，可以再列写出系统的动力学方程，与运动学方程联立求解。

例 2-5　建立如图 2-10 所示的双自由度振动系统的振动微分方程，并使用子系统封装技术。

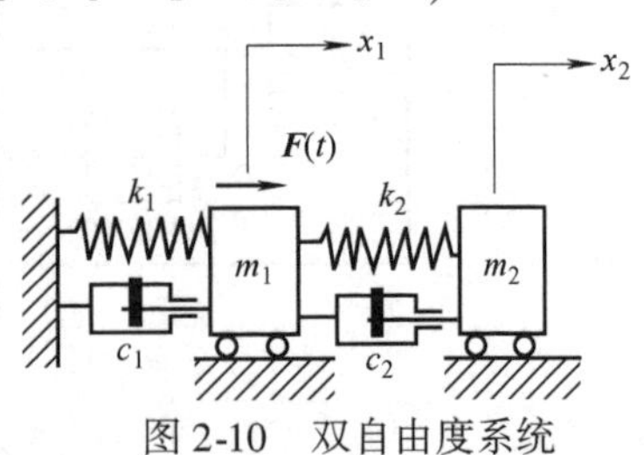

图 2-10　双自由度系统

解　易得动力学方程如下

$$\begin{cases} m_1 \ddot{x}_1 = F(t) + k_2(x_2 - x_1) + c_2(\dot{x}_2 - \dot{x}_1) - k_1 x_1 - c_1 \dot{x}_1 \\ m_2 \ddot{x}_2 = -k_2(x_2 - x_1) - c_2(\dot{x}_2 - \dot{x}_1) \end{cases}$$

改写上式为

$$\begin{cases} \ddot{x}_1 = \dfrac{1}{m_1}[F(t) - (c_1 + c_2)\dot{x}_1 - (k_1 + k_2)x_1 + c_2\dot{x}_2 + k_2 x_2] \\ \ddot{x}_2 = \dfrac{1}{m_2}[-k_2 x_2 - c_2 \dot{x}_2 + c_2 \dot{x}_1 + k_2 x_1] \end{cases}$$

注意以上两式中的后两项为耦合项。

由于非耦合项不会和其他自由度交换能量，所以可以自成一系统，将这一系统创建为一个子系统，然后再考虑各子系统之间耦合项即可。

设

$$m_1 = 2m_2 = 20\text{kg}$$
$$c_1 = c_2 = 2\text{N} \cdot \text{s/m}$$
$$k_1 = k_2 = 500\text{N/m}$$
$$F(t) = \sin(t)$$

利用 Simulink 子系统封装技术建立相应的仿真模型，如图 2-11 所示。也可以利用模态分析方法得到系统的解析解并与仿真解进行比较。

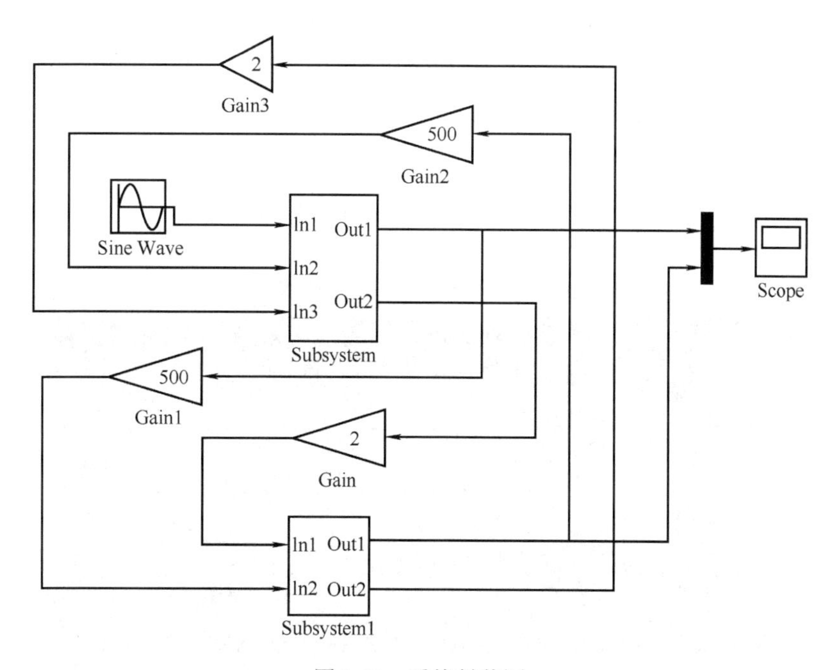

图 2-11 系统封装图

若取激励为 $F(t) = \sin(\sqrt{50}t)$，通过仿真可知，质量块 m_1 的振幅接近于零（动力消振器原理）。子系统如图 2-12 和图 2-13 所示，仿真结果如图 2-14 所示。

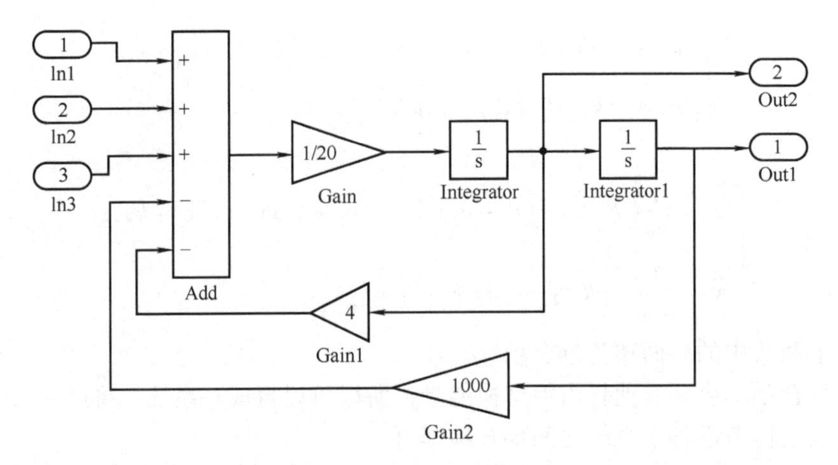

图 2-12　子系统 Subsystem 内部图

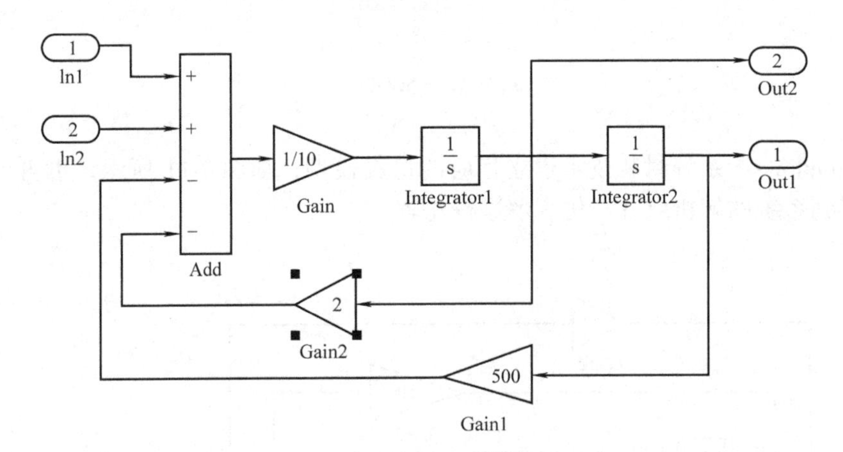

图 2-13　子系统 Subsystem1 内部图

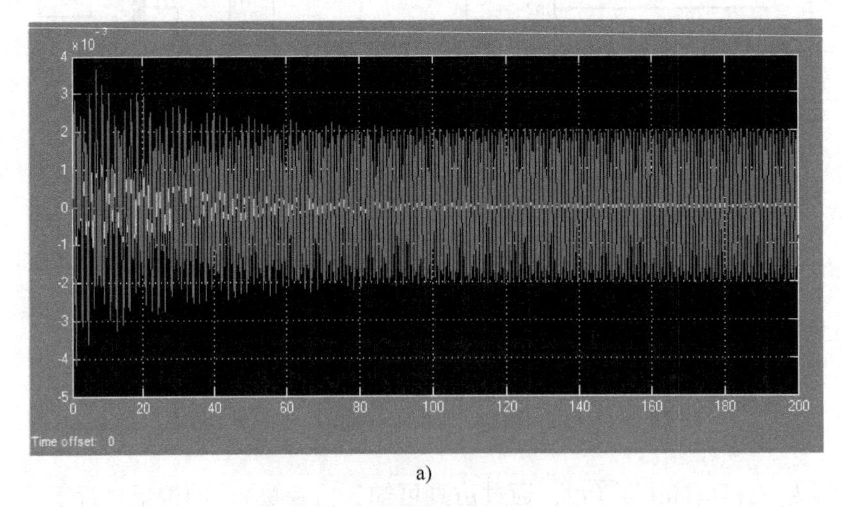

a)

图 2-14　系统位移响应局部放大图

a）系统位移响应图

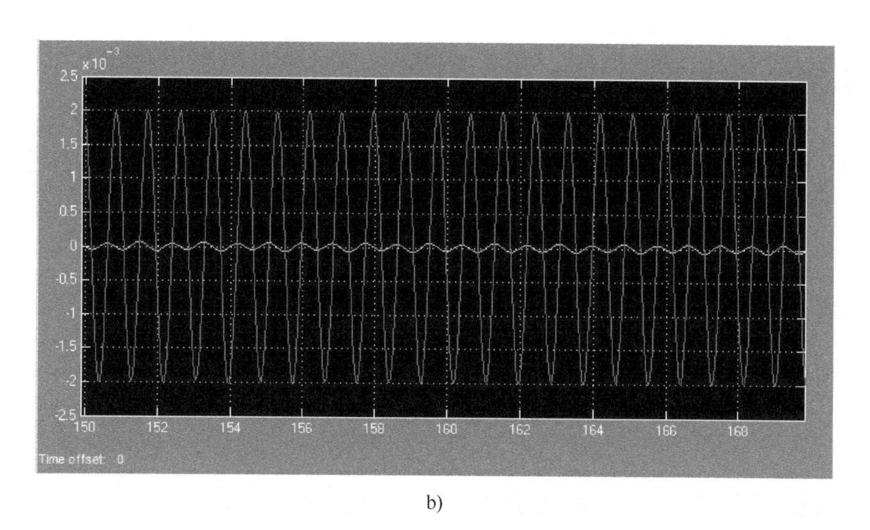

b)

图 2-14　系统位移响应局部放大图（续）
b）系统位移响应局位放大图

当 $c_1 = c_2 = 0$ 时，读者可以进一步分析主系统的消振效果和阻尼消振效果。

其实，可以将上面问题组合为矩阵形式

$$\begin{pmatrix} m_1 & 0 \\ 0 & m_2 \end{pmatrix}\begin{pmatrix} \ddot{x}_1 \\ \ddot{x}_2 \end{pmatrix} + \begin{pmatrix} c_1 + c_2 & -c_2 \\ -c_2 & c_2 \end{pmatrix}\begin{pmatrix} \dot{x}_1 \\ \dot{x}_2 \end{pmatrix} + \begin{pmatrix} k_1 + k_2 & -k_2 \\ -k_2 & k_2 \end{pmatrix}\begin{pmatrix} x_1 \\ x_2 \end{pmatrix} = \begin{pmatrix} F_1 \\ F_2 \end{pmatrix}$$

简写为

$$\boldsymbol{M}\ddot{x} + \boldsymbol{C}\dot{x} + \boldsymbol{K}x = \boldsymbol{F}$$

则有

$$\ddot{\boldsymbol{x}} = \boldsymbol{M}^{-1}(\boldsymbol{F} - \boldsymbol{C}\dot{\boldsymbol{x}} + \boldsymbol{K}\boldsymbol{x})$$

利用矢量信号可以像建立单自由度那样建立仿真框图，如图 2-15 所示。

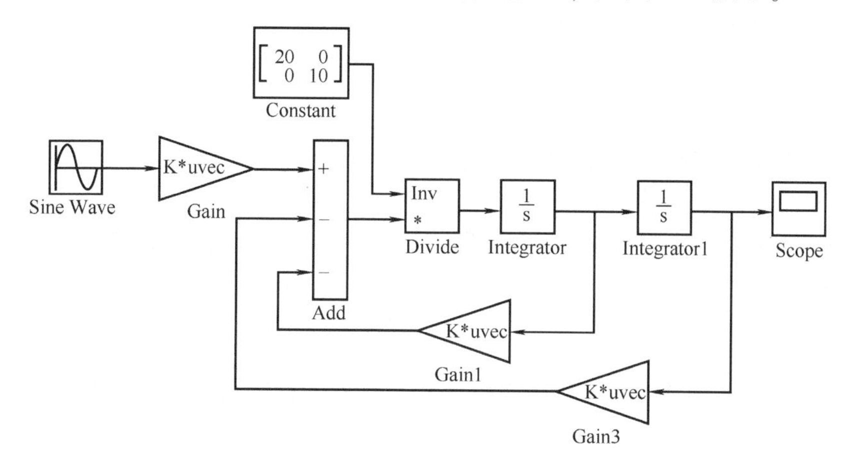

图 2-15　矢量信号仿真图

应注意各增益模块设置成矩阵乘矢量的状态，这样各信号通道就自动变成了矢量信号。

2.2 哈密顿动力学建模体系

除了使用牛顿力学的基础理论建模，还可以使用有关哈密顿力学体系的建模方法，这些建模的基础理论有拉格朗日第二类方程、哈密顿原理、哈密顿正则方程、Appell 方程和凯恩方程等。

2.2.1 拉格朗日方程

1. 拉格朗日方程第二类方程

$$\frac{\mathrm{d}}{\mathrm{d}t}\left(\frac{\partial T}{\partial \dot{q}_j}\right)-\frac{\partial T}{\partial q_j}=F_{\mathrm{Q}j} \tag{2-11}$$

式中，T 为系统的总动能；$F_{\mathrm{Q}j}$ 为对应于第 j 个广义坐标的广义力。

即

$$T=\frac{1}{2}\sum_{i=1}^{n} m_i v_i^2,\ F_{\mathrm{Q}j}=\sum_{i=1}^{n}\boldsymbol{F}_i\cdot\frac{\partial \boldsymbol{r}_i}{\partial q_j}$$

如果系统受到的力全是保守系力，则拉格朗日方程可简化为

$$\frac{\mathrm{d}}{\mathrm{d}t}\left(\frac{\partial T}{\partial \dot{q}_j}\right)-\frac{\partial L}{\partial q_j}=0 \tag{2-12}$$

式中，$L=T-V$ 称为拉格朗日函数；T 是系统的总动能；V 是系统的总势能。

对于具有保守力作用和非保守力作用的混合系统，其方程为

$$\frac{\mathrm{d}}{\mathrm{d}t}\left(\frac{\partial T}{\partial \dot{q}_j}\right)-\frac{\partial L}{\partial q_j}=F_{\mathrm{Q}j}^{*} \tag{2-13a}$$

考虑到势能 V 不是广义速度的函数，则式（2-13a）还可以写成

$$\frac{\mathrm{d}}{\mathrm{d}t}\left(\frac{\partial T}{\partial \dot{q}_j}\right)-\frac{\partial T}{\partial q_j}+\frac{\partial V}{\partial q_j}=F_{\mathrm{Q}j}^{*} \tag{2-13b}$$

式中，$F_{\mathrm{Q}j}^{*}$ 是对应非保守力的广义力。

拉格朗日方程式是一组关于 m 个广义坐标的二阶微分方程，它有统一的格式和步骤，因此在动力学建立模型时经常被采用。

2. 系统有耗散元件的拉格朗日方程

在工程实际问题中，如果存在与速度有关的阻力，如当物体在空气、液体中运动时会受到流体介质的阻力作用，实验表明，流动介质的阻力与相对速度有关，并且使系统的总能量不断减少。这种阻力统称为耗散力，这类元件统称为耗散元件。作用于系统的耗散力一般可以表示为

$$\boldsymbol{F}_i=-k_i f_i(v_i)\frac{\boldsymbol{v}_i}{v_i}\qquad(i=1,2,\cdots,n) \tag{2-14}$$

式中，v_i 为第 i 个质点的速度；$\boldsymbol{F}_i$ 表示第 i 个质点受到的耗散力；k_i 是阻力系数；$f_i(v_i)$ 为与广义速度有关的函数；负号表示阻尼与速度方向相反。

在系统中如果存在耗散力，只需将耗散力的广义力添加在拉格朗日方程的右边即可，关于耗散广义力计算可参考下式。

根据广义力的定义，有

$$F_{Qj} = \sum_{i=1}^{n} \boldsymbol{F}_i \cdot \frac{\partial \boldsymbol{r}_i}{\partial q_j} = -\sum_{i=1}^{n} k_i f_i(v_i) \frac{\boldsymbol{v}_i}{v_i} \cdot \frac{\partial \boldsymbol{r}_i}{\partial q_j}$$

考虑到$\frac{\partial r_i}{\partial q_j} = \frac{\partial \dot{\boldsymbol{r}}_i}{\partial \dot{q}_j}$，则有

$$F_{Qj} = \sum_{i=1}^{n} \boldsymbol{F}_i \frac{\partial \boldsymbol{r}_i}{\partial q_j} = -\sum_{i=1}^{n} k_i f_i(v_i) \frac{\boldsymbol{v}_i}{v_i} \cdot \frac{\partial v_i}{\partial \dot{q}_j}$$

式中

$$\boldsymbol{v}_i \cdot \frac{\partial \boldsymbol{v}_i}{\partial \dot{q}_j} = \frac{1}{2} \frac{\partial}{\partial \dot{q}_j}(\boldsymbol{v}_i \cdot \boldsymbol{v}_i) = \frac{1}{2} \frac{\partial v_i^2}{\partial \dot{q}_j} = v_i \frac{\partial v_i}{\partial \dot{q}_j}$$

因此有

$$F_{Qj} = -\sum_{i=1}^{n} k_i f_i(v_i) \frac{\partial v_i}{\partial \dot{q}_j} = -\frac{\partial}{\partial \dot{q}_j} \sum_{i=1}^{n} k_i \int_0^{v_i} f_i(v_i) \mathrm{d}v_i$$

令

$$D = \sum_{i=1}^{n} k_i \int_0^{v_i} f_i(v_i) \mathrm{d}v_i$$

称 D 为系统的耗散函数，于是耗散力的广义力为

$$F_{Qj} = -\frac{\partial D}{\partial \dot{q}_j}$$

这样，具有耗散系统的拉格朗日方程为

$$\frac{\mathrm{d}}{\mathrm{d}t}\left(\frac{\partial T}{\partial \dot{q}_j}\right) - \frac{\partial L}{\partial q_j} = -\frac{\partial D}{\partial \dot{q}_j}$$

或者

$$\frac{\mathrm{d}}{\mathrm{d}t}\left(\frac{\partial T}{\partial \dot{q}_j}\right) - \frac{\partial T}{\partial q_j} + \frac{\partial V}{\partial q_j} + \frac{\partial D}{\partial \dot{q}_j} = 0 \tag{2-15}$$

因此对于耗散系统，只需将耗散力的广义力加进拉格朗日方程的普通广义力中即可。

例如，在线性动力学系统中，一般当阻尼力是广义速度的一次式，即 $\boldsymbol{F} = -kv\frac{\boldsymbol{v}}{v}$，则对应的耗散函数为 $D = k\int_0^{v_i} v\mathrm{d}v = \frac{k}{2}v^2$，对应的广义力为 $F_Q = -\frac{\partial D}{\partial v} = -kv$。

例 2-6 一旋转摆如图 2-16 所示，摆长为 L，摆锤质量为 m，用光滑铰链连接在铅直轴上，在转轴上作用有一常力偶，其力偶矩为 M，试建立系统的动力学方程。

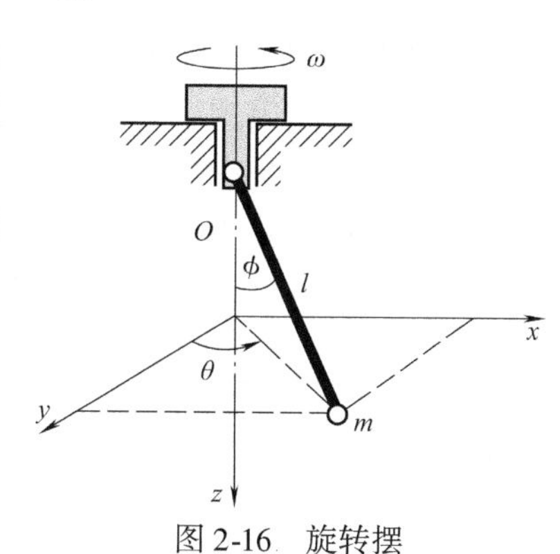

图 2-16 旋转摆

解 当 ω 为任意时，系统有两个自由度，分别取 ϕ 和 θ 为广义坐标，其动能和势能分别为

$$T = \frac{m}{2}(l^2\dot{\phi}^2 + l^2\dot{\theta}^2\sin^2\phi), \quad V = -mgl\cos\phi$$

拉格朗日函数为

$$L = T - V = \frac{m}{2}(l^2\dot{\phi}^2 + l^2\dot{\theta}^2\sin^2\phi) + mgl\cos\phi$$

在通常情况下，在转轴上作用外加力偶矩 M，根据拉格朗日方程

$$\frac{\mathrm{d}}{\mathrm{d}t}\left(\frac{\partial L}{\partial \dot{\theta}}\right)-\frac{\partial L}{\partial \theta}=M, ml^2\sin^2\phi\cdot\ddot{\theta}=M$$

$$\frac{\mathrm{d}}{\mathrm{d}t}\left(\frac{\partial L}{\partial \dot{\phi}}\right)-\frac{\partial L}{\partial \phi}=0,\ l^2\ddot{\phi}-\frac{1}{2}l^2\dot{\theta}^2\sin2\phi+gl\sin\phi=0$$

以上两式仍为耦合非线性动力学方程。

① 如果考虑多转轴与轨道之间的摩擦阻尼，即 $M'=-k\dot{\phi}$，而耗散函数为 $D=\frac{1}{2}k\dot{\varphi}^2$，耗散力的广义力为

$$F_{Q\phi}=-\frac{\partial D}{\partial\dot{\phi}}=-k\dot{\phi}$$

代入式（2-15），得 θ 坐标的动力学方程为

$$ml^2\sin^2\phi\cdot\ddot{\theta}+k\dot{\phi}=M$$

ϕ 坐标上的动力学方程不变。

② 如果考虑杆的质量，设其质量为 m_1，则动能为

$$T=\int\frac{\mathrm{d}m}{2}[(\xi\sin\phi\,\dot{\theta}^2)^2+\xi^2\dot{\phi}^2)]=\int_0^l\frac{m_1}{2l}[\xi^2\dot{\theta}^2\sin^2\phi+\xi^2\dot{\phi}^2]\mathrm{d}\xi=$$

$$=\frac{m_1}{2}\left[\frac{l^2\sin^2\phi\cdot\dot{\theta}^2}{3}+\frac{l^2\dot{\phi}^2}{3}\right]$$

2.2.2 哈密顿原理

哈密顿原理是以变分为基础的建模方法，设系统的动能为 T，势能为 V，非保守力的虚元功为 δw，则哈密顿原理可以表示为

$$\int_{t_0}^{t_1}(\delta L+\delta w)\mathrm{d}t=0 \tag{2-16}$$

式中，$L=T-V$ 为拉格朗日函数。

哈密顿原理常用于建立连续的质量分布和连续刚度分布系统（弹性系统）的动力学模型。

例 2-7 弹性系统的动力学建模。弹性系统是指具有连续的质量分布和连续刚度分布的系统，下面通过简支梁（见图 2-17）的横向振动来说明弹性体的建模方法。

解 设梁的长度为 l，截面的弯曲刚度 EI 为常数，单位长度质量为 ρ，在 x 截面形心处横向位移为 $y(x,t)$，忽略剪切变形，则梁的动能表达式为

$$T=\frac{1}{2}\int_0^l\rho(x)\left(\frac{\partial y}{\partial t}\right)^2\mathrm{d}x$$

势能为

$$V=\frac{1}{2}\int_0^l EI(x)\left(\frac{\partial^2 y}{\partial x^2}\right)^2\mathrm{d}x$$

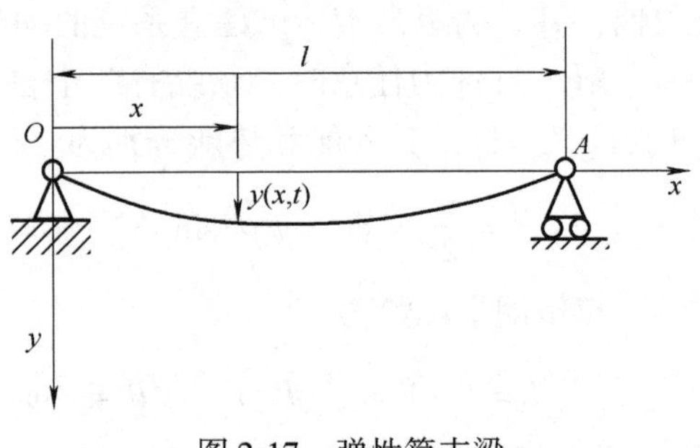

图 2-17 弹性简支梁

拉格朗日函数为 $L=T-V$。当系统无外力作用时，根据哈密顿原理，有

$$\delta\int_{t_0}^{t_1}L\mathrm{d}t = \delta\int_{t_0}^{t_1}\left[\int_0^l\frac{1}{2}(\rho(x)\,\dot{y}^2 - EI\,(y'')^2)\,\mathrm{d}x\right]\mathrm{d}t = 0$$

当 $\rho(x)$ 为常数时，上式积分为

$$\begin{aligned}&\int_{t_0}^{t_1}\left[\int_0^l(\rho\,\dot{y}\delta\,\dot{y} - EIy''\delta y'')\,\mathrm{d}x\right]\mathrm{d}t\\ &= \int_{t_0}^{t_1}\left[\int_0^l\frac{\partial}{\partial t}(\rho\,\dot{y}\delta y) - \rho\,\ddot{y}\delta y - \frac{\partial}{\partial x}(EIy''\delta y') + \frac{\partial}{\partial x}(EIy)''\right]\mathrm{d}x\mathrm{d}t\\ &= \int_0^l(\rho\,\dot{y}\delta y)\Big|_{t_0}^{t_1}\mathrm{d}x - \int_{t_0}^{t_1}\int_0^l\left[\rho\,\ddot{y}\delta y + \frac{\partial^2}{\partial x^2}(EIy'')\right]\delta y\mathrm{d}x\mathrm{d}t + \left[\int_{t_0}^{t}\frac{\partial}{\partial x}(EIy)''\delta y - EIy'\delta y'\right]_{t_0}^{t}\mathrm{d}x\\ &= 0\end{aligned}$$

根据哈密顿原理，满足时间端点的条件，当 $t=t_0$ 和 $t=t_1$ 时，有

$$\delta y(t_0)=\delta y(t_1)=0$$

得

$$\int_{t_0}^{t_1}\int_0^l\left[\rho\,\ddot{y} + \frac{\partial^2}{\partial x^2}(EIy'')\right]\delta y\mathrm{d}x\mathrm{d}t = 0$$

根据 δy 的任意性，满足上式条件为

$$\rho\frac{\partial^2 y}{\partial t^2}+\frac{\partial^2}{\partial x^2}\left(EI\frac{\partial^2 y}{\partial x^2}\right)=0,\qquad \left[\frac{\partial}{\partial x}(EIy'')\delta y - EIy''\delta y'\right]_{t_0}^{t_1}=0$$

第一式为梁的自由振动方程，第二式是变分问题中自然满足的边界条件。可以使用模态分析方法，将偏微分方程化为常微分方程，然后利用前面的方法来建立数学模型。

当梁上作用有分布载荷力和分布力偶时，如图 2-18 所示，系统的虚功可以表示为

$$\delta w = \int_0^l q(x,t)\,\delta y\mathrm{d}x + \int_0^l m(x,t)\,\delta(y')\,\mathrm{d}x$$

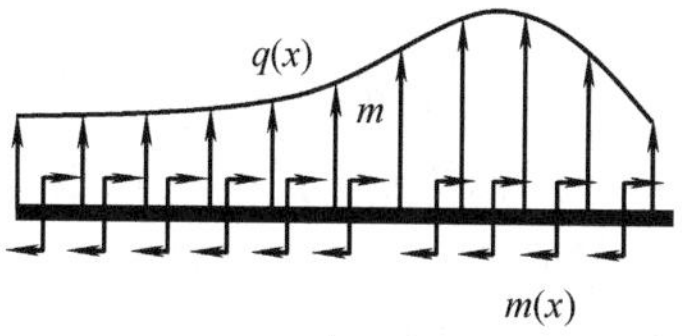

图 2-18　分布载荷图

式中

$$\int_0^l m(x,t)\,\delta'(y)\,\mathrm{d}x = m(x,t)\,\delta y\,\Big|_0^l - \int_0^l\frac{\partial m}{\partial x}\delta y\mathrm{d}x$$

这里第一项积分为零，代入哈密顿原理中，得

$$\rho\frac{\partial^2 y}{\partial t^2}+\frac{\partial^2}{\partial x^2}\left(EI\frac{\partial^2 y}{\partial x^2}\right)=q(x,t)+\frac{\partial m}{\partial x}$$

如在梁上某点 a 处作用集中力的大小 F，b 点处作用集中力偶矩 M 时，如图 2-19 所示，那么系统的广义力可以表示为

$$F\delta(x-a),\ \frac{\partial(M\delta(x-b))}{\partial x}$$

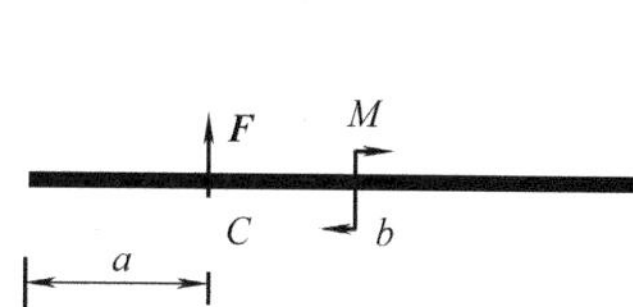

图 2-19　集中力和集中力偶

并注意到

$$\frac{\partial(M\delta(x-b))}{\partial x}=M\delta'(x-b)$$

在一般情况下，一个连续系统的动态特性可以用一个高阶微分方程或微分方程组来表示：

$$\frac{\mathrm{d}^n y}{\mathrm{d}t^n}+a_1\frac{\mathrm{d}^{n-1}y}{\mathrm{d}t^{n-1}}+\cdots+a_n y=c_0\frac{\mathrm{d}^{n-1}u}{\mathrm{d}t^{n-1}}+c_1\frac{\mathrm{d}^{n-2}u}{\mathrm{d}t^{n-2}}+\cdots+c_{n-1}u \tag{2-17}$$

式中，y 为系统的输出；u 为系统的输入量。如果引进微分算子

$$p^n=\frac{\mathrm{d}^n}{\mathrm{d}t^n}$$

则有

$$a_0p^ny+a_1p^{n-1}y+\cdots+a_{n-1}y=c_0p^{n-1}u+c_1p^{n-2}u+\cdots+c_{n-1}u$$

即

$$\sum_{j=0}^{n-1}a_{n-1-j}p^jy=\sum_{j=0}^{n-1}c_{n-j-1}p^ju \tag{2-18}$$

一个动力学系统的数学模型建立起来以后，还需要对该系统响应规律进行分析，以便揭示真正的运动规律，或者通过建立仿真模型来揭示运动规律。

2.3 一维弹性体的有限元建模

有限元的基本思想是先把结构分割成 N 个不同单元，分别对单元和节点编号，如 1，2，…，N。单元划分越细，计算精度越高，但是计算工作量也越大，因此，要根据具体情况合理地划分单元数，本节将介绍一维梁单元有限元建模方法。

2.3.1 梁单元质量矩阵与刚度矩阵

设梁单元中的第 i 个单元如图 2-20 所示，单元坐标为 x_e（局部坐标），单元长度为 l，该单元有两个节点，且每个节点有两个广义坐标，这样，一个梁单元共有 4 个广义坐标，分别是左界面的位移 q_{e1} 与转角 q_{e2} 和右界面的位移 q_{e3} 与转角 q_{e4}，即

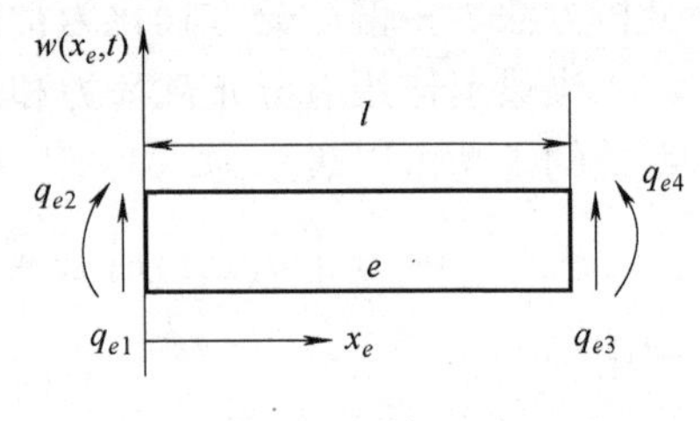

图 2-20 单元图

$$q_{e1}=w(x_e,t)|_{x_e=0},q_{e2}=\frac{\partial w(x_e,t)}{\partial x_e}|_{x_e=0},q_{e3}=w(x_e,t)|_{x_e=l},q_{e4}=\frac{\partial w(x_e,t)}{\partial x_e}|_{x_e=l}$$

设单元的位移模式为

$$w(x_e,t)=c_1x_e{}^3+c_2x_e{}^2+c_3x_e+c_4$$

将单元边界条件带入上式，得

$$c_1=\frac{1}{l^3}(2q_{e1}+lq_{e2}-2q_{e3}+lq_{e4})$$

$$c_2=\frac{1}{l^2}(-3q_{e1}-2lq_{e2}+3q_{e3}-lq_{e4})$$

$$c_3=q_{e2},\ c_4=q_{e1}$$

整理后可以将单位位移写成

$$w(x_e,t)=(\phi_e)(q_e) \tag{2-19}$$

式中

$$(\phi_e) = (\phi_1(x_e) \quad \phi_2(x_e) \quad \phi_3(x_e) \quad \phi_4(x_e)), \qquad (q_e) = \begin{pmatrix} q_{e1} \\ q_{e2} \\ q_{e3} \\ q_{e4} \end{pmatrix}$$

这里

$$\phi_1(x_e) = \left(1 - \frac{3x_e{}^2}{l^2} + \frac{2x_e{}^3}{l^3}\right)$$

$$\phi_2(x_e) = \left(x_e - \frac{2x_e^2}{l} + \frac{x_e^3}{l^2}\right)$$

$$\phi_3(x_e) = \left(\frac{3x_e^2}{l^2} - \frac{2x_e^3}{l^3}\right)$$

$$\phi_4(x_e) = \left(-\frac{x_e^2}{l} + \frac{x_e^3}{l^2}\right)$$

设梁的单位长度质量为ρ，则系统的动能为

$$T = \frac{1}{2}\int_0^l \rho\left(\frac{\partial w}{\partial t}\right)^2 \mathrm{d}x = \frac{1}{2}\sum_{i=1}^4 \sum_{j=1}^4 m_{ij} q_{ei} q_{ej} = \frac{1}{2}\dot{q}_e^{\mathrm{T}} M_e \dot{q}_e$$

式中

$$M_e = \int_0^l \rho \phi_e^{\mathrm{T}} \phi_e \mathrm{d}x \tag{2-20}$$

矩阵中的元素为

$$m_{ij} = \int_0^l \rho \phi_i(x) \phi_j(x_e) \mathrm{d}x_e$$

系统的势能为

$$V = \frac{1}{2}\int_0^l EI\left(\frac{\partial^2 w}{\partial x_e^2}\right)^2 \mathrm{d}x_e = \frac{1}{2}\sum_{i=1}^4 \sum_{j=1}^4 k_{ij} q_{ei} q_{ej} = \frac{1}{2}\boldsymbol{q}_e^{\mathrm{T}} \boldsymbol{K}_e \boldsymbol{q}_e$$

式中

$$\boldsymbol{K}_e = \int_0^l EI \boldsymbol{\phi}''^{\mathrm{T}}_e \boldsymbol{\phi}''_e \mathrm{d}x \tag{2-21}$$

矩阵中的元素为

$$k_{ij} = \int_0^l EI \varphi''_i(x_e) \varphi''_j(x_e) \mathrm{d}x_e$$

广义力可以利用虚功原理导出。设作用在单元体上的外力为 $F(x_e,t)$，其虚功表达式为

$$\delta W = \int_0^l F(x_e,t)\delta w(x_e,t)\mathrm{d}x_e = \int_0^l F(x_e,t)\left[\sum_{j=1}^4 \boldsymbol{\phi}_j(x_e)\delta q_j\right] dx_e = F_{Qe}\delta q_j$$

式中

$$F_{Qe}(t) = \int_0^l F(x_e,t)\phi_e^{\mathrm{T}} \mathrm{d}x_e \tag{2-22}$$

其元素为

$$F_{Qe}^j(t) = \int_0^l F(x_e,t)\phi_j(x_e)\mathrm{d}x_e$$

将动能和势能代入拉格朗日方程中，即

$$\frac{\mathrm{d}}{\mathrm{d}t}\left(\frac{\partial L}{\partial \dot{q}_j}\right) - \frac{\partial L}{\partial q_j} = F_{Qj} \qquad (j = 1,2,3,4)$$

式中，$L=T-V$，F_{Qj} 为非保守力的广义力，这样就可得到系统的单元微分方程为

$$\boldsymbol{M}_e\ddot{\boldsymbol{q}}_e+\boldsymbol{K}_e\boldsymbol{q}_e=\boldsymbol{F}_{Qe} \tag{2-23}$$

2.3.2 总体系统动力学微分方程

以上仅仅给出了单元系统的微分方程，通过相邻单元的位移连续条件，可以得到总体坐标下的动力学微分方程。为了得到总体坐标系中的动力学方程，先引入总体节点位移矢量 $\boldsymbol{q}=[q_1\quad q_2\quad\cdots\quad q_n]^{\mathrm{T}}$。对于两单元，有 $n=2(N+1)$ 个位移分量和单元节点位移矢量，$\boldsymbol{q}_e=[q_{e1}\quad q_{e2}\quad q_{e3}\quad q_{e4}]^{\mathrm{T}}$。

设局部位移矢量与总体位移矢量的关系为

$$\boldsymbol{q}_{ei}=\boldsymbol{s}_i\boldsymbol{q}\qquad(i=1,2,\cdots,N)$$

则系统的总动能为

$$T=\frac{1}{2}\sum_i^N\dot{\boldsymbol{q}}_{ei}^{\mathrm{T}}\boldsymbol{M}_e\dot{\boldsymbol{q}}_{ei}=\frac{1}{2}\sum_i^N\dot{\boldsymbol{q}}^{\mathrm{T}}\boldsymbol{s}_i^{\mathrm{T}}\boldsymbol{M}_e\boldsymbol{s}_i\dot{\boldsymbol{q}}=\frac{1}{2}\dot{\boldsymbol{q}}^{\mathrm{T}}\boldsymbol{M}\dot{q}$$

得

$$\boldsymbol{M}=\sum_i^N\boldsymbol{s}_i^{\mathrm{T}}\boldsymbol{M}_{ei}\boldsymbol{s}_i=\sum_i^N\widetilde{\boldsymbol{M}}_{ei} \tag{2-24}$$

式中

$$\widetilde{\boldsymbol{M}}_{ei}=\boldsymbol{s}_i^{\mathrm{T}}\boldsymbol{M}_{ei}\boldsymbol{s}_i$$

同理，有

$$\boldsymbol{K}=\sum_i^N\boldsymbol{s}_i^{\mathrm{T}}\boldsymbol{K}_{ei}\boldsymbol{s}_i=\sum_i^N\widetilde{\boldsymbol{K}}_{ei} \tag{2-25}$$

式中

$$\widetilde{\boldsymbol{K}}_{ei}=\boldsymbol{s}_i^{\mathrm{T}}\boldsymbol{K}_{ei}\boldsymbol{s}_i$$

激励列阵为

$$\boldsymbol{F}_{Q}=\sum_{i=1}^N\boldsymbol{s}_i^{\mathrm{T}}\boldsymbol{F}_{Qei}=\sum_{i=1}^N\widetilde{\boldsymbol{F}}_{Qei} \tag{2-26}$$

式中

$$\widetilde{\boldsymbol{F}}_{Qei}=\boldsymbol{s}_i^{\mathrm{T}}\boldsymbol{F}_{Qei}$$

这样可以得到总体坐标下的动力学方程：

$$\boldsymbol{M}\ddot{\boldsymbol{q}}+\boldsymbol{K}\boldsymbol{q}=\boldsymbol{F}_{Q} \tag{2-27}$$

如果结构有零边界条件，可以得到降阶方程。下面通过一个实际例子说明如何使用 Maltlab 建立有限元模型。

例 2-8 如图 2-21 所示，简支梁在中点受到集中力 $F(t)=F_0\sin\omega t$ 作用，将结构分离为两个单元，试用有限元法建立如下简支梁的动力学方程。

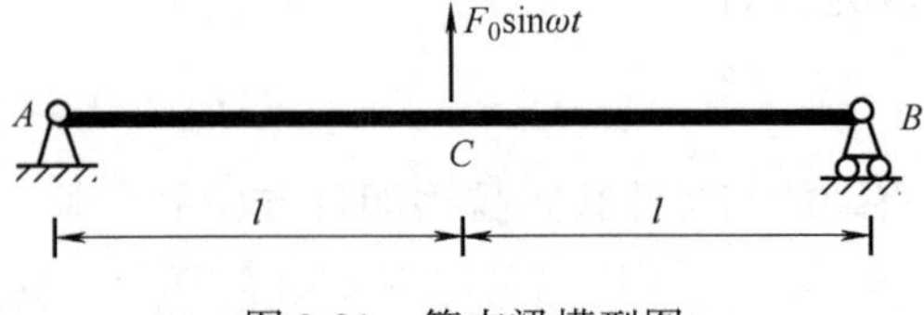

图 2-21 简支梁模型图

解 (1) 简支梁化为两个相同单元，如

图 2-22 所示，共有 3 个节点 6 个自由度，总体位移矢量为

$$\boldsymbol{q}=[q_1 \quad q_2 \quad q_3 \quad q_4 \quad q_5 \quad q_6]^{\mathrm{T}}$$

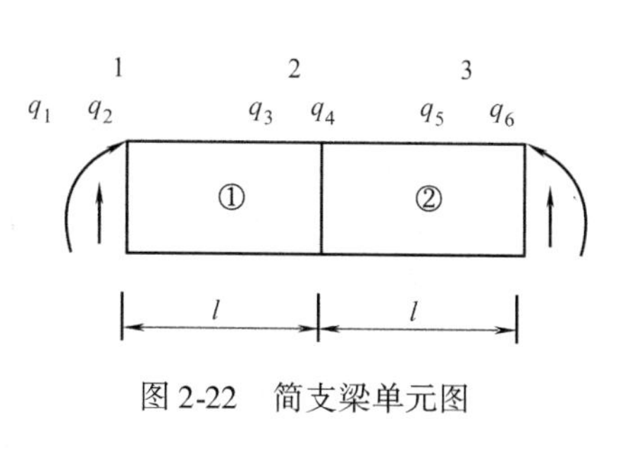

图 2-22 简支梁单元图

（2）求解单元质量矩阵 $\boldsymbol{M}_{\mathrm{P}}$。根据式（2-20），计算结果为

$$\boldsymbol{M}_{\mathrm{P}}=\frac{\rho l}{420}\begin{pmatrix} 156 & 22*l & 54 & -13*l \\ 22*l & 4*l\hat{}2 & 13*l & -3*l\hat{}2 \\ 54 & 13*l & 156 & -22*l \\ -13*l & -3*l\hat{}2 & -22*l & 4*l\hat{}2 \end{pmatrix}$$

```
%求质量矩阵(符号积分)
clear
x=sym ('x'); L=sym ('L');                                              % 定义符号
N=[1 -3*(x^2)/(L^2)+2*(x^3)/(L^3), x-2*(x^2)/L+(x^3)/(L^2),…,
3*(x^2)/(L^2)-2*(x^3)/(L^3), -(x^2)/L+(x^3)/(L^2) ];% 定义形函数
Mt=transpose(N);                                                       % 求矩阵转置
MP=int(Mt*N, 0, 'L').*420                                              % 通过积分求单元质量矩阵
```

（3）求解单元刚度矩阵 $\boldsymbol{K}_{\mathrm{P}}$。根据式（2-21），计算结果为

$$\boldsymbol{K}_{\mathrm{P}}=\frac{2EI}{l^3}\begin{pmatrix} 6, & 3*l, & -6, & 3*l \\ 3*l, & 2*l\hat{}2, & -3*l, & l\hat{}2 \\ -6, & -3*l, & 6, & -3*l \\ 3*l, & l\hat{}2, & -3*l, & 2*l\hat{}2 \end{pmatrix}$$

```
%求刚度矩阵(符号积分)
clear
x=sym('x'); L=sym('L');                                                %定义符号
E=sym('E'); I=sym('I');
N=[1 -3*(x^2)/(L^2)+2*(x^3)/(L^3), x-2*(x^2)/L+(x^3)/(L^2),…
  3*(x^2)/(L^2)-2*(x^3)/(L^3), -(x^2)/L+(x^3)/(L^2) ]; % % 定义形函数
Ni=diff(N, x, 2);                                                      % 形函数对 x 求二阶偏导数
Nt=transpose(Ni);                                                      % 求矩阵转置
kk1=Nt* Ni;
KP=int(kk1, 0, 'L')*L^3/2                                              % 求积分并提出了公共因子
```

（4）求单元广义力。根据式（2-22），由于两单元受到的外载荷不同，则分别计算广义力。其中第一单元的载荷为

$$F_1(t)=\frac{1}{2}F_0\sin\omega t\delta(x-L),\ F_2(t)=\frac{1}{2}F_0\sin\omega t\delta(x)$$

```
Clear  % 求广义力(符号积分)
x=sym('x'); L=sym('L');F=sym('F0*Sin(Wt)'); %                    % 定义符号
N=[1 -3*(x^2)/(L^2)+2*(x^3)/(L^3), x-2*(x^2)/L+(x^3)/(L^2),…
  3*(x^2)/(L^2)-2*(x^3)/(L^3), -(x^2)/L+(x^3)/(L^2) ];           %定义形函数
Nt=transpose(N);                                                 %求矩阵转置
F1=F*Nt;
F2=F*Nt;
```

```
p1 = subs(F1, x, L);          % 利用 diract 函数的筛选性,直接使用替换函数
Q1 = simple(p1)               % 简化第一单元的广义力
p2 = subs(F2, x, 0);          % 利用 diract 函数的筛选性,直接使用替换函数
Q2 = simple(p2)               % 简化第二单元的广义力
```

计算结果为

```
Q1 = [0              0    F0 * Sin(Wt)/2    0]'
Q2 = [F0 * Sin(Wt)/2  0         0           0]'
```

（5）总体坐标下的动力学方程。

总体坐标为 $\boldsymbol{q} = [q_1 \quad q_2 \quad q_3 \quad q_4 \quad q_5 \quad q_6]^{\mathrm{T}}$

单元坐标与总体坐标之间的变换关系为 $\boldsymbol{q}_{e1} = \boldsymbol{s}_1 \boldsymbol{q}$，$\boldsymbol{q}_{e2} = \boldsymbol{s}_2 \boldsymbol{q}$

其中变换矩阵为

$$\boldsymbol{s}_1 = \begin{pmatrix} 1 & 0 & 0 & 0 & 0 & 0 \\ 0 & 1 & 0 & 0 & 0 & 0 \\ 0 & 0 & 1 & 0 & 0 & 0 \\ 0 & 0 & 0 & 1 & 0 & 0 \end{pmatrix} \qquad \boldsymbol{s}_2 = \begin{pmatrix} 0 & 0 & 1 & 0 & 0 & 0 \\ 0 & 0 & 0 & 1 & 0 & 0 \\ 0 & 0 & 0 & 0 & 1 & 0 \\ 0 & 0 & 0 & 0 & 0 & 1 \end{pmatrix}$$

根据式（2-24）~式（2-26），各单元质量矩阵、刚度矩阵和激振力列阵转化为总体坐标中的质量矩阵、刚度矩阵以及激振力列阵为

$$\tilde{\boldsymbol{M}}_{e1} = \boldsymbol{s}_1^{\mathrm{T}} \boldsymbol{M}_{e1} \boldsymbol{s}_1 = \frac{\rho l}{420} \begin{pmatrix} 156 & 22l & 54 & -13l & 0 & 0 \\ 0 & 4l^2 & 13l & -3l^2 & 0 & 0 \\ 0 & 0 & 156 & -22l & 0 & 0 \\ 0 & 0 & 0 & 4l^2 & 0 & 0 \\ 0 & 0 & 0 & 0 & 0 & 0 \\ 0 & 0 & 0 & 0 & 0 & 0 \end{pmatrix}$$

$$\tilde{\boldsymbol{M}}_{e2} = \boldsymbol{s}_2^{\mathrm{T}} \boldsymbol{M}_{e2} \boldsymbol{s}_2 = \frac{\rho l}{420} \begin{pmatrix} 0 & 0 & 0 & 0 & 0 & 0 \\ 0 & 0 & 0 & 0 & 0 & 0 \\ 0 & 0 & 156 & 22l & 54 & -13l \\ 0 & 0 & 22l & 4l^2 & 13l & -3l^2 \\ 0 & 0 & 54 & 13l & 156 & -22l \\ 0 & 0 & -13l & 4l^2 & -22l & 4l^2 \end{pmatrix}$$

$$\tilde{\boldsymbol{K}}_{e1} = \frac{2EI}{l^3} \begin{pmatrix} 6 & 3l & -6 & 3l & 0 & 0 \\ 0 & 2l^2 & -3l & l^2 & 0 & 0 \\ 0 & 0 & 6 & -3l^2 & 0 & 0 \\ 0 & 0 & 0 & 2l^2 & 0 & 0 \\ 0 & 0 & 0 & 0 & 0 & 0 \\ 0 & 0 & 0 & 0 & 0 & 0 \end{pmatrix}, \quad \tilde{\boldsymbol{K}}_{e2} = \frac{2EI}{l^3} \begin{pmatrix} 0 & 0 & 0 & 0 & 0 & 0 \\ 0 & 0 & 0 & 0 & 0 & 0 \\ 0 & 0 & 6 & 3l & -6 & 3l \\ 0 & 0 & 0 & 2l^2 & -3l & l^2 \\ 0 & 0 & 0 & 0 & 6 & -3l^2 \\ 0 & 0 & 0 & 0 & 0 & 2l^2 \end{pmatrix}$$

广义力为

$$\tilde{\boldsymbol{F}}_{e1}=\boldsymbol{s}_1^{\mathrm{T}}\boldsymbol{F}_{e1}=\begin{pmatrix}1&0&0&0\\0&1&0&0\\0&0&1&0\\0&0&0&1\\0&0&0&0\\0&0&0&0\end{pmatrix}\begin{pmatrix}0\\0\\F_0\sin\omega t\\0\end{pmatrix}=\frac{1}{2}\begin{pmatrix}0\\0\\F_0\sin\omega t\\0\\0\\0\end{pmatrix}$$

$$\tilde{\boldsymbol{F}}_{e2}=\boldsymbol{s}_2^{\mathrm{T}}\boldsymbol{F}_{e2}=\begin{pmatrix}0&0&0&0\\0&0&0&0\\1&0&0&0\\0&1&0&0\\0&0&1&0\\0&0&0&1\end{pmatrix}\begin{pmatrix}F_0\sin\omega t\\0\\0\\0\end{pmatrix}=\frac{1}{2}\begin{pmatrix}0\\0\\F_0\sin\omega t\\0\\0\\0\end{pmatrix}$$

根据以上计算，可以得到总体坐标下的质量矩阵、刚度矩阵以及激振力列阵：

$$\boldsymbol{M}=\sum_{i}^{2}\tilde{\boldsymbol{M}}_{ei}=\frac{\rho l}{420}\begin{pmatrix}156&22l&54&-13l&0&0\\22l&4l^2&13l&-3l^2&0&0\\54&13l&312&0&54&-13l\\-13l&-3l^2&0&8l^2&13l&-3l^2\\0&0&54&13l&156&22l\\0&0&-13l&-3l^2&22l&4l^2\end{pmatrix}$$

```
clear  % 求总体质量阵和总体刚度阵总体激振力列阵
s1 =[ 1 0 0 0 0 0; 0 1 0 0 0 0 ; 0 0 1 0 0 0; 0 0 0 1 0 0]  %坐标转换关系
s2 =[ 0 0 1 0 0 0 ; 0 0 0 1 0 0 ; 0 0 0 0 1 0;0 0 0 0 0 1]
M = s1' * MP1 * s1 + s2' * MP2 * s2
K = s1' * KP1 * s1 + s2' * KP2 * s2
F = s1' * F1 * s1 + s2' * F2 * s2
```

$$\boldsymbol{K}=\sum_{i=1}^{2}\tilde{\boldsymbol{K}}_{e1}=\frac{2EI}{l^3}\begin{pmatrix}6&3l&-6&3l&0&0\\3l&2l^2&-3l&l^2&0&0\\-6&-3l&12&0&-6&3\\3l&l^2&0&4l^2&-3l&l^2\\0&0&-6&-3l&6&-3l\\0&0&3l&l^2&-3l&2l^2\end{pmatrix},\quad \boldsymbol{F}=\sum_{i=1}^{2}\boldsymbol{F}_{ei}=\begin{pmatrix}0\\0\\F_0\sin\omega t\\0\\0\\0\end{pmatrix}$$

由于总体坐标中的边界条件中有 $q_1=0$，$q_5=0$，则划去 1 行、5 行和 1 列、5 列，最后得到缩减的动力方程：

$$\frac{\rho l}{420}\begin{pmatrix}4l^2&13l&-3l&0\\13l&312&0&-13l\\-3l&0&8l^2&-3l^2\\0&-13l&-3l^2&4l^2\end{pmatrix}\begin{pmatrix}\ddot{q}_2\\\ddot{q}_3\\\ddot{q}_4\\\ddot{q}_6\end{pmatrix}+\frac{2EI}{l^3}\begin{pmatrix}2l^2&-3l&l^2&0\\-3l&12&0&3\\l^2&0&4l^2&l^2\\0&3l&l^2&2l^2\end{pmatrix}\begin{pmatrix}q_2\\q_3\\q_4\\q_6\end{pmatrix}=\begin{pmatrix}0\\F\sin\omega t\\0\\0\end{pmatrix}$$

设 $\rho=1$，$EI=100$，梁的中长度为 $L=2\mathrm{m}$，则单元长度为 $l=1\mathrm{m}$，可以得到前四阶固有频率近似值。

有限元近似值：

$$\omega_1=24.7714\mathrm{Hz},\ \omega_2=109.5445\mathrm{Hz},\ \omega_3=275.3491\mathrm{Hz},\ \omega_4=501.9960\mathrm{Hz}$$

精确值：

$$\omega_1=24.6740\mathrm{Hz},\ \omega_2=98.6960\mathrm{Hz},\ \omega_3=222.0661\mathrm{Hz},\ \omega_4=394.7842\mathrm{Hz}$$

可见，有限元模型得到的固有频率和振型与精确解比较，高阶模态存在较大的误差，随着有限元单元划分的提高可减小这种误差。

2.4 一维弹性体系统的假设模态法

2.4.1 模态函数

与有限元问题不同，有限元是假定了各个单元的位移模式，而假设模态法是假定了系统的一种模态函数，$\phi_i(x)(i=1,2,\cdots,n)$，它们一般是满足边值问题的允许函数（即满足位移边界的函数）或比较函数（同时满足位移边界条件和力的边界条件的函数）。将系统在物理空间的响应 $y(x,t)$ 问题转换到模态空间进行研究，转换关系为

$$y(x,t)=\sum_{i=1}^{n}\boldsymbol{\phi}_i(x)q_i(t)=\boldsymbol{\phi}^{\mathrm{T}}q \tag{2-28}$$

式中，$q_i(t)$ 为模态坐标。

2.4.2 系统的动能和势能

以简支梁为例，设梁长为 l，单位长度质量为 $\rho(x)$，$EI(x)$ 为弯曲刚度。如果给定了模态函数 $\boldsymbol{\phi}_i(x)$，可以得到系统的动能和势能表达式。

系统的动能为

$$T=\frac{1}{2}\int_0^l\boldsymbol{\rho}(x)\left(\frac{\partial y(x,t)}{\partial t}\right)^2\mathrm{d}x=\frac{1}{2}\int_0^l\boldsymbol{\rho}(x)\ \dot{\boldsymbol{q}}^{\mathrm{T}}\boldsymbol{\phi}\boldsymbol{\phi}^{\mathrm{T}}\ \dot{\boldsymbol{q}}\mathrm{d}x+\frac{1}{2}\dot{\boldsymbol{q}}^{\mathrm{T}}\boldsymbol{M}\ \dot{\boldsymbol{q}}$$

式中

$$\boldsymbol{M}=\int_0^l\boldsymbol{\rho}(x)\boldsymbol{\phi}\cdot\boldsymbol{\phi}^{\mathrm{T}}\mathrm{d}x \tag{2-29}$$

矩阵中的元素为

$$m_{ij}=\int_0^l\rho(x)\phi_i(x)\phi_j(x)\mathrm{d}x \tag{2-30}$$

注意：一般情况下，$\int_0^l\rho(x)\phi_i(x)\phi_j(x)\mathrm{d}x$ 无法满足正交性质。

系统的势能为

$$V=\frac{1}{2}\int_0^l EI(x)\left(\frac{\partial^2 y(x,t)}{\partial x^2}\right)^2\mathrm{d}x=\frac{1}{2}\int_0^l EI(x)\ \boldsymbol{q}^{\mathrm{T}}\boldsymbol{\phi}''\cdot\boldsymbol{\phi}''^{\mathrm{T}}\mathrm{d}x=\frac{1}{2}\boldsymbol{q}^{\mathrm{T}}\boldsymbol{K}\boldsymbol{q}$$

式中

$$\boldsymbol{K}=\int_0^l EI(x)\boldsymbol{\phi}''\cdot\boldsymbol{\phi}''^{\mathrm{T}}\mathrm{d}x \tag{2-31}$$

矩阵中的元素为

$$k_{ij} = \int_0^l EI(x)\phi''_i(x)\phi''_j(x)\mathrm{d}x \tag{2-32}$$

$\int_0^l EI(x)\phi''_i(x)\phi''_j(x)\mathrm{d}x$ 一般也不满足正交条件。

2.4.3 系统的动力学方程

将式（2-29）和式（2-30）代入到式（2-13）中，有

$$\frac{\mathrm{d}}{\mathrm{d}t}\left(\frac{\partial T}{\partial \dot{q}_j}\right) - \frac{\partial T}{\partial q_j} + \frac{\partial V}{\partial q_j} = F_{Qj} \quad (j = 1, 2, \cdots, n)$$

式中，广义力 F_{Qj} 可以通过虚功来求得，即

$$\delta W = \int_0^l f(x,t)\delta y(x,t)\mathrm{d}x = \sum_{j=1}^{n}\left[\int_0^l f(x,t)\phi_j(x)\mathrm{d}x\right]\delta q_j = \sum_{j=1}^{n} F_{Qj}\delta q_j$$

其中广义力为

$$F_{Qj} = \int_0^l f(x,t)\phi_j(x)\mathrm{d}x \tag{2-33}$$

这样可以得到总体坐标下的动力学方程为

$$\begin{pmatrix} m_{11} & m_{12} & \cdots & m_{1n} \\ m_{21} & m_{22} & \cdots & m_{2n} \\ \vdots & \vdots & & \vdots \\ m_{n1} & m_{n2} & \cdots & m_{nn} \end{pmatrix}\begin{pmatrix} \ddot{q}_1 \\ \ddot{q}_2 \\ \vdots \\ \ddot{q}_n \end{pmatrix} + \begin{pmatrix} k_{11} & k_{12} & \cdots & k_{1n} \\ k_{21} & k_{22} & \cdots & k_{2n} \\ \vdots & \vdots & & \vdots \\ k_{n1} & k_{n2} & \cdots & k_{nn} \end{pmatrix}\begin{pmatrix} q_1 \\ q_2 \\ \vdots \\ q_n \end{pmatrix} = \begin{pmatrix} F_{Q1} \\ F_{Q2} \\ \vdots \\ F_{QN} \end{pmatrix} \tag{2-34}$$

简写为

$$\boldsymbol{M}\ddot{\boldsymbol{q}} + \boldsymbol{K}\boldsymbol{q} = \boldsymbol{F}_{\mathrm{Q}}$$

例 2-9 长为 l 的非均匀梁如图 2-23 所示，单位长度质量的弯曲刚度的变化规律为$\rho(x) = A_0\rho\left(1 + \frac{x}{l}\right)$，$EI(x) = EI_0\left(1 + \frac{x}{l}\right)^3$，在外力 $F(t) = p_0\sin\omega t$ 作用下，试用假设模态法求系统的响应。

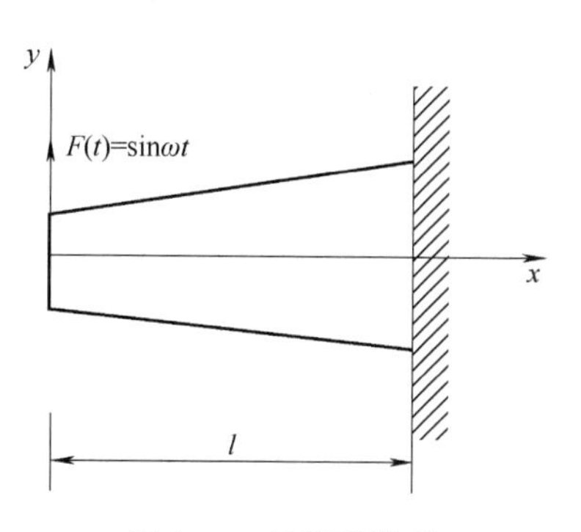

图 2-23 悬臂梁模型

解 取假设模态函数

$$\phi_i(t) = \left(1 - \frac{x}{l}\right)^2\left(\frac{x}{l}\right)^{i-1}$$

该函数为比较函数（满足位移和力的边界条件），假设取 $n = 2$，$F(x,t) = F_0\sin\omega \cdot t \cdot \delta(x)$。

根据式（2-30），可以得到质量矩阵元素为

$$m_{i,j} = \int_0^l \rho(x)\phi_i(x)\phi_j(x)\mathrm{d}x,\ k_{i,j} = \int_0^l EA(x)\phi''_i(x)\phi''_j(x)\mathrm{d}x$$

$$m_{1,1} = \int_0^l \rho A_0\left(1 + \frac{x}{l}\right)\left(1 - \frac{x}{l}\right)^2\left(1 - \frac{x}{l}\right)^2\mathrm{d}x = \frac{\rho A_0}{l^5}\int_0^l (l + x)(l - x)^4\mathrm{d}x$$

$$= \frac{\rho A_0}{l^5}\left[\frac{-l(l-x)^5}{5} - \frac{x}{5}(l-x)^5 - \frac{1}{30}(l-x)^6\right]_0^l = \rho A_0 l\frac{7}{30}$$

$$m_{1,2} = \rho A_0 l\frac{3}{70}$$

同理，得

$$m_{2,1} = \rho A_0 l\frac{3}{70},\ m_{2,2} = \rho A_0 l\frac{11}{840}$$

可得质量矩阵为

$$\boldsymbol{M} = A_0\rho_0 l\begin{pmatrix}0.2333 & 0.0429\\ 0.0429 & 0.0131\end{pmatrix}$$

同理得刚度矩阵为

$$\boldsymbol{K} = \frac{EI_0}{l^3}\begin{pmatrix}15 & -0.6\\ -0.6 & 9.0\end{pmatrix}$$

根据广义力计算公式（2-33），得

$$F_{Q1} = \int_0^l \omega(x,t)\phi_1(x)\mathrm{d}x = \int_0^l \omega_0\sin\omega\phi_1(x)\delta(x)\mathrm{d}x = \omega_0\sin\omega\phi_1(0) = \omega_0\sin\omega$$

$$F_{Q2} = \int_0^l \omega(x,t)\phi_2(x)\mathrm{d}x = \int_0^l \omega_0\sin\omega\phi_2(x)\delta(x)\mathrm{d}x = \omega_0\sin\omega\phi_2(0) = 0$$

从而得到动力学方程为

$$A_0\rho_0 l\begin{pmatrix}0.2333 & 0.0429\\ 0.0429 & 0.0131\end{pmatrix}\begin{pmatrix}\ddot{q}_1\\ \ddot{q}_2\end{pmatrix} + \frac{EI_0}{l^3}\begin{pmatrix}15 & -0.6\\ -0.6 & 9.0\end{pmatrix}\begin{pmatrix}q_1\\ q_2\end{pmatrix} = \begin{pmatrix}\omega_0\sin\omega t\\ 0\end{pmatrix}$$

一阶频率为 $\omega_1 = 7.6942\frac{1}{l^2}\sqrt{\frac{EI_0}{\rho_0 A_0}}$，二阶频率为 $\omega_2 = 43.2643\frac{1}{l^2}\sqrt{\frac{EI_0}{\rho_0 A_0}}$

为了得到更高阶频率，则需要取更高的阶数 n。

```
clear all                                    %计算质量矩阵和刚度矩阵程序
x=sym('x');l=sym('l'); fx=(1+x/l);ex=(1+x/l)^3;
n=2;M=zeros(n,n);                            %零矩阵,以下计算质量矩阵
i1=1;j1=1;fi=(1-x/l)^2*(x/l)^(i1-1);fj=(1-x/l)^2*(x/l)^(j1-1);m11=fx*fi
*fj;
i1=1;j1=2;fi=(1-x/l)^2*(x/l)^(i1-1);fj=(1-x/l)^2*(x/l)^(j1-1);m12=fx*fi
*fj;
i1=2;j1=1;fi=(1-x/l)^2*(x/l)^(i1-1);fj=(1-x/l)^2*(x/l)^(j1-1);m21=fx*fi
*fj;
i1=2;j1=2;fi=(1-x/l)^2*(x/l)^(i1-1);fj=(1-x/l)^2*(x/l)^(j1-1);m22=fx*fi
*fj;
M=[m11 m12;m21 m22];M=int(M,'x',0,l);
M=subs(M,'pi',3.14);M=subs(M,'l',1) % 系统质量矩阵
K=zeros(n,n);                                %零矩阵,以下计算刚度矩阵
i1=1;j1=1;fi=(1-x/l)^2*(x/l)^(i1-1);fj=(1-x/l)^2*(x/l)^(j1-1);
fi=diff(fi,'x',2);fj=diff(fj,'x',2);k11=ex*fi*fj;
```

```
i1 =1;j1 =2;fi = (1 -x/l)^2 * (x/l)^(i1 -1);fj = (1 -x/l)^2 * (x/l)^(j1 -1);
fi =diff(fi,'x',2);fj =diff(fj,'x',2);k12 =ex * fi * fj;
i1 =2;j1 =1;fi = (1 -x/l)^2 * (x/l)^(i1 -1);fj = (1 -x/l)^2 * (x/l)^(j1 -1);
fi =diff(fi,'x',2);fj =diff(fj,'x',2);k21 =ex * fi * fj;
i1 =2;j1 =2;fi = (1 -x/l)^2 * (x/l)^(i1 -1);fj = (1 -x/l)^2 * (x/l)^(j1 -1);
fi =diff(fi,'x',2);fj =diff(fj,'x',2);k22 =ex * fi * fj;
K =[k11 k12;k21 k22];
K =int(K,'x',0,l);K =subs(K,'pi',3.14);
K =subs(K,'l',1)                        % 系统刚度矩阵
```

读者可以仿照给出的程序，计算出质量矩阵和刚度矩阵以及广义力。运行结果为

```
M =     0.2333    0.0429
        0.0429    0.0131
K =   15.0000   -0.6000
      -0.6000    9.0000
```

2.5 Simulink 高级积分器仿真模型的建立

积分器是仿真过程中最常使用的重要模型之一，在前面使用积分器模型中，积分的初始值仅在初时条件一拦（Initial Condition）设计即可，但是在复杂问题中往往需要在运行中不断改变积分初始值，这就需要应用高级积分器，高级积分器有多个端口。

2.5.1 高级积分器端口

1. 定义外部初始条件

在积分器的 Initial condition sources 有两种选择（internal、external），如果选择 internal，则直接可以在 initial condition 参数中设置初始值，但有时候在动态仿真过程中需要改变初始条件，这样就出现了外部条件源的设定方法，同时积分器的形状发生改变，如图 2-24 所示。

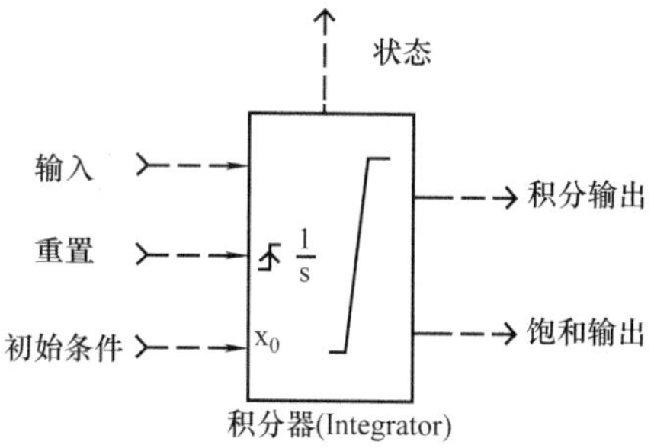

图 2-24 高级积分器

2. 限制积分器（饱和输出）

为了防止超出指定的范围，可以选择 limit output 复选框，并在下面的框中填写范围，同时积分器的形状发生改变。

3. 重置积分器

在积分器的属性窗口当中有一个（external reset）参数选择，分别是：

（1）Rising：当重置信号有上升沿时，触发状态重置，简称上升沿。

（2）falling：当重置信号有下降沿时，触发状态重置，简称下降沿。

（3）Either：任何重置信号上升或下降时的触发状态重置，简称双边沿。

（4）Level：当重置信号为非零时，触发并保持输出信号为初始条件。

4. 状态端口

状态端口的特点是：如果状态端口在当前时间步上重置，那么状态端口的输出值是积分器还没有被重置时的积分器输出端口的值，也就是说，状态端口的输出值比积分器的输出端口早一个时间步。正是这样一个特点，往往可以把重置前的积分值作为以后的积分的初始条件。

2.5.2 高级积分器在仿真中的应用

高级积分器功能强大，下面通过一个实例说明高级积分器的应用。

例 2-10 有一个弹性球，其恢复系数为 $k=0.8$，力学中的定义是碰撞结束和开始两个时刻的速度比 $k=\dfrac{v_2}{v_1}$称为恢复系数，距离地面高度为 $h=10\text{m}$ 的地方以初速度 $v_0=15\text{m/s}$ 垂直向上抛出，分析弹性球在静止前的运动规律并绘制随时间变化的轨迹曲线。

解 弹性小球在第一次接地前的动力学方程为

$$m\ddot{y} = -mg$$

速度为

$$v_1(t) = \int -g\mathrm{d}t = v_0 - gt$$

位移为

$$y_1(t) = \int(v_0 - gt)\mathrm{d}t = v_0 t - \frac{g}{2}t^2 + h_0$$

在第一次碰撞后，弹性小球在以后每次离开地面的初速度应有所变化，但动力学方程形式不变，即

$$v_2(t) = \int -g\mathrm{d}t = v_{01} - gt$$

$$y_2(t) = \int(v_0 - gt)\mathrm{d}t = v_{01} t - \frac{g}{2}t^2$$

式中，$v_{01}=kv_1$，k 为恢复系数。

由于下一个过程的运动方程需要用到上一个过程的速度，即涉及了初始条件的变化，则使用重置积分器模型，建立仿真框图，如图 2-25 所示。其中的积分器要设置成外部触发，显示端口使用下降沿触发方式，其中的状态端口的特点是输出值比积分器的输出端口早一个时间步长。

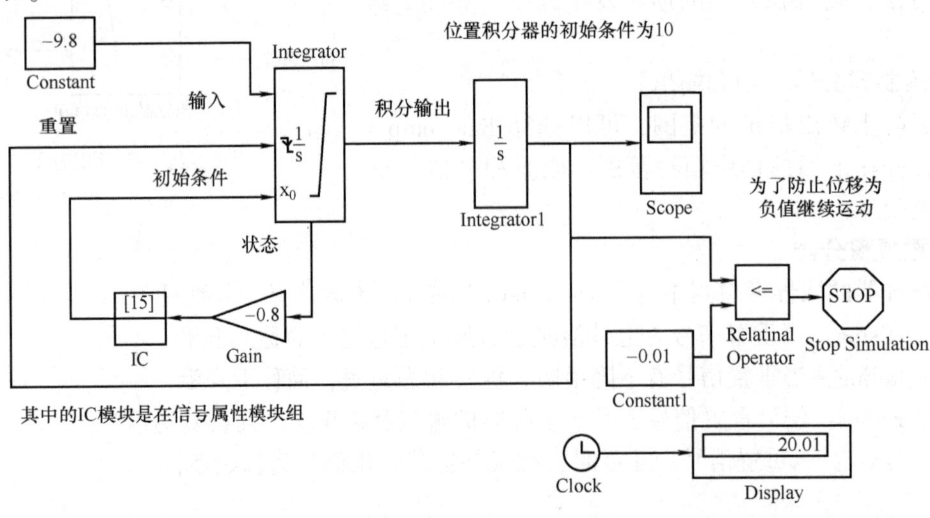

图 2-25 弹性球仿真图

可以看到，小球能在下次反弹的条件的是

$$v_{01}=kv_1>0$$

前一次的落地速度不能为零，否则小球不再弹起而是继续下落，因此必须施加控制来终止小球运动，如图 2-26 所示。

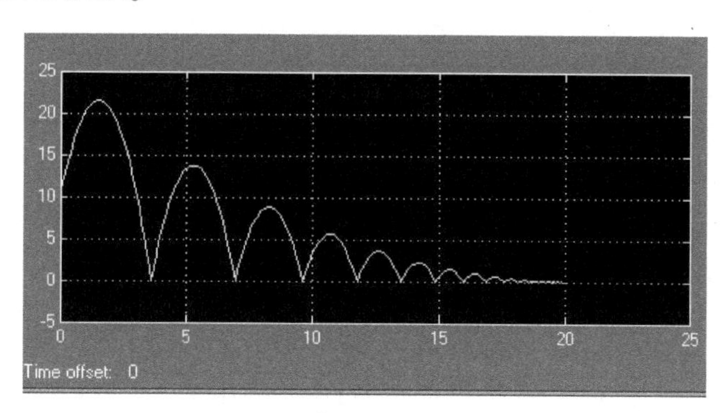

图 2-26　弹性球位移变化图

习　题

习题 2-1　建立如图 2-27 所示汽车悬架的力学模型，其中，路基不平度函数为

$$y=0.05\sin\frac{2\pi x}{l}$$

其中，$m_1=800\text{kg}$，$m_2=60\text{kg}$，$k_1=1000\text{N/m}$，$k_2=2000\text{N/m}$，$c_1=500\text{N}\cdot\text{m/s}$，$c_2=200\text{N}\cdot\text{m/s}$。

设车辆速度分别为 $v_1=50\text{km/h}$，$v_2=120\text{km/h}$，波长 $l=2\text{m}$。

试建立该系统的 Simulink 仿真模型，给出两种速度情况下上层质量块的位移峰值。

习题 2-2　如图 2-28 所示，建立车辆系统的动力学模型，设车轮与路基接触处有位移变化为 $y_3(t)$ 和 $y_4(t)$。系统中各部分的质量、弹簧刚度系数与阻尼系数及转动惯量均自行设计。

习题 2-3　双旋转式倒立摆数学模型的建立如图 2-29 所示，杆 OA 与杆 AB 用光滑的铰链链接，整个系统在铅直平面内运动，设 OA 杆长为 l_1，质量为 m_1。AB 杆长为 l_2，质量为 m_2，在 O 轴上作用有转动控制力偶 $m(t,\theta_1,\theta_2)$，取 θ_1，θ_2 为广义坐标。试用拉格朗日方程建立系统的动力学微分方程。

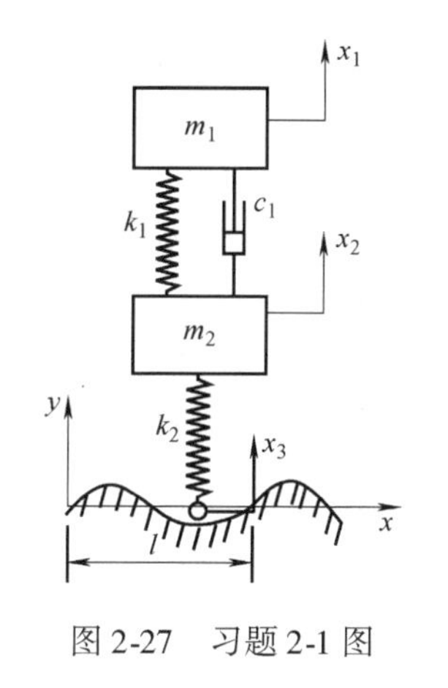

图 2-27　习题 2-1 图

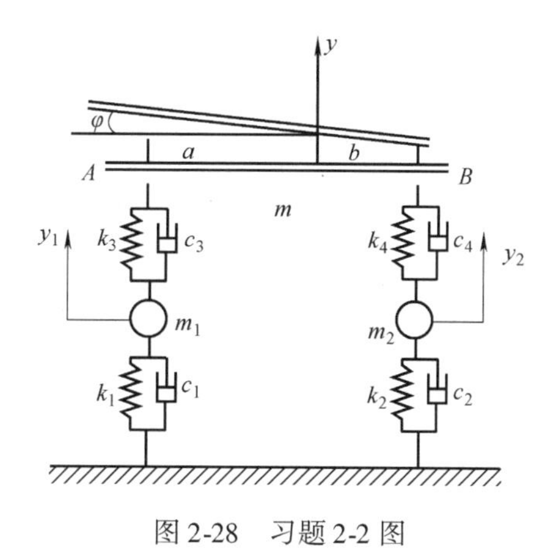

图 2-28　习题 2-2 图

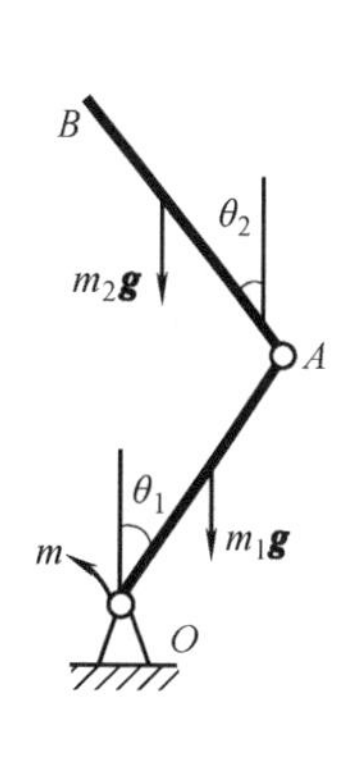

图 2-29　习题 2-3 图

习题 2-4 如图 2-30 所示为一个二阶系统单输入多输出的动态仿真框图，其中的 Sine Wave 模块为幅值为 1、频率为 ω 的正弦波信号，Gain 为增益模块，Integrator 为积分模块，Scope 为示波器，试根据仿真框图写出对应的微分方程的表达式，并写出示波器的输入端口和外激励之间的微分关系。

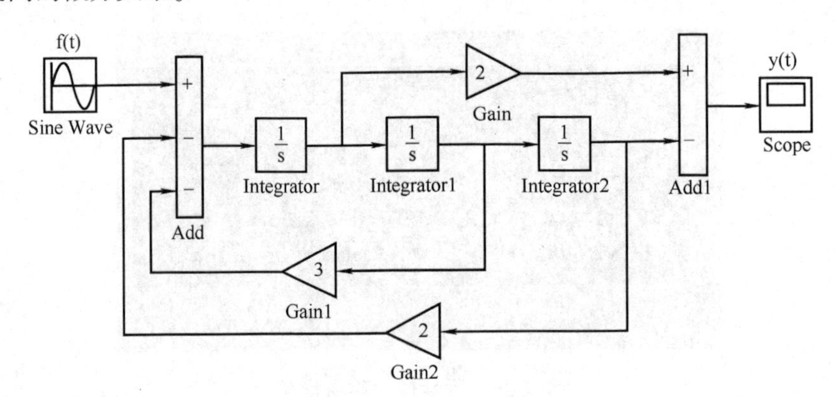

图 2-30 习题 2-4 图

习题 2-5 写出仿真框图 2-31 对应的微分方程，其中 $x(t)$ 是输出矢量。

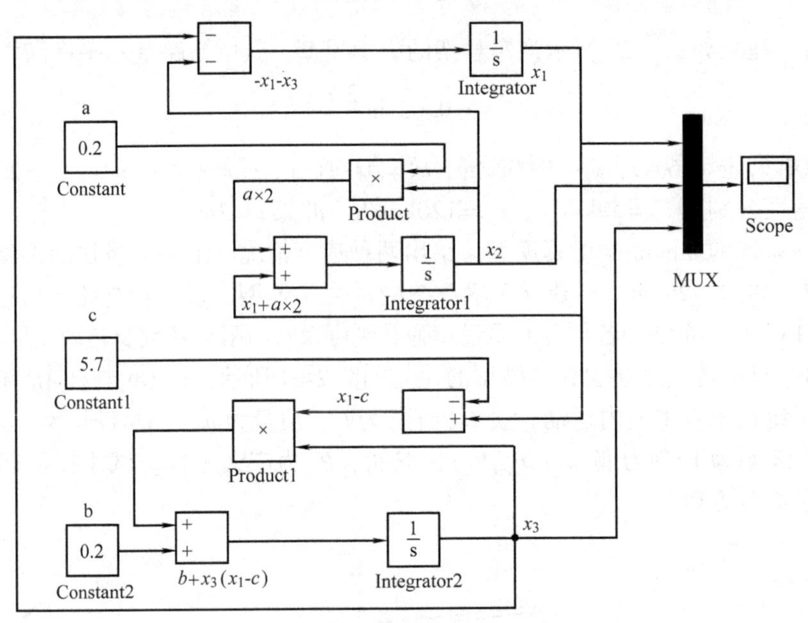

图 2-31 习题 2-5 图

习题 2-6 参考曲柄滑块机构的运动学建模方法，建立曲柄滑块机构的动力学仿真模型并画出仿真框图（图 2-32），输入为作用在曲柄上的外力偶矩 $M(t)$，输出为各构件的角度、

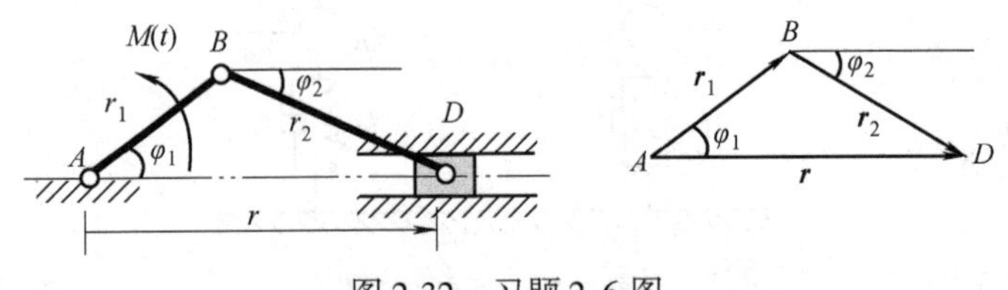

图 2-32 习题 2-6 图

角速度和角加速度以及滑块的位移、速度和加速度。给定不同 $M(t)$ 的变化规律，分析各构件的运动。设两杆的质量和滑块质量均为单位质量，机构在水平面内运动。机构几何尺寸和外力偶的变化规律自定。

习题 2-7　利用 Hamilton 原理建立两端铰链约束弹性直杆纵向自由振动微分方程，设单位长度质量为 ρ，弹性模量为 E，横向面积为 A，$u(x)$ 为任意 x 截面的位移（图 2-33）。

习题 2-8　试用有限元法建立如图 2-34 所示简支梁的动力学方程，设梁上受到的载荷为 $F_1(t)=\sin 20\pi t$，$F_2(t)=\sin 30\pi t$，长度 l、各段单位质量 ρ、弯曲刚度 EI 均为已知常数。现分别将梁划分为四个单元和六个单元计算其固有频率和精确解之间的误差。注：固有频率精确解为

$$\omega_{\mathrm{i}}=\sqrt{\frac{EI}{\rho}}\left(\frac{i\pi}{L}\right)^2$$

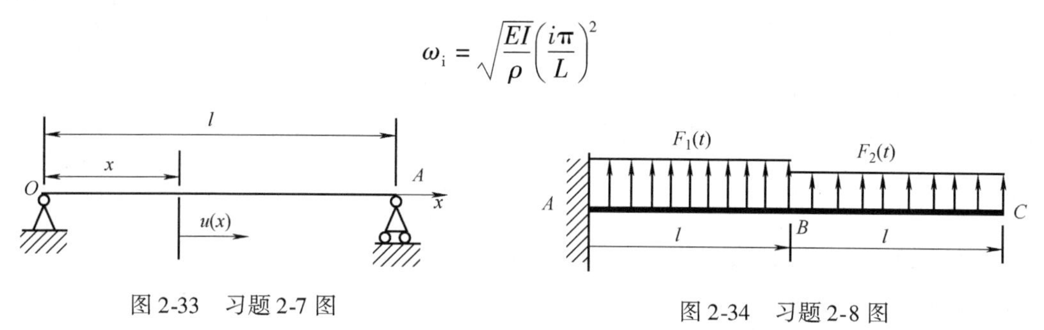

图 2-33　习题 2-7 图　　图 2-34　习题 2-8 图

习题 2-9　图 2-35 所示的两层楼房，各层高度为 l，设各层楼板质量为 m，楼板和双侧墙壁之间可视为刚性连接。系统在水平地震波作用下，各楼板仅发生水平侧移。设下层双侧墙壁的弯曲刚度为 $2EI$，上层为 EI，不计墙壁的质量。试用有限元刚度矩阵建立系统的动力学微分方程。

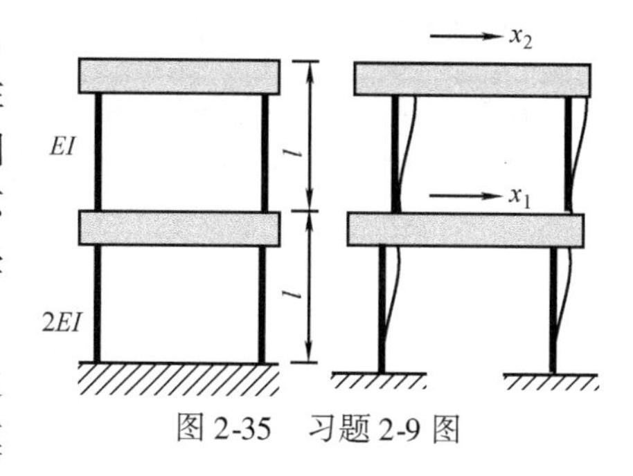

图 2-35　习题 2-9 图

习题 2-10　已知杆纵向振动的杆单元在满足单元边界条件（$u(x,t)|_{x=0}=q_1$，$u(x,t)|_{x=l}=q_2$）下的位移模式为形函数 $u(x,t)=\boldsymbol{\phi}\begin{pmatrix}q_1\\q_2\end{pmatrix}$，其中形函数 $\boldsymbol{\phi}=\begin{pmatrix}1-\frac{x}{l} & \frac{x}{l}\end{pmatrix}$。设杆单元的单位长度质量为 $\boldsymbol{\rho}$，拉压刚度为 EA，作用在杆上沿轴线的载荷为 $F(x,t)=F_0\sin\omega t$，试推导单元质量矩阵和刚度矩阵以及广义力。

提示：动能的计算表达式为

$$T=\frac{1}{2}\int_0^l\boldsymbol{\rho}\left(\frac{\partial u(x,t)}{\partial t}\right)^2\mathrm{d}x$$

势能的计算表达式为

$$V=\frac{1}{2}\int_0^l EA\left(\frac{\partial u(x,t)}{\partial x}\right)^2\mathrm{d}x$$

广义力的计算表达式为

$$\boldsymbol{F}_{\mathrm{Q}}=\int_0^l F(x,t)\boldsymbol{\phi}^{\mathrm{T}}\mathrm{d}x$$

答案：

$$\boldsymbol{M}=\frac{\rho l}{6}\begin{pmatrix}2&1\\1&2\end{pmatrix},\ \boldsymbol{K}=\frac{EA}{l}\begin{pmatrix}1&-1\\-1&1\end{pmatrix}$$

$$\boldsymbol{F}_{\mathrm{Q}}=\int_0^l F(x,t)\begin{pmatrix}1-\dfrac{x}{l}\\ \dfrac{x}{l}\end{pmatrix}\mathrm{d}x=\frac{l\cdot F_0\sin\omega t}{2}\begin{pmatrix}1\\1\end{pmatrix}$$

习题 2-11 如图 2-36 所示，平面倒立摆的杆长为 l，连接质点的质量为 m，不计与地面之间的摩擦和小轮 A 以及杆的质量，开始运动时，杆有初角度和初角速度分别为 $\phi(0)$ 和 $\dot{\phi}(0)$，试证明，当接触点 A 的加速度为 $\ddot{x}=-[g\phi(0)+\sqrt{gl}\,\dot{\phi}(0)]$ 时，摆杆限制在 $|\phi|$ 的一个小范围内，即杆在任意时刻的角位移 $\phi(t)$ 控制在 $\phi(0)+\dot{\phi}(0)\sqrt{\dfrac{l}{g}}$ 范围以内。

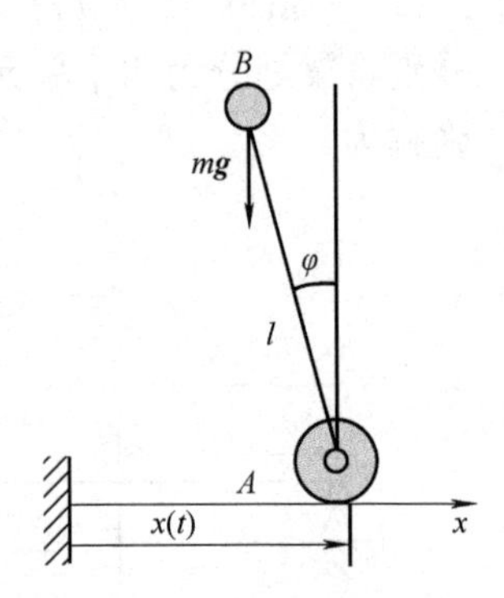

图 2-36　习题 2-11 图

习题 2-12 按例 2-10 给出的计算程序，取 $n=4$，使用假设模态法计算系统的前四阶固有频率。

习题 2-13 椭圆规结构如图 2-37 所示。设 $m_A=m_B=m_{OC}=\dfrac{m_{AB}}{2}$，$OC=l$，$AB=2l$，$C$ 点在 AB 的中点，当曲柄 OC 以角速度 $\omega=2\mathrm{rad/s}$ 转动时，试分析滑块 A，B 与导轨之间的作用力的变化曲线（设机构在水平面内运动）。

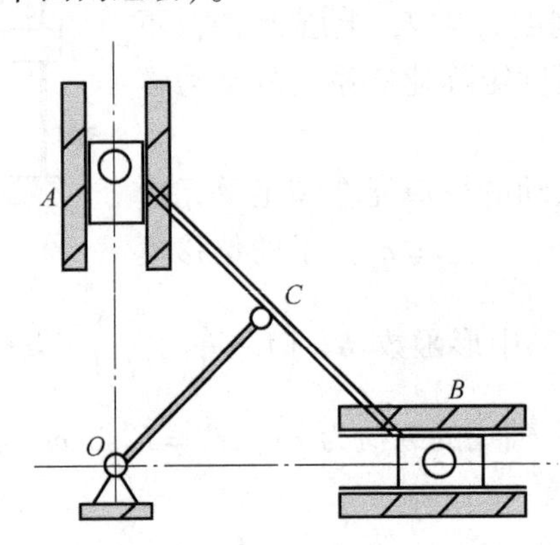

图 2-37　习题 2-13 图

习题 2-14 试用假设模态法求例题 2-9 系统的响应，取 $n=4$。

第3章 动力学系统响应分析的数值方法

第 2 章讲述了针对一个动力学系统建立数学模型的基本方法，接下来的问题是需要针对所建立方程的求解问题。有些简单问题可以通过数学的方法给出其解析解，但是对于更复杂的问题，要得到其解析解是非常困难的事情。由于针对系统的仿真问题，其理论基础是面向数学模型的数值解，所以数值解法奠定了计算机仿真最重要的计算基础。

本章首先介绍连续系统的数学模型，然后介绍几个微分方程的数值解法。在此基础上可以建立面向微分方程的仿真程序。

仿真模型不是唯一的形式，它们都是由积分器、加法器和系数器构成的。其中积分器是仿真系统中最重要的环节，N 阶微分方程有 N 个积分器，为了在数字机器上对其进行仿真，最直观的想法就是构造出 N 个积分器，也就是进行 N 次积分运算，因此这里会涉及数值积分和微分的一些方法。

3.1 数值积分法和数值微分法

3.1.1 数值积分法

求定积分近似值的数值方法：用被积函数的有限个抽样值的离散或加权平均近似值代替定积分的值。在有些情况下，被积函数的原函数很难用初等函数表达出来，因此能够借助微积分学的牛顿 – 莱布尼兹公式计算定积分的机会是不多的。另外，许多实际问题中的被积函数往往是列表函数或其他形式的非连续函数，对这类函数的定积分，也不能用不定积分方法求解。由于以上原因，数值积分的理论与方法一直是计算数学研究的基本课题。迄今已有很多数值积分的方法，牛顿、欧拉、高斯等人在数值积分这个领域做出了各自的贡献，并奠定了它的理论基础。

1. 欧拉法（折线法）

假设有一阶微分方程为

$$\frac{\mathrm{d}y}{\mathrm{d}t}=f(t,y) \tag{3-1}$$

为了求出积分 $y_{i+1}(i=0,1,2,\cdots,n)$，选择时刻 $t_i(i=0,1,2,\cdots,n)$，在此位置邻近作割线近似代替原切线，如图 3-1 所示，即

$$\frac{\mathrm{d}y}{\mathrm{d}t}\approx\frac{y_{i+1}-y_i}{t_{i+1}-t_i}=f(t_i,y_i)$$

可以解出

$$y_{i+1}=y_i+f(t_i,y_i)\Delta t$$

为了写成一般式，令

$$t_{i+1}-t_i=h_i \quad (h_i\text{ 称为步长})$$

在等步长情况下可以写成递推形式

$$y(k+1)=y(k)+hf(k) \qquad (k=0,1,2,\cdots,n) \tag{3-2}$$

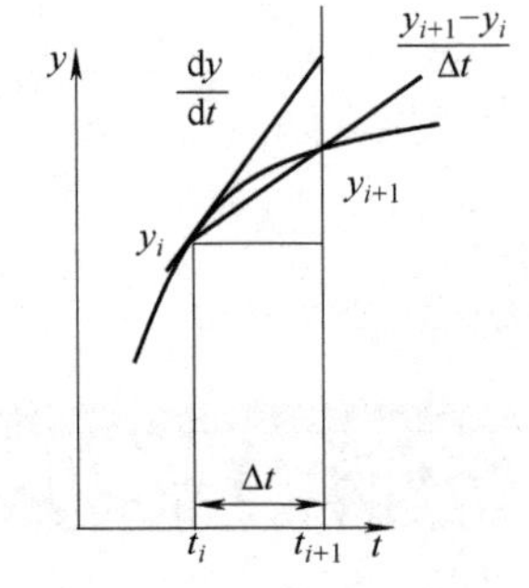

图 3-1　欧拉法示意图

式中，k 为离散点的取值。式（3-2）就是著名的欧拉公式。

2. 梯形法

实际上，欧拉方法是将一个步长内的积分近似为一个小矩形的积分，为了得到更精确的计算结果，采用梯形方法来计算步长内的积分值，将积分表达式写成如下形式

$$\int_{t_0}^{t}f[t,y(t)]\mathrm{d}t\approx\frac{1}{2}\{f[t_0,y(t_0)]+f[t-y(t)]\}(t-t_0)$$

则

$$y_{i+1}=y_i+\frac{1}{2}h[f(t_i,y_i)+f(t_{i+1},y_{i+1})]$$

问题的提出：在计算 y_{i+1} 的表达式里要用到 y_{i+1} 的值，实际上，上面式子中的积分项并不能计算出结果，通常采用迭代运算方法

$$y_{i+1}^0=y_i+hf(t_i,y_i)$$

当 $i=0$ 时，该式子中的 t，y 为初值，实际上，该表达式是前面所讲的矩形法公式，有了这个项，可以计算下一步。

$$\begin{cases}y_{i+1}^{(1)}=y_i+\dfrac{1}{2}h[f(t_i,y_i)+f(t_{i+1},y_{i+1}^0)],\\ \vdots\\ y_{i+1}^{(k+1)}=y_i+\dfrac{1}{2}h[f(t_i,y_i)+f(t_{i+1},y_{i+1}^k)]。\end{cases}$$

在上面这一组式子中，其中的第二项可以认为是初值，第三项是要用到前一次的迭代运算。如果迭代序列是收敛的，则极限肯定存在，当 k 趋向无穷大时，可以得到这个精确结果。

怎样给出迭代的精度呢？可以采用前一次的计算值和后一次的迭代值的差控制，即

$$|y_{i+1}^{(k+1)}-y_i^k|<\delta,\ \delta\text{ 为小量}$$

在实际计算中，认为迭代一次或者两次就满足精度。因此，可以写出下面的递推公式

$$y(k)=y(k-1)+\frac{h}{2}[f(k-1)+f(k)] \qquad (k=1,2,\cdots,n) \tag{3-3}$$

3.1.2　数值微分法

1. 一阶系统的数值微分

设$\frac{\mathrm{d}y}{\mathrm{d}t}=f(t,y)$，应用离散数据点的近似微商，可以表示为

$$\frac{\mathrm{d}y}{\mathrm{d}t}\approx\frac{y(k)-y(k-1)}{t(k)-t(k-1)}$$

令 $T=t(n)-t(n-1)$称为采样时间。

写成递推公式，则有（差商形式）

$$\frac{\mathrm{d}y}{\mathrm{d}t}(k)=\frac{y(k)-y(k-1)}{T} \tag{3-4}$$

除此之外还有一阶中心差分的差商形式

$$\frac{\mathrm{d}y}{\mathrm{d}t}(k)=\frac{y(k+1)-y(k-1)}{2T} \tag{3-5}$$

可以利用 Simulink 工具箱中单位延迟的离散模块，方便地建立数值积分和微分的仿真模型。

例 3-1　已知$f(t)=\sin\omega t$，试计算$f(t)$的近似积分和近似微分。

解　根据欧拉公式，可以得到

$$y(k)=y(k-1)+f(k)T(\text{近似积分计算公式})$$

$$\frac{\mathrm{d}y}{\mathrm{d}t}(k)=\frac{f(k)-f(k-1)}{T}(\text{近似差商计算公式})$$

利用 Simulink 离散模块库中的单位延迟模块（Unit Delay），很容易实现差分格式，设置该模块中的采样周期（Sample time）和递推公式中的采样周期 T 相同。图 3-2 ~ 图 3-4 为使用了采样周期为 0.01s、$\omega=1$、初值等于零的正弦波的积分和导数离散仿真模型。仿真框图如图 3-2 所示，仿真结果如图 3-3 和图 3-4 所示。

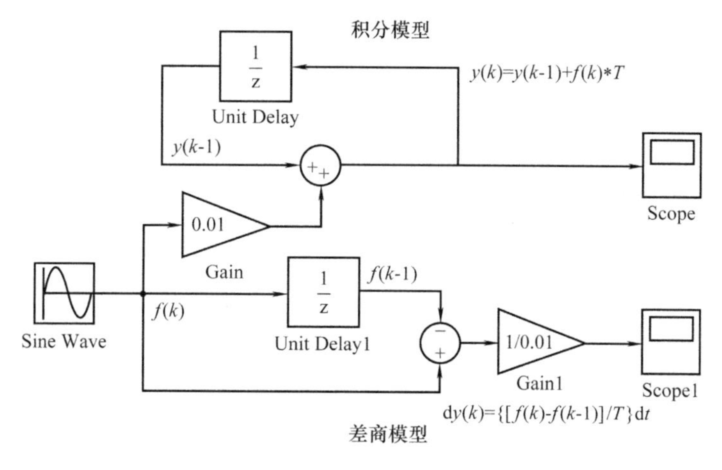

图 3-2　近似积分差商仿真图

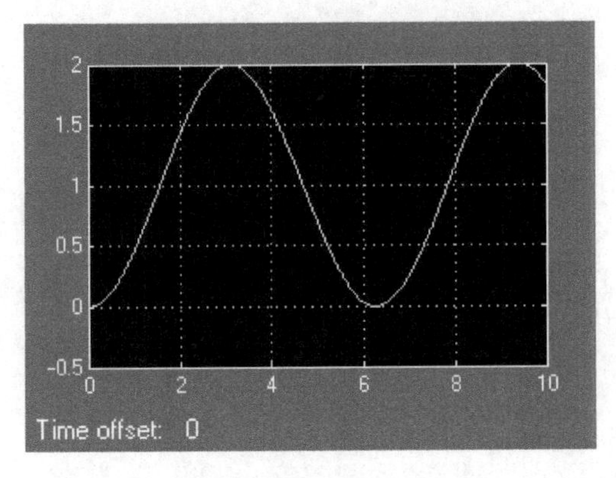

图 3-3　近似积分结果

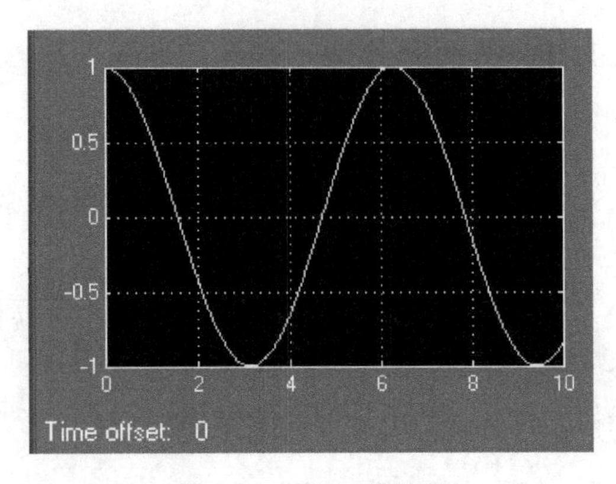

图 3-4　近似差商结果

注：此问题的精确解为

积分表达式

$$\int_0^t \sin t \mathrm{d}t = \cos t \mid_0^t = 1 - \cos t$$

导数表达式

$$\frac{\mathrm{d}(\sin t)}{\mathrm{d}t} = \cos t$$

读者可以将近似微积分结果进行比较。

2. 二阶系统的数值微分公式

为了得到二阶中心差商表达式，取位移的二阶泰勒展开式如下：

$$\begin{cases} x_{t+\Delta t} = x_t + \dot{x}_t \Delta t + \dfrac{1}{2} \ddot{x}_t \Delta t^2 \\ x_{t-\Delta t} = x_t - \dot{x}_t \Delta t + \dfrac{1}{2} \ddot{x}_t \Delta t^2 \end{cases}$$

两式相减，可以得到一阶中心差商，即

$$\dot{x}(t) = \frac{x(t+\Delta t) - x(t-\Delta t)}{2\Delta t}$$

两式相加，可以得到二阶中心差商，即

$$\ddot{x}(t) = \frac{x(t+\Delta t) - 2x(t) + x(t-\Delta t)}{\Delta t^2} \tag{3-6}$$

根据这个原理，可以得到高阶差商公式。利用差商公式可以得到近似的各个节点上的积分值。设二阶系统动力学方程为

$$m\ddot{y} + c\dot{y} + ky = f(t)$$

初始条件为

$$y(0) = y_0, \dot{y}(0) = \dot{y}_0$$

利用二阶中心差商公式，有

$$m\frac{y(k+1) - 2y(k) + y(k-1)}{\Delta t^2} + c\frac{y(k+1) - y(k-1)}{2\Delta t} + ky(k) = f(k)$$

整理，则有

$$y(k+1)\left[m+\frac{c\Delta t}{2}\right]-y(k)[2m-k\Delta t^2]+y(k-1)\left(m-\frac{c\Delta t}{2}\right)=\Delta t^2 f(k)$$

简写成

$$y(k+1)=\frac{2\Delta t^2}{2m+c\Delta t}f(k)+\frac{4m-2k\Delta t^2}{2m+c\Delta t}y(k)+\frac{c\Delta t-2m}{2m+c\Delta t}y(k-1)$$

得到近似积分的递推公式为

$$y(k+1)=a(\Delta t)y(k)+b(\Delta t)y(k-1)+c(\Delta t)f(k) \tag{3-7}$$

式中

$$a(\Delta t)=2\frac{2m-k\Delta t^2}{2m+c\Delta t},\ b(\Delta t)=\frac{c\Delta t-2m}{2m+c\Delta t},\ c(\Delta t)=\frac{2\Delta t^2}{2m+c\Delta t}\qquad (k=0,1,2,\cdots,n)$$

各个系数与采样时间间隔有关，公式中由于涉及 $y(-1)$ 和 $y(1)$，可以根据初始条件 $y(0)=y_0$、$\dot{y}(0)=\dot{y}_0$ 和动力学方程求出。根据速度的差分表达式

$$\dot{y}(k)=\frac{y(k+1)-y(k-1)}{2\Delta t}$$

令 $k=0$，有

$$y(1)-y(-1)+2\Delta t\cdot\dot{y}(0)=0 \tag{3-8a}$$

根据初始时刻的动力学方程 $m\ddot{y}(0)+c\dot{y}(0)+ky(0)=f(0)$，用差商表示有

$$\ddot{y}(0)=\frac{y(1)-2y(0)+y(-1)}{\Delta t^2}=\frac{1}{m}[f(0)-c\dot{y}(0)-ky(0)]$$

即

$$y(1)-2y(0)+y(-1)=\frac{\Delta t^2}{m}[f(0)-c\dot{y}(0)-ky(0)] \tag{3-8b}$$

联立式（3-8a）和式（3-8b），得

$$\begin{cases}y(1)=\dfrac{1}{2}\left[\dfrac{\Delta t^2}{m}f(0)+\left(2\Delta tI-\dfrac{\Delta t^2c}{m}\right)\dot{y}(0)+\left(2I-\dfrac{\Delta t^2k}{m}\right)y(0)\right]\\ y(-1)=\dfrac{1}{2}\left[\dfrac{\Delta t^2}{m}f(0)-\left(2\Delta tI+\dfrac{\Delta t^2c}{m}\right)\dot{y}(0)+\left(2I-\dfrac{\Delta t^2k}{m}\right)y(0)\right]\end{cases}$$

当初始速度和初始位移为零，$\dot{y}(0)=y(0)=0$ 时，有

$$y(-1)=y(1)=\frac{\Delta t^2}{2m}f(0)$$

例 3-2　设单自由度弹簧阻尼系统的质量等于 1，刚度系数等于 9，阻尼系数等于 0.3，外部激励为一幅值为 1 的阶跃激励，采样时间为 $T=0.01\text{s}$，建立该系统的离散仿真模型。

解　数学模型为

$$\ddot{y}+0.3\dot{y}+9y=f(t),\quad y(0)=\dot{y}(0)=0$$

根据上面推导的离散模型的递推公式（3-7），得

$$y(k+1)=a(\Delta t)y(k)+b(\Delta t)y(k-1)+c(\Delta t)f(k)$$

式中

$$a(\Delta t)=2\frac{2m-k\Delta t^2}{2m+c\Delta t},\quad b(\Delta t)=\frac{c\Delta t-2m}{2m+c\Delta t},\quad c(\Delta t)=\frac{2\Delta t^2}{2m+c\Delta t}$$

或 $$a(\Delta t)=1.9961,\ b(\Delta t)=-0.9970,\ c(\Delta t)=9.9850\times10^{-5}$$

节点的值为 $y(1)=y(-1)=\frac{\Delta t^2}{2}f(0)$。为了比较仿真结果，在此给出了连续系统的仿真模型如图 3-5 所示。仿真结果如图 3-6 所示，可以看到两者得到的仿真结果基本一致，（注：所有的仿真步长应一致，以保证同步运行）。

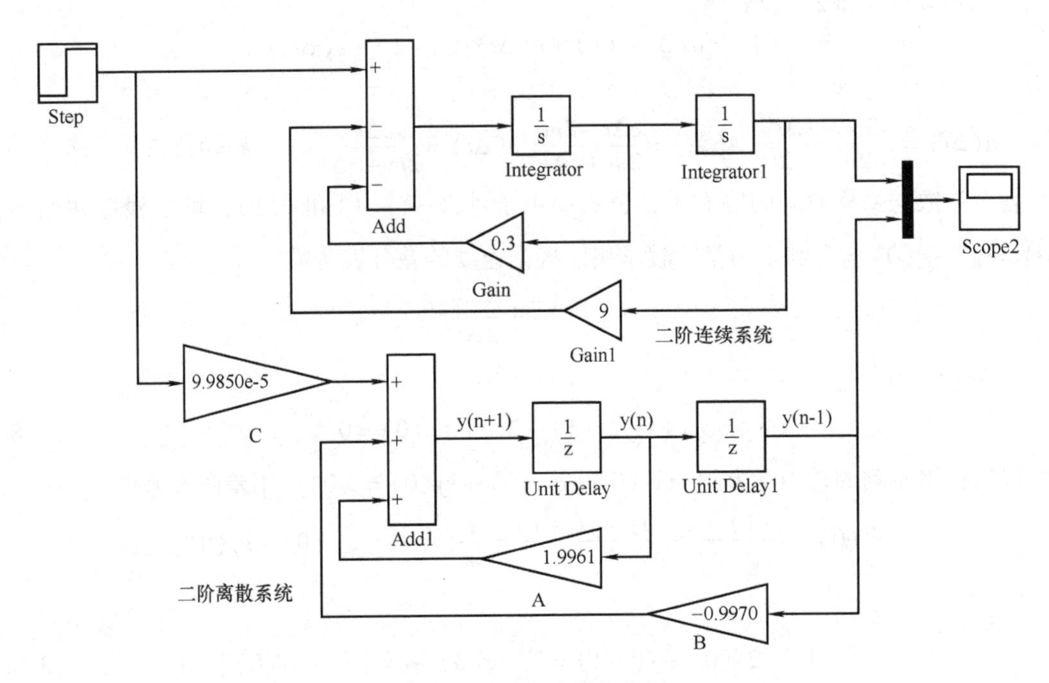

图 3-5　连续和离散仿真图

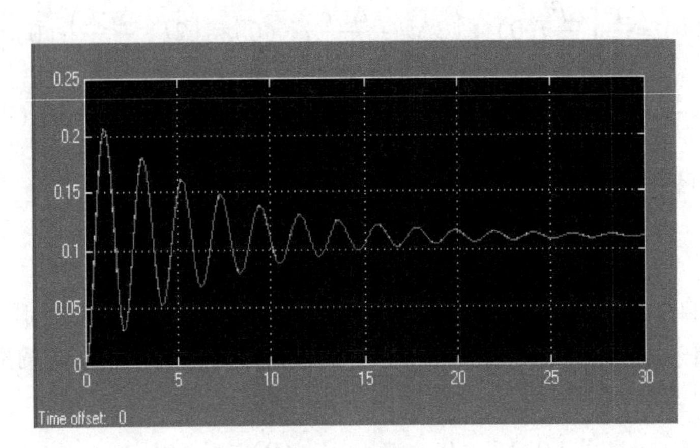

图 3-6　仿真结果

随着仿真步长的减小，离散系统的精度也提高。

3.1.3　多自由度振动系统的差商模型

设多自由度系统的动力学方程为

$$\boldsymbol{M}\ddot{\boldsymbol{y}} + \boldsymbol{C}\dot{\boldsymbol{y}} + \boldsymbol{K}\boldsymbol{y} = \boldsymbol{f}(t) \tag{3-9}$$

初始条件为 $\boldsymbol{y}(t_0)=\boldsymbol{y}_0$，$\dot{\boldsymbol{y}}(t_0)=\dot{\boldsymbol{y}}_0$

根据 3.1.2 节对二阶方程的差分计算公式，只需将式（3-7）中的质量、阻尼和刚度用矩阵表示即可。

$$\boldsymbol{y}(k+1) = \boldsymbol{A}(\Delta t)\boldsymbol{y}(k) + \boldsymbol{B}(\Delta t)\boldsymbol{y}(k-1) + \boldsymbol{C}(\Delta t)\boldsymbol{f}(k) \tag{3-10}$$

式中

$$\boldsymbol{A}(\Delta t) = 2(2\boldsymbol{M} - \boldsymbol{K}\Delta t^2)(2\boldsymbol{M} + \boldsymbol{C}\Delta t)^{-1}$$
$$\boldsymbol{B}(\Delta t) = (\boldsymbol{C}\Delta t - 2\boldsymbol{M})(2\boldsymbol{M} + \boldsymbol{C}\Delta t)^{-1}$$
$$\boldsymbol{C}(\Delta t) = 2\Delta t^2\ (2\boldsymbol{M} + \boldsymbol{C}\Delta t)^{-1}$$

初始值为

$$\boldsymbol{y}(1) = \frac{1}{2}\left[\frac{\Delta t^2}{\boldsymbol{M}}\boldsymbol{f}(0) + \left(2\Delta t - \frac{\Delta t^2\boldsymbol{C}}{\boldsymbol{M}}\right)\dot{\boldsymbol{y}}(0) + \left(2 - \frac{\Delta t^2\boldsymbol{K}}{\boldsymbol{M}}\right)\boldsymbol{y}(0)\right]$$

$$\boldsymbol{y}(-1) = \frac{1}{2}\left[\frac{\Delta t^2}{\boldsymbol{M}}\boldsymbol{f}(0) - \left(2\Delta t + \frac{\Delta t^2\boldsymbol{C}}{\boldsymbol{M}}\right)\dot{\boldsymbol{y}}(0) + \left(2 - \frac{\Delta t^2\boldsymbol{K}}{\boldsymbol{M}}\right)\boldsymbol{y}(0)\right]$$

在零初始条件下，有

$$\boldsymbol{y}(-1) = \boldsymbol{y}(1) = \frac{\Delta t^2}{2}\boldsymbol{M}^{-1}\boldsymbol{f}_0$$

这里 Δt 是采样步长，根据相关理论，可以得到无条件稳定时采样步长应满足 $\Delta t \leqslant \frac{T_n}{\pi}$，其中，$T_n$ 是系统最小自振周期。应注意所有的 $\boldsymbol{y}$ 为矢量。当 Δt 很小时，可以近似取 $\boldsymbol{y}(-1)=\boldsymbol{y}(1)\approx 0$。

例 3-3 已知二自由度系统的动力学方程为

$$\begin{pmatrix} 2 & 1 \\ 1 & 4 \end{pmatrix}\begin{pmatrix} \ddot{x}_1 \\ \ddot{x}_2 \end{pmatrix} + \begin{pmatrix} 0.5 & -0.25 \\ -0.25 & 0.25 \end{pmatrix}\begin{pmatrix} \dot{x}_1 \\ \dot{x}_2 \end{pmatrix} + \begin{pmatrix} 100 & -50 \\ -50 & 50 \end{pmatrix}\begin{pmatrix} x_1 \\ x_2 \end{pmatrix} = \begin{pmatrix} 0 \\ 1 \end{pmatrix}\sin(t)$$

初始条件为

$$\begin{pmatrix} x_1(0) \\ x_2(0) \end{pmatrix} = \begin{pmatrix} 0 \\ 0 \end{pmatrix},\ \begin{pmatrix} \dot{x}_1(0) \\ \dot{x}_2(0) \end{pmatrix} = \begin{pmatrix} 0 \\ 0 \end{pmatrix}$$

试建立系统的差分模型，取 $\Delta t=0.01$，并构建基于单位延迟模块的仿真框图，给出每个自由度上的速度和位移曲线。

解 根据公式（3-10）可得递推公式的各项系数为

$$\boldsymbol{A} = \begin{pmatrix} 1.9850 & 0.00747 \\ 0.00747 & 1.9925 \end{pmatrix};\ \boldsymbol{B} = -\begin{pmatrix} 0.9950 & 0.0025 \\ 0.0025 & 0.9975 \end{pmatrix},\ \boldsymbol{C} = 10^{-4}\begin{pmatrix} 0.997 & 0.001 \\ 0.001 & 0.998 \end{pmatrix}$$

仿真模型的建立与上例类似，如图 3-7 所示，只需将仿真框图中的系数模块用矩阵表示即可，仿真结果如图 3-8 所示。

请读者建立基于延迟仿真模块的框图，并与连续系统的仿真结果比较。

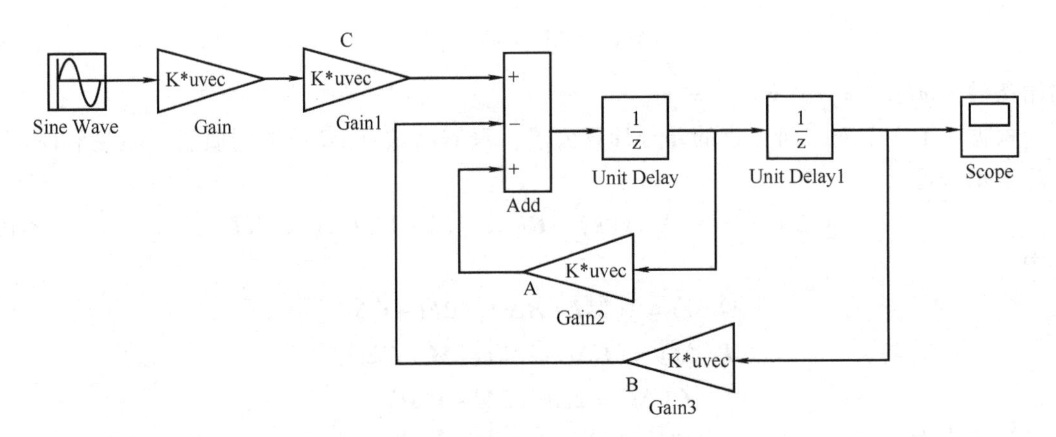

图 3-7　离散系统仿真图

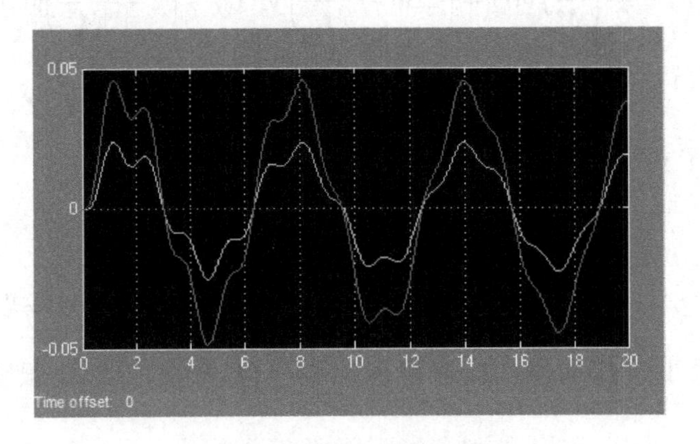

图 3-8　离散系统仿真结果图

3.2 龙格-库塔法

龙格-库塔法由于它具有较高的精度而在计算机仿真中占有重要的地位，它是求解常微分方程初值问题的常用方法，在此做简要介绍。

3.2.1　二阶龙格-库塔法

将上述梯形法做进一步推广，可以得到龙格-库塔法，对于一阶方程

$$\frac{\mathrm{d}y}{\mathrm{d}t}=f(t,y),\ y(t_0)=y_0$$

假设从 t_0 跨出一步，在 $t_1=t_0+h$ 时的解为 $y_1=y(t_0+h)$，在 t_0 附近做泰勒展开，只保留二次项，则有

$$y_1=y_0+f(t_0,y_0)h+\frac{1}{2}\left(\frac{\partial f}{\partial t}+\frac{\partial f}{\partial y}\frac{\partial y}{\partial t}\right)h^2\Bigg|_{\substack{t=t_0\\y=y_0}} \tag{3-11}$$

式中

$$\frac{\partial y}{\partial t}=f(t,y)$$

假设这个解可以写成

$$y_1 = y_0 + (a_1 k_1 + a_2 k_2) h$$

式中

$$\begin{cases} k_1 = f(t_0, y_0) \\ k_2 = f(t_0 + b_1 h, y_0 + b_2 k_1 h) \approx f(t_0, y_0) + b_1 \dfrac{\partial f}{\partial t} h + b_2 k_1 \dfrac{\partial f}{\partial y} \end{cases}$$

即有

$$y_1 = y_0 + a_1 h f(t_0, y_0) + a_2 h \left[f(t_0, y_0) + b_1 \frac{\partial f}{\partial t} h + b_2 k_1 \frac{\partial f}{\partial y} \right] \tag{3-12}$$

由式（3-11）和式（3-12）可知，有 $a_1 + a_2 = 1$，$a_2 b_1 = 1/2$，$a_2 b_2 = 1/2$ 四个未知数，有三个方程，可以自由的选择一个值，令 $b_1 = b_2 = 1$，有 $a_1 = a_2 = 1/2$。于是有一组方程为

$$\begin{cases} y_1 = y_0 + \dfrac{h}{2}(k_1 + k_2) \\ k_1 = f(t_0, y_0) \\ k_2 = f(t_0 + h, y_0 + k_1 h) \end{cases} \tag{3-13}$$

由于计算时只取了 h 和 h^2 项，所以式（3-11）称为二阶龙格-库塔法。

3.2.2 四阶龙格-库塔法

1. 四阶龙格-库塔法递推公式

二阶龙格-库塔法仍然存在精度不高的缺点，通常采用的是四阶龙格-库塔法。下面直接给出公式。

对形如初值问题的一阶系统，为

$$\frac{\mathrm{d}y}{\mathrm{d}t} = f(t, y),\ y(t = t_0) = y_0$$

四阶龙格-库塔的递推公式为

$$y_i = y_{i-1} + \frac{h}{6}(k_1 + 2k_2 + 2k_3 + k_4)$$

式中

$$\begin{cases} k_1 = f(t_{i-1}, y_{i-1}) \\ k_2 = f\left(t_{i-1} + \dfrac{h}{2}, y_{i-1} + \dfrac{h}{2} k_1\right) \\ k_3 = f\left(t_{i-1} + \dfrac{h}{2}, y_{i-1} + \dfrac{h}{2} k_2\right) \\ k_4 = f(t_{i-1} + h, y_{i-1} + h k_3) \\ (i = 1, 2, \cdots, n) \end{cases} \tag{3-14}$$

2. 关于数值积分的精度

在实际应用中，为了提高仿真精度，四阶龙格-库塔法的计算步距是可以变化的，也就是在计算过程中可根据所要求的精度对步长做适当改变，这对于精确计算有很大好处。因为一般的系统在阶跃函数作用下的过渡过程开始变化比较快，最后将趋于平缓（详见第 8 章），为了达到较高的精度，必须按起始段来选择步长 h，显然这个步长很小，这样在平缓

阶段，就显得十分浪费。因此，在做精确仿真计算时，可以采用变步长的办法，具体步骤如下：

（1）按系统的过渡过程情况将它分成几段，每一段都预先给一个步长 h。

（2）当过渡过程进入该段时，先要做步长的计算，即用 h 做一次计算，然后再用 $\frac{h}{2}$ 做一次计算，求得二者之差的绝对值。如果它小于某一预定的值，则认为 h 这个步长符合精度的要求，即可用此步长继续算下去；如果二者之差的绝对值大于该预定值，则认为 h 这个步长过大，那么用 $h/2$ 做一次计算，再用 $h/4$ 做二次计算，再进行上述比较。当然，这样一来，计算的工作量将会增加。

对于工程设计来讲，计算精度往往并不要求十分高，比如误差不超过 0.5% 也就令人满意了。为此，一般常采用定步长的计算方法，作为一个经验数据，当用四阶龙格-库塔法进行计算时，h 可选为 $\left(\frac{t_c}{10}-\frac{t_n}{40}\right)$，其中 t_c 为系统在阶跃函数作用下的上升时间；t_n 为系统在阶跃函数作用下的过渡过程时间。

最后还要特别指出一点：当采用龙格-库塔法对连续系统进行数字仿真时，步长的选择会影响计算结果的稳定性，因此尽量选择较小的步长以保证计算的稳定性，详细情况可以参见有关书籍。

3.3 四阶龙格-库塔法仿真程序设计

由 3.2 节可知，如果能够将一个连续系统表示成一组一阶微分方程，且每个一阶方程都可以用数值积分的方法来求解，则可以求出整个系统的全部解，包括各阶导数的值都能给出。可以将这种方法写成子程序以方便调用。下面给出了以四阶龙格-库塔法的程序设计，根据式（3-14）得到的表达式如下：

$$\begin{cases}k_1=f(x_i,y_i)\\k_2=f(x_i+h/2,y_i+h.k_1/2)\\k_3=f(x_i+h/2,y_i+h.k_2/2)\\k_4=f(x_i+h,y_i+h.k_3)\\y_{i+1}=y_i+\frac{h}{6}(k_1+2k_2+2k_3+k_4)\qquad(i=0,1,2\cdots)\end{cases}$$

根据上式可以建立仿真程序，这就是面向微分方程的数字仿真程序结构，由于面向微分方程的数字仿真模型还有状态空间方法和传递函数方法等，因此面向微分方程的仿真程序结构也有两种。在此仅介绍关于微分方程（组）与状态空间方法的数字仿真程序设计。下面通过几个例题来说明怎样建立微分方程的仿真程序。

3.3.1 求解一阶微分方程四阶龙格-库塔法程序设计

在此应用 VB 编程方法，对于熟悉其他计算机语言的学者，可以参考其中程序设计的基本思想。

例 3-4 计算微分方程

$\frac{dy}{dt}=y-2t/y$，在 $y(0)=1$，$t=[0,3]$，取步长为 $h=0.1$ 的数值解。

解 从 $t=0$ 到 $t=3$ 各节点上的数值解，在 VB 中新建立一窗体如图 3-9 所示。在窗体上加一个列表框、一个文本框数组（0-3），分别存放开始时间、终了时间、采样步长和初始值，在窗体的通用事件过程中添加函数过程（给出微分方程模型），添加一个命令按钮 Commmand1，将原代码写在命令按钮的单击事件过程中。调试程序，观察运行结果的正确性。

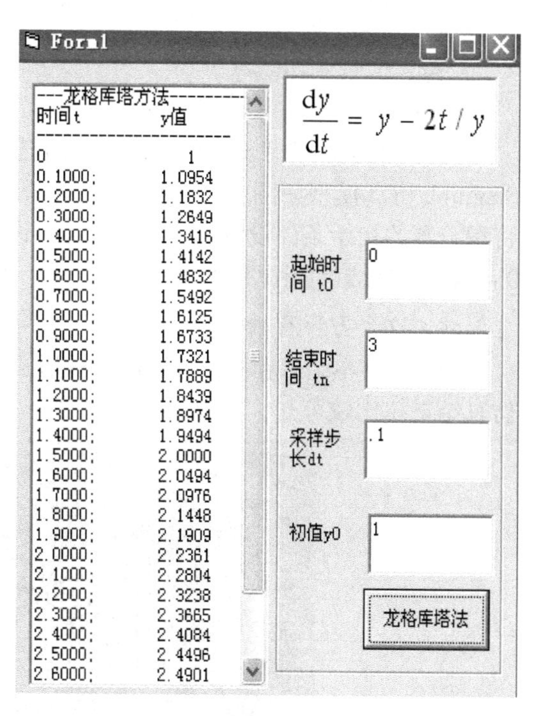

图 3-9 VB 窗体和运行结果

```
Private Function fn1(x, y)
fn1 = y - 2 * x / y
End Function

Private Sub Command1_Click()
Dim t0, tn, y0 As Single
Dim h As Single
Dim i, n As Integer
Dim x, y, k1, k2, k3, k4 As Single
List1.Clear

List1.AddItem ("---龙格库塔方法---------")
  t0 = Val(Text1(0).Text)   '数组控件
  tn = Val(Text1(1).Text)  '1 转换函数
  h = Val(Text1(2).Text)  '循环步长
y0 = Val(Text1(3).Text)   '给定初值
  '------------------------
  If h = 0 Then
  MsgBox ("请输入步长 h")
  Exit Sub
  End If
'------------------------
  n = (tn - t0) / h   '循环次数
  x = Val(t0)
  y = y0
  List1.AddItem ("时间 t" & "    " & "y 值")
  List1.AddItem ("----------------------")
  List1.AddItem (x & "                  " & y)
  ''===================================
  For i = 1 To n
  k1 = fn1(x, y)
  k2 = fn1(x + h / 2, y + h * k1 / 2)
  k3 = fn1(x + h / 2, y + h * k2 / 2)
  k4 = fn1(x + h, y + h * k3)
```

```
x = x + h
y = y + (k1 + 2 * k2 + 2 * k3 + k4) * h / 6
List1.AddItem (Format(x, "0.0000") & ";        " & Format(y, "0.0000"))
Next i
End Sub

Private Sub Form_Load()
Text1(0).Text = 0
Text1(1).Text = 3
Text1(2).Text = 0.1
Text1(3).Text = 1
End Sub
```

为了和仿真结果进行比较，下面建立了Simulink 仿真模型如图 3-10 所示，在该模型中，将积分器的初始条件设置为 1，仿真时间设置为 0 ~ 3s，计算结果如图 3-11 所示。

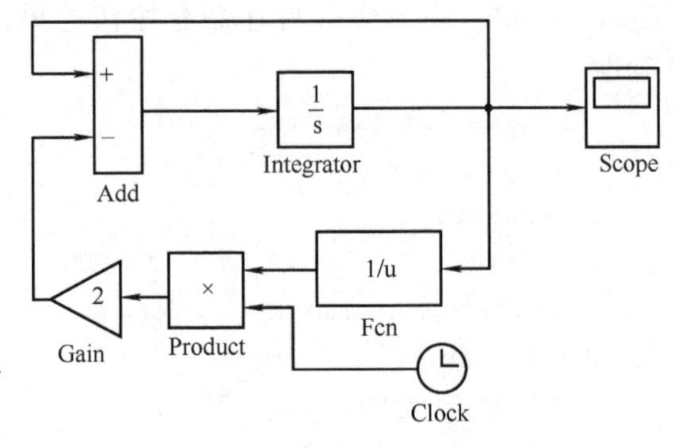

图 3-10　Simulink 框图

注：这个方程有精确解，为 $y = \sqrt{2t+1}$。

请读者将本结果和欧拉方法以及梯形法相比较。根据 VB 程序设计的数值计算和 Simulink 仿真结果相比较可知，其有较高的精度。

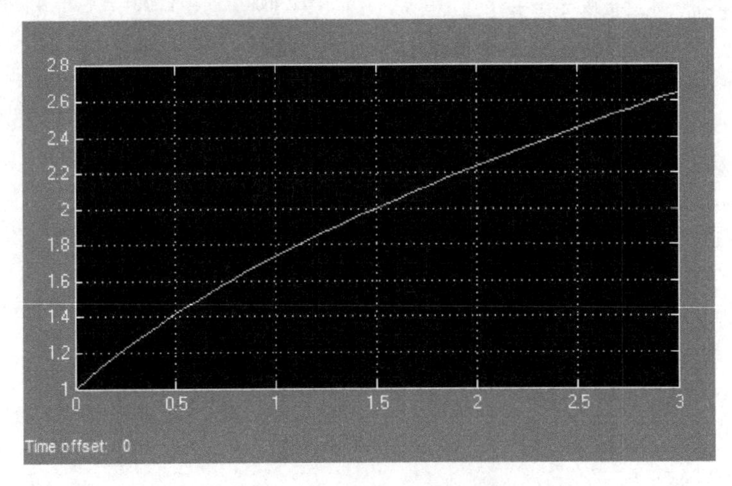

图 3-11　Simulink 仿真结果

3.3.2　求解一阶微分方程组的四阶龙格-库塔法程序设计

设一阶微分方程组形式如下：

$$\frac{\mathrm{d}x_i}{\mathrm{d}t} = f_i(t, x_1, x_2, \cdots, x_n) \qquad (i = 1, 2, \cdots, n)$$

下面仅考虑由两个方程组成的方程组的情况，更多维情况设计方法相同。设初值为

$$\dot{y} = f(t, y, z),\ y(0) = y_0$$

$$\dot{z} = g(t, y, z), \ z(0) = z_0$$

由式（3-14）的推导可以得到四阶龙格-库塔法的格式为

$$\begin{cases} y_{i+1} = y_i + h * (k_1 + 2 * k_2 + 2 * k_3 + k_4)/6 \\ z_{i+1} = z_i + h * (p_1 + 2 * p_2 + 2 * p_3 + p_4)/6 \end{cases}$$

式中，k_1，k_2，k_3，k_4，p_1，p_2，p_3，p_4 为待定系数，分别为

$$\begin{cases} k_1 = f(t_i, y_i z_i) \\ k_2 = f\left(t_i + \dfrac{h}{2}, y_i + hk_1/2, z_i + hk_1/2\right) \\ k_3 = f\left(t_i + \dfrac{h}{2}, y_i + h * k_2/2, z_i + h * k_2/2\right) \\ k_4 = f(t_i + h, y_i + hk_3, z_i + hk_3) \\ p_1 = g(t_i, y_i z_i) \\ p_2 = g\left(t_i + \dfrac{h}{2}, y_i + h * p_1/2, z_i + h * p_1/2\right) \\ p_3 = g\left(t_i + \dfrac{h}{2}, y_i + h * p_2/2, z_i + h * p_2/2\right) \\ p_4 = g(t_i + h, y_i + h * p_3, z_i + h * p_3) \\ i = 0, 1, 2, \cdots \end{cases}$$

3.3.3　高阶微分方程的四阶龙格-库塔法程序设计

对于高阶微分方程，总可以通过引进状态变量（见第 5 章），将高阶微分方程转化为微分方程组来处理。下面利用**四阶龙格-库塔法求解**二阶弹簧阻尼系统响应，通过例 3-5 说明高阶微分方程的仿真程序设计。

例 3-5　设一个有阻尼的弹簧质量系统，动力学方程为

$$m\ddot{x} + c\dot{x} + kx = F(t)$$

其中 $m = 5\text{kg}$，$c = 20\text{N} \cdot \text{s/m}$，$k = 100\text{N/m}$，$F(t) = 10\sin(2t)$，应用四阶龙格-库塔法编写计算程序。

解　（1）先将原方程化为一阶方程组，即令

$$x_1 = x, \quad x_2 = \dot{x}_1$$

则一阶微分方程组为

$$\begin{cases} \dfrac{\mathrm{d}x_1}{\mathrm{d}t} = x_2 \\ \dfrac{\mathrm{d}x_2}{\mathrm{d}t} = \ddot{x} = -20x_1 - 4x_2 + 0.2f(t) \end{cases}$$

假定初值为

$$x_1(0) = 0, \quad x_2(0) = 0$$

这是一个由两个方程组成的一阶微分方程组，不难根据前一个例子进行程序设计，在四阶龙格-库塔法程序设计中，只需要使用变量 $k_1 \cdots$，$s_1 \cdots$即可，值得注意的是求得的解 x_2 代

表系统的速度，x_1 代表系统的位移。

（2）程序设计　这里采用了 Matlab 程序设计，这里有两个子程序，其中一个子程序是四阶龙格-库塔法（myrunge_kutta），另一个子程序定义了一阶方程组（myfun）。程序代码如下：

%四阶龙格-库塔法（myrunge_ kutta）子程序：

```
function [x,y] =myrunge_kutta(fun,x0,xt,y0,pointnum)
            %函数 f(x,y):fun
            %自变量的初值和终值:x0,xt
            %自变量在[x0,xt]上的取值:pointnum
            %函数在 x0 处的值:y0
            % x:所有取点的 x 值
            % y:对应点上的函数值
y(1,:) =y0(:)';
h = (xt - x0)/(pointnum -1);
x =x0 +[0:pointnum]' * h
for k =1:pointnum
f1 =h * feval(fun,x(k),y(k,:))
f1 = f1(:)'
f2 =h * feval(fun,x(k) +h/2,y(k,:) + f1/2)
f2 = f2(:)'
f3 =h * feval(fun,x(k) +h/2,y(k,:) + f2/2)
f3 = f3(:)'
f4 =h * feval(fun,x(k) +h,y(k,:) + f3)
f4 = f4(:)'
y(k +1,:) =y(k,:) + (f1 +2 * (f2 + f3) + f4)/6;
end
            %定义的一阶方程组子程序
function dy =myfun(t,y)
dy =zeros(2,1)
dy(1) =y(2)
dy(2) = -20 * y(1) -4 * y(2) +2 * sin(2 * t)
            %主程序如下:
clear
x0 =0          %初始时间
y0 =[0;0]      %初始条件
xt =10;        %终了时间
n =1000;       %数据点数,应注意数据点数的多少会直接影响采用步长
tic            %开始计时
[t,y] =myrunge_kutta('myfun',x0,xt,y0,n)        % 调用龙格 库塔法子程序
time_rk4 =toc                                   %返回运行时间
plot(t,y),grid                                  %绘制图线并加网格
```

运行结果如图 3-12 所示。

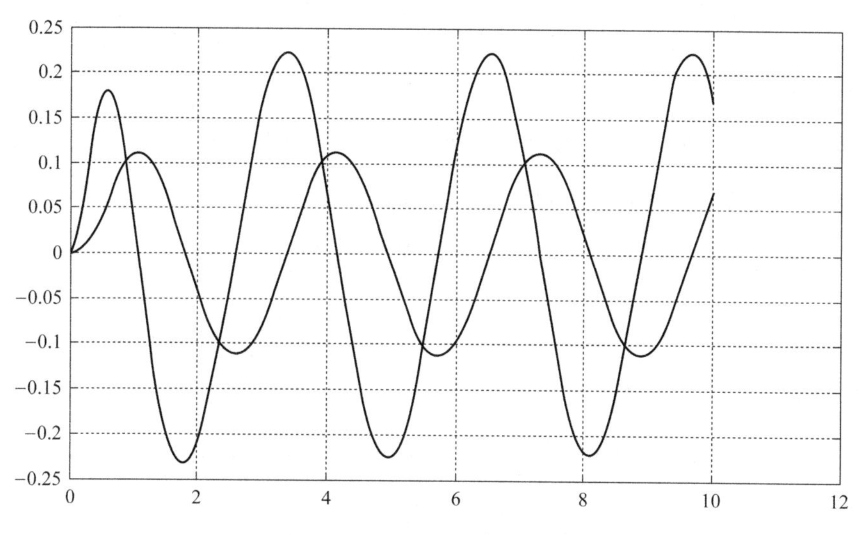

图3-12 龙格-库塔法计算结果

3.4 隐式逐步积分法

前面给出差商方法的基本思想是在计算 $t+\Delta t$ 时刻的状态量用 t 时刻及其以前的量，这种方法也称为显示积分法。该法大多计算简单，但一般为条件稳定，选取的时间步长受系统的自然振动频率和周期的限制，需在一定范围内才能得到收敛解。迄今为止，除了上面的方法，已有许多作者提出了许多不同的离散化差分公式，如线性加速度法及其广义形式的威尔逊（Wilson）θ 法、纽马克（New Mark）法等。这些方法的思想利用系统在 $t+\Delta t$ 时刻的运动微分方程求解 $t+\Delta t$ 时刻的解，需迭代技巧求解，只要选择合适的参数，一般为无条件稳定。时间步长不受系统自然频率或周期的限制，时间步长若选取不恰当，仍可以得到收敛的解，下面介绍线性加速度法和威尔逊 θ 法。

3.4.1 线性加速度法

设二阶动力学方程为

$$m\ddot{x}(t)+c\dot{x}(t)+kx(t)=F(t)$$

经过一个短暂的时间间隔 Δt，则以上方程可以表示为

$$m\ddot{x}(t+\Delta t)+c\dot{x}(t+\Delta t)+kx(t+\Delta t)=F(t+\Delta t) \tag{3-15}$$

线性加速度法的基本思想是加速度在时刻 t_i 和 $t_i+\Delta t$ 之间的变化被视为线性变化，如图3-13所示，即

$$\ddot{x}(t)=\ddot{x}_i+\frac{\ddot{x}_{i+1}-\ddot{x}_i}{\Delta t}(t-t_i) \tag{3-16}$$

式中，$t_i<t<t_{i+1}$，$\Delta t=t_{i+1}-t_i$。

对式（3-16）进行一次和二次积分，可以得到速度和位移的变化规律为

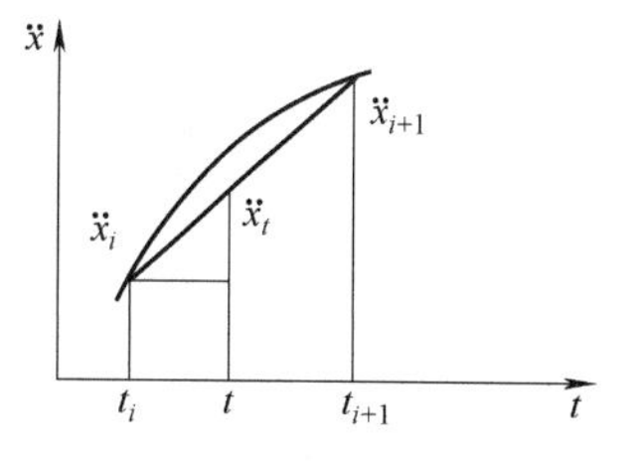

图3-13 线性加速度示意图

$$\dot{x}(t)=\dot{x}_i+\ddot{x}_i(t-t_i)+\frac{\ddot{x}_{i+1}-\ddot{x}_i}{2\Delta t}(t-t_i)^2$$

$$x(t)=x_{t_i}+\int_{t_i}^{t}\dot{x}(t)\mathrm{d}t=x_{t_i}+\dot{x}_i(t-t_i)+\frac{\ddot{x}_i}{2}(t-t_i)^2+\frac{\ddot{x}_{i+1}-\ddot{x}_i}{6\Delta t}(t-t_i)^3$$

将 $t=t_i+\Delta t$ 代入上式，求得下一时刻的速度和位移为

$$\begin{cases}\dot{x}(t_i+\Delta t)=\dot{x}_i+\dfrac{\Delta t}{2}\ddot{x}_i+\dfrac{\Delta t}{2}\ddot{x}(t_i+\Delta t)\\ x(t_i+\Delta t)=x_{t_i}+\Delta t\dot{x}_i+\left(\dfrac{1}{2}-\dfrac{1}{6}\right)\Delta t^2\ddot{x}_i+\dfrac{\Delta t^2}{6}\ddot{x}(t_i+\Delta t)\end{cases}$$

代入到增量方程式（3-15），有

$$m\ddot{x}(t+\Delta t)+c\left[\dot{x}_i+\frac{\Delta t}{2}\ddot{x}_i+\frac{\Delta t}{2}\ddot{x}(t_i+\Delta t)\right]$$
$$+k\left[x_{t_i}+\Delta t\dot{x}_i+\frac{\Delta t^2}{3}\ddot{x}_i+\frac{\Delta t^2}{6}\ddot{x}(t_i+\Delta t)\right]=F(t+\Delta t)$$

求出下一时刻的加速度式（3-17）的第一式，再求出下一步长上的速度和位移表达式（3-17）的后两式：

$$\begin{cases}\ddot{x}(t_i+\Delta t)=\left[m+c\dfrac{\Delta t}{2}+k\dfrac{\Delta t^2}{6}\right]^{-1}\left[F(t+\Delta t)-c\left(\dot{x}_i+\dfrac{\Delta t}{2}\ddot{x}_i\right)-k\left(x_{t_i}+\Delta t\dot{x}_i+\dfrac{\Delta t^2}{3}\ddot{x}_i\right)\right]\\ \dot{x}(t_i+\Delta t)=\dot{x}_i+\dfrac{\Delta t}{2}\ddot{x}_i+\dfrac{\Delta t}{2}\ddot{x}(t_i+\Delta t)\\ x(t_i+\Delta t)=x_{t_i}+\Delta t\dot{x}_i+\dfrac{\Delta t^2}{3}\ddot{x}_i+\dfrac{\Delta t^2}{6}\ddot{x}(t_i+\Delta t)\end{cases}\tag{3-17}$$

重复以上过程，就可以得到（$t+2\Delta t$）时刻的加速度、速度和位移，这样通过逐次计算，可以得到整个时间段内的加速度、速度和位移。其中，激励力 $F(t)$ 的变化也认为是按线性变化的。

对于一个振动系统来说，初始速度和初始位移一般是给定的，而初始时刻的加速度则根据动力学方程得到。由上可见，线性加速度法是通过前一步的加速度、速度和位移，使动力学微分方程化为代数方程来求解的。线性加速度法是一种有条件稳定的格式，如果积分步长 Δt 和系统的振动周期配合不理想，系统会发散。一般情况下，当系统的运动周期比积分步长大 5 倍以上时，才能取得比较精确的计算结果。

在使用中，可以将式（3-17）写成矩阵的形式，即

$$\begin{pmatrix}\ddot{x}\\ \dot{x}\\ x\end{pmatrix}_{k+1}=\begin{pmatrix}-mv\left(\dfrac{c\Delta}{2}+\dfrac{k\Delta^2}{3}\right) & -mv\,(c+k\Delta) & -mvk\\ \dfrac{\Delta}{2}\left[1-mv\left(\dfrac{c\Delta}{2}+\dfrac{k\Delta^2}{3}\right)\right] & 1-\dfrac{\Delta}{2}mv\,(c+k\Delta) & -\dfrac{\Delta}{2}mvk\\ \dfrac{\Delta^2}{3}-\dfrac{\Delta^2}{6}mv\left(\dfrac{c\Delta}{2}+\dfrac{k\Delta^2}{3}\right) & \Delta-\dfrac{\Delta^2}{6}mv\,(c+k\Delta) & 1-\dfrac{\Delta^2}{6}mvk\end{pmatrix}\begin{pmatrix}\ddot{x}\\ \dot{x}\\ x\end{pmatrix}_k+\begin{pmatrix}mvf\\ \dfrac{\Delta}{2}mvf\\ \dfrac{\Delta^2}{6}mvf\end{pmatrix}$$

式中，$mv=\left[m+c\dfrac{\Delta}{2}+k\dfrac{\Delta^2}{6}\right]^{-1}$；$\Delta=\Delta t$ 为步长；$k=0,1,2,\cdots,n-1$。

例 3-6 系统的动力学方程为

$$\begin{pmatrix}1&0&0\\0&1&0\\0&0&1\end{pmatrix}\begin{pmatrix}\ddot{x}_1\\\ddot{x}_2\\\ddot{x}_3\end{pmatrix}+\begin{bmatrix}2&-1&0\\-1&2&-1\\0&-1&2\end{bmatrix}\begin{pmatrix}\dot{x}_1\\\dot{x}_2\\\dot{x}_3\end{pmatrix}+50\begin{pmatrix}2&-1&0\\-1&2&-2\\0&-1&2\end{pmatrix}\begin{pmatrix}x_1\\x_2\\x_3\end{pmatrix}=\begin{pmatrix}6\sin(3.5t)\\-2\cos(2t)\\1.5\sin(1.5t)\end{pmatrix}$$

初始条件为

$$\begin{pmatrix}\dot{x}_1(0)\\\dot{x}_2(0)\\\dot{x}_3(0)\end{pmatrix}=\begin{pmatrix}1\\1\\1\end{pmatrix},\quad\begin{pmatrix}x_1(0)\\x_2(0)\\x_3(0)\end{pmatrix}=\begin{pmatrix}1\\1\\1\end{pmatrix}$$

试用线性加速度法计算三自由度在时间 0 ~ 15s 时的位移时间历程。

解 M 文件如下：

```
clear all
m=2*[1 0 0;0 1 0;0 0 1];                   % -质量矩阵
c=[2 -1 0;-1 2 -1;0 -1 2];                 % -阻尼矩阵
k=50*[2 -1 0;-1 2 -2;0 -1 2];              % -刚度矩阵
x0=[1 1 1]';                               % -初位移
v0=[1 1 1]';                               % -初速度
delt=0.01;                                 % -时间步长
time=20;                                   % -仿真时间
n=time/delt;                               % -循环次数
disp=zeros(n,3);                           %设定 n 行 3 列存储位移矩阵
 minv=inv(m+delt*c/2+delt^2*k/6);
i=1;
for t=0:delt:time
    f=[6.0*sin(3.5*t) -2.0*cos(2*t) 1.5*sin(1.5*t)]';%外扰力
    if t==0
        a0=inv(m)*(f-k*x0-c*v0);%初始加速度
    else
        a=minv*(f-c*(v0+delt/2*a0)-k*(x0+delt*v0+delt^2*a0/3));%计算加速度
        v=v0+delt*(a0+a)/2;                                   %计算速度
        x=x0+delt*v0+delt^2/3*a0+delt^2/6*a;                  %计算位移
        a0=a;  v0=v;  x0=x;  i=i+1;
    end
      disp(i,:)=x0;
end
t=0:delt:time;
plot(t,disp(:,1),t,disp(:,2),t,disp(:,3)),grid,xlabel('时间(s)'),title('3
自由度时程曲线');
```

运行结果如图 3-14 所示。

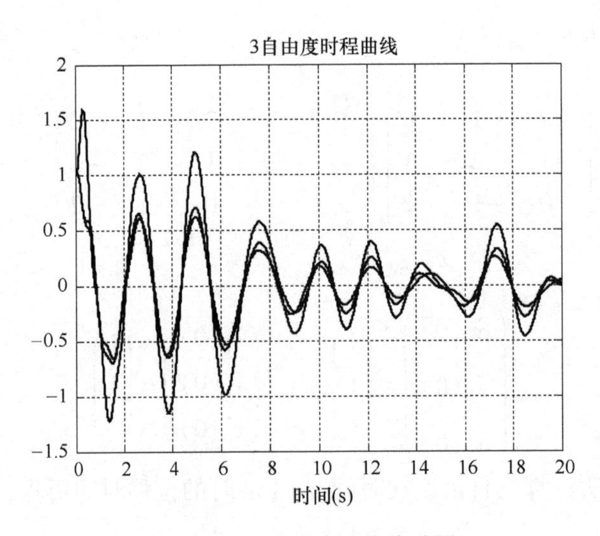

图 3-14　三自由度系统位移图

3.4.2　威尔逊 θ 法

威尔逊 θ 法通过建立在 $t+\theta\Delta t$ 时刻加速度的外插值 $\ddot{x}\,(t+\theta\Delta t)$，通过积分进一步得到外差点的速度和位移，如图 3-15 所示，通过 $t+\theta\Delta t$ 的动力学方程求解出该时刻的加速度，再进一步计算 $t+\Delta t$ 时刻的位移、速度、加速度，最后再进一步得到标准节点的值。该法是线性加速度法的一种改进。威尔逊 θ 法的稳定性分析表明，当 $\theta \geqslant 1.37$ 时，它是无条件稳定的，在大多数情况下，取 $\theta=1.4$左右可望得出很好的结果。无条件稳定的威尔逊 θ 法的时间步长不受结构周期长短的限制，因此得到广泛应用。在推导公式中，可以将位移作为变量或者将加速度作为变量得到不同的计算公式。

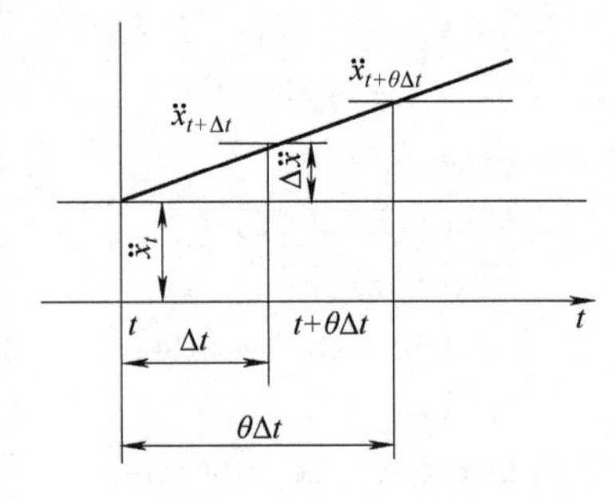

图 3-15　加速度外插图

下面给出了以加速度为基本变量的递推公式，由加速度外插图，即图 3-15 可知，插值点$(t+\theta\Delta t)$的加速度为

$$\ddot{x}_{t+\theta\Delta t}=\ddot{x}_t+\frac{(\ddot{x}_{t+\Delta t}-\ddot{x}_t)}{\Delta t}\theta\Delta t=\ddot{x}_t+(\ddot{x}_{t+\Delta t}-\ddot{x}_t)\theta \tag{3-18}$$

将 $\theta\Delta t$ 作为变量，对式（3-18）的（$0-\theta\Delta t$）积分，得

$$\dot{x}_{t+\theta\Delta t}=\dot{x}_t+\frac{\theta\Delta t}{2}(\ddot{x}_t+\ddot{x}_{t+\theta\Delta t}) \tag{3-19}$$

再继续将 $\theta\Delta t$ 作为变量，对式（3-19）的（$0-\theta\Delta t$）积分，得

$$x_{t+\theta\Delta t}=x_t+\theta\Delta t\,\dot{x}_t+\frac{\theta^2\Delta t^2}{6}(2\ddot{x}_t+\ddot{x}_{t+\theta\Delta t}) \tag{3-20}$$

将载荷的变化加速度也视为线性的，同理可以得到载荷的外插值为

$$F_{t+\theta\Delta t}=F_t+\theta(F_{t+\Delta t}-F_t) \tag{3-21}$$

外插点的动力学方程为

$$m\ddot{x}_{t+\theta\Delta t} + c\dot{x}_{t+\theta\Delta t} + kx_{t+\theta\Delta t} = F_{t+\theta\Delta t} \tag{3-22}$$

将式（3-19）、式（3-20）和式（3-21）代入式（3-22）中，有

$$\left[m + c\frac{\theta\Delta t}{2} + k\frac{\theta^2\Delta t^2}{6}\right]\ddot{x}_{t+\theta\Delta t} + c\left[\dot{x}_t + \frac{\theta\Delta t}{2}\ddot{x}_t\right] + k\left[x_t + \theta\Delta t\dot{x}_t + \frac{\theta^2\Delta t^2}{3}\ddot{x}_t\right] = F_{t+\theta\Delta t} \tag{3-23}$$

得到外差点的加速度表达式为

$$\ddot{x}_{t+\theta\Delta t} = \frac{F_{t+\theta\Delta t} - (c + k\theta\Delta t)\dot{x}_t - kx_t - \left(k\frac{\theta^2\Delta t^2}{3} + c\frac{\theta\Delta t}{2}\right)\ddot{x}_t}{\left(m + c\frac{\theta\Delta t}{2} + k\frac{\theta^2\Delta t^2}{6}\right)}$$

由式（3-18）反解出 $\ddot{x}(t+\Delta t)$，再令式（3-19）和式（3-20）中的 $\theta = 1$，得到标准节点的加速度、速度和位移的递推公式为

$$\ddot{x}(t+\Delta t) = \ddot{x}_t + (\ddot{x}_{t+\theta\Delta t} - \ddot{x}_t)$$

$$\dot{x}(t+\Delta t) = \dot{x}_t + \frac{\Delta t}{2}(\ddot{x}_{t+\Delta t} + \ddot{x}_t)$$

$$x(t+\Delta t) = x_t + \dot{x}_t\Delta t + \frac{\Delta t^2}{6}(\ddot{x}_{t+\Delta t} + 2\ddot{x}_t)$$

再以新的状态量按照以上步骤，可求得下一时刻的加速度、速度和位移，直到求出全时程的加速度、速度和位移。

显然，当 $\theta = 1$ 时，威尔逊 θ 法退化为线性加速度法，因此线性法是该方法的一种特殊情况。

例 3-7 试用威尔逊 θ 法求解例 3-6 系统，计算三自由度在时间（0 ~ 15s）的响应。

解 威尔逊 θ 法脚本文件如下

```
clear all
m=2*[1 0 0;0 1 0;0 0 1];                    % -质量矩阵
c=[2 -1 0; -1 2 -1;0 -1 2];                 % -阻尼矩阵
k=50*[2 -1 0; -1 2 -2;0 -1 2];              % -刚度矩阵
x0=[1 1 1]';                                % -初位移
v0=[1 1 1]';                                % -初速度
delt=0.01;                                  % -时间步长
time=15;                                    % -仿真时间
n=time/delt;                                % -循环次数
xita=1.4 ;                                  % 威尔逊参数
disp=zeros(n,3);                            % 设定 n 行 3 列存储位移矩阵
minv=inv(m+c*xita*delt/2+k*xita^2*delt^2/6);         % 求逆
i=1;
for t=0:delt:time ;
  if t==0
  f0=[2.0*sin(3.5*t) -2.0*cos(2*t) 1.0*sin(3*t)]';   %初始外扰力
  a0=inv(m)*(f0-k*x0-c*v0);                           %初始加速度
  else
    df=[2.0*sin(3.5*t)  -2.0*cos(2*t)  1.0*sin(3*t)]';  %外扰力
```

```
    f = f0 + xita * (df - f0);                                                  %计算加速度增量
da = minv * (f - (c + k * xita * delt) * v0 - k * x0 - (k * xita^2 * delt^2/3 + c * xita * delt/2) * a0);
      a = a0 + (da - a0) /xita;                                                 %计算加速度
      v = v0 + (a + a0) * delt/2 ;                                              %计算速度
      x = x0 + v0 * delt + (a + 2 * a0) * delt^2/6;                             %计算位移
      a0 = a;  v0 = v;  x0 = x;  f0 = f; i = i + 1;
    end
      disp(i,:) = x0;
  end
  t = 0:delt:time;
plot(t,disp(:,1),t,disp(:,2),t,disp(:,3)),grid,xlabel('时间(s)'),title('3
自由度时程曲线');
```

运行结果如图 3-16 所示。

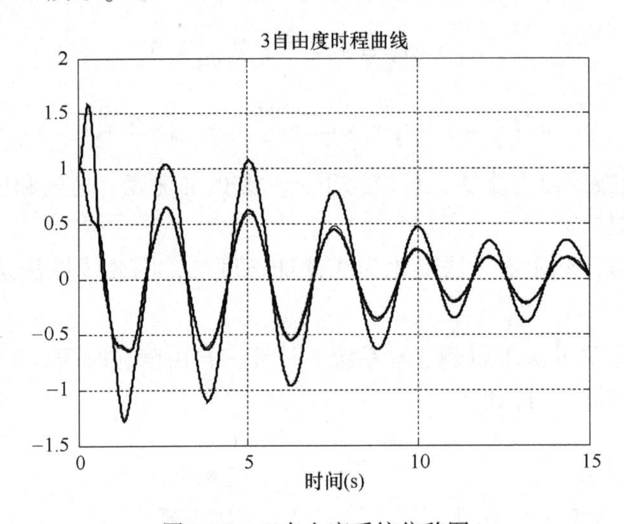

图 3-16　三自由度系统位移图

3.5 微分方程边值问题的求解

常微分方程边值问题的基本数值解法分为两类：一类是利用差分方法将它转化成线性或非线性方程组求解；另一类是将它转化成初值问题求解，这种方法称为试射法（打靶法）。

例如，对于二阶微分方程

$$y''=f(x,y,y') \qquad (a\leqslant x\leqslant b) \tag{3-24}$$

其边值条件可分为三类：

第一边值条件　$y(a)=\alpha,\quad y(b)=\beta$　(3-25)

第二边值条件　$y'(a)=\alpha_1,\quad y'(b)=\beta_1$　(3-26)

第三边值条件　$y'(a)-a_0y(a)=\alpha_1 \quad y'(b)-\beta_0y(b)=\beta_1$　(3-27)

下面介绍解线性方程边值问题的差分方法以及适用于非线性方程边值问题的试射法（打靶法）。

3.5.1 解线性方程边值问题的差分方法

设二阶线性方程的一般形式为

$$y''+p(x)y'+q(x)y=f(x) \qquad (a\leqslant x\leqslant b)$$

利用中心差分法可以得到差分方程

$$\frac{y_{i+1}-2y_i+y_{i-1}}{h^2}+p_i\frac{y_{i+1}-y_{i-1}}{2h}+q_iy_i=f_i$$

简写为

$$a_iy_{i-1}+b_iy_i+c_iy_{i+1}=d_i$$

式中，$a_i=1-\dfrac{hp_i}{2}$；$b_i=-2+h^2q_i$；$c_i=1+\dfrac{hp_i}{2}$；$d_i=h^2f_i \qquad (i=1,2,\cdots,n-1)$

该方程含有 $n+1$ 个未知数 $y_k(k=0,1,2,\cdots,n-1)$ 的线性方程组，方程的个数为 $n-1$。要使方程组有解，还需要补充两个边值条件方程。

对于第一边值条件

$$\begin{cases}y(0)=\alpha\\ y(n)=\beta\end{cases}$$

于是得到第一边值问题的差分方程组的矩阵形式为

$$\begin{pmatrix}b_1 & c_1 & & & \\ a_2 & b_2 & c_2 & & \\ & \ddots & \ddots & \ddots & \\ & & a_{n-2} & b_{n-2} & c_{n-2}\\ & & & a_{n-1} & b_{n-1}\end{pmatrix}\begin{pmatrix}y_1\\ y_2\\ \vdots\\ y_{n-2}\\ y_{n-1}\end{pmatrix}=\begin{pmatrix}d_1-a_1\alpha\\ d_2\\ \vdots\\ d_{n-2}\\ d_{n-1}-c_{n-1}\beta\end{pmatrix} \tag{3-28}$$

这个方程组是三对角方程组，可以利用追赶法求解。

对于第二及第三边值条件，由于条件中包含了导数，所以边值条件也必须用差商近似表示。

$$\begin{cases}\dfrac{y_2-y_0}{2h}=\alpha_1\\ \dfrac{y_n-y_{n-2}}{2h}=\beta_1\end{cases} \qquad \begin{cases}\dfrac{y_2-y_0}{2h}=\alpha_0y_0+\alpha_1\\ \dfrac{y_n-y_{n-2}}{2h}=\beta_0y_n+\beta_1\end{cases} \tag{3-29}$$

如果需要进一步提高精度，需要用更高阶的插值公式，如牛顿等距插值公式，可使截断误差达到 $o(h^2)$。

将式（3-29）代入边值条件中，就得到两个方程，再与式（3-28）联立，就可得到对应的差分方程组，用追赶法解出 $y_i(i=1,2,\cdots,n)$。

3.5.2 解线性方程边值问题的打靶法（试射法）

打靶法的基本思想是将边值问题化为相应的初值问题，从而可以借用前面介绍的求解常微分方程的数值解法来求解边值问题的数值解。

首先考虑两点边值问题

$$\begin{cases} y''=f(x,y,y') \\ y(a)=\alpha, y(b)=\beta \end{cases} \tag{3-30}$$

化为初值问题

$$\begin{cases} y''=f(x,y,y') \\ y(a)=\alpha, y'(a)=m_k \end{cases}$$

令 $y'=z$，将上述问题化为一阶方程组，即

$$\begin{cases} y'=z & y(a)=\alpha, \\ z'=f(x,y,z) & y'(a)=m_k \end{cases} \tag{3-31}$$

写成矩阵形式，$\boldsymbol{Y}'=\boldsymbol{F}$，即

$$\begin{pmatrix} y' \\ z' \end{pmatrix} = \begin{pmatrix} z \\ f(x,y,z) \end{pmatrix}$$

初值为

$$\begin{pmatrix} y(a) \\ z(a) \end{pmatrix} = \begin{pmatrix} \alpha \\ m \end{pmatrix}$$

这样就化为了标准微分方程初值问题了，可以采用离散解为

$$Y_{i+1}=Y_i+hF_i \qquad 或 \qquad \begin{pmatrix} y_{i+1} \\ z_{i+1} \end{pmatrix} = h\begin{pmatrix} z_i \\ f(x_i,y_i,z_i) \end{pmatrix}$$

因此，利用试射法求解边值问题的关键是如何把边值条件转化为等价的初值条件，即确定 m。具体方法如下：

假定相应于 m_k 的初值问题的解为 $y(x,m_k)$，它是 m_k 的隐函数，并假定 $y(x,m_k)$ 随 m_k 连续变化，这样要找的问题就是满足下面代数方程的根：

$$y(b,m_k)-\beta=0$$

关于如何求解代数方程有多种方法，通过迭代法可以得到解，如牛顿切线法、二分法、牛顿割线法等。牛顿切线法迭代关系如图 3-17 所示，则迭代公式为

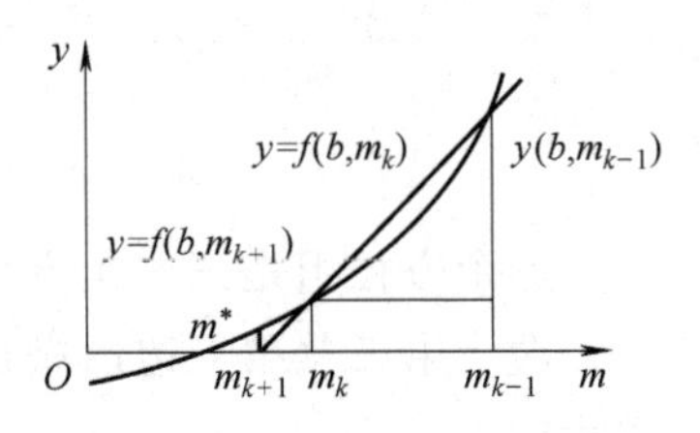

图 3-17　牛顿切线法示意图

$$m_{k+1}=m_k-\frac{m_k-m_{k-1}}{y(b,m_k)-y(b,m_{k-1})}(y(b,m_{k+1})-\beta) \qquad (k=1,2,\cdots) \tag{3-32}$$

凭经验提供 m_k 的两个预测值 m_0、m_1 作为初值问题的初始条件，用一阶微分方程组的求解方法，分别得到计算值为 $y(b,m_0)$，$y(b,m_1)$。

若 $|y(b,m_0)-\beta|<\varepsilon$ 或 $|y(b,m_1)-\beta|<\varepsilon$（其中 ε 是精度），则 m_0 或 m_1 就是初值，否则用割线法式（3-32）求下一个 m_k，直到满足 $|y(b,m_k)-\beta|<\varepsilon$，就得到要求问题的初值。

可以形象的看作一次打靶，把 m_k 看成是发射子弹的斜率，$y(b)$ 是靶心，通过调整子弹轨迹的斜率直到击中靶心。

例 3-8　用试射法求解如下边值问题

$$\begin{cases} 4y''+yy'=2x^3+16 \\ y(2)=8,\ y(3)=35/3 \end{cases}$$

解　将此化为一阶微分方程的初值问题

令：$y'=z$，则

$$z'=-\frac{yz}{4}+\frac{x^3}{2}+4$$

初值为

$$y(2)=8,\ z(2)=m_k$$

取 $m_0=1.2$，计算得

$$y(3,m_0)=11.38\neq 35/3$$

仿真模型如图3-18所示。

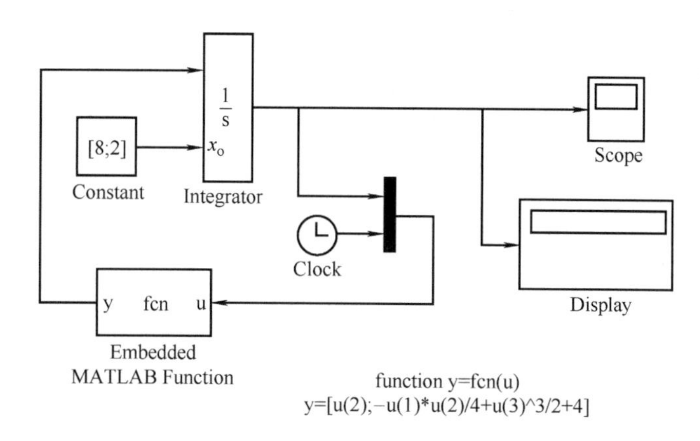

图3-18　打靶法框图

再选取另一点 $m_1=2.2$，计算得

$$y(3,m_1)=11.74\neq 35/3$$

将 m_0，m_1 做插值计算新的 m_2，根据式（3-29），有

$$m_2=m_1-\frac{m_1-m_0}{y(3,m_1)-y(3,m_0)}(y(3,m_1)-35/3)=2.398$$

$$y(3,m_2)=11.81\neq 35/33$$

$$m_3=m_2-\frac{m_2-m_1}{y(3,m_2)-y(3,m_1)}(y(3,m_2)-35/3)=2.197$$

得到

$$m_5=2,\ y_{m5}(3)=11.667\approx\frac{35}{3}$$

最后，得到化为初值问题的模型为

$$\begin{cases}4y''+yy'=2x^3+16\\ y(2)=8;\ y'(2)=2\end{cases}$$

3.5.3　关于三对角矩阵的追赶法程序设计

针对在边值问题中的三对角矩阵特殊情况，给出了追赶法的程序如下。设方程组：$\boldsymbol{Ax}=\boldsymbol{b}$，当系数矩阵 $\boldsymbol{A}$ 为三对角矩阵时，先将 $\boldsymbol{A}$ 做三角分解，即 $\boldsymbol{A}=\boldsymbol{LU}$，其中 $\boldsymbol{L}$ 为下三角

的两对角矩阵，$\boldsymbol{U}$ 为上三角的两对角矩阵，且主对角元素全为 1。求解时，先求解 $\boldsymbol{Ly}=\boldsymbol{b}$ 的解，再求解 $\boldsymbol{Ux}=\boldsymbol{y}$ 的解 $\boldsymbol{x}$。

```
%用 Matlab 编写的外部函数为 followup(A,b)
  function x = followup(A,b)
      n = rank(A);
          for(i =1:n)
          if (A(i,i) = =0)
          disp('ERROR');                    %对角线元素有 0,显示错误
        retun;
      end
    end;
    d = ones(n,1);
    a = ones(n-1,1);
    c = ones(n-1);
    for(i =1:n-1)
      a(i,1) =A(i+1,i);
      c(i,1) =A(i,i+1);
      d(i,1) =A(i,i);
    end
    d(n,1) =A(n,n);
                                            %求解 Ly =b 的解 y,保存在 b 中
      for(i =2:n)
    d(i,1) =d(i,1) - (a(i-1,1)/d(i-1,1)) *c(i-1,1);
    b(i,1) =b(i,1) - (a(i-1,1)/d(i-1,1)) *b(i-1,1);
    end
                                            %求解 Ux =y 的解 x,
 x(n,1) =b(n,1)/d(n,1);
 for(i = (n-1): -1:1)
   x(i,1) = (b(i,1) -c(i,1) *x(i+1,1))/d(i,1)
```

例 3-9 用追赶法求解如下线性方程组

$$\begin{cases}2.5x_1+x_2=1\\x_1+1.5x_2+x_3=1\\x_2+0.5x_3+x_4=1\\x_3+0.5x_4+x_5=1\\x_4+1.5x_5+x_6=1\\x_5+2.5x_6=1\end{cases}$$

解 主程序如下

```
A =[2.5  1  0 0 0 0; 1  1.5  1  0 0 0;
     0  1  0.5 1 0 0; 0  0 1  0.5 1 0; 0 0 0 1 1.5 1; 0 0 0 0 1 2.5];
b =ones(6,1);
x =followup(A,b)
```

运行结果为

```
x =  0.4615    -0.1538    0.7692  0.7692    -0.1538    0.4615
```

3.6 关于 Simulink 环境中的求解器 Solver

在利用 Simulink 进行仿真时，其中的积分模块的核心是利用了各个不同形式的四阶龙格-库塔法，了解 Simulink 环境中的求解器 Solver，有助于正确建立仿真模型。

Simulink 所提供的求解器都是当今国际上数值计算研究的最新成果，是一种速度最快、精度最高的计算方法，能够非常理想地求解各类微分方程。不同的系统需要利用不同的求解器，故了解系统的特性是非常重要的，如系统方程是否是刚性方程（Stiff Equation）等。下面具体介绍各种计算方法，这对于不同的系统选择不同的方法是至关重要的。

3.6.1 常用求解器

对于用数值方法求解常系数微分方程（Ordinary Differential Equation，简写为 ODE）或微分方程组，Simulink 提供了 7 种求解函数的方法。

（1）Ode45：这种求解器采用龙格-库塔法，这也是利用 Simulink 求解微分方程时最常用的一种方法。这种算法精度适中，是计算方程的首选项。

它是利用有限项的泰勒级数取近似解函数，而误差的来源就是泰勒的截断项，误差就是截断误差。

Ode45 分别采用四阶、五阶泰勒级数计算每个积分步长终端的状态变量近似值，并利用这个级数的值相减，得到的误差作为计算误差的判断标准。如果误差估计值大于这个系统的设定值，那么就把该积分步长缩短，然后重新计算；如果误差远小于系统的设定值，那么就将积分步长放长。

（2）Ode23：这种求解器采用龙格-库塔法，为了能够达到 Ode45 同样的精度，Ode23 的积分步长总要比 Ode45 取的小。因此，Ode23 处理“中度 Stiff”问题的能力优于 Ode45。

Ode23 是利用有限项的泰勒级数取近似解函数，而误差的来源就是泰勒的截断项，其中，误差就是指截断误差。

Ode23 和 Ode45 都是变步算法。

（3）Ode113：该求解器与 Ode45 和 Ode23 不同，它采用的变阶 Adams 法，是一种多步预报校正算法。

Odell3 在执行过程中还自动地调整近似多项式的阶数，以平衡其精确性和有效性。Ode45 和 Ode23 采用的是泰勒级数方法，而 Odell3 采用的是多项式方法，计算导数的次数也比前面两种方法次数少，所以在计算光滑系统时，Odell3 的速度更快。

（4）Odel5s：这是一种专门用来求解刚性（Stiff）方程的变阶多步算法，包含一种对系统动态转换进行检测的机理。这种检测使这一算法对非刚性系统尤其是对那种有快速变化模式的系统情况计算效率低下。

（5）Ode23s：该求解器和 Odel5s 一样都是用来求解刚性方程的，是基于 Rosenbrok 公式建立起来的定阶单步算法。由于计算阶数不变，所以计算效率要比 Odel5s 效率高。

（6）Ode23t：常用于求解中度刚性方程。

（7）Ode23tb：常用于求解中度刚性方程。

3.6.2 求解器的选择

除了在3.6.1节提到的各种求解器的基本使用方法外，值得注意的是当系统是刚性方程时，要选择适当的求解器才能得到正确结果。

例如，对刚性微分方程，利用不同的求解器仿真结果和精确值进行比较，并说明求解器使用不当，产生的结果差别非常大。

例如，求微分方程$\frac{d^2y}{dx^2}+999\frac{dy}{dx}+0.999y=0$在初始条件$\frac{dy}{dx}(0)=1$、$y(0)=0$的解。

读者可以根据不同求解器所得到的数值方法进行比较，来说明不同算法之间的不同，以及不合适方法所带来的错误结果。

刚性微分方程的含义是指：在用微分方程描述的一个变化过程中，若往往又包含着多个相互作用但变化速度相差悬殊的子过程，这类过程就认为具有“刚性”。描述这类过程的微分方程初值问题称为“刚性问题”。例如，宇航飞行器的自动控制系统一般包含两个相互作用但效应速度相差悬殊的子系统：一个是控制飞行器质心运动的系统，当飞行器速度较大时，质心运动惯性较大，因而相对来说变化缓慢；另一个是控制飞行器运动姿态的系统，由于惯性小，相对变化很快，因而整个系统就是一个刚性系统。通过系统的特征值来判断刚性方程的条件是：$s=\left|\frac{(\lambda)_{max}}{(\lambda)_{min}}\right|$定义为刚性比，这里$\lambda$是系统的特征值，当$s\gg1$时，即认定为刚性问题。

3.7 Matlab 中的符号微积分

可以利用Matlab中的符号进行微积分计算。在进行符号微积分运算时，如果不指定函数的自变量，Matlab会自动根据上下文关系确定自变量，自变量通常使用小写字母，并且最靠近拉丁字母的后面。

3.7.1 符号微分与符号积分

1. 符号微分

```
diff(f,t,n)                % 求f对t的n阶导数，d^nf/dt^n
```

（1）t是自变量，可以是默认的，系统会自动确认。

（2）当f是矩阵时，微分运算按矩阵的元素逐个运算。

（3）diff()用来进行差分运算。

2. 符号积分

```
int(f,x)                   % 给出f对自变量x的不定积分
int(f,x,a,b)               % 给出f对自变量x在给定积分区间(a-b)的定积分
```

（1）x可以是默认的，系统会自动确认。

（2）当f是矩阵时，积分运算按矩阵的元素逐个运算。

（3）积分区间（a,b）允许是数值、符号和表达式。

（4）可以做重积分，如三重积分

$$F2 = \int_1^2 \left\{ \int_{\sqrt{x}}^{x^2} \left[\int_{\sqrt{xy}}^{x^2 y} (x^2 + y^2 + z^2)\,\mathrm{d}z \right] \mathrm{d}y \right\} \mathrm{d}x$$

符号积分表达式为：

```
syms x y z
F2 =int(int(int(x^2 +y^2 +z^2,z,sqrt(x * y),x^2 * y),y,sqrt(x),x^2),x,1,2)
```

3.7.2 利用符号运算求解微分方程

```
Doslve(fun,xo, Dxo,t)% 返回微分方程在给定初值问题的解
                    % 其中第一项为微分方程的形式,第二、第三项是初始条件,最后一项是自变量
```

例如 dsolve('D2y +999 * Dy +0.999 * y','y(0) =1','Dy(0) =0','t')表示对微分方程$\frac{\mathrm{d}^2 y}{\mathrm{d}t^2} + 999\frac{\mathrm{d}y}{\mathrm{d}t} + 0.999y = 0$在给定初始条件为$y(0)=1$、$\left.\frac{\mathrm{d}y}{\mathrm{d}t}\right|_{t=0} = 0$时方程中自变量$t$的符号解。

在 Matlab 命令空间中写出如下代码：

```
fs3 =dsolve('D2y +999 * Dy +0.999 * y','y(0) =1','Dy(0) =0','t')
```

回车后显示如下的信息

```
fs3 =1/554442780 * (-16650 +277221390^(1/2)) * 277221390^(1/2) * exp(-3/
100 * (16650 +277221390^(1/2)) * x) + (15/499498 * 277221390^(1/2) +1/2) * exp(3/100
* (-16650 +277221390^(1/2)) * x)
```

为了得到速度表达式,可以通过微分命令(diff)：

```
>> df3 =diff(fs3,'t')
df3 =
1/554442780 * (16650 +277221390^(1/2)) * 277221390^(1/2) * (-999/2 +3/100 *
277221390^(1/2)) * exp(3/100 * (-16650 +277221390^(1/2)) * t) + (-15/499498 *
277221390^(1/2) +1/2) * (-999/2 -3/100 * 277221390^(1/2)) * exp(-3/100 * (16650 +
277221390^(1/2)) * t)
```

例 3-10　已知某系统的微分方程组为

$$\begin{cases} \dot{y}_1 = y_2 y_3 \\ \dot{y}_2 = -y_1 y_2 \\ \dot{y}_3 = -2y_1 y_2 \end{cases}$$

初始条件为

$$y_1(0)=0, y_2(0)=0.5, y_3(0)=-0.5$$

求时间区域为$t=[0,20]$的解。

解　建立使用函数过程，然后再通过调用函数得到仿真结果，如图 3-19 所示。

（1）建立子程序

```
function dy =fangc(t,y)          % 定义函数子程序
dy =zeros(3,1);                  % 定义一个三维空向量 dy
```

```
dy(1)=y(2)*y(3);                    %微分方程
dy(2)=-y(1)*y(3);
dy(3)=-2*y(1)*y(2);
```

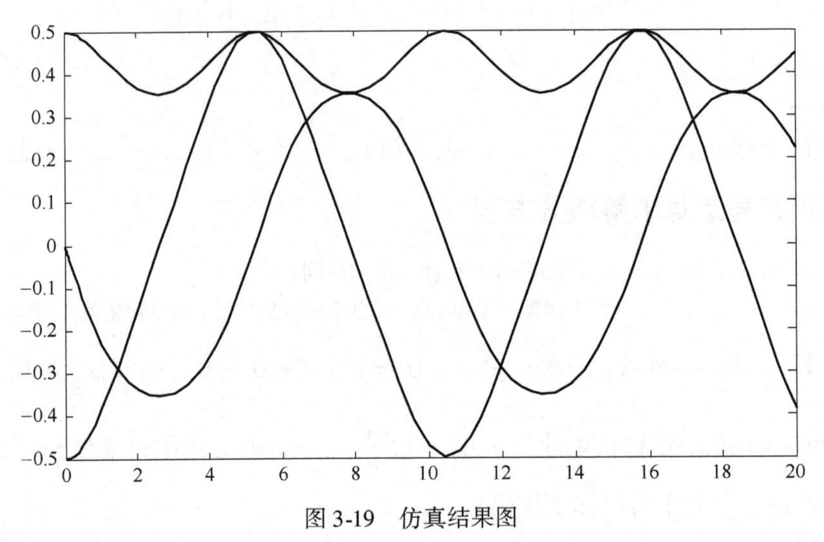

图 3-19　仿真结果图

(2) 建立主程序

```
[t,y]=ode45('fangc',[0,20],[0,0.5,-0.5]);   %调用 ode45 求解器,求解微分方程组
                                               "fangc",并设定仿真时间和初始
                                               条件
plot(t,y(:,1),t,y(:,2),t,y(:,3))             %绘图语句
```

习　题

习题 3-1　已知某质点做平面曲线运动的速度分量为

$$v_x = 30\sqrt{2}, v_y = 30\sqrt{2} - 9.8t$$

试用欧拉方法计算质点在 x，y 方向的位移规律（使用延迟模块建立仿真模型，自行设置仿真参数）。

习题 3-2　利用一阶差分和二阶差分公式推导二阶微分方程 $m\ddot{y} + c\dot{y} + ky = f(t)$ 的差分方程，并使用延迟模块建立仿真模型（设：$m = 10$，$k = 100$，$c = 100$，$f(t) = 5\sin(2t)$）。

习题 3-3　用加速度计测量某凸轮顶杆机构顶杆端点的加速度，每间隔 0.1s 采样一次数据，所获得的加速度序列值见表 3-1。

表 3-1　加速度序列值

t/s	0	0.1	0.2	0.3	0.4	0.5	0.6	0.7	0.8	0.9	1.0
a/(m/s^2)	0	0.588	0.951	0.951	0.588	0.0	-0.588	-0.951	-0.951	-0.588	0

试用欧拉方法计算速度和位移序列，并画出速度和位移随时间的变化曲线。

提示：如果要使用外部数据，可以使用 M 文件建立数据文件，将以上数据输入到 Workspace 中，然后使用 Form Workspace 模块将数据读入到 simulink 中。也可以将数据写进一个数据文件 mat，(save MyDatFile　A)，调用数据文件（load MyDatFile　A）或者使用 forme file 数据模块。

习题 3-4 根据四阶龙格-库塔法的程序设计求下面微分方程的数值解：

$$\dot{y}_1 = y_2 y_3;\ \dot{y}_2 = -y_1 y_3;\ \dot{y}_3 = -2y_1 y_2$$

初始条件为

$$y_1(0) = 0,\ y_2(0) = 0.5,\ y_3(0) = -0.5$$

在时间区间 $t = [0,20]$，绘制响应曲线。

习题 3-5 设有一微分方程组

$$\dot{x}_1 = 3x_1 + 2x_2 - (2t^2 + 1)e^{2t},\quad \dot{x}_2 = 4x_1 + x_2 + (t^2 + 2t - 4)e^{2t}$$

$$\dot{x}_3 = 2x_1 - x_2 - te^{3t},\quad \dot{x}_4 = x_1 + t^2 e^t$$

$$\dot{x}_5 = x_2 - e^{2t}$$

初始条件为

$$x_1(0) = 1,\ x_2(0) = 1,\ x_3(0) = 1,\ x_4(0) = 1,\ x_5(0) = 1$$

求时间区间 $t = [0,1]$方程的离散解（编写用四阶龙格-库塔法求解程序）。

习题 3-6 解常微分方程 $\ddot{x}(t) = -3\cos(t) + 2$。

初值 $x(0) = 0$，$\dot{x}(0) = 0$；$0 \leqslant t \leqslant 1$，用四阶龙格-库塔法求数值解。

习题 3-7 用四阶龙格-库塔法求解高阶微分方程组：

$$\begin{cases} \ddot{x}(t) = x - y - (3\dot{x})^2 + 6\ddot{y} + 2t \\ \dddot{y} = \ddot{y} - \dot{x} + e^x - t \end{cases}$$

初值为

$$x(1) = 2,\ \dot{x}(1) = 4,\ y(1) = -2,\ \dot{y}(1) = 7,\ \ddot{y}(1) = 6 \qquad 1 \leqslant t \leqslant 1.5$$

提示：令 $x_1 = x$，$x_2 = \dot{x}$，$x_3 = y$，$x_4 = \dot{y}$，$x_5 = \ddot{y}$。将以上方程化为一阶微分方程组。

习题 3-8 已知三自由度系统的动力学方程为

$$\begin{pmatrix} 1 & 0 & 0 \\ 0 & 1 & 0 \\ 0 & 0 & 1 \end{pmatrix}\begin{pmatrix} \ddot{x}_1 \\ \ddot{x}_2 \\ \ddot{x}_3 \end{pmatrix} + \begin{pmatrix} 2 & -1 & 0 \\ -1 & 2 & -1 \\ 0 & -1 & 2 \end{pmatrix}\begin{pmatrix} \dot{x}_1 \\ \dot{x}_2 \\ \dot{x}_3 \end{pmatrix} + 50\begin{pmatrix} 2 & -1 & 0 \\ -1 & 2 & -2 \\ 0 & -1 & 2 \end{pmatrix}\begin{pmatrix} x_1 \\ x_2 \\ x_3 \end{pmatrix} = \begin{pmatrix} 0 \\ 1 \\ 1 \end{pmatrix} u(t)$$

其中，$u(t) = 1(t)$，初始条件为

$$\begin{pmatrix} \dot{x}_1(0) \\ \dot{x}_2(0) \\ \dot{x}_3(0) \end{pmatrix} = \begin{pmatrix} 0 \\ 0 \\ 0 \end{pmatrix},\quad \begin{pmatrix} x_1(0) \\ x_2(0) \\ x_3(0) \end{pmatrix} = \begin{pmatrix} 0 \\ 0 \\ 0 \end{pmatrix}$$

取 $\Delta t = 0.01$，试建立离散差分模型，并利用单位延迟模块建立仿真框图给出位移波形。

习题 3-9 在图 3-20 所示的仿真框图中输入：$t > 0$，$u1 = 1$，$t \geqslant 2$，$u2 = -1$。试写出对应的微分方程，并用四阶龙格-库塔法计算系统的输出响应。

习题 3-10 利用 Matlab 求解器 Ode45 与 Ode15s 分别求如下二阶微分方程

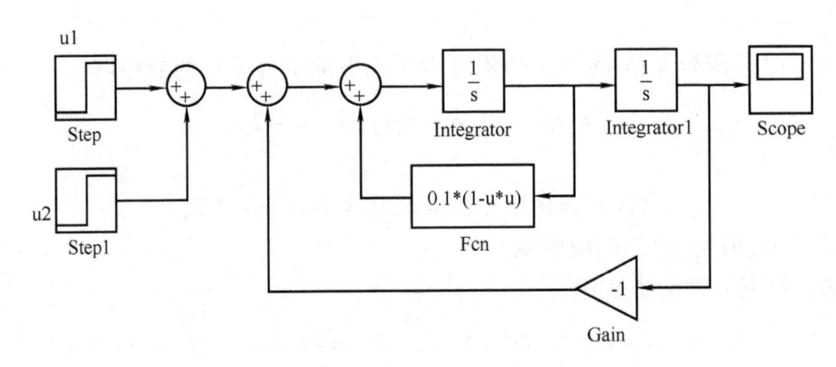

图 3-20　习题 3-9 图

$$\frac{d^2y}{dx^2} = \cos(2x) - y$$

其初始条件为

$$y(0) = 1, y'(0) = 0$$

的精确解，并和 Simulink 仿真解比较结果。

习题 3-11　利用差分近似方法求如下多自由度系统在外激励作用下的响应。在图 3-21 中：$m_1 = 20\text{kg}$，$m_2 = 10\text{kg}$，$m_3 = 30\text{kg}$，$k_1 = k_2 = 600\text{N/m}$，$k_3 = k_4 = 800\text{N/m}$，$k_5 = 100\text{N/m}$，$k_6 = 200\text{N/m}$，$c_1 = 100\text{N} \cdot \text{s/m}$，$f(t) = 10\sin(2t)(\text{N})$，并比较积分模型仿真结果（初始条件为零）。

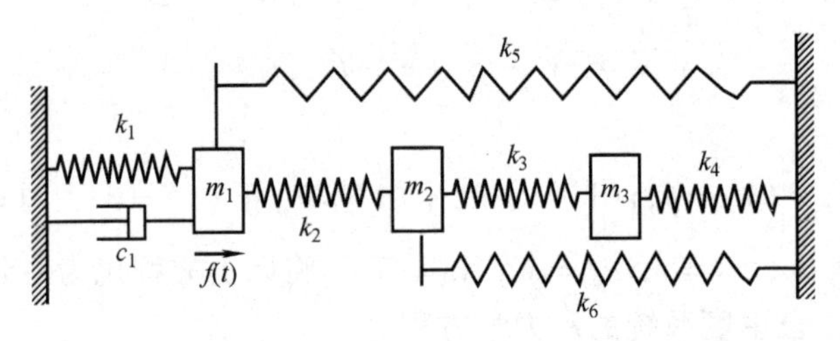

图 3-21　习题 3-11 图

习题 3-12　试将变上限积分函数

$$f(x) = \exp(-x^2)\int_0^x \exp(t^2)\,dt$$

化为初值问题。

习题 3-13　已知系统的微分方程为

$$\begin{cases} y'' + xy' - 4y = 12x^3 - 3x \\ y(0) = 0,\ y(1) = 2 \end{cases} \quad (0 < x < 1)$$

（1）试用差分模型建立三对角方程组，并使用追赶法程序计算响应。

（2）用打靶法将该边值问题化为初值问题，建立 Simulink 仿真模型，并与追赶法比较计算结果。

习题 3-14　已知系统的动力学方程为

$$\begin{pmatrix}2 & 0\\0 & 1\end{pmatrix}\begin{pmatrix}\ddot{x}_1\\\ddot{x}_2\end{pmatrix}+\begin{pmatrix}6 & -2\\-2 & 4\end{pmatrix}\begin{pmatrix}\dot{x}_1\\\dot{x}_2\end{pmatrix}+\begin{pmatrix}120 & -60\\-60 & 80\end{pmatrix}\begin{pmatrix}x_1\\x_2\end{pmatrix}=\begin{pmatrix}0\\10\end{pmatrix}$$

初始条件为

$$x_1(0)=x_2(0)=0,\quad \dot{x}_1(0)=\dot{x}_2(0)=0$$

（1）试用线性加速度法求解系统的响应。

（2）试用威尔逊 θ 法计算系统的响应。这里取 $\theta=1.4$，并建立 Simulink 仿真框图。

提示：为了得到初始时刻的加速度，可根据给出的初始条件求得，即

$$\begin{pmatrix}2 & 0\\0 & 1\end{pmatrix}\begin{pmatrix}\ddot{x}_1\\\ddot{x}_2\end{pmatrix}_{t=0}=\begin{pmatrix}0\\10\end{pmatrix}$$

得

$$\ddot{x}_1(0)=0,\ \ddot{x}_2(0)=10$$

习题 3-15 在线性加速度法中，如果取位移的基本变量，试证明，下一步长的状态量可以表示为

$$x(t+\Delta t)=\left[k+\frac{3}{\Delta t}c+\frac{6}{\Delta t^2}m\right]^{-1}\left\{m\left[2\ddot{x}(t)+\frac{6}{\Delta t}\dot{x}(t)+\frac{6}{\Delta t^2}x(t)\right]\right.$$
$$\left.+c\left[\frac{\Delta t}{2}\ddot{x}(t)+2\dot{x}(t)+\frac{3}{\Delta t}x(t)\right]+f(t+\Delta t)\right\}$$

$$\dot{x}(t+\Delta t)=\frac{3}{\Delta t}[x(t+\Delta t)-x(t)]-2\dot{x}(t)-\frac{\Delta t}{2}\ddot{x}(t)$$

$$\ddot{x}(t+\Delta t)=\frac{6}{\Delta t^2}[x(t+\Delta t)-x(t)]-2\ddot{x}(t)-\frac{6}{\Delta t}\dot{x}(t)$$

并使用该方法编写程序求解习题 3-14。

第4章 系统传递函数模型

传递函数是线性系统分析和研究的基本数学工具，对标准形式的微分方程进行拉普拉斯变换，可以将其转化为代数方程，这样不仅将实数域中的微分、积分方程简化为复数域中的代数方程，极大地简化了运算，而且根据传递函数还可以方便地导出系统的频率特性（详见第9章），利用这些频率特性与系统的参数关系还可以识别系统的物理参数。

4.1 传递函数及其特性

4.1.1 传递函数的定义

线性系统的传递函数定义是在全部初始条件为零的假设下系统的输出量（响应函数）的拉普拉斯变换与输入量（驱动函数）的拉普拉斯变换之比。

设线性系统的输入为 $u(t)$，输出为 $y(t)$，对应的微分方程为

$$(a_n p^n + a_{n-1} p^{n-1} + \cdots + a_1 p + a_0) y(t) = (c_m p^m + c_{m-1} p^{m-1} + \cdots + c_1 p + c_0) u(t) \tag{4-1}$$

式中，$p^m = \frac{d^m}{dt^m}$称为微分算子，且有 $n \geqslant m$。

假设 $y(t)$ 和 $u(t)$ 各阶导数的初值均为零，对方程两端取拉普拉斯变换，得

$$(a_n s^n + a_{n-1} s^{n-1} + \cdots + a_1 s + a_0) Y(s) = (c_m s^m + c_{m-1} s^{m-1} + \cdots + c_1 s + c_0) U(s)$$

式中，$Y(s)$ 是输出量 $y(t)$ 的拉普拉斯变换；$U(s)$ 是输入量 $u(t)$ 的拉普拉斯变换，则定义传递函数为

$$H(s) = \frac{Y(s)}{U(s)} = \frac{c_m s^m + c_{m-1} s^{m-1} + \cdots + c_1 s + c_0}{a_n s^n + a_{n-1} s^{n-1} + \cdots + a_1 s + a_0} \tag{4-2}$$

系统的输入、输出和传递函数有如下关系：

$$Y(s) = H(s) U(s) \tag{4-3}$$

再通过拉普拉斯逆变换，可以得到时间域内的输出（响应）：

$$y(t) = L^{-1}[Y(s)] = L^{-1}[H(s) U(s)] \tag{4-4}$$

式中，L 为拉普拉斯变换符号；L^{-1} 为拉普拉斯逆变换符号。

4.1.2　传递函数的特性

（1）传递函数只取决于系统结构（或元件）的参数，与外部信号的大小和形式无关。

（2）传递函数只适用于线性定常系统（由拉普拉斯变换的性质可以得到，因为拉普拉斯变换是一种线性变换）。

（3）传递函数一般为复变量 s 的有理分式，它的分母多项式 s 的最高次数 n 高于分子多项式 s 的最高次数 m，即 $n>m$。

（4）由于传递函数是在零初始条件下定义的，所以它不能反映非零初始条件下的运动情况（即暂态响应）。

（5）一个传递函数只能表示一个输入与一个输出之间的关系，对于多输入多输出系统，要用传递函数矩阵才能表征系统的输入与输出关系。

4.1.3　传递函数的图示方法

将整个研究系统分为输入、系统和输出，则可以将整个系统用图 4-1 表示，其中的“系统”表示了系统的传递函数。在动态分析中，如果已知其中两个部分，分析另一部分，则可以形成正问题和反问题。

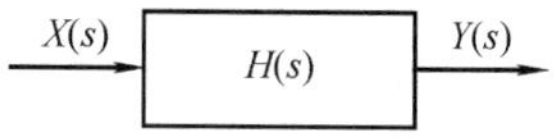

$X(s)$ → $H(s)$ → $Y(s)$

图 4-1　传递函数示意图

运算关系：$Y(s)=H(s)X(s)$

如果已知激励 $X(s)$ 和系统 $H(s)$，求响应 $Y(s)$，称为动态分析正问题。

如果已知激励 $X(s)$ 和输出 $Y(s)$，求系统 $H(s)$，称为系统识别问题。

如果已知系统 $H(s)$ 和输出 $Y(s)$，求输入 $X(s)$，称为环境预测问题。

例 4-1　如图 4-2 所示弹簧阻尼系统，已知 m，k_1，k_2，c，试求系统输入 $f(t)$ 与输出 $x(t)$ 之间的传递函数。

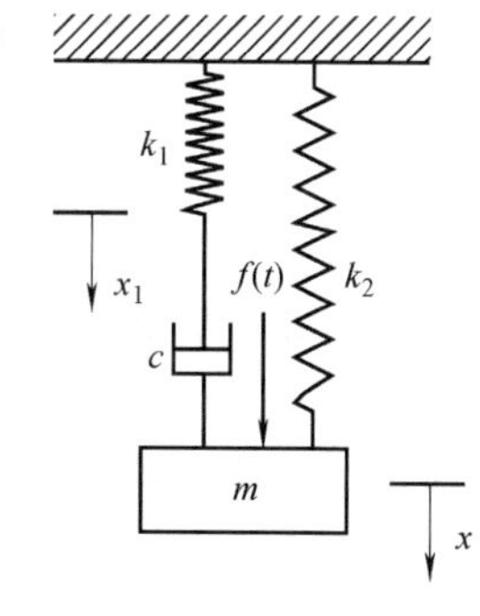

图 4-2　弹簧阻尼系统

解　系统的动力学方程为

$$\begin{cases} m\ddot{x}+k_2x+c(\dot{x}-\dot{x}_1)=f(t) \\ c(\dot{x}-\dot{x}_1)-k_1x_1=0 \end{cases}$$

对上面两式取拉普拉斯变换：

$$\begin{cases} (ms^2+cs+k_2)x(s)=f(s)+csx_1(s) \\ csx(s)=(k_1+cs)x_1(s) \end{cases}$$

并消去变量 $x_1(s)$，即

$$x_1(s)=\frac{csx(s)}{(k_1+cs)}$$

得

$$(ms^2+cs+k_2)x(s)=f(s)+cs\frac{csx(s)}{(k_1+cs)}$$

传递函数为

$$H(s)=\frac{x(s)}{f(s)}=\frac{cs+k_1}{mcs^3+mk_1s^2+c(k_1+k_2)s+k_1k_2}$$

4.2 典型环节的传递函数

根据传递函数的不同形式，可将传递函数分为以下几种类型。下面给出几种常见的输入和输出关系的传递函数。

4.2.1 比例环节

凡输出量 $y(t)$ 正比于输入量 $u(t)$，其特点是输出不失真也不延迟而按比例的反映输入的环节称为比例环节，其广义动力学方程为

$$y(t)=Ku(t)$$

式中，$y(t)$ 为输出；$u(t)$ 为输入；K 为环节的放大系数或增益，其传递函数为

$$H(s)=\frac{Y(s)}{U(s)}=K \tag{4-5}$$

考察一个不计质量的杠杆的力学平衡问题

$$p(t)\cdot a=f(t)\cdot b \qquad f(t)=\frac{a}{b}p(t)=k\cdot p(t)$$

式中，$k=\frac{a}{b}$ 是力的放大系数，因为这里不考虑质量，所以系统不会因为有惯性而产生延迟现象。由此可见，力学杠杆原理就是一个比例环节，其比例系数是动力臂与阻力臂的比值。

4.2.2 一阶延迟环节

首先分析 RC 串联电路系统的传递函数，以 $q(t)$ 表示电路中电容器上的电荷，$u(t)$ 为电压，则关于电荷的变化满足的动态方程为

$$RC\frac{\mathrm{d}q(t)}{\mathrm{d}t}+q(t)=cu(t)$$

在机械系统中，如图 4-3 所示，在不考虑 AB 杆质量的情况下，设 $F(t)$ 为系统的输入力，$x(t)$ 为系统的输出位移。对应机械系统的微分方程为

$$\left[c\frac{\mathrm{d}x(t)}{\mathrm{d}t}+kx(t)\right]3a=F(t)a$$

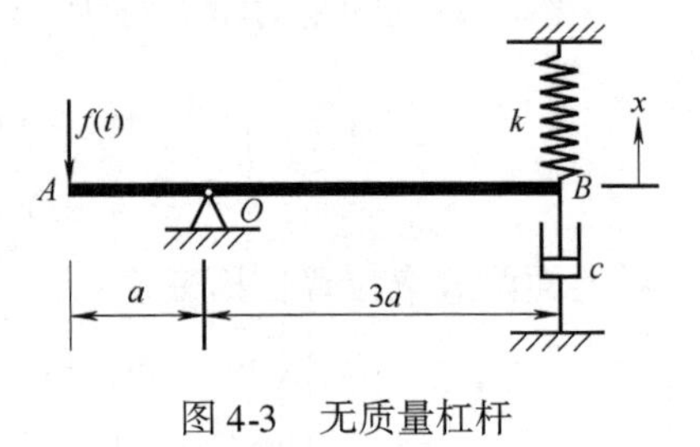

图 4-3 无质量杠杆

这样的系统称为一阶系统。

为了不失一般性，设 $y(t)$ 为输出，$u(t)$ 为输入，则一阶系统的一般形式表示为

$$a_1\frac{\mathrm{d}y(t)}{\mathrm{d}(t)}+a_0y(t)=b_0u(t)$$

改写成标准形式为

$$\tau\frac{\mathrm{d}y(t)}{\mathrm{d}(t)}+y(t)=\eta u(t)$$

式中，τ 为时间常数，η 为系统的灵敏度。

对图 4-3 所示的机械系统，其标准式为

$$\frac{c}{k}\frac{\mathrm{d}x(t)}{\mathrm{d}t}+x(t)=\frac{1}{3k}F(t)$$

时间常数为 $\tau=\frac{c}{k}$，灵敏度为 $\eta=\frac{F_0}{3k}$（F_0 是输入的幅值），η 的物理含义是系统在静止状态下的静变形量。

为分析方便，令 $\eta=1$，以这种归一化系统为研究模型，即

$$\tau\frac{\mathrm{d}x(t)}{\mathrm{d}(t)}+x(t)=F(t)$$

根据传递函数的概念可以得到

$$H(s)=\frac{1}{\tau\cdot s+1} \tag{4-6}$$

实际的输出可以写成

$$x(s)=\eta H(s)F(s)$$

一阶延迟环节的特点是系统的输出比系统的输入晚一步（延迟），因而具有惯性的特点，而这个延迟是由于系统有黏性阻尼的缘故，显然，如果阻尼 $c=0$，则退化为比例环节。

4.2.3 微分环节

凡是系统的输出正比于系统输入的微分，即

$$y(t)=T\frac{\mathrm{d}u(t)}{\mathrm{d}t}=T\dot{u}(t)$$

传递函数为

$$H(s)=\frac{Y(s)}{U(s)}=Ts \tag{4-7}$$

式中，T 称为微分环节的时间常数（注意和一阶系统中定义的时间常数 τ 的概念是不一样的）。

一般情况下微分环节在实际中不可能单独存在，如当系统的输入为单位阶跃函数 $u(t)=1(t)$ 时，有

$$y(t)=T\frac{\mathrm{d}}{\mathrm{d}t}[u(t)]=T\delta(0)$$

输出就是脉冲函数，由于 $\delta(0)\to\infty$，这样在实际中是不成立的。同时也说明了传递函数分子的阶数不可能高于分母的阶数。在实际应用中，常将微分环节与其他环节联合使用。

4.2.4 积分环节

该环节的输出与系统的输入量对时间的积分成正比，即

$$y(t)=K\int_0^t u(t)\mathrm{d}t$$

式中，K 为常数，对应的传递函数为

$$H(S)=\frac{Y(s)}{U(s)}=\frac{K}{s} \tag{4-8}$$

4.2.5 二阶振荡环节

典型的振荡环节（或称二阶振荡环节）通常使用 LRC 串联谐振电路，如图 4-4 所示，

设 u 为系统的输入电压，u_C 是电容两端的电压，则根据电路方程，有

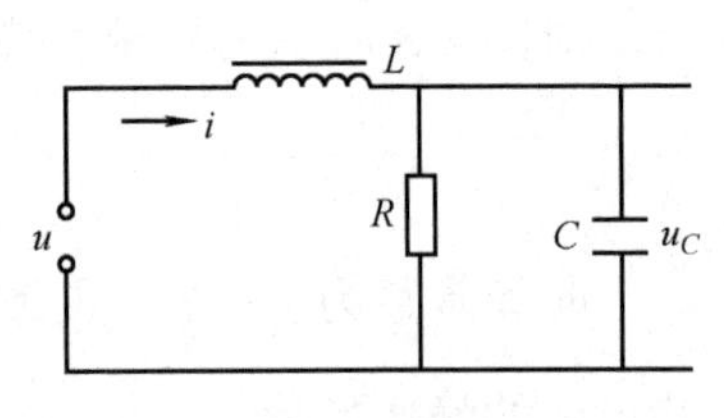

图 4-4　LRC 串联谐振电路

$$u=L\frac{\mathrm{d}i}{\mathrm{d}t}+u_C$$

$$i=i_R+i_C=\frac{u_C}{R}+i_C$$

$$u_C=R\cdot i_R=\frac{q}{c}=\frac{\int i_C\mathrm{d}t}{c}$$

将后两式代入电压方程中，则有

$$u=L\frac{\dot{u}_C}{R}+L\frac{\mathrm{d}i_C}{\mathrm{d}t}+u_C=\frac{L}{R}\dot{u}_C+LC\ddot{u}_C+u_C$$

或

$$LC\ddot{u}_C+\frac{L}{R}\dot{u}_C+u_C=u$$

令

$$\omega_{\mathrm{n}}=\sqrt{\frac{1}{LC}},\ \xi=\frac{1}{2\omega_{\mathrm{n}}}\frac{L}{R}=\frac{1}{2R}\sqrt{\frac{L}{C}}$$

这样可以写成如下表达式

$$\ddot{u}_C+2\xi\omega_{\mathrm{n}}\dot{u}_C+\omega_{\mathrm{n}}^2u_C=\omega_{\mathrm{n}}^2u$$

可得系统的传递函数为

$$H(s)=\frac{u_C(s)}{u(s)}=\frac{\omega_{\mathrm{n}}^2}{s^2+2\xi\omega_{\mathrm{n}}s+\omega_{\mathrm{n}}^2}\tag{4-9}$$

这个系统的特点是当给定系统一个阶跃输入时，在小阻尼情况下，系统的输出呈现出振荡形式，它的动力学方程为二阶微分方程，标准形式动态方程为

$$T^2\frac{\mathrm{d}^2y}{\mathrm{d}t^2}+2\xi T\frac{\mathrm{d}y}{\mathrm{d}t}+y=\eta f(t)$$

式中，T 为时间常数；ξ 为阻尼比（$0<\xi<1$）；η 为灵敏度。

在力学系统中，单自由度弹簧质量模型是经常见到的典型模型，其动力学方程为

$$m\ddot{y}+c\dot{y}+ky=F(t)$$

写成标准形式为

$$\ddot{y}+2\xi\omega_{\mathrm{n}}\dot{y}+\omega_{\mathrm{n}}^2y=\frac{1}{m}F(t)=\frac{1}{k}F(t)\omega_{\mathrm{n}}^2$$

或

$$\frac{1}{\omega_{\mathrm{n}}^2}\ddot{y}+\frac{2\xi}{\omega_{\mathrm{n}}}\dot{y}+y=\frac{1}{k}F(t)$$

对比上式可知，二阶系统的时间常数为 $T=\frac{1}{\omega_{\mathrm{n}}}$，灵敏度为 $\eta=\frac{1}{k}$，表示了系统的静位移，当利用灵敏度归一化（$\eta=1$）后，系统的传递函数为

$$H(s)=\frac{u_C(s)}{u(s)}=\frac{\omega_n^2}{s^2+2\xi\omega_n s+\omega_n^2}$$

以上电学系统与力学系统的动态方程相比，其数学意义上的模型是等价的，因此，式 (4-9)通常表示的是标准二阶系统的传递函数。

4.3 传递函数的其他形式

4.3.1 传递函数的零极点形式

将系统的传递函数写成

$$H(s)=K\frac{(s-z_1)(s-z_2)\cdots(s-z_m)}{(s-\lambda_1)(s-\lambda_2)\cdots(s-\lambda_n)} \tag{4-10}$$

则称其为传递函数的增益零极点模型，其中 K 为增益；$z_i(i=1,2,\cdots,m)$为系统的零点；$\lambda_i(i=1,2,\cdots,n)$为系统的极点。

极点就是分母多项式等于零的根，其实传递函数的极点就是对应的微分方程的特征根。传递函数的零点和极点对系统的动态性能有影响。根据传递函数的特点可知，极点的数目必须要大于或等于零点的数目，或者说，分母的方次要大于等于分子的方次（在分子方次大于等于分母的方次的时候，通常要转换成余项来研究)。

例 4-2　设系统的动力学方程为 $m\ddot{y}+c\dot{y}+ky=f(t)$，计算系统的传递函数的零极点模型。

解　$H(s)=\dfrac{y(s)}{f(s)}=\dfrac{1}{ms^2+cs+k}=\dfrac{1/m}{s^2+2\xi\omega s+\omega^2}=\dfrac{1/m}{(s-\lambda_1)(s-\lambda_2)}$

式中，$\omega=\sqrt{\dfrac{k}{m}}$为固有频率；$\xi=\dfrac{c}{2\sqrt{mk}}$为阻尼比。

将 $s^2+2\xi\omega s+\omega^2$因式分解可以得到系统的极点，在这里可以看到，系统的极点就是动力系统的特征根，即

$$\lambda_1=-\xi\omega+\omega_d,\ \lambda_2=-\xi\omega-\omega_d$$

式中，ω_d 为阻尼固有频率，为

$$\omega_d=\sqrt{\xi^2-1}\,\omega$$

4.3.2 传递函数的留数形式

一般形式的传递函数写成如下形式：

$$H(s)=\frac{k_1}{s-\lambda_1}+\frac{k_2}{s-\lambda_2}+\cdots+\frac{k_n}{s-\lambda_n} \tag{4-11}$$

称为传递函数的留数形式，这里 λ_1，λ_2，…，λ_n 为系统的极点（假定无重根情况)。k_1，k_2，…，k_n 称为系统的留数。各个留数可以通过下式求出

$$k_i=\lim_{s\to\lambda_i}H(s)\times(s-\lambda_i)\qquad(i=1,2,\cdots,n)$$

例如：根据例 4-2 中的系统的动力学方程，将系统的传递函数表示为留数的形式：

解：根据留数形式，有

$$H(s)=\frac{y(s)}{u(s)}=\frac{1/m}{(s-\lambda_1)(s-\lambda_2)}=\frac{1}{m}\left(\frac{k_1}{s-\lambda_1}+\frac{k_2}{s-\lambda_2}\right)$$

式中

$$k_1=\lim_{s\to\lambda_1}H(s)\times(s-\lambda_1)=\frac{1}{m}\frac{1}{\lambda_1-\lambda_2}=\frac{1}{2m\omega_{\mathrm{d}}}$$

$$k_2=\lim_{s\to\lambda_2}H(s)\times(s-\lambda_2)=\frac{1}{m}\frac{1}{\lambda_2-\lambda_1}=\frac{-1}{2m\omega_{\mathrm{d}}}$$

因此留数形式为

$$H(s)=\frac{y(s)}{u(s)}=\left(\frac{\frac{1}{2m\omega_{\mathrm{d}}}}{s-\lambda_1}+\frac{-\frac{1}{2m\omega_{\mathrm{d}}}}{s-\lambda_2}\right)=\frac{1}{2m\omega_{\mathrm{d}}}\left(\frac{1}{s-\lambda_1}+\frac{-1}{s-\lambda_2}\right)$$

$$\lambda_1=-\xi\omega+\omega_{\mathrm{d}},\lambda_2=-\xi\omega-\omega_{\mathrm{d}},\omega_{\mathrm{d}}=\sqrt{\xi^2-1}\omega$$

例 4-3 某系统的传递函数为

$$H(s)=\frac{5s+3}{s^3+6s^2+11s+6}$$

将系统模型写成零极点增益模型和留数模型。

解 零极点增益模型：通过因式分解，得

$$H(s)=5\frac{s+0.6}{(s+3)(s+2)(s+1)}$$

显然，系统的零点 $z=-0.6$，极点 $p(-3,-2,-1)$，增益 $k=5$。

如果要写成留数形式，则需要求出留数分别为

$$\begin{aligned}k_1&=\lim_{s\to\lambda_1}H(s)\times(s-\lambda_1)\\&=5\frac{s+0.6}{(s+3)(s+2)(s+1)}\times(s+3)=5\frac{s+0.6}{(s+2)(s+1)}\bigg|_{s=-3}=5\frac{-3+0.6}{-1\times(-2)}=-6\\k_2&=\lim_{s\to\lambda_2}H(s)\times(s-\lambda_2)\\&=5\frac{s+0.6}{(s+3)(s+1)}=5\frac{s+0.6}{(s+3)(s+1)}\bigg|_{s=-2}=5\frac{-2+0.6}{1\times(-1)}=7\\k_3&=\lim_{s\to\lambda_3}H(s)\times(s-\lambda_3)=5\frac{s+0.6}{(s+3)(s+2)}\bigg|_{s=-1}=5\frac{-1+0.6}{2}=-1\end{aligned}$$

留数为

$$k_1=-6,\ k_2=7,\ k_3=-1$$

传递函数留数形式为

$$H(s)=\frac{-6}{s+3}+\frac{7}{s+2}+\frac{-1}{s+1}$$

4.3.3 传递函数的并联、串联与反馈连接

1. 串联形式

设有两个系统的传递函数分别为 $H_1(s)$ 和 $H_2(s)$，将如图 4-5 两个系统串联，分析两个

系统串联后总系统的传递函数。

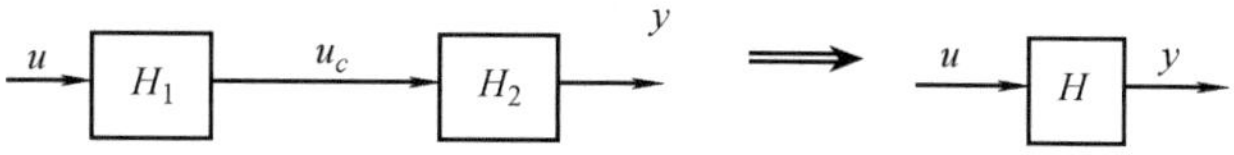

图 4-5　传递函数串联示意图

因为

$$u_c = u \times H_1(s) \quad y = u_c \times H_2(s)$$

即

$$y = u \times H_1(s) \times H_2(s) = u \times H(s), H(s) = H_1(s) \times H_2(s)$$

结论：当两个线性系统模型串联时，其等效系统的传递函数等于串联系统中两传递函数的乘积，即

$$H(s) = H_1(s) \times H_2(s)$$

可以推广到更一般情况，如果有 n 个系统串联，则总系统的传递函数为各分系统的传递函数的连乘积。即

$$H(s) = H_1(s) \times H_2(s) \times \cdots \times H_n(s) \tag{4-12}$$

或

$$H(s) = \frac{y(s)}{u(s)} = \frac{s - z_1}{s - \lambda_1} \cdot \frac{s - z_2}{s - \lambda_2} \cdot \cdots \cdot \frac{1}{s - \lambda_n}$$

注意这里假定极点比零点数目大 1，由此可见，可以通过传递函数的零极点形式，将系统传递函数分解为多个传递函数的串联，根据这个表达式可以将一个高次传递函数分解为一系列简单一次传递函数的串联形式。

例 4-4　设有两个系统的传递函数分别为

$$H_1 = \frac{s+2}{s^2+s+10},\ H_2 = \frac{2}{s+3}$$

试求串联系统的传递函数。

解　$H = H_1 \times H_2 = \dfrac{s+2}{s^2+s+10} \times \dfrac{2}{s+3} = \dfrac{2s+4}{s^3+4s^2+13s+30}$

2. 并联形式

设有两个系统的传递函数分别为 $H_1(s)$ 和 $H_2(s)$，将两个系统并联，如图 4-6 所示，分析两个系统串联后的总系统的传递函数

$$y_1 = u_1 \times H_1(s), y_2 = u_2 \times H_2(s)$$

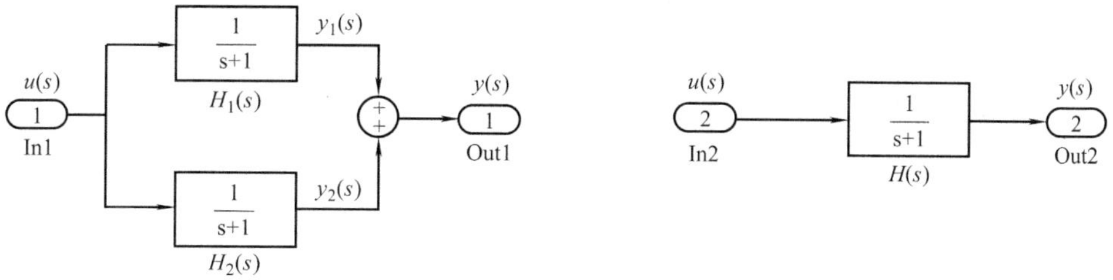

图 4-6　传递函数并联示意图

又因

$$u_1 = u_2 = u, y = y_1 + y_2$$

则有

$$y = y_1 + y_2 = u_1 \times H_1(s) + u_2 \times H_2(s) = u(H_1(s) + H_2(s)) = u \times H(s)$$

其中

$$H(s) = H_1(s) + H_2(s)$$

结论：当两个线性系统模型并联时，其等效系统的传递函数等于并联系统中两传递函数的和，即

$$H(s) = H_1(s) + H_2(s)$$

可以推广到更一般情况：如果有 N 个系统并联，则总系统的传递函数为各分系统的传递函数的和，即：

$$H(s) = H_1(s) + H_2(s) + \cdots + H_n(s) = \sum_{i=1}^{n} H_i(s) \tag{4-13}$$

可以将并联形式的传递矩阵写为

$$H(s) = \frac{y(s)}{u(s)} = \frac{k_1}{s - \lambda_1} + \frac{k_2}{s - \lambda_2} + \cdots + \frac{k_n}{s - \lambda_n}$$

式中，k_1，k_2，…，k_n 为系统的留数，其中 $k_i = \lim\limits_{s \to \lambda_i} H(s) \cdot (s - \lambda_i)$。

由此可见，可以通过留数形式的传递函数将系统传递函数分解为多个传递函数的并联，也就是说，根据这个表达式可以将一个高次传递函数分成一系列简单一次传递函式的并联形式，这是留数形式传递函数带来的优点之一。

例 4-5 设有两个系统的传递函数分别为

$$H_1 = \frac{s+2}{s^2+s+10}, \quad H_2 = \frac{2}{s+3}$$

求以上两个系统并联后的系统的传递函数。

解
$$H = H_1 + H_2 = \frac{s+2}{s^2+s+10} + \frac{2}{s+3} = \frac{2s+4}{s^3+4s^2+13s+30}$$
$$= \frac{(s+2)(s+3)+2(s^2+s+10)}{(s^2+s+10)(s+3)} = \frac{3s^2+7s+26}{s^3+4s^2+13s+30}$$

3. 反馈连接

在控制领域中，常常需要根据系统的输出与输入信息相比较，再将这个新的信息作为系统的输入，使系统达到某种预期的需要，这种系统称为反馈系统。一般来说，反馈系统中由反馈元件完成反馈，在图 4-7 中，设 $H(s)$ 是反馈元件的传递函数，这样就构成了反馈系统，

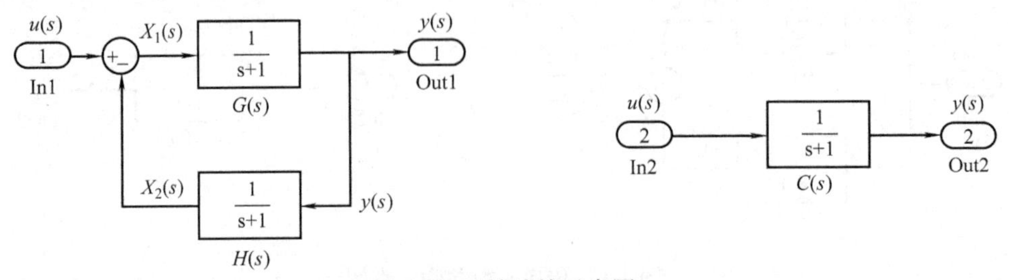

图 4-7 反馈连接示意图

通常称闭环系统。闭环系统的传递函数为 $C(s)$，表示如下：

根据信号的流向，有

$$y = G(s) \cdot x_1 \quad x_2 = H(s) \cdot y$$

又

$$x_1 = u - x_2$$

即

$$u = x_1 + x_2 = \frac{y}{G(s)} + H(s) \cdot y = \left(\frac{1}{G(s)} + H(s)\right)y = \frac{1 + G(s) \cdot H(s)}{G(s)}y$$

$$y = \frac{G(s)}{1 + G(s)H(s)}u$$

得负反馈状态的等效传递函数为

$$C(s) = \frac{G(s)}{1 + G(s)H(s)} \tag{4-14a}$$

如果是正反馈系统，则有

$$C(s) = \frac{G(s)}{1 - G(s)H(s)} \tag{4-14b}$$

4.3.4　控制系统的开环传递函数

在控制领域中，经常要分析如图 4-8 所示的反馈系统中不同支路之间的传递函数情况，输入信号 $R(s)$ 与反馈信号 $B(s)$ 的差值称为误差信号 $E(s)$，系统的输出信号用 $C(s)$ 表示，系统元件的传递函数用 $G(s)$ 表示，反馈元件的传递函数用 $H(s)$ 表示。这是一个带有反馈元件的闭环系统框图。

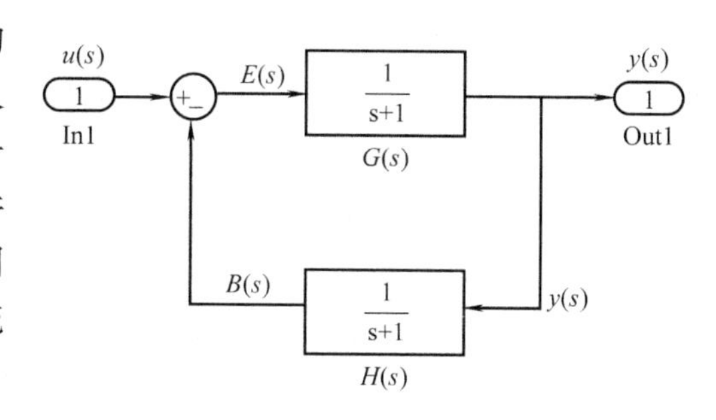

图 4-8　传递函数模型框图

通常在带有反馈系统中，有如下定义：

（1）误差传递函数：$H_E(s) = \dfrac{E(s)}{R(s)}$

（2）前馈传递函数：$G(s) = \dfrac{C(s)}{E(s)}$，它是系统的主要传递函数。

（3）反馈传递函数：$H(s) = \dfrac{B(s)}{C(s)}$，它是将输出信息通过传递函数返回到系统的输入。

（4）开环传递函数：$H_{OP}(s) = \dfrac{B(s)}{E(s)}$，反馈信号 $B(s)$ 与误差信号 $E(s)$ 的比称为开环传递函数，即

$$H_{OP}(s) = \frac{B(s)}{E(s)}$$

在图 4-8 中，由于有 $B(s) = G(s)H(s)E(s)$，则系统的开环传递函数为

$$H_{OP}(s) = \frac{B(s)}{E(s)} = G(s)H(s)$$

由此可以看到，开环系统的传递函数相当于系统传递函数与反馈传递函数串联的形式，

如图 4-9 所示，串联形式的传递函数等于 $G(s)H(s)$。

图 4-9　开环传递函数

开环传递函数也可以理解为系统回路的相加点断开后，以 $E(s)$ 作为系统的输入，经前馈传递函数和反馈传递函数而产生的输出 $B(s)$。此时的输出与输入的比值 $B(s)/E(s)$ 可以认为是一个无反馈的开环系统的传递函数。由于 $B(s)$ 与 $E(s)$ 在相加点的量纲相同，所以开环系统的传递函数是无量纲的，这一点十分重要。

（5）闭环传递函数：输出信号 $C(s)$ 与输入信号 $R(s)$ 的比称为闭环传递函数，即

$$H(s)=\frac{C(s)}{R(s)}$$

由于

$$C(s)=G(s)E(s),\ E(s)=R(s)-B(s)=R(s)-C(s)H(s)$$

则有

$$C(s)=G(s)[R(s)-C(s)H(s)]$$

得

$$C(s)=\frac{G(s)R(s)}{1+G(s)H(s)}$$

最后系统的闭环传递函数为

$$\frac{C(s)}{R(s)}=\frac{G(s)}{1+G(s)H(s)}$$

由于 $C(s)=G(s)E(s)$，代入闭环传递函数，有

$$H(s)=\frac{C(s)}{R(s)}=\frac{G(s)E(s)}{R(s)}=\frac{G(s)}{1+G(s)H(s)}$$

误差传递函数为

$$H_E(s)=\frac{E(s)}{R(s)}=\frac{1}{1+G(s)H(s)}$$

闭环系统的量纲取决于输入和输出的量纲，两者的量纲可以相同也可以不相同。有时可以将系统内部分成几个相对独立的部分，然后再连接成一定形式，因此系统的开环传递函数和闭环传递函数是针对某个固定系统而言的。

根据以上分析可知，当某系统的传递函数 $P(s)$ 已知时，可以构造成一个反馈系统，只要给出前馈传递函数或者反馈传递函数，就可以根据式（4-14）计算出另一个传递函数。

工程中常常有单位负反馈系统，即反馈传递函数 $H=1$，可以得到系统的前馈传递函数为

$$G(s)=\frac{P(s)}{1-P(s)} \tag{4-15}$$

式中，$P(s)$ 为系统的开环传递函数。

如果是单位正反馈，则前馈传递函数为

$$G(s)=\frac{P(s)}{1+P(s)}$$

例 4-6　设标准二阶系统的传递函数为

$$p(s)=\frac{x(s)}{f(s)}=\frac{\omega_n^2}{s^2+2\xi\omega_n s+\omega_n^2}$$

如果把它构造成单位反馈传递函数的闭环系统表示，则如图 4-10 所示。

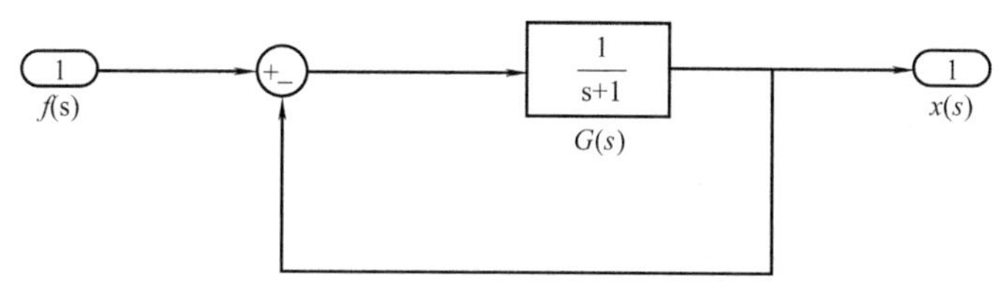

图 4-10　单位反馈连接图

解　根据式（4-15）可以得到系统的前馈传递函数为

$$G(s)=\frac{P(s)}{1-P(s)}=\frac{\dfrac{\omega_n^2}{s^2+2\xi\omega_n s+\omega_n^2}}{1-\dfrac{\omega_n^2}{s^2+2\xi\omega_n s+\omega_n^2}}=\frac{\omega_n^2}{s^2+2\xi\omega_n s}$$

可以看出，此时系统的前馈传递函数与开环传递函数相同。

例 4-7　简化图 4-11a 所示系统结构图，并求出系统传递函数。

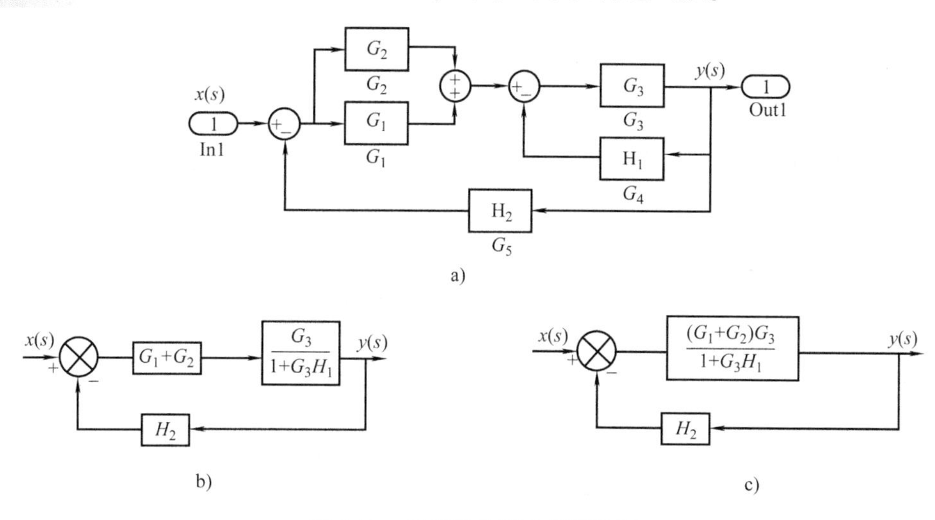

图 4-11　系统结构图及其简化图
a）系统结构　b）关联和局部反馈简图　c）串联简图

解　这是一个无交叉多回路结构图，具有并联、串联、局部反馈和主反馈系统。首先将并联和局部反馈简化为图 4-11b 所示，再将串联简化为图 4-11c 所示。

容易得到前馈传递函数为

$$G_Q=\frac{(G_1+G_2)\cdot G_3}{1+G_3\cdot H_1}$$

系统开环传递函数为

$$G_k(s)=\frac{(G_1+G_2)\cdot G_2}{1+G_3\cdot H_1}\cdot H_2$$

系统闭环传递函数为

$$G_B(s)=\frac{G_Q(s)}{1+G_Q(s)H_2(s)}=\frac{(G_1+G_2)\cdot G_3}{1+G_3H_1+(G_1+G_2)\cdot G_3\cdot H_2}$$

误差传递函数为

$$G_e(s)=\frac{1}{1+G_k(s)}=\frac{1+G_3H_1}{1+G_3H_1+(G_1+G_2)\cdot G_3\cdot H_2}$$

例 4-8 已知系统结构如图 4-12a 所示。图中 $R(s)$ 为输入，$N(s)$为干扰输入，试求：传递函数 $C(s)/R(s)$和 $C(s)/N(s)$。

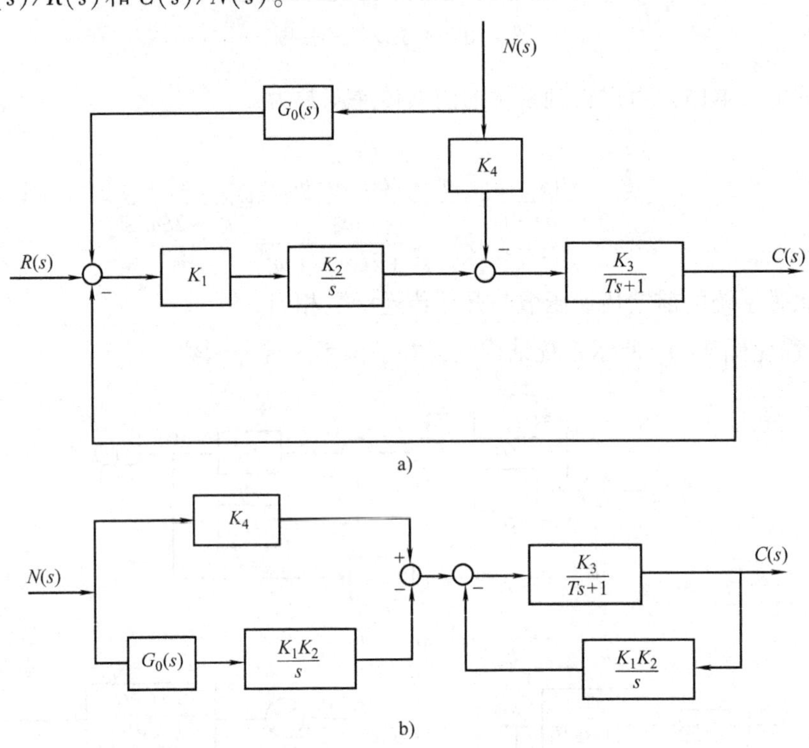

图 4-12 系统结构图与等效变换图

a）系统结构框图 b）等效变换图

若要消除干扰对输出的影响（即 $C(s)/N(s)=0$），则 $G_0(s)$应取什么?

解 令 $N(s)=0$，则有

$$\frac{C(s)}{R(s)}=\frac{\frac{K_1K_2}{s}\ \frac{K_3}{Ts+1}}{1+\frac{K_1K_2}{s}\ \frac{K_3}{Ts+1}}=\frac{K_1K_2K_3}{Ts^2+s+K_1K_2K_3}$$

令 $R(s)=0$，求$\frac{C(s)}{N(s)}$。先作等效变换框图，如图 4-12b 所示。

$$\frac{C(s)}{N(s)}=\frac{\left(\frac{G_0K_1K_2}{s}-K_4\right)\frac{K_3}{Ts+1}}{1+\frac{K_3}{Ts+1}\frac{K_1K_2}{s}}=\frac{K_3(G_0K_1K_2-K_4s)}{Ts^2+s+K_1K_2K_3}$$

要使$\frac{C(s)}{N(s)}=0$，需要 $K_3(G_0K_1K_2-sK_4)=0$，得 $G_0=\frac{K_1K_2}{sK_4}$。

这个例子说明，如果选取合适的结构参数，可以使系统避免外界干扰，从而增加系统的抗干扰特性。

4.4 多自由度振动系统的传递函数模型

4.4.1 直接方法

对于多自由度振动系统，可以直接对微分方程求拉普拉斯变换得到系统的传递函数。设 n 自由度系统振动方程如下：

$$\boldsymbol{M}\ddot{\boldsymbol{x}}+\boldsymbol{C}\dot{\boldsymbol{x}}+\boldsymbol{K}\boldsymbol{x}=\boldsymbol{f}$$

对上式求拉普拉斯变换，得

$$(\boldsymbol{M}s^2+\boldsymbol{C}s+\boldsymbol{K})X(s)=\boldsymbol{F}(s)$$

即

$$(\boldsymbol{M}s^2+\boldsymbol{C}s+\boldsymbol{K})\boldsymbol{x}(s)=\boldsymbol{f}(s)$$

令

$$\boldsymbol{B}(s)=(\boldsymbol{M}s^2+\boldsymbol{C}s+\boldsymbol{K})$$

则有

$$\boldsymbol{x}(s)=\boldsymbol{B}(s)^{-1}\boldsymbol{f}(s)=\frac{\mathrm{adj}\boldsymbol{B}(s)}{\det\boldsymbol{B}(s)}\boldsymbol{f}(s)=\boldsymbol{H}\boldsymbol{f}\{s)$$

这里

$$\boldsymbol{H}(s)_{n\times n}=\boldsymbol{B}(s)^{-1}=\frac{\mathrm{adj}\boldsymbol{B}(s)}{\det\boldsymbol{B}(s)} \tag{4-16}$$

为系统的传递函数矩阵。

例 4-9　如图 4-13 所示为两自由度系统，试建立系统的传递函数并建立基于传递函数的 Simulink 仿真模型。

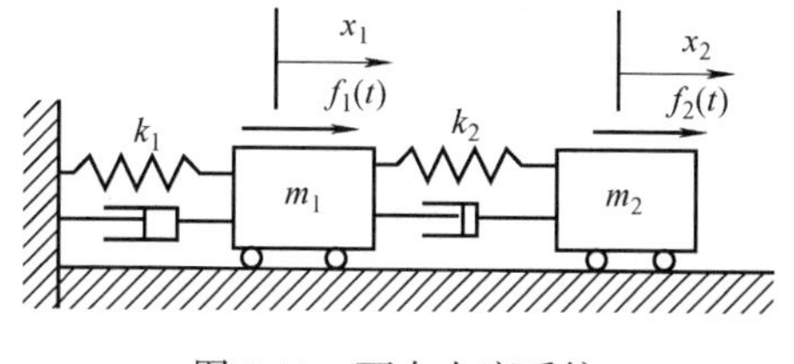

图 4-13　两自由度系统

解　容易得到动力学方程

$$\left[\begin{pmatrix}m_1 & 0\\ 0 & m_2\end{pmatrix}s^2+\begin{pmatrix}c_1+c_2 & -c_2\\ -c_2 & c_2\end{pmatrix}s+\begin{pmatrix}k_1+k_2 & -k_2\\ -k_2 & k_2\end{pmatrix}\right]\begin{pmatrix}x_1(s)\\ x_2(s)\end{pmatrix}=\begin{pmatrix}f_1(s)\\ f_2(s)\end{pmatrix}$$

可以简化为

$$\begin{pmatrix}m_1s^2+(c_1+c_2)s+(k_1+k_2) & -c_2s-k_2\\ -c_2s-k_2 & m_2s^2+c_2s+k_2\end{pmatrix}\begin{pmatrix}x_1(s)\\ x_2(s)\end{pmatrix}=\begin{pmatrix}f_1(s)\\ f_2(s)\end{pmatrix}$$

$$\boldsymbol{B}(s)=\begin{pmatrix} m_1s^2+(c_1+c_2)s+(k_1+k_2) & -c_2s-k_2 \\ -c_2s-k_2 & m_2s^2+c_2s+k_2 \end{pmatrix}$$

$$\begin{pmatrix} x_1(s) \\ x_2(s) \end{pmatrix}=\frac{\mathrm{adj}\boldsymbol{B}(s)}{\det\boldsymbol{B}(s)}\begin{pmatrix} f_1(s) \\ f_2(s) \end{pmatrix}=\begin{pmatrix} H_{11}H_{12} \\ H_{21}H_{22} \end{pmatrix}\begin{pmatrix} f_1(s) \\ f_2(s) \end{pmatrix}$$

其中

$$\boldsymbol{H}(s)=\boldsymbol{B}\,(s)^{-1}=\frac{\mathrm{adj}\boldsymbol{B}(s)}{\det\boldsymbol{B}(s)}=\begin{pmatrix} H_{11} & H_{12} \\ H_{21} & H_{22} \end{pmatrix}$$

在多自由度动力学系统中，传递函数是一个矩阵形式，且矩阵的维数等于系统的自由度数。对上式展开，有

$$\begin{cases} x_1(s)=H_{11}(s)f_1(s)+H_{12}(s)f_2(s) \\ x_2(s)=H_{21}(s)f_1(s)+H_{22}(s)f_2(s) \end{cases}$$

一般情况下，传递矩阵是对称的。

可以采取单输入、多输出方式得到传递函数的任一列，如当分别令 $f_2(s)=0$，$f_1(s)=0$ 时，则有

$$\frac{\begin{pmatrix} x_1(s) \\ x_2(s) \end{pmatrix}_{f_2(s)=0}}{f_1(s)}=\begin{pmatrix} H_{11}(s) \\ H_{21}(s) \end{pmatrix},\quad \frac{\begin{pmatrix} x_1(s) \\ x_2(s) \end{pmatrix}_{f_1(s)=0}}{f_2(s)}=\begin{pmatrix} H_{12}(s) \\ H_{22}(s) \end{pmatrix}$$

也可以通过单点激励，单点拾振的方法得到相应的传递函数阵的各个元数，例如在第一点激励，第二点拾取振动响应，有 $H_{12}(s)=x_2(s)f_1(s)$。同理可以得到其他传递函数。此方法可以推广到任意多自由度系统中。

$$H_{11}(s)=\frac{x_1(s)}{f_1(s)}=\frac{m_2s^2+c_2s+k_2}{[m_1s^2+(c_1+c_2)s+(k_1+k_2)]\cdot(m_2s^2+c_2s+k_2)-(c_2s+k_2)^2}$$

$$H_{12}(s)=\frac{x_1(s)}{f_2(s)}=\frac{c_2s+k_2}{[m_1s^2+(c_1+c_2)s+(k_1+k_2)]\cdot(m_2s^2+c_2s+k_2)-(c_2s+k_2)^2}$$

$$H_{21}(s)=\frac{x_2(s)}{f_1(s)}=\frac{c_2s+k_2}{[m_1s^2+(c_1+c_2)s+(k_1+k_2)]\cdot(m_2s^2+c_2s+k_2)-(c_2s+k_2)^2}$$

$$H_{22}(s)=\frac{x_2(s)}{f_2(s)}=\frac{m_1s^2+(c_1+c_2)s+(k_1+k_2)}{[m_1s^2+(c_1+c_2)s+(k_1+k_2)]\cdot(m_2s^2+c_2s+k_2)-(c_2s+k_2)^2}$$

当不计阻尼时，有

$$H_{11}(s)=\frac{x_1(s)}{f_1(s)}=\frac{m_2s^2+k_2}{(m_1s^2+(k_1+k_2))\cdot(m_2s^2+k_2)-k_2^2}$$

$$H_{12}(s)=\frac{x_1(s)}{f_2(s)}=\frac{k_2}{[m_1s^2+(k_1+k_2)]\cdot(m_2s^2+k_2)-k_2^2}$$

$$H_{21}(s)=\frac{x_2(s)}{f_1(s)}=\frac{k_2}{[m_1s^2+(k_1+k_2)]\cdot(m_2s^2+k_2)-k_2^2}$$

$$H_{22}(s)=\frac{x_2(s)}{f_1(s)}=\frac{m_1s^2+(k_1+k_2)}{[m_1s^2+(k_1+k_2)]\cdot(m_2s^2+k_2)-k_2^2}$$

当给定系统的各个物理参数后，不难建立系统的仿真模型框图，如图 4-14 所示。可以

看到，由于系统的对称性 $H_{12}(s)=H_{21}(s)$，同样的激励作用在第一个自由度上引起第二个自由度的响应等于相同的激励作用在第二个自由度上引起第一个自由度的响应，可进一步写成传递函数的零极点模型。

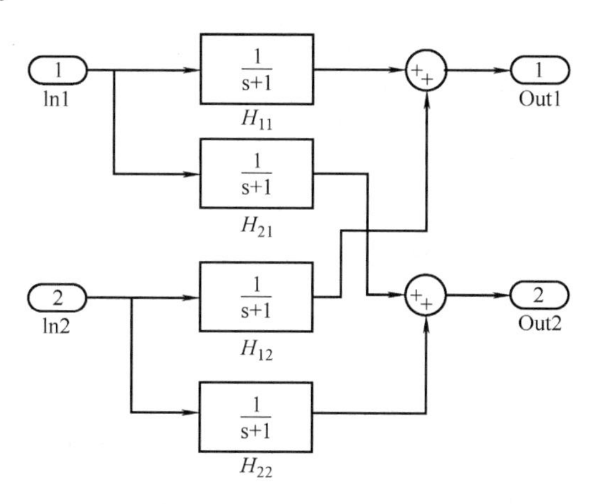

图 4-14　传递函数模型仿真框图

4.4.2　模态分析法

对于多自由度线性系统，也可以利用模态分析方法给出更一般的传递函数矩阵。该方法不但适用于集中参数模型，也适用于弹性体模型，设物理空间下的振动方程为

$$\boldsymbol{M}\ddot{\boldsymbol{X}}+\boldsymbol{C}\dot{\boldsymbol{X}}+\boldsymbol{K}\boldsymbol{X}=\boldsymbol{F}(t)$$

假定系统可以用实模态矩阵 $[\phi]$ 表示，利用坐标变换 $\boldsymbol{X}=\boldsymbol{\phi}\boldsymbol{q}=\sum_{i=1}^{n}q_i\boldsymbol{\phi}^{(i)}$，则模态坐标方程为

$$\operatorname{diag}\boldsymbol{m}_i\ddot{\boldsymbol{q}}+\operatorname{diag}\boldsymbol{c}_i\dot{\boldsymbol{q}}+\operatorname{diag}\boldsymbol{k}_i\boldsymbol{q}=\boldsymbol{F}_{\mathrm{Q}}(t)$$

式中

$$\boldsymbol{F}_{\mathrm{Q}}(t)=\boldsymbol{\phi}^{\mathrm{T}}\boldsymbol{F}(t)$$

展开式为

$$m_i\ddot{q}_i+c_i\dot{q}_i+k_iq_i=F_{\mathrm{Q}i}(t)\qquad(i=1,2,\cdots,n)$$

式中

$$\boldsymbol{F}_{\mathrm{Q}i}(t)=\boldsymbol{\phi}^{(i)\mathrm{T}}\boldsymbol{F}(t)$$

称为模态空间中的广义力。其中，$\boldsymbol{\phi}^{(i)\mathrm{T}}$是第 i 阶振型列矢量 $\boldsymbol{\phi}^{(i)}$ 的转置。对模态方程展开式两边取傅里叶变换，得

$$[m_is^2+c_is+k_i]q_i(s)=F_{\mathrm{Q}i}(s)$$

模态坐标下的传递函数为

$$H_i(s)=\frac{q_i(s)}{F_{\mathrm{Q}i}(s)}=\frac{1}{m_is^2+c_is+k_i}$$

或

$$q_i(s)=H_i(s)F_{\mathrm{Q}i}(s)=H_i(s)\boldsymbol{\phi}_i^{\mathrm{T}}\boldsymbol{F}(t)$$

再根据坐标变换，得到物理空间中的响应为

$$X(s) = \boldsymbol{\phi q}(s) = \sum_{i=1}^{n} \frac{\boldsymbol{\phi}_i^{\mathrm{T}} \boldsymbol{F}(s) \boldsymbol{\phi}_i}{m_i s^2 + c_i s + k_i}$$

可以根据单点激励和单点拾振得到传递矩阵中的各个元素，设在 j 点激励 i 点拾振，则有

$$\boldsymbol{F}(s) = [0 \quad 0 \quad 0 \cdots F_j(s) \cdots 0]^{\mathrm{T}}$$

$$X_i(s) = \sum_{r=1}^{n} \frac{\phi_i^r \cdot \phi_j^r}{m_r s^2 + c_r s + k_r} F_j(s)$$

易得物理空间中的传递矩阵元素为

$$H_{i.j}(s) = \frac{X_i(s)}{F_j(s)} = \sum_{r=1}^{n} \frac{\phi_i^{(r)} . \phi_j^{(r)}}{m_r s^2 + c_r s + k_r} \qquad (i.j = 1,2,\cdots,n) \tag{4-17}$$

式中，$\phi_i^{(r)}$ 为第 i 阶振型列阵中的第 r 个元素。当 $i \neq j$ 时，称 $H_{ij}(s)$ 为异点传递函数；当 $i=j$ 时，$H_{ii}(s)$ 称为同点传递函数。

例 4-10 如图 4-15 所示的双自由度系统，其中，$m_1 = m_2 = 1\mathrm{kg}$，$k_1 = 987\mathrm{N/m}$，$k_2 = 217\mathrm{N/m}$，$c_1 = c_2 = 0.6284\mathrm{N \cdot s/m}$，试用模态分析法求出系统的传递函数矩阵。

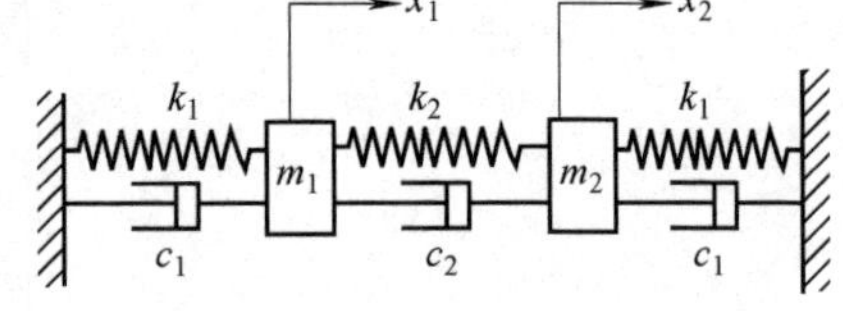

图 4-15 双自由度系统

解 易得系统的动力学方程为

$$\left[\begin{pmatrix} m_1 & 0 \\ 0 & m_2 \end{pmatrix} s^2 + \begin{pmatrix} c_1 + c_2 & -c_2 \\ -c_2 & c_1 + c_2 \end{pmatrix} s + \begin{pmatrix} k_1 + k_2 & -k_2 \\ -k_2 & k_1 + k_2 \end{pmatrix}\right] \begin{pmatrix} x_1(s) \\ x_2(s) \end{pmatrix} = \begin{pmatrix} f_1(s) \\ f_2(s) \end{pmatrix}$$

当 $m_1 = m_2 = m$ 时，可以得到系统的固有频率

$$\omega_1 = \sqrt{\frac{k_1}{m}}, \quad \omega_2 = \sqrt{\frac{k_1 + 2k_2}{m}}$$

振型矩阵为

$$[\phi] = \begin{pmatrix} \phi_1^{(1)} & \phi_1^{(2)} \\ \phi_2^{(1)} & \phi_2^{(2)} \end{pmatrix} = \begin{pmatrix} 1 & 1 \\ 1 & -1 \end{pmatrix}$$

取线性变换为

$$\boldsymbol{x}(t) = \boldsymbol{\phi y}(t)$$

同时有

$$\boldsymbol{X}(s) = \boldsymbol{\phi Y}(s)$$

模态质量矩阵为

$$\mathrm{diag}\boldsymbol{m} = \boldsymbol{\phi}^{\mathrm{T}} \boldsymbol{M \phi} = \begin{pmatrix} 2 & 0 \\ 0 & 2 \end{pmatrix}$$

模态阻尼阵为

$$\mathrm{diag}C = \boldsymbol{\phi}^{\mathrm{T}} C \boldsymbol{\phi} = \begin{pmatrix} 1.26 & 0 \\ 0 & 1.51 \end{pmatrix}$$

模态刚度矩阵为

$$\mathrm{diag}\boldsymbol{k} = \boldsymbol{\phi}^{\mathrm{T}} \boldsymbol{K \phi} = \begin{pmatrix} 1974 & 0 \\ 0 & 2842 \end{pmatrix}$$

根据式（4-17），分别采取单点激励和单点拾振方法得到原系统的传递函数为

$$H_{1.1}(s)=\frac{x_1(s)}{f_1(s)}=\frac{\phi_1^1\phi_1^1}{2s^2+1.26s+1974}+\frac{\phi_1^2\cdot\phi_1^2}{2s^2+1.51s+2842}$$

$$H_{1.2}(s)=H_{2,1}(s)=\frac{\phi_1^1\phi_2^1}{2s^2+1.26s+1974}+\frac{\phi_1^2\cdot\phi_2^2}{2s^2+1.51s+2842}$$

$$H_{2.2}(s)=\frac{x_2(s)}{f_2(s)}=\frac{\phi_2^1\phi_2^1}{2s^2+1.26s+1974}+\frac{\phi_2^2\cdot\phi_2^2}{2s^2+1.51s+2842}$$

4.5 传递函数模型的 Simulink 仿真模型

4.5.1 与传递函数相关的 Matlab 运算指令

Matlab 提供了如下有关传递函数运算的使用命令。

（1）传递函数串联命令

$$h=series(h1(s),h2(s)) \quad 或 \quad \mathrm{h=h1(s)*h2(s)} \tag{4-18}$$

例如，有两个模型

$$H_1(s)=\frac{s+2}{s^2+s+10},\ H_2(s)=\frac{2}{s+3}$$

求两个模型串联后的总模型。

脚本文件：

```
h1 =tf([1,2],[1,1,10]);          % 传递函数 h1
h2 =tf([2],[1,3]);               % 传递函数 h2
h =series(h1,h2)                 % 求传递函数 1 和传递函数 2 串联后的传递函数。
```

运行结果如下：

```
>>
Transfer function:
       2 s +4
-----------------------
s^3 +4 s^2 +13 s +30
```

（2）传递函数并联命令 $h=parallel(h1(s),h2(s))$ （4-19）

例如，对以上两个模型求并联后的模型

脚本文件：

```
h1 =tf([1,2],[1,1,10]);          % 传递函数 1
h2 =tf([2],[1,3]);               % 传递函数 2
h =parallel(h1,h2)               % 求传递函数 1 和传递函数 2 并联后的传递函数。
```

运行结果如下：

```
Transfer function:
  3 s^2 +7 s +26
-----------------------
s^3 +4 s^2 +13 s +30
```

（3）反馈连接命令

$$h = \text{feedback}\ (h1(s),\ h2(s),\ \text{sign}) \tag{4-20}$$

这里 sign 是反馈链接符号，负反馈时 sign = -1，正反馈时 sign = 1。

h1 (s) 为前馈传递函数，h2 (s) 为反馈回路传递函数。

例如，对于上例给出的模型求负反馈的总模型。

脚本文件：

```
h1 =tf([1,2],[1,1,10]); % 传递函数1
h2 =tf([2],[1,3]);      % 传递函数2
h =feedback(h1,h2,-1)   % 求前馈传递函数1 和反馈传递函数2 在负反馈状态下的总模型。
```

运行结果为：

```
Transfer function:
  s^2 +5 s +6
-----------------------
s^3 +4 s^2 +15 s +34
```

单位反馈：如果反馈传递函数为1(对应于单位反馈系统)，cloop 函数实现。命令格式为

```
[numc, denc] =cloop(num, den, sign)% sign 为可选参数
%sign = -1 为负反馈,而 sign =1 对应为正反馈。缺省值为负反馈
```

例如：

```
[num, den] =cloop([1 2],[1 1 10], -1)
printsys(num,den) %% 显示传递函数
```

显示结果：

```
num/den =
          s +2
  --------------
s^2 +2 s +12
```

(4) 零极点增益模型命令

例如，求传递函数 $H(s) = \dfrac{s^2+3s+1}{s^4+2s^3+5s+10}$ 的零极点增益模型。

脚本文件：

```
h1 =tf([1,3,1],[1,2,5,10]);      % 传递函数1
h =zpk(h1)                       %传递函数的零极点增益模型
```

运行结果：

Zero/pole/gain: $\dfrac{(s+2.618)(s+0.382)}{(s+2)(s^2+5)}$

(5) 留数极点增益模型命令

脚本文件：

```
numG =[1 3 1];                 %传递函数分子系数
denG =[1 2  5 10];             %传递函数分母系数
G =tf(numG,denG);              %构建传递函数形式
[zG,pG,kG] =zpkdata(G,'v')     %求传递函数的零极增益模型,"v'表示返回数据向量
[r,p,k] =residue(numG,denG)    %求传递函数的留数
```

显示结果：

≫ Transfer function: $\dfrac{s^2+3s+1}{s^3+2s^2+5s+10}$

```
零点   zG =
        -2.6180
        -0.3820
极点   pG = -2.0000
            -0.0000 +2.2361i
            -0.0000 -2.2361i

增益   kG =1

留数   r =0.5556 -0.1739i
           0.5556 +0.1739i
           -0.1111

极点   p =  -0.0000 +2.2361i
              -0.0000 -2.2361i
              -2.0000

增益   k =       [ ]
```

即零极点模型

$$H(s)=\frac{(s+2.618)(s+0.328)}{(s+2)(s^2+5)}=\frac{(s+2.618)(s+0.328)}{(s+2)(s+2.236j)(s-2.236j)}$$

系统的留数模型

$$H(s)=\frac{0.5556-0.1739j}{s-2.2361j}+\frac{0.5556+0.1739j}{s+2.2361j}+\frac{-0.1111}{2+2}$$

再看一个稍微复杂点的一个例题，系统连接方式如下图 4-16 所示，其中

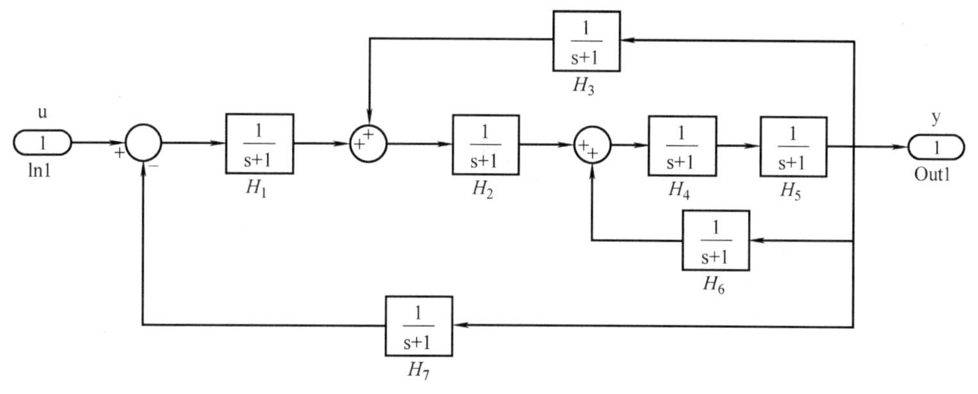

图 4-16 系统传递函数连接图

$$H_1(s)=\frac{1}{s+10},\ H_2(s)=\frac{1}{s+1},\ H_3(s)=\frac{s+1}{s^2+4s+4}$$

$$H_4(s)=\frac{s+1}{s+6},\ H_5(s)=\frac{s+1}{s+2},\ H_6(s)=2,\ H_7(s)=1$$

求系统的总传递函数。

试求系统的总模型脚本文件如下：

```
h1 =tf([1],[1,10]);                        % 传递函数 1
h2 =tf([1],[1,1]);                         % 传递函数 2
h3 =tf([1,1],[1,4,4]);                     % 传递函数 3
h4 =tf([1,1],[1,6]);                       % 传递函数 4
h5 =tf([1,1],[1,2]);                       % 传递函数 1
h6 =2;                                     % 传递函数 6
h7 =1;                                     % 传递函数 7
p1 =minreal(h4 * h5 / (1 - h4 * h5 * h6)); % 传递函数的最小实现(消去相同的零极点)。
p2 =minreal(h2 * p1 / (1 - h2 * p1 * h3));
p3 = feedback(h1 * p2,h7, -1)              % 反馈系统(负反馈)。
hz = zpk(p3)                               % 零极点增益模型。
```

运行结果:

Transfer function: $\dfrac{s^3-5s^2-8s-4}{s^5+10s^4-22s^3-269s^2-578s-394}$

Zero/pole/gain: $\dfrac{-(s+2)^2(s+1)}{(s+10.07)(s-5.697)(s+1.541)(s^2+4.088s+4.456)}$

4.5.2 传递函数模型的 Simulink 仿真模型建立

对于一个动力学系统，除了使用以前讲过的微分方程模型来建立仿真模型外，还可以使用传递函数模型来建立仿真模型，下面通过几个例题来说明这种模型的使用。

例 4-11 设单自由度弹簧质量系统的数学微分方程为

$$m\ddot{y}+c\dot{y}+ky=f(t)$$

对上式两端取拉普拉斯变换，假设 y 的各阶导数的初值均为零，即

$$ms^2y(s)+csy(s)+ky(s)=f(s)$$

则传递函数定义为

$$H(s)=\frac{y(s)}{f(s)}=\frac{1}{ms^2+cs+k}$$

设 $m=10\text{kg}$，$c=2\text{N}\cdot\text{m/s}$，$k=100\text{N/m}$，即 $H(s)=\dfrac{1}{10s^2+2s+100}$，在正弦激励下，对应的系统的仿真模型框图如图 4-17 所示（为了对比结果，仿真框图中附加了微分方程模

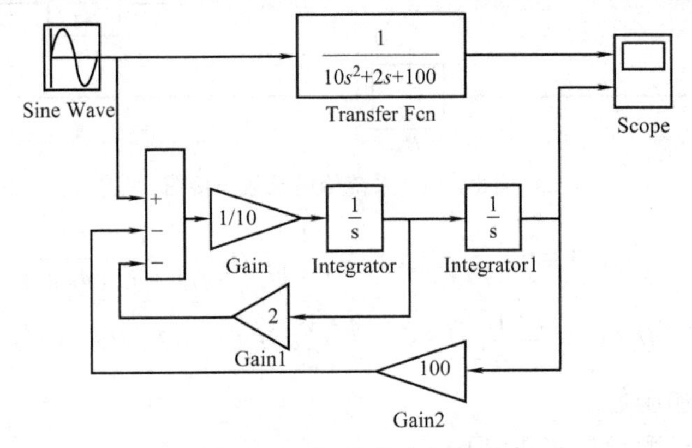

图 4-17 系统仿真框图

型)，观察输出图线，得到了完全一样的仿真结果，如图 4-18 所示。

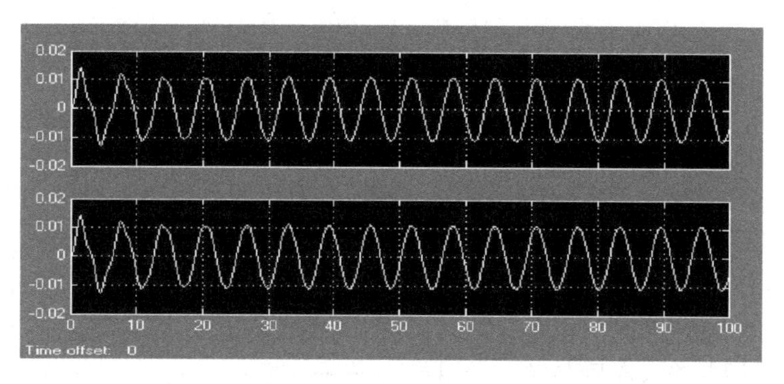

图 4-18　仿真结果图

例 4-12　已知某系统的传递函数为 $H(s)=\dfrac{3s+100}{s^3+10s^2+40s+100}$，计算系统在周期为 5s 的方波信号激励下的响应。

解　建立 Simulink 仿真模型如图 4-19 所示。将脉冲信号发生器（Pulse Generator）参数设置为：周期（Period）为 5s，脉冲宽度（Pulse Width）的百分比为 50，输入与输出在同一个示波器中显示，如图 4-20 所示。

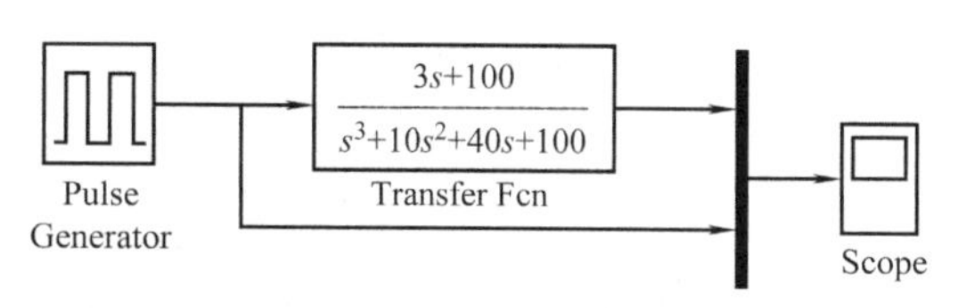

图 4-19　系统仿真框图

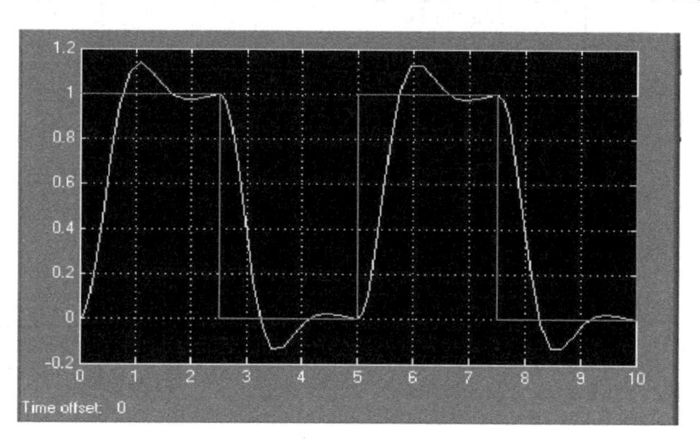

图 4-20　系统的输入输出

例 4-13　对第 2 章例 2-3 所示系统，分析其传递函数模型的 Simulink 仿真模型的建立，系统的数学模型建立如下：

$$\begin{pmatrix} m & 0 \\ 0 & J \end{pmatrix}\begin{pmatrix} \ddot{y} \\ \ddot{\varphi} \end{pmatrix}+\begin{pmatrix} B_{11} & B_{12} \\ B_{21} & B_{22} \end{pmatrix}\begin{pmatrix} \dot{y} \\ \dot{\varphi} \end{pmatrix}+\begin{pmatrix} C_{11} & C_{12} \\ C_{21} & C_{22} \end{pmatrix}\begin{pmatrix} y \\ \varphi \end{pmatrix}=\begin{pmatrix} E_{11} & E_{12} \\ E_{21} & E_{22} \end{pmatrix}\begin{pmatrix} \dot{y}_1 \\ \dot{y}_2 \end{pmatrix}+\begin{pmatrix} F_{11} & F_{12} \\ F_{21} & F_{22} \end{pmatrix}\begin{pmatrix} y_1 \\ y_2 \end{pmatrix}$$

对此方程两边做拉普拉斯变换，得

$$\begin{pmatrix} ms^2+sB_{11}+C_{11} & sB_{12}+C_{12} \\ sB_{21}+C_{21} & Js^2+sB_{22}+C_{22} \end{pmatrix}\begin{pmatrix} y(s) \\ \varphi(s) \end{pmatrix}=\begin{pmatrix} sE_{11}+F_{11} & sE_{12}+F_{12} \\ sE_{21}+F_{21} & sE_{22}+F_{22} \end{pmatrix}\begin{pmatrix} y_1(s) \\ y_2(s) \end{pmatrix}$$

简写为

$$\begin{pmatrix} A_{11} & A_{12} \\ A_{21} & A_{22} \end{pmatrix}\begin{pmatrix} y(s) \\ \varphi(s) \end{pmatrix} = \begin{pmatrix} B_{11} & B_{12} \\ B_{21} & B_{22} \end{pmatrix}\begin{pmatrix} y_1 \\ y_2 \end{pmatrix}$$

$$y = \frac{1}{A_{11}}(B_{11}y_1 + B_{12}y_2 - A_{12}\phi),\phi = \frac{1}{A_{22}}(B_{21}y_1 + B_{22}y_2 - A_{21}y)$$

这是一个耦合方程组，当给定 $y_a = y_1$，$y_b = y_2$，最终系统模型可以用如图 4-21 所示的仿真框图表示。

利用这个仿真模型可以模拟车辆在行驶过程中的响应情况。也可根据例 4-9，以采用单输入激励与单点拾振（单输入单输出）的方法求得点与点之间的传递函数，再根据图 4-14 的形式给出仿真图。

根据例 4-10 模态分析法所给出的传递函数，对应的 Simulink 仿真如图 4-22 所示，仿真结果如图 4-23 所示。

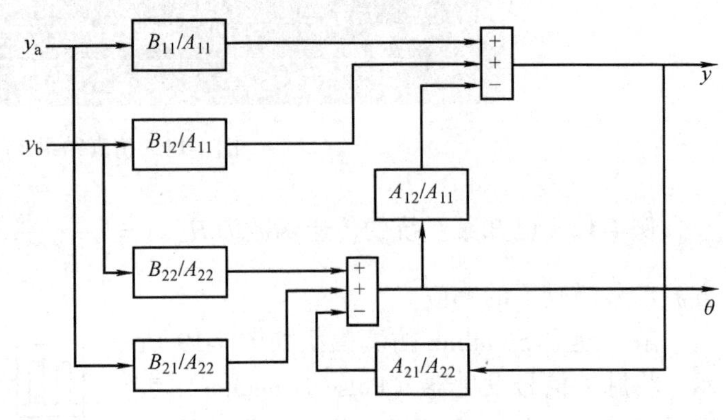

图 4-21　仿真结构示意图

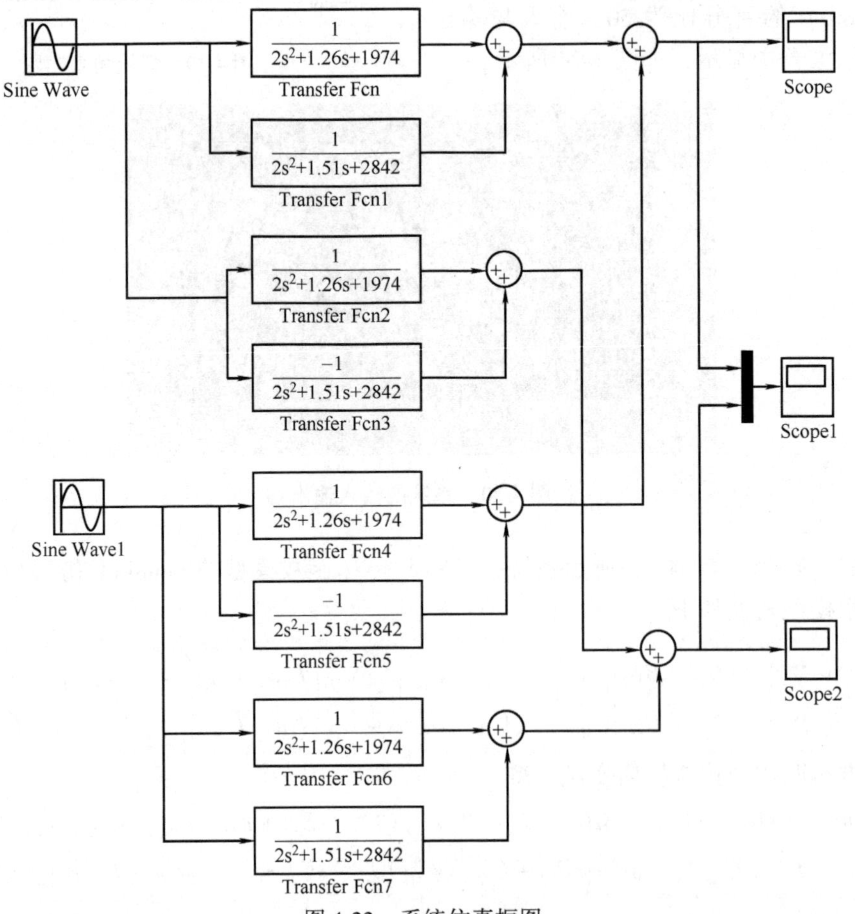

图 4-22　系统仿真框图

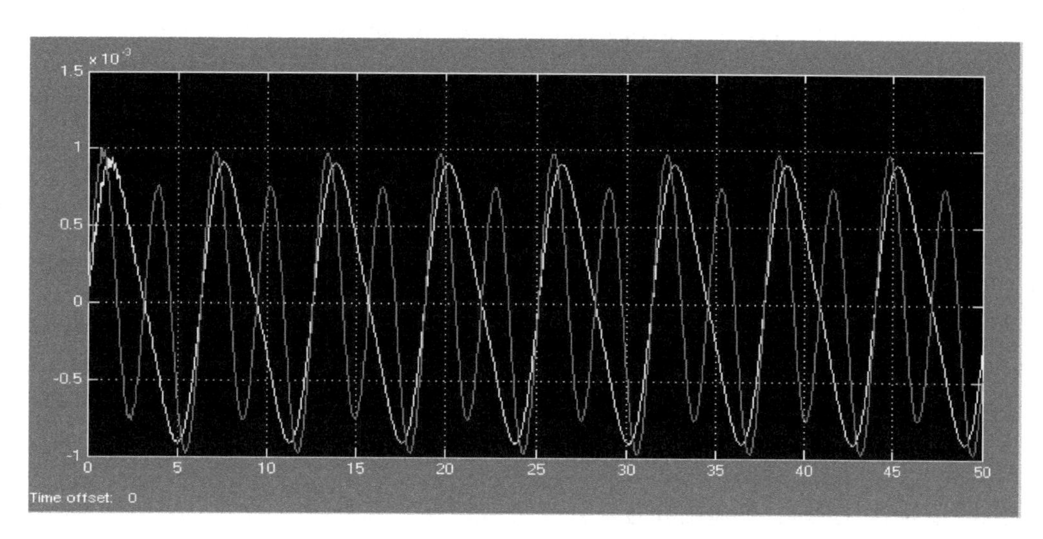

图4-23 仿真结果

4.6 弹性系统的传递函数仿真模型

4.6.1 弹性系统的传递函数

传递函数表达了输入输出两点之间的关系，对于弹性系统，可以在弹性体上定义任意两个点之间或者相同点的传递函数（异点传递函数或同点传递函数）。下面针对弹性梁的横向振动说明弹性体传递函数的建立，可以利用单点激励、单点输出的方法得到系统的传递函数。

如图4-24所示，长为 l 的梁上有载荷 $F(t)$ 作用在 D 点，在 C 点布置传感器监测输出，根据弹性体的建模理论，可以得到该模型的动力学方程为

$$EI\frac{\partial^4 y(x,t)}{\partial x^4}+\rho\frac{\partial^2 y(x,t)}{\partial t^2}=F(t)\delta(x-b) \quad (4\text{-}21)$$

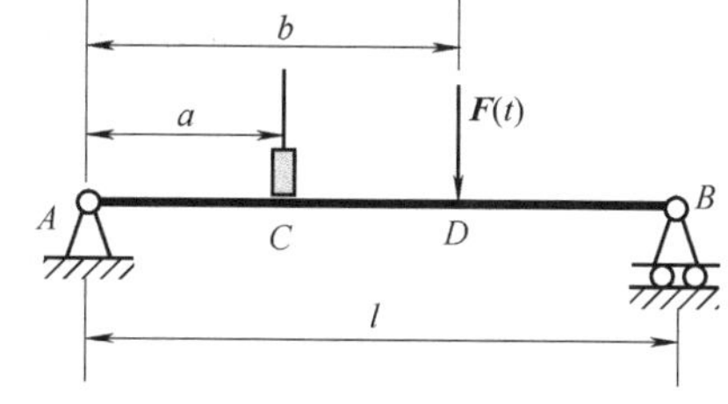

图4-24 简支梁模型

式中，EI 是梁的弯曲刚度；ρ 是单位长度质量。

在给定边界条件下，设系统的正则归一化模态函数为 $\phi_i(x)(i=1,2,\cdots,\infty)$，根据模态叠加法，设式（4-21）的解为

$$y(x,t) = \sum_{i=1}^{\infty}\varphi_i(x)\eta_i(t) \quad (4\text{-}22)$$

式中，η_i 是模态坐标。

将式（4-22）代入到式（4-21）中，并利用归一化模态函数正交性得到模态坐标下的动力学方程

$$\frac{\mathrm{d}^2\eta_i(t)}{\mathrm{d}t^2}+\omega_i^2\eta_i(t)=F(t)\varphi_i(b) \qquad (i=1,2,\cdots,\infty) \quad (4\text{-}23)$$

这里可以得到模态坐标下的传递函数为

$$(s^2+\omega_i^2)\eta_i(s)=F(s)\phi_i(b)$$

得

$$H_i=\frac{\eta_i(s)}{F(s)}=\frac{\phi_i(b)}{s^2+\omega_i^2}$$

或者

$$\eta_i(s)=H_iF(s)\qquad(i=1,2,\cdots,\infty)$$

对式（4-22）进行拉普拉斯变换，得

$$\begin{aligned}y(x,s)&=\sum_{i=1}^{n}\phi_i(x)\eta_i(s)=\sum_{i=1}^{n}\phi_i(x)H_iF(s)\\&=\sum_{i=1}^{n}\left[\frac{\phi_i(x)\phi_i(b)}{s^2+\omega_i^2}\right]F(s)\end{aligned}$$

当给定 $x=a$ 为输出点时，传递函数为

$$y(a,s)=\sum_{i=1}^{n}\left[\phi_i(x)\frac{\phi_i(b)}{s^2+\omega_i^2}\right]F(s)=\sum_{i=1}^{n}\frac{\phi_i(a)\phi_i(b)}{s^2+\omega_i^2}F(s)\tag{4-24}$$

4.6.2 传递函数 Simulink 仿真模型

在 4.5 节的输出表达式中，设

$$G_i(s)=\frac{\phi_i(a)\phi_i(b)}{s^2+\omega_i^2}=H_i\phi_i(a)$$

式（4-24）可以看成是由多个子系统的传递函数的并联，$y(a,s)=\sum_{i=1}^{n}G_i(s)F(s)$。值得注意的是，高阶模态的传递函数对响应的贡献越来越小，所以可以采取有限项来进行仿真。

例 4-14 考察一个两端简支的桥梁简化模型如图 4-24 所示，跨度 $l=80\text{m}$，弯曲刚度为 $EI=9500\times10^8\text{N}\cdot\text{m}^2$，单位长度质量为 $\rho=700\times10^3\text{kg/m}$，将传感器安放在 c 处，载荷 $F(t)$ 作用在 D 处，试建立系统传递函数仿真模型。

解 可以求得系统的模态频率和模态函数为

$$\omega_i=\sqrt{\frac{EI}{\rho}\frac{i^2\pi^2}{l^2}}$$

$$\phi_i(x)=\sqrt{\frac{2}{\rho l}}\sin\frac{i\pi x}{l}$$

$$H_{(a,b)i}(s)=\frac{\phi_i(a)\phi_i(b)}{s^2+\omega_i^2}$$

现在忽略高阶模态的影响，并取 $n=5$ 做近似计算，当 $a=20\text{m}$，$b=50\text{m}$ 时，有

$$\omega_1=1.7965\text{Hz},\ H_1(s)=\frac{2.3331e-8}{s^2+1.7965*1.7965}$$

$$\omega_2=7.8161\text{Hz},\ H_2(s)=\frac{-2.5254e-8}{s^2+7.8161*7.8161}$$

$$\omega_3 = 16.1687\text{Hz},\ H_3(s) = \frac{-9.6642e-9}{s^2 + 16.1687 * 16.1687}$$

$$\omega_4 = 28.7444\text{Hz},\ H_4(s) = \frac{4.3737e-24}{s^2 + 28.7444 * 28.7444}$$

$$\omega_5 = 44.9131\text{Hz},\ H_5(s) = \frac{9.6642e-9}{s^2 + 44.9131 * 44.9131}$$

仿真框图与仿真结果如图 4-25 所示（图中正弦激励的频率 $\omega = 1$）。

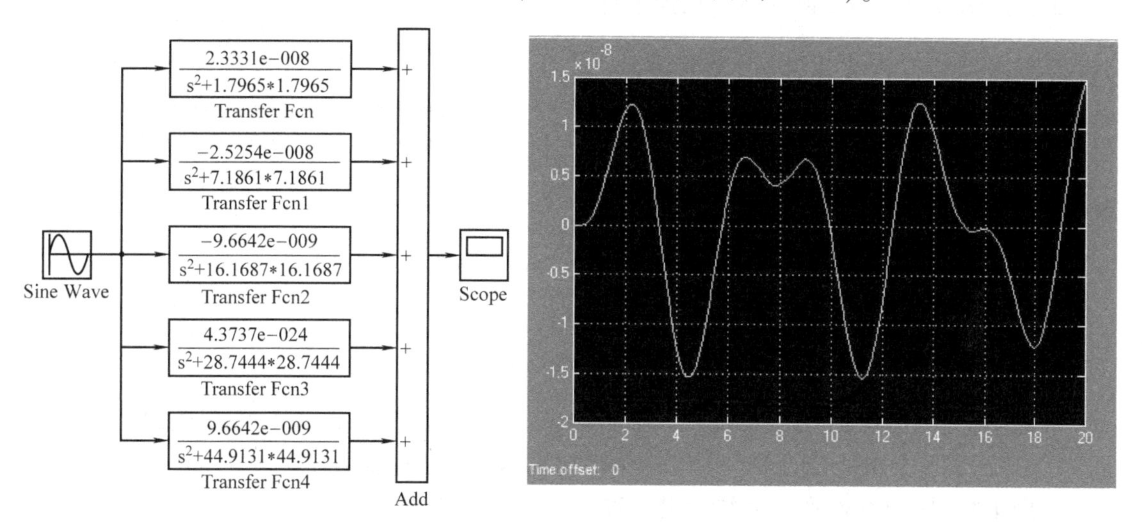

图 4-25　仿真框图和输出结果图

该问题精确解为

$$y(x,t) = \frac{2}{\rho l}\sum_{i=1}^{\infty}\frac{\sin\frac{i\pi}{l}x\sin\frac{i\pi}{l}b}{\omega_i^2 - \omega^2}\left(\sin\omega t - \frac{\omega}{\omega_i}\sin\omega_i t\right)$$

值得注意的是，本例中只取了前 5 阶研究，容易验证该仿真结果已经非常接近精确值。改变 a，b 的位置，可以得到各个不同点之间的传递函数。

习　题

习题 4-1　如图 4-26 所示，杆长为 $4a$，弹簧刚度系数为 k，阻尼系数为 c，图中 $OD = DB$，不考虑 AB 杆的质量，$f(t)$ 为系统的输入力，在弹簧和阻尼器的固定机架之间装有力传感器，假定测量结果为 P_A，P_B，以 $f(t)$ 为输入分别取 P_A，P_B 为输出，求出对应的传递函数，并说明这种传递函数是属于什么类型。

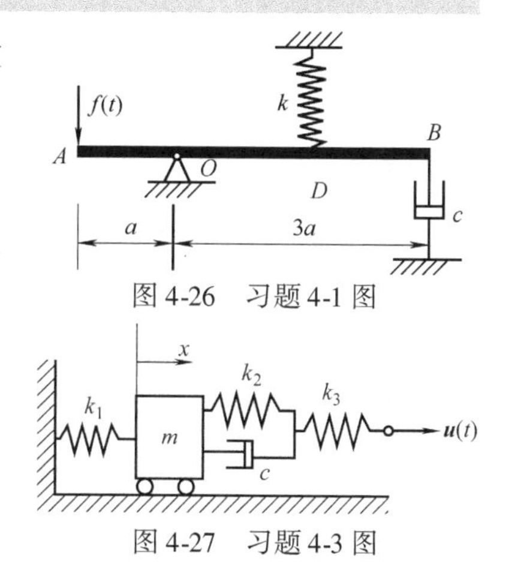

图 4-26　习题 4-1 图

图 4-27　习题 4-3 图

习题 4-2　已知单自由度系统的动力学方程为

$$m\ddot{x} + c\dot{x} + kx = f(t)$$

求在小阻尼情况下的传递函数的留数形式和各留数。

习题 4-3　系统由静平衡位置开始运动，当 $t = 0$ 时，

位移 $u(t)$ 作用在弹簧的另一端，试计算图 4-27 所示系统的传递函数 $H(s)=x(s)/u(s)$。设 $m=10$，$c=4$，$k_1=100$，$k_2=50$，$k_3=50$，$u(t)=5\sin 3t$。试建立系统的传递函数的仿真模型。

习题 4-4 惯性式加速度计和位移计原理是通过测量相对于测量仪器壳体的位移得到被测物体的加速度和位移的元件，试证明：加速度计系统和位移计的传递函数均是一比例环节，加速度计的比例系数为 $k=\dfrac{1}{p^2}$，位移计的比例系数为 $k=1$，如图 4-28 所示。

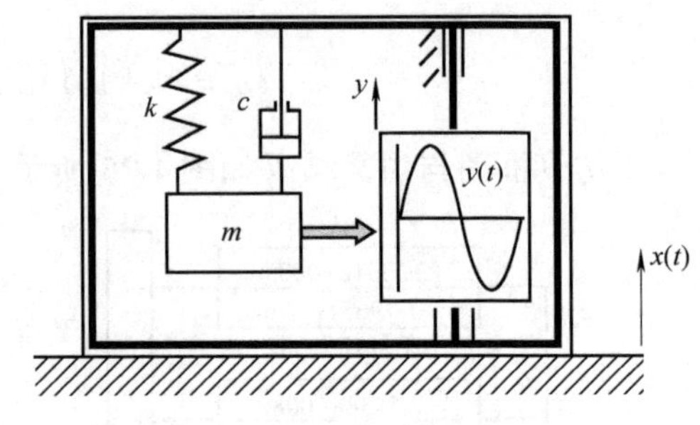

图 4-28 习题 4-4 图

习题 4-5 已知系统的动力学方程如下，试写出系统的传递函数模型。

(1) $\dddot{y}(t)+15\ddot{y}(t)+50\dot{y}(t)+500y(t)=r(t)+2\dot{r}(t)$

式中，$r(t)$ 为输入，$y(t)$ 为输出。

(2) $\ddot{y}(t)+3\dot{y}(t)+6y(t)+4\int y(t)\mathrm{d}t=4r(t)$

习题 4-6 如图 4-29 所示系统，其中 $k=7\text{N/m}$，$c_1=0.5\text{N/m}\cdot\text{s}^{-1}$，$c_2=0.2\text{N/m}\cdot\text{s}^{-1}$，$m_1=3.5\text{kg}$，$m_2=5.6\text{kg}$，求以 $y=x_2$ 和 f 为输出和输入的传递函数模型。

习题 4-7 如图 4-30 所示系统，设位移 $u(t)$ 是系统的输入，x，y 是系统的输出，计算系统的传递函数 $x(s)/U(s)$，$y(s)/U(s)$。

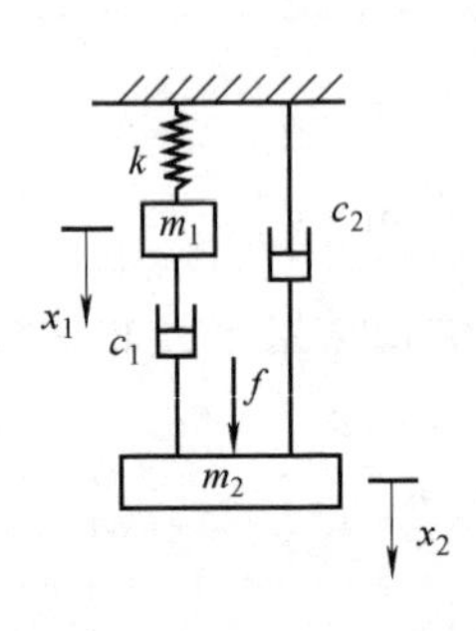

图 4-29 习题 4-6 图

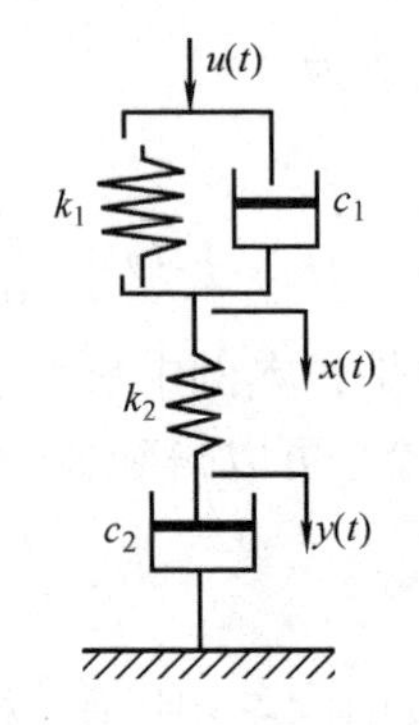

图 4-30 习题 4-7 图

习题 4-8 设系统的传递函数为

(1) $H_1(s)=\dfrac{4s^2+17s+14}{s^3+7s^2+16s+32}$

(2) $H_2(s)=\dfrac{s^2+3s+11}{s^3+2s^2+5s+10}$

分别计算系统的零点和极点和留数。

习题 4-9 设某系统的传递函数为 $P(s)=\dfrac{s+2}{s^2+s+10}$，试将此系统转化为单位负反馈系统，求开环传递函数。

习题 4-10 设系统的向前传递函数为 $G(s)=\dfrac{s+2}{s^2+s+10}$，反馈传递函数为 $H(s)=\dfrac{2}{s+3}$，且为负反馈，试求闭环系统的传递函数，并建立 Simulink 仿真模型，求单位阶跃激励下的响应。

习题 4-11 简化图 4-31 所示系统的传递函数，求 $H(s)=\dfrac{c(s)}{R(s)}$。

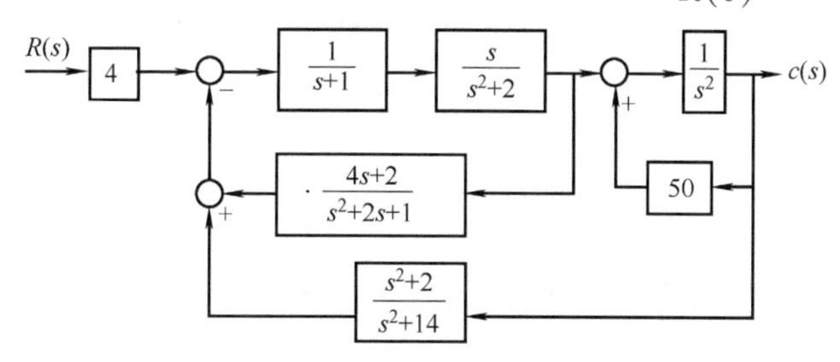

图 4-31 习题 4-11 图

习题 4-12 试求图 4-32 所示结构图的传递函数 $H(s)=C(s)/R(s)$。

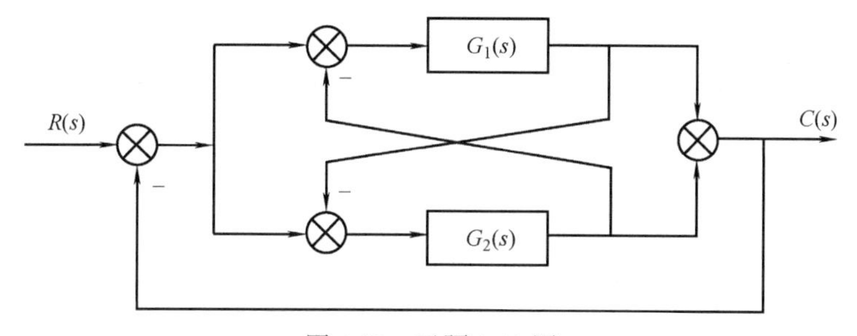

图 4-32 习题 4-12 图

习题 4-13 在图 4-33 中，$R(s)$为输入，$N(s)$是系统的干扰，$C(s)$是系统的输出，求：

(1) 系统传递函数 $C(s)/R(s)$和 $C(s)/N(s)$。

(2) 系统总输出 $C(s)$。

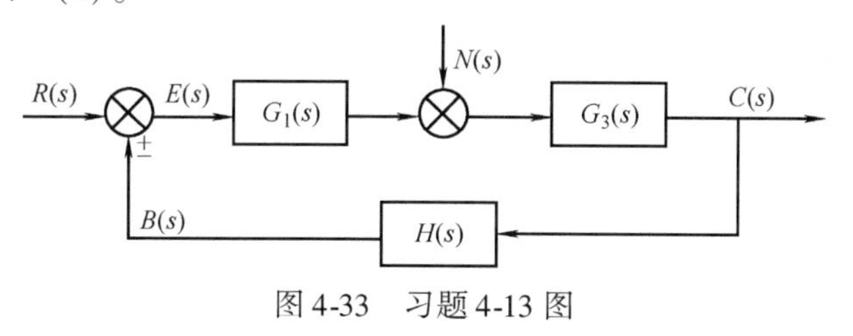

图 4-33 习题 4-13 图

习题 4-14 已知图 4-34 中各传递函数 $H_1(s)$，$H_2(s)$，$H_3(s)$，$H_4(s)$，试求双输入 $u_1(s)$、$u_2(s)$，双输出 $x_1(s)$、$x_2(s)$系统传递函数矩阵。

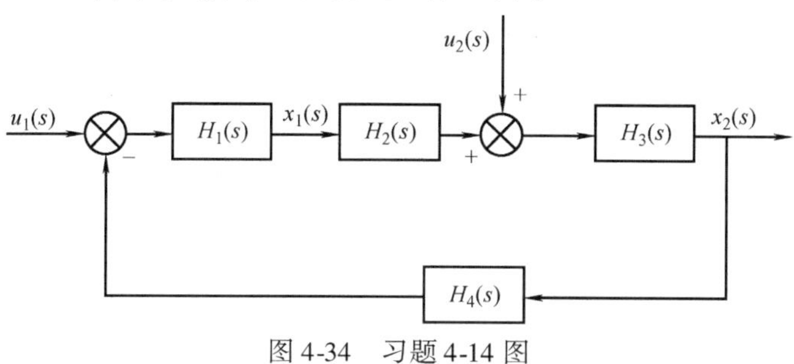

图 4-34 习题 4-14 图

习题 4-15 如图 4-35 所示，建立悬臂梁的传递函数模型，梁长为 L，弯曲刚度为 EI，单位长度质量为 ρ，假定在激振器和梁之间 C 处装有测力传感器，在 D 处有加速度传感器，试建立系统输入与输出之间的传递函数。

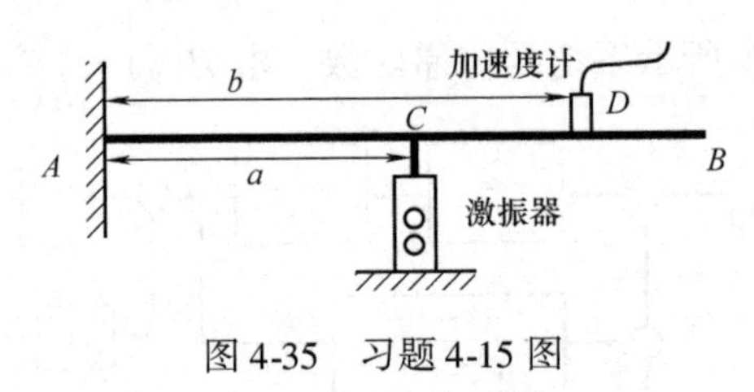

图 4-35 习题 4-15 图

提示：使用模态分析法将系统转化为有限自由度模型。

第5章 动力学系统状态空间模型

系统的状态空间描述是建立在状态和状态空间概念基础上的。状态与状态变量描述的概念很早就存在于经典动力学和其他一些领域，但是更多地被应用于控制系统的研究中，状态空间的引入促成了现代控制理论的建立。

状态空间法的主要数学基础是线性代数。在状态空间法中，广泛地用向量表示系统的各种变量组，包括输入矢量、输出矢量和状态变量。

一个系统的状态是完全表征系统时域行为的一个最小内部变量组，组成变量组的 n 个变量称为系统的状态变量。状态变量在物理上可以是不可测量或不可观测的，这使得选择状态变量的自由度增大。但实际应用中，通常选用容易测量或观测的过程变量作为状态变量。

状态空间模型按所受影响因素的不同分为确定性状态空间模型和随机性状态空间模型；按数值形式分为离散空间状态模型和连续空间状态模型；按所描述的动力学系统可以分为线性与非线性模型以及时变与时不变模型。

状态空间的特点：

(1) 状态空间模型不仅能反映系统内部状态，而且能揭示系统内部状态与外部的输入和输出变量的联系。

(2) 状态空间模型将多个变量时间序列处理为矢量时间序列，这种从变量到矢量的转变更适合解决多输入、多输出变量情况下的建模问题。

(3) 状态空间模型能够用现在和过去的最小信息形式描述系统的状态，因此，它不需要大量的历史数据资料，既省时又省力。

(4) 状态空间模块可以起到与传递函数模块相同的作用。所不同的是，状态空间模块允许用户指定初始条件，并且可以共享内部变量。

本章主要是对在状态空间中的动力学系统建模，如果动力学系统在状态空间进行公式化描述，在计算机上模拟它并且求出系统微分方程的数值解是非常容易的，因为状态空间公式正是用这样合乎数值解的方式设计的。需要特别说明的是，虽然本章里只阐述线性定常系统，但是状态空间法既适用于线性系统，也适用于非线性系统，还可以应用于定常系统和时变系统，因此利用状态空间描述系统模型的适用范围远大于用传递函数所描述的范围。

5.1 动力学系统状态空间模型的内容

5.1.1 状态空间方程的一般形式

设某线性系统的数学模型有 p 个输入，q 个输出的 n 个一阶微分方程表示如下：

$$\dot{x}_1 = a_{11}x_1 + a_{12}x_2 + \cdots + a_{1n}x_n + b_{11}u_1 + b_{12}u_2 + \cdots + b_{1p}u_p$$
$$\dot{x}_2 = a_{21}x_1 + a_{22}x_2 + \cdots + a_{2n}x_n + b_{21}u_1 + b_{22}u_2 + \cdots + b_{2p}u_p$$
$$\vdots$$
$$\dot{x}_n = a_{n1}x_1 + a_{n2}x_2 + \cdots + a_{nn}x_n + b_{n1}u_1 + b_{n2}u_2 + \cdots + b_{np}u_p$$

输出方程为

$$y_1 = c_{11}x_1 + c_{12}x_2 + \cdots + c_{1n}x_n + d_{11}u_1 + d_{12}u_2 + \cdots + d_{1p}u_p$$
$$\vdots$$
$$y_q = c_{q1}x_1 + c_{q2}x_2 + \cdots + c_{qn}x_n + d_{q1}u_1 + d_{q2}u_2 + \cdots + d_{qp}u_p$$

将此方程组写成矩阵形式为

$$\begin{cases} \dot{\boldsymbol{X}} = \boldsymbol{AX} + \boldsymbol{Bu}(t) \\ \boldsymbol{Y} = \boldsymbol{CX} + \boldsymbol{Du}(t) \end{cases} \tag{5-1}$$

式（5-1）第一式称为状态空间方程，第二式称为输出方程。其中，矩阵$\boldsymbol{A}_{n\times n}$，$\boldsymbol{B}_{n\times p}$，$\boldsymbol{C}_{q\times n}$，$\boldsymbol{D}_{q\times p}$分别称为状态矩阵、输入矩阵、输出矩阵和直传矩阵。矢量 $\boldsymbol{X}$，$\boldsymbol{u}$ 和 $\boldsymbol{Y}$ 分别称为状态矢量、输入矢量和输出矢量，除了 $\boldsymbol{A}$ 是方阵外，其他矩阵的维数由具体问题所决定。该系统的仿真框图如图 5-1 所示。

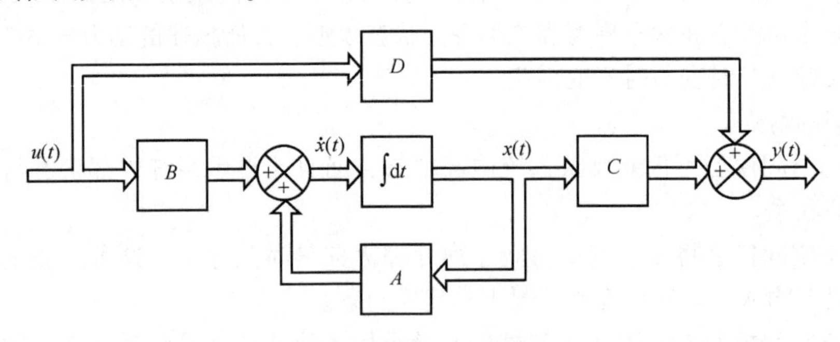

图 5-1 状态空间结构图

p 与 q 如果等于 1，则称为单输入单输出系统，否则为多输入多输出系统。例如，下列模型为两输入、两输出模型，

$$\dot{\boldsymbol{X}} = \begin{pmatrix} 1 & 6 & 9 & 10 \\ 3 & 12 & 6 & 8 \\ 4 & 7 & 9 & 11 \\ 5 & 12 & 13 & 14 \end{pmatrix}\boldsymbol{X} + \begin{pmatrix} 4 & 6 \\ 2 & 4 \\ 2 & 2 \\ 1 & 0 \end{pmatrix}\begin{pmatrix} u_1 \\ u_2 \end{pmatrix}, \qquad \begin{pmatrix} y_1 \\ y_2 \end{pmatrix} = \begin{pmatrix} 0 & 0 & 2 & 1 \\ 8 & 0 & 2 & 2 \end{pmatrix}\boldsymbol{X}$$

5.1.2 化高阶微分方程为状态方程——不含输入导数情况

1. 能控标准型

工程中常见的状态空间模型就是系统的输入不含导数的情况，如对于形如 n 阶的微分方程

$$y^{(n)}+a_1y^{(n-1)}+\cdots+a_{n-1}\dot{y}+a_ny=b_0u(t)$$

这里，y 为输出，$u(t)$ 为输入。引进 n 个状态变量：

$$\begin{aligned}
x_1 &= y\\
x_2 &= \dot{x}_1=\dot{y}\\
x_3 &= \dot{x}_2=\ddot{y}\\
&\vdots\\
x_{n-1} &= \dot{x}_{n-2}=y^{(n-2)}\\
x_n &= \dot{x}_{n-1}=y^{(n-1)}
\end{aligned}$$

根据

$$\begin{aligned}
\dot{x}_n=y^{(n)} &= -a_1y^{(n-1)}-a_2y^{(n-2)}\cdots-a_ny+b_0u(t)\\
&= -a_1x_n-a_2x_{n-1}\cdots-a_nx_1+b_0u(t)
\end{aligned}$$

写成矩阵形式为

$$\begin{pmatrix}\dot{x}_1\\ \dot{x}_2\\ \vdots\\ \dot{x}_n\end{pmatrix}=\begin{pmatrix}0 & 1 & 0 & \cdots & 0\\ 0 & 0 & 1 & \cdots & 0\\ \vdots & \vdots & \vdots & & \vdots\\ -a_n & -a_{n-1} & -a_{n-2} & \cdots & -a_1\end{pmatrix}\begin{pmatrix}x_1\\ x_2\\ \vdots\\ x_n\end{pmatrix}+\begin{pmatrix}0\\ 0\\ \vdots\\ b_0\end{pmatrix}u(t)$$

$$y=(1\quad 0\quad 0\quad \cdots\quad 0)\begin{pmatrix}x_1\\ x_2\\ \vdots\\ x_n\end{pmatrix} \tag{5-2}$$

式（5-2）的第一个方程称为状态方程，第二个方程称为输出方程。

式（5-2）可简写为

$$\begin{cases}\dot{\boldsymbol{X}}=\boldsymbol{A}\boldsymbol{X}+\boldsymbol{B}\boldsymbol{u}(t)\\ \boldsymbol{Y}=\boldsymbol{C}\boldsymbol{X}\end{cases}$$

式中，$\boldsymbol{A}$、$\boldsymbol{B}$、$\boldsymbol{C}$ 分别称为状态矩阵、输入矩阵、输出矩阵；$\boldsymbol{X}$，$\boldsymbol{u}$ 和 $\boldsymbol{Y}$ 分别称为状态矢量、输入矢量和输出矢量。其中，

$$\boldsymbol{A}=\begin{pmatrix}0 & 1 & 0 & \cdots & 0\\ 0 & 0 & 1 & \cdots & 0\\ \vdots & \vdots & \vdots & & \vdots\\ -a_n & -a_{n-1} & -a_{n-2} & \cdots & -a_1\end{pmatrix},\ \boldsymbol{B}=\begin{pmatrix}0\\ 0\\ \vdots\\ b_0\end{pmatrix},\ \boldsymbol{C}=(1\quad 0\quad 0\quad \cdots\quad 0)$$

单输入单输出系统的输入矩阵 $\boldsymbol{B}$ 只有一列，$u(t)$ 为标量，输出矩阵 $\boldsymbol{C}$ 只有一行，而矩阵 $\boldsymbol{A}$ 是一种特殊形式的矩阵。在此称 $\boldsymbol{A}$ 矩阵为可控标准型。

在一般情况下，n 个一阶线性系统在模拟机上进行仿真时，如果按单个积分元件来建立仿真框图，则有以下特点：

(1) n 阶系统必有 n 个状态变量。

(2) 由 n 个积分器、若干个比例器和若干个求和器构成仿真模型。

(3) 每个积分器的输出端就是状态变量。

(4) 同一个动态模型可以有不同的仿真模型。

例 5-1 单自由度弹簧质量系统状态空间法。设系统的动力学方程为

$$m\ddot{x} + c\dot{x} + kx = f(t)$$

式中，$f(t)$ 是输入；x 是输出。

解 选择状态变量：由于这个系统是二阶微分方程，可以选择两个状态变量，即 $x_1 = x$，$x_2 = \dot{x}_1$。

根据原方程，有

$$\dot{x}_2 = -\frac{k}{m}x_1 - \frac{c}{m}x_2 + \frac{1}{m}f(t)$$

写出矩阵形式为

$$\dot{\boldsymbol{x}} = \boldsymbol{A}\boldsymbol{x} + \boldsymbol{B}\boldsymbol{u}$$

即

$$\begin{pmatrix} \dot{x}_1 \\ \dot{x}_2 \end{pmatrix} = \begin{pmatrix} 0 & 1 \\ -\dfrac{k}{m} & \dfrac{-c}{m} \end{pmatrix} \begin{pmatrix} x_1 \\ x_2 \end{pmatrix} + \begin{pmatrix} 0 \\ \dfrac{1}{m} \end{pmatrix} f(t)$$

式中

$$\boldsymbol{A} = \begin{pmatrix} 0 & 1 \\ -\dfrac{k}{m} & \dfrac{-c}{m} \end{pmatrix}, \quad \boldsymbol{B} = \begin{pmatrix} 0 \\ \dfrac{1}{m} \end{pmatrix}$$

$$\boldsymbol{u} = f(t)$$

为了能够观测位移和速度，输出方程可写为

$$\begin{pmatrix} y_1 \\ y_2 \end{pmatrix} = \begin{pmatrix} 1 & 0 \\ 0 & 1 \end{pmatrix} \begin{pmatrix} x_1 \\ x_2 \end{pmatrix} = \boldsymbol{C}\boldsymbol{x}$$

式中

$$\boldsymbol{C} = \begin{pmatrix} 1 & 0 \\ 0 & 1 \end{pmatrix}$$

这是一个单输入双输出的状态空间模型。如果只是观测位移，则输出矩阵为 $\boldsymbol{C} = [1 \quad 0]$，这时系统为单输出模型。

例 5-2 已知某系统的动力学微分方程为

$$\dddot{y} + 7\ddot{y} + 14\dot{y} + 8y = 3u$$

试建立系统的状态空间模型，这里 u 为输入，y 为系统的输出。

解 （1）选择状态变量：

$$x_1 = y,\ x_2 = \dot{y},\ x_3 = \ddot{y}$$

（2）解微分方程的状态变量表示：

$$\dot{x}_1 = \dot{y} = x_2,\ \dot{x}_2 = \ddot{y} = x_3$$

$$\dot{x}_3 = \dddot{y} = -7\ddot{y} - 14\dot{y} - 8y + 3u = -7x_3 - 14x_2 - 8x_1 + 3u$$

（3）写成矩阵形式：

$$\begin{pmatrix} \dot{x}_1 \\ \dot{x}_2 \\ \dot{x}_3 \end{pmatrix} = \begin{pmatrix} 0 & 1 & 0 \\ 0 & 0 & 1 \\ -8 & -14 & -7 \end{pmatrix} \begin{pmatrix} x_1 \\ x_2 \\ x_3 \end{pmatrix} + \begin{pmatrix} 0 \\ 0 \\ 3 \end{pmatrix} u$$

输出方程为

$$y = (1 \quad 0 \quad 0) \begin{pmatrix} x_1 \\ x_2 \\ x_3 \end{pmatrix}$$

这是一个单输入单输出模型。

2. 能观标准型

能观标准型是状态空间的另一种表示形式，设系统的微分方程为

$$y^{(n)} + a_1 y^{(n-1)} + \cdots + a_{n-1}\dot{y} + a_n y = b_0 u(t)$$

可以这样选取状态变量：

$$\begin{gathered} x_1 = y^{(n-1)} + a_1 y^{(n-2)} + \cdots + a_{n-1} y \\ x_2 = y^{(n-2)} + a_1 y^{(n-3)} + \cdots + a_{n-2} y \\ \vdots \\ x_{n-1} = \dot{y} + a_1 y \\ x_n = y \end{gathered}$$

显然有

$$\begin{gathered} \dot{x}_1 = y^{(n)} + a_1 y^{(n-1)} + \cdots + a_{n-1}\dot{y} = b_0 u - a_n x_n \\ \dot{x}_2 = y^{(n-1)} + a_1 y^{(n-2)} + \cdots + a_{n-2}\dot{y} = x_1 - a_{n-1} x_n \\ \vdots \\ \dot{x}_{n-1} = \ddot{y} + a_1 \dot{y} = x_{n-2} - a_2 x_n \\ \dot{x}_n = \dot{y} = x_{n-1} - a_1 x_n \end{gathered}$$

这样，可以得到状态空间方程为

$$\begin{pmatrix} \dot{x}_1 \\ \dot{x}_2 \\ \dot{x}_3 \\ \vdots \\ \dot{x}_n \end{pmatrix} = \begin{pmatrix} 0 & 0 & \cdots & 0 & -\boldsymbol{a}_n \\ 1 & 0 & \cdots & 0 & -\boldsymbol{a}_{n-1} \\ 0 & 1 & \cdots & 0 & -\boldsymbol{a}_{n-2} \\ \vdots & \vdots & \vdots & & \vdots \\ 0 & 0 & \cdots & 1 & -\boldsymbol{a}_1 \end{pmatrix} \begin{pmatrix} \boldsymbol{x}_1 \\ \boldsymbol{x}_2 \\ \boldsymbol{x}_3 \\ \vdots \\ \boldsymbol{x}_n \end{pmatrix} + \begin{pmatrix} \boldsymbol{b}_0 \\ 0 \\ 0 \\ \vdots \\ 0 \end{pmatrix} \boldsymbol{u}(\boldsymbol{t}) \tag{5-3}$$

输出方程为

$$y = x_n$$

简写为

$$\begin{cases}\dot{\boldsymbol{X}} = \boldsymbol{AX} + \boldsymbol{Bu}(t)\\ \boldsymbol{Y} = \boldsymbol{CX}\end{cases}$$

$$\boldsymbol{A} = \begin{pmatrix} 0 & 0 & 0 & \cdots & 0 & -a_n \\ 1 & 0 & 0 & \cdots & 0 & -a_{n-1} \\ 0 & 1 & 0 & \cdots & 0 & -a_{n-2} \\ \vdots & \vdots & \vdots & & \vdots & \vdots \\ 0 & 0 & 0 & \cdots & 1 & -a_1 \end{pmatrix},\quad \boldsymbol{B} = \begin{pmatrix} b_0 \\ 0 \\ 0 \\ \vdots \\ 0 \end{pmatrix},\quad \boldsymbol{C} = (0 \quad 0 \quad 0 \quad \cdots \quad 1)$$

矩阵 $\boldsymbol{A}$ 称为能观标准型。

5.1.3 线性多自由度振动系统的状态空间模型

设有 n 个自由度系统的振动方程为

$$\boldsymbol{M}\ddot{\boldsymbol{X}} + \boldsymbol{C}\dot{\boldsymbol{X}} + \boldsymbol{KX} = \boldsymbol{E}f(t)$$

选择状态变量为：$\boldsymbol{y}_1 = \boldsymbol{X}$，$\boldsymbol{y}_2 = \dot{\boldsymbol{y}}_1$，即状态变量为

$$\boldsymbol{y} = \begin{Bmatrix} \boldsymbol{y}_1 \\ \boldsymbol{y}_2 \end{Bmatrix}_{2n \times 1}$$

注意到物理空间下的 n 个自由度振动模型在状态空间中需要 $2n$ 个状态量描述，根据给定的状态变量，可以表示成如下形式：

$$\begin{pmatrix} \dot{\boldsymbol{y}}_1 \\ \dot{\boldsymbol{y}}_2 \end{pmatrix} = \begin{pmatrix} 0 & \boldsymbol{I} \\ -\boldsymbol{M}^{-1}\boldsymbol{K} & -\boldsymbol{M}^{-1}\boldsymbol{C} \end{pmatrix} \begin{pmatrix} \boldsymbol{y}_1 \\ \boldsymbol{y}_2 \end{pmatrix} + \begin{pmatrix} 0 \\ \boldsymbol{M}^{-1}\boldsymbol{E} \end{pmatrix} f(t) \tag{5-4}$$

状态方程和输出方程形式为

$$\dot{\boldsymbol{Y}} = \boldsymbol{AY} + \boldsymbol{Bu}(t)$$
$$\boldsymbol{Z} = \boldsymbol{CY} + \boldsymbol{Du}(t)$$

式中

$$\boldsymbol{A} = \begin{pmatrix} 0 & \boldsymbol{I} \\ -\boldsymbol{M}^{-1}\boldsymbol{K} & -\boldsymbol{M}^{-1}\boldsymbol{C} \end{pmatrix}_{2n \times 2n}$$

$$\boldsymbol{B} = \begin{pmatrix} 0 \\ \boldsymbol{M}^{-1}\boldsymbol{E} \end{pmatrix},\quad \boldsymbol{u}(t) = f(t)$$

例 5-3 写出如图 5-2 所示的半正定三自由度系统的状态空间模型，其中，$f(t)$ 为输入，x_1，x_2，x_3 为输出。

其中，$m_1 = 2\text{kg}$，$m_2 = 9\text{kg}$，$m_3 = 15\text{kg}$，$k_1 = 1000\text{N/m}$，$k_2 = 400\text{N/m}$，$c_1 = c_2 = 0$。

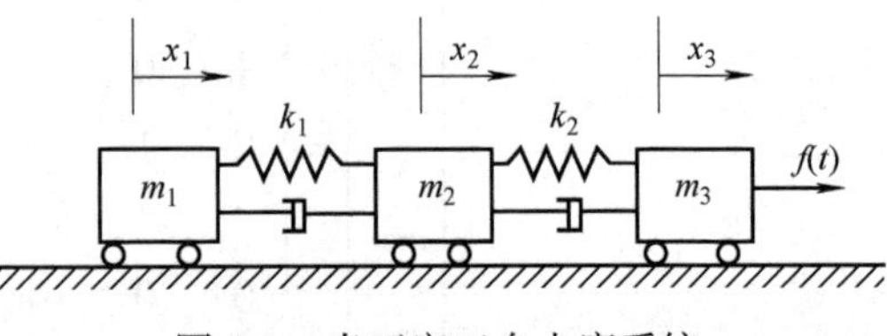

图 5-2 半正定三自由度系统

解 建立动力学方程

$$m_1\ddot{x}_1=k_1(x_2-x_1)+c_1(\dot{x}_2-\dot{x}_1)$$

$$m_2\ddot{x}_2=k_2(x_3-x_2)+c_2(\dot{x}_3-\dot{x}_2)-k_1(x_2-x_1)-c_1(\dot{x}_2-\dot{x}_1)$$

$$m_3\ddot{x}_3=f(t)-k_2(x_3-x_2)-c_1(\dot{x}_3-\dot{x}_2)$$

引入状态变量

$$y_1=x_1,\ y_2=x_2,\ y_3=x_3$$

$$y_4=\dot{x}_1,\ y_5=\dot{x}_2,\ y_6=\dot{x}_3$$

根据式（5-4），可以写成为

$$\dot{\boldsymbol{y}}=\boldsymbol{A}\boldsymbol{y}+\boldsymbol{B}\boldsymbol{u},\ \boldsymbol{z}=\boldsymbol{C}\boldsymbol{y}$$

其中

$$\boldsymbol{y}=[y_1\quad y_2\quad y_3\quad y_4\quad y_5\quad y_6]^{\mathrm{T}}$$

$$\boldsymbol{A}=\begin{pmatrix}0&0&0&1&0&0\\0&0&0&0&1&0\\0&0&0&0&0&1\\-k_1/m_1&k_1/m_1&0&-c_1/m_1&c_1/m_1&0\\k_1/m_2&-(k_1+k_2)/m_2&k_2/m_2&c_1/m_2&-(c_1+c_2)/m_2&c_2/m_2\\0&k_2/m_3&-k_2/m_3&0&c_2/m_3&c_2/m_3\end{pmatrix}$$

$$\boldsymbol{B}=\begin{pmatrix}0&0&0&0&0&\dfrac{1}{m}\end{pmatrix}^{\mathrm{T}},\quad \boldsymbol{C}=\begin{pmatrix}1&0&0&0&0&0\\0&1&0&0&0&0\\0&0&1&0&0&0\end{pmatrix},u=f(t)$$

5.2 微分方程模型与状态空间的关系

5.2.1 微分方程模型与状态空间模型特征对的关系

设多自由度系统物理空间中微分方程模型为

$$\boldsymbol{M}\ddot{\boldsymbol{X}}+\boldsymbol{C}\dot{\boldsymbol{X}}+\boldsymbol{K}\boldsymbol{X}=\boldsymbol{f}(t)$$

其特征对为

$$(\lambda^2\boldsymbol{M}+\lambda\boldsymbol{C}+\boldsymbol{K})\boldsymbol{u}=0$$

式中，特征值 λ、特征向量 $\boldsymbol{u}$ 称为物理空间中的特征对。

按 5.1 节方法，可以得到对应于状态空间下的特征对问题为

$$(\mu\boldsymbol{I}-\boldsymbol{A})\boldsymbol{V}=0$$

式中，特征值 μ 和特征向量 $\boldsymbol{V}$ 称为状态空间的特征对。

利用矩阵的分块运算，即

$$\begin{pmatrix}\mu\boldsymbol{I}&-\boldsymbol{I}\\\boldsymbol{M}^{-1}\boldsymbol{K}&\mu\boldsymbol{I}+\boldsymbol{M}^{-1}\boldsymbol{C}\end{pmatrix}\begin{pmatrix}\boldsymbol{V}_1\\\boldsymbol{V}_2\end{pmatrix}=0$$

特征向量为

$$V_2 = \mu V_1$$
$$M^{-1}K + \mu(\mu + M^{-1}C)V_1 = 0$$

即

$$(\mu^2 M + \mu C + K)V_1 = 0$$

显然有

$$\mu = \lambda, V_1 = u$$

由此可知，物理空间和状态空间两者具有相同的特征值，状态空间中的特征向量与物理空间中的特征向量关系为 $V = \begin{pmatrix} u \\ \lambda u \end{pmatrix}$。

5.2.2 系统含有输入导数的状态空间模型

在前面的模型中没有考虑系统的输入项有导数的情况，本节讨论系统的运动方程中包含输入函数的一阶导数和高阶导数的情况。先看一个例子，在图 5-3 所示的系统中，位移 x 和 u 均以平衡位置为坐标原点。容易得到动力学方程为

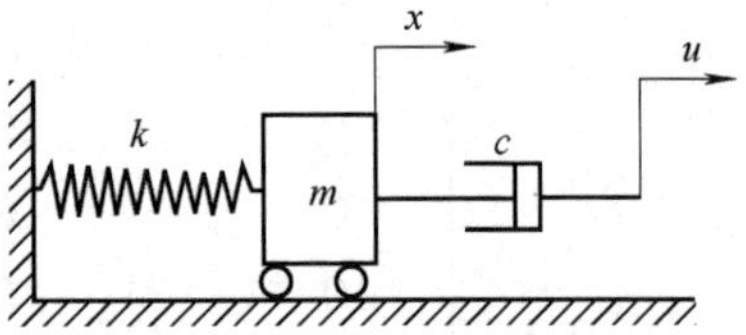

$$m\ddot{x} = -kx - c(\dot{x} - \dot{u})$$

图 5-3 有输入导数的模型

或者

$$\ddot{x} = -\frac{k}{m}x - \frac{c}{m}\dot{x} + \frac{c}{m}\dot{u}$$

如果选择状态变量为

$$y_1 = x, y_2 = \dot{x}$$

则状态方程为

$$\dot{y}_1 = \dot{x}, \quad \dot{y}_2 = -\frac{k}{m}x - \frac{c}{m}\dot{x} + \frac{c}{m}\dot{u}$$

值得注意的是第二个方程中包含了输入的导数，在推导状态空间时，假定系统的输入函数可以是任意函数，甚至是脉冲函数，但是不能出现任意高阶导数或高阶脉冲函数，为什么系统的输入不能包含高阶导数？现在假定该系统上作用一脉冲函数 $\delta(t)$，则对第二个表达式进行积分

$$y_2 = \int\left[-\frac{k}{m}x - \frac{c}{m}\dot{x} + \frac{c}{m}\frac{\mathrm{d}}{\mathrm{d}t}(\delta(t))\right]\mathrm{d}t = -\frac{k}{m}\int x\mathrm{d}t - \frac{c}{m}x + \frac{c}{m}\delta(t)$$

从该表达式可以看出，由于 $\delta(0) = \infty$，所以 $y_2(0) = \infty$，显然这是不可能的，所以出现这个问题正是我们选择了状态变量中含有导数所致，为了从上式中消掉输入的导数项，可以选择第二个状态变量为

$$y_2 = \dot{x} - \frac{c}{m}u, \text{或 } y_2 = \dot{y}_1 - \frac{c}{m}u$$

这样

$$\dot{y}_2 = \ddot{x} - \frac{c}{m}\dot{u} = -\frac{k}{m}x - \frac{c}{m}\dot{x} = -\frac{k}{m}y_1 - \frac{c}{m}\left(\frac{c}{m}u + y_2\right)$$

显然，状态变量中消去了输入的导数项。写成矩阵形式的状态空间为

$$\begin{pmatrix} \dot{y}_1 \\ \dot{y}_2 \end{pmatrix} = \begin{pmatrix} 0 & 1 \\ -\frac{k}{m} & -\frac{c}{m} \end{pmatrix} \begin{pmatrix} y_1 \\ y_2 \end{pmatrix} + \begin{pmatrix} \frac{c}{m} \\ -\left(\frac{c}{m}\right)^2 \end{pmatrix} u$$

1. 第一种方法

首先以三阶系统为例，假设三阶系统方程的一般形式为

$$\dddot{y} + a_2 \ddot{y} + a_1 \dot{y} + a_0 y = b_3 \dddot{u} + b_2 \ddot{u} + b_1 u + b_0 u$$

选择一组新的状态向量，其中 h_0，h_1，h_2 为待定常数

$$\begin{cases} x_1 = y - h_0 u \\ x_2 = \dot{x}_1 - h_1 u = \dot{y} - h_0 \dot{u} - h_1 u \\ x_3 = \dot{x}_2 - h_2 u = \ddot{y} - h_0 \ddot{u} - h_1 \dot{u} - h_2 u \end{cases} \tag{5-5}$$

对式（5-5）第三个公式求导，有

$$\dot{x}_3 = \dddot{y} - h_0 \dddot{u} - h_1 \ddot{u} - h_2 \dot{u}$$

由原式中解出

$$\dddot{y} = b_3 \dddot{u} + b_2 \ddot{u} + b_1 \dot{u} + b_0 u - a_2 \ddot{y} - a_1 \dot{y} - a_0 y$$

以及

$$\begin{cases} \ddot{y} = x_3 + h_0 \ddot{u} + h_1 \dot{u} + h_2 u \\ \dot{y} = x_2 + h_0 \dot{u} + h_1 u \\ y = x_1 + h_0 u \end{cases}$$

代入式（5-5），得

$$\begin{aligned} \dot{x}_3 &= b_3 \dddot{u} + b_2 \ddot{u} + b_1 \dot{u} + b_0 u - a_2 \ddot{y} - a_1 \dot{y} - a_0 y - h_0 \dddot{u} - h_1 \ddot{u} - h_2 \dot{u} \\ &= (b_3 - h_0) \dddot{u} + (b_2 - h_1 - a_2 h_0) \ddot{u} + (b_1 - h_2 - a_2 h_1 - a_1 h_0) \dot{u} + \\ &\quad (b_0 - a_2 h_2 - a_1 h_1 - a_0 h_0) u - a_0 x_1 - a_1 x_2 - a_3 x_3 \end{aligned} \tag{5-6}$$

为了消去在状态方程出现的导数，可以选则式（5-6）中 u 的各阶导数的系数等于零，则可得待定常数为

$$h_0 - b_3 = 0,\ h_0 = b_3$$
$$b_2 - h_1 - a_2 h_0 = 0,\ h_1 = b_2 - a_2 h$$
$$b_1 - h_2 - a_2 h_1 - a_1 h_0 = 0,\ h_2 = b_1 - a_2 h_1 - a_1 h_0$$
$$b_0 - a_2 h_2 - a_1 h_1 - a_0 h_0 = 0$$

令

$$h_3 = b_0 - a_2 h_2 - a_1 h_1 - a_0 h_0$$

则有状态方程为

$$\begin{cases} \dot{x}_1 = x_2 + h_1 u \\ \dot{x}_2 = x_3 + h_2 u \\ \dot{x}_3 = -a_0 x_1 - a_1 x_2 - a_2 x_3 + h_3 u \end{cases}$$

输出方程为

$$y = x_1 + h_0 u$$

写成矩阵形式为

$$\begin{pmatrix} \dot{x}_1 \\ \dot{x}_2 \\ \dot{x}_3 \end{pmatrix} = \begin{pmatrix} 0 & 1 & 0 \\ 0 & 0 & 1 \\ -a_0 & -a_1 & -a_2 \end{pmatrix} \begin{pmatrix} x_1 \\ x_2 \\ x_3 \end{pmatrix} + \begin{pmatrix} h_1 \\ h_2 \\ h_3 \end{pmatrix} u$$

$$\boldsymbol{y} = (1 \quad 0 \quad 0) \begin{pmatrix} x_1 \\ x_2 \\ x_3 \end{pmatrix} + \begin{pmatrix} h_0 \\ 0 \\ 0 \end{pmatrix} u$$

容易推广到最一般的形式

$$\frac{\mathrm{d}^n y}{\mathrm{d}t^n} + a_{n-1}\frac{\mathrm{d}^{n-1} y}{\mathrm{d}t^{n-1}} + \cdots + a_0 y = b_n \frac{\mathrm{d}^n u}{\mathrm{d}t^n} + b_{n-1}\frac{\mathrm{d}^{n-1} u}{\mathrm{d}t^{n-1}} + b_0 u(t)$$

经过上述方法变换后，得

$$\begin{pmatrix} \dot{x}_1 \\ \dot{x}_2 \\ \vdots \\ \dot{x}_n \end{pmatrix} = \begin{pmatrix} 0 & 1 & 0 & \cdots & 0 \\ 0 & 0 & 1 & \cdots & 0 \\ \vdots & \vdots & \vdots & & \vdots \\ -a_0 & -a_1 & -a_2 & \cdots & a_{n-1} \end{pmatrix} \begin{pmatrix} x_1 \\ x_2 \\ \vdots \\ x_n \end{pmatrix} + \begin{pmatrix} h_1 \\ h_2 \\ \vdots \\ h_n \end{pmatrix} u \tag{5-7}$$

$$\boldsymbol{y} = [1 \quad 0 \quad \cdots \quad 0] \begin{pmatrix} x_1 \\ x_2 \\ \vdots \\ x_n \end{pmatrix} + \begin{pmatrix} h_0 \\ 0 \\ \vdots \\ 0 \end{pmatrix} u$$

式中

$$\begin{gathered} h_0 = b_n \\ h_1 = b_{n-1} - a_{n-1} h_0 \\ h_2 = b_{n-2} - a_{n-2} h_0 - a_{n-1} h_1 \\ h_3 = b_{n-3} - a_{n-3} h_0 - a_{n-2} h_1 - a_{n-1} h_2 \\ \vdots \end{gathered}$$

仿真框图如图 5-4 所示。

特殊情况：当 $b_n = 0$ 时，则有

$$h_0 = 0, h_1 = b_{n-1}, h_2 = b_{n-2}, \cdots, h_{n-1} = b_1,\ h_n = b_0$$

则有

$$\begin{pmatrix} \dot{x}_1 \\ \dot{x}_2 \\ \vdots \\ \dot{x}_n \end{pmatrix} = \begin{pmatrix} 0 & 1 & 0 & \cdots & 0 \\ 0 & 0 & 1 & \cdots & \cdots \\ \vdots & \vdots & \vdots & & \vdots \\ -a_0 & -a_1 & -a_2 & \cdots & -a_{n-1} \end{pmatrix} \begin{pmatrix} x_1 \\ x_2 \\ \vdots \\ x_n \end{pmatrix} + \begin{pmatrix} h_1 \\ h_2 \\ \vdots \\ h_n \end{pmatrix} u \tag{5-8}$$

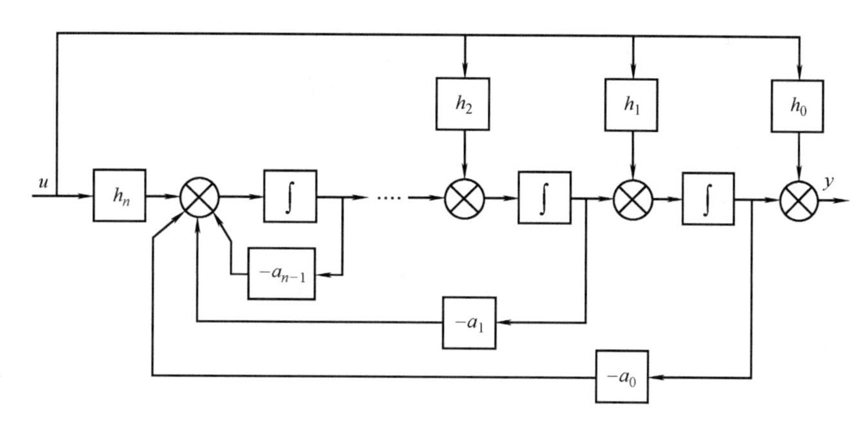

图 5-4 具有输入导数的仿真框图

$$y=(1\quad 0\quad \cdots\quad 0)\cdot\begin{pmatrix}x_1\\x_2\\\vdots\\x_n\end{pmatrix}$$

从以上分析可见，不论输入函数 $u(t)$ 是否含有导数项，系统矩阵 $\boldsymbol{A}$ 都是一样的。这说明系统矩阵只与系统本身有关，而与输入无关。输入函数的导数项只能改变输入矩阵中的元素。

值得注意的是，处理这种有输入导数问题的状态空间的表示还不是唯一的形式。下面给出另一种方法。

2. 第二种方法

首先来考虑二阶方程的一般形式

$$\ddot{y}+a_1\dot{y}+a_2y=b_0\ddot{u}+b_1\dot{u}+b_2u$$

将此表示成传递函数模型

$$\frac{y(s)}{u(s)}=\frac{b_0s^2+b_1s+b_2}{s^2+a_1s+a_2}$$

现在拆分成两个传递函数

$$\frac{z(s)}{u(s)}=\frac{1}{s^2+a_1s+a_2},\ \frac{y(s)}{z(s)}=\frac{b_0s^2+b_1s+b_2}{1}$$

将上两式写成微分方程形式

$$\ddot{z}+a_1\dot{z}+a_2z=u,\ b_0\ddot{z}+b_1\dot{z}+b_2z=y$$

选择状态变量

$$x_1=z,\ x_2=\dot{z}$$

则有

$$\begin{cases}\dot{x}_2=-a_1x_2-a_2x_1+u\\ y=b_0\dot{x}_2+b_1x_2+b_2x_1\end{cases}\tag{5-9}$$

将 $\dot{x}_2$ 代入式（5-9）第二式，得

$$y = b_0(-a_1x_2 - a_2x_1 + u) + b_1x_2 + b_2x_1$$

或者写成

$$y = (b_2 - a_2b_0)x_1 + (b_1 - a_1b_0)x_2 + b_0u$$

进一步可以写成矩阵形式。

状态方程为

$$\begin{pmatrix} \dot{x}_1 \\ \dot{x}_2 \end{pmatrix} = \begin{pmatrix} 0 & 1 \\ -a_2 & a_1 \end{pmatrix}\begin{pmatrix} x_1 \\ x_2 \end{pmatrix} + \begin{pmatrix} 0 \\ 1 \end{pmatrix}u$$

输出方程为

$$y = [(b_2 - a_2b_0) \quad (b_1 - a_1b_0)]\begin{pmatrix} x_1 \\ x_2 \end{pmatrix}_2 + b_0u$$

现在推广到更一般情况下，设微分模型为

$$\frac{\mathrm{d}^n y}{\mathrm{d}t^n} + a_{n-1}\frac{\mathrm{d}^{(n-1)}y}{\mathrm{d}t^{(n-1)}} + \cdots + a_n y = b_0u^{(n)} + b_1u^{(n-1)} + \cdots + b_{n-1}\dot{u} + b_nu$$

而对应的状态空间模型为

$$\begin{pmatrix} \dot{x}_1 \\ \dot{x}_2 \\ \vdots \\ \vdots \\ \dot{x}_n \end{pmatrix} = \begin{pmatrix} 0 & 1 & 0 & 0 & \cdots & 0 \\ 0 & 0 & 1 & 0 & \cdots & 0 \\ 0 & 0 & 0 & 1 & \cdots & 0 \\ \vdots & \vdots & \vdots & \vdots & & \vdots \\ -a_n & a_{n-1} & -a_{n-2} & -a_{n-3} & \cdots & -a_1 \end{pmatrix}\begin{pmatrix} x_1 \\ x_2 \\ x_3 \\ \vdots \\ x_n \end{pmatrix} + \begin{pmatrix} 0 \\ 0 \\ 0 \\ \vdots \\ 1 \end{pmatrix}u$$

输出方程为

$$y = [(b_n - a_nb_0) \quad (b_{n-1} - a_{n-1}b_0) \quad \cdots \quad (b_1 - a_1b_0)]\begin{pmatrix} x_1 \\ x_2 \\ \vdots \\ x_n \end{pmatrix} + b_0u$$

例 5-4 如图 5-5 所示双自由度系统，试建立基础位移 $u(t)$ 引起的振动问题的状态空间模型。

已知 $m_1 = 10\text{kg}$，$m_2 = 100\text{kg}$，$c_1 = 50\text{N}\cdot\text{s/m}$，$c_2 = 100\text{N}\cdot\text{s/m}$，$k_1 = 50\text{N/m}$，$k_2 = 200\text{N/m}$，求系统的状态空间模型，并给出 x_2 的响应表达式。

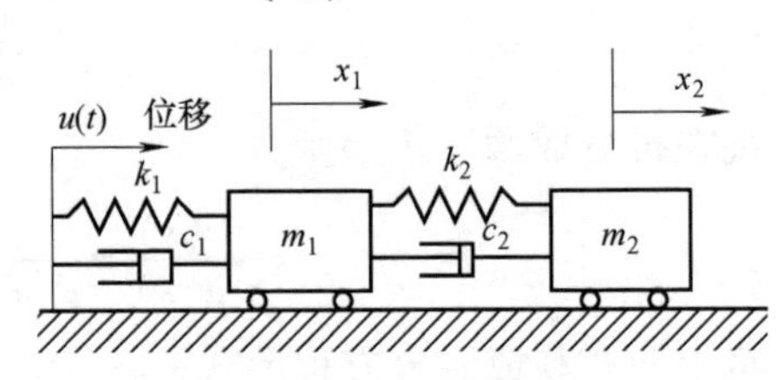

图 5-5　双自由度系统

解　容易得到系统的动力学方程为

$$\begin{cases} m_1\ddot{x}_1 = -k_1(x_1 - u) - c_1(\dot{x}_1 - \dot{u}) + k_2(x_2 - x_1) + c_2(\dot{x}_2 - \dot{x}_1) \\ m_2\ddot{x}_2 = -k_2(x_2 - x_1) - c_2(\dot{x}_2 - \dot{x}_1) \end{cases}$$

将数字代入简化，有

$$\begin{cases} \ddot{x}_1 + 15\dot{x}_1 + 25x_1 = 5u + 5\dot{u} + 20x_2 + 10\dot{x}_2 \\ \ddot{x}_2 + \dot{x}_2 + 2x_2 = \dot{x}_1 + 2x_1 \end{cases}$$

对上两个方程两边求拉普拉斯变换，得

$$\begin{cases}(s^2+15s+25)x_1(s)=5(s+1)u(s)+20(s+1)x_2(s)\\(s^2+s+2)x_2(s)=(s+2)x_1(s)\end{cases}$$

将这两个方程消去 $x_1(s)$ 即

$$x_1(s)=\frac{s^2+s+2}{s+2}x_2(s)$$

代入第一式，得

$$(s^2+15s+25)\frac{(s^2+s+2)}{s+2}x_2(s)=5(s+1)u(s)+20(s+1)x_2(s)$$

整理，得

$$(s^4+16s^3+42s^2+55s+50)x_2(s)=5(s^2+3s+2)u(s)+20(s^2+3s+2)x_2(s)$$

或

$$(s^4+16s^3+22s^2-5s+10)x_2(s)=5(s^2+3s+2)u(s)$$

将其转化为微分方程形式

$$\ddddot{x}_2+16\dddot{x}_2+22\ddot{x}_2-5\dot{x}_2+10x_2=5\ddot{u}+15\dot{u}+10u$$

对比标准方程

$$\frac{\mathrm{d}^4y}{\mathrm{d}t^4}+a_1\frac{\mathrm{d}^3y}{\mathrm{d}t^3}+a_2\frac{\mathrm{d}^2y}{\mathrm{d}t^2}+a_3\frac{\mathrm{d}y}{\mathrm{d}t}+a_4y=b_0\frac{\mathrm{d}^4u}{\mathrm{d}t^4}+b_1\frac{\mathrm{d}^3u}{\mathrm{d}t^3}+b_2\frac{\mathrm{d}^2u}{\mathrm{d}t^2}+b_3\frac{\mathrm{d}u}{\mathrm{d}t}+b_4u$$

$$a_1=16,\ a_2=22,a_3=-5,a_4=10$$

$$b_0=0,\ b_1=0,\ b_2=5,b_3=15,b_4=10$$

这是一个带有输入导数的四阶微分方程，根据 5.3.1 节中的方法，引入四个状态变量

$$y_1=x_2-\beta_0u,\ y_2=\dot{y}_1-\beta_1u,\ y_3=\dot{y}_2-\beta_2u,\ y_4=\dot{y}_3-\beta_3u$$

式中

$$\beta_0=b_0=0,\quad \beta_1=b_1-a_1\beta_0=0,\quad \beta_2=b_2-a_1\beta_1-a_2\beta_0=5,$$

$$\beta_3=b_3-a_1\beta_2-a_2\beta_1-a_3\beta_0=15-16\times5=-65,$$

$$\beta_4=b_4-a_1\beta_3-a_2\beta_2-a_3\beta_1-a_4\beta_0=10-16\times(-65)-22\times5=940$$

这样，可以得到状态模型为

$$\begin{pmatrix}\dot{y}_1\\\dot{y}_2\\\dot{y}_3\\\dot{y}_4\end{pmatrix}=\begin{pmatrix}0&1&0&0\\0&0&1&0\\0&0&0&1\\-10&5&-22&-16\end{pmatrix}\begin{pmatrix}y_1\\y_2\\y_3\\y_4\end{pmatrix}+\begin{pmatrix}0\\5\\-65\\940\end{pmatrix}u$$

输出方程为

$$y=(1\quad 0\quad 0\quad \cdots)\begin{pmatrix}y_1\\y_2\\y_3\\y_4\end{pmatrix}+\beta_0u$$

5.3 状态空间的相似变换

对于同一个数学模型，由于选取的状态变量不同，得到的状态空间模型也不同，也就是说，状态空间模型具有非唯一性。那么，能否找到一个合适的变换，使得状态空间具有更简单的模型呢？通过下面的方法可以使状态矩阵化为对角型的简单情况。

5.3.1 一般情况

设某系统的状态空间模型为

$$\begin{cases} \dot{\boldsymbol{x}}(t) = \boldsymbol{A}\boldsymbol{x}(t) + \boldsymbol{B}\boldsymbol{u}(t) \\ \boldsymbol{y}(t) = \boldsymbol{C}\boldsymbol{x}(t) + \boldsymbol{D}\boldsymbol{u}(t) \end{cases}$$

在第 1 章中已经看到，可以取一组新的状态变量 $\boldsymbol{z}$，借助于任意的一个非奇异矩阵 $\boldsymbol{P}$ 作为变换矩阵将原状态空间变换到新的状态空间，即

$$\boldsymbol{x} = \boldsymbol{P}\boldsymbol{z}$$

将此变换代入到原方程，有

$$\begin{cases} \boldsymbol{P}\dot{\boldsymbol{z}} = \boldsymbol{A}\boldsymbol{P}\boldsymbol{z} + \boldsymbol{B}\boldsymbol{u}(t) \\ \boldsymbol{y}(t) = \boldsymbol{C}\boldsymbol{P}\boldsymbol{z} + \boldsymbol{D}\boldsymbol{u}(t) \end{cases}$$

这样可以得到新的状态空间模型为

$$\begin{cases} \dot{\boldsymbol{z}} = \boldsymbol{P}^{-1}\boldsymbol{A}\boldsymbol{P}\boldsymbol{z} + \boldsymbol{P}^{-1}\boldsymbol{B}\boldsymbol{u}(t) \\ \boldsymbol{y}(t) = \boldsymbol{C}\boldsymbol{P}\boldsymbol{z} + \boldsymbol{D}\boldsymbol{u}(t) \end{cases}$$

由此可知，由于 $\boldsymbol{P}$ 矩阵的非唯一性，这种变换有无穷多种，所以一般情况下的变换很少采用。然而在动力学分析中，通常使用特征向量矩阵作为变换矩阵 $\boldsymbol{P}$ 简化模型。

5.3.2 特殊情况（可控标准型的情况）

将高阶微分方程转换到状态空间时，其状态矩阵 $\boldsymbol{A}$ 具有可控标准型的形式：

$$\boldsymbol{A} = \begin{pmatrix} 0 & 1 & 0 & 0 & \cdots & 0 \\ 0 & 0 & 1 & 0 & \cdots & 0 \\ 0 & 0 & 0 & 1 & \cdots & 0 \\ \vdots & \vdots & \vdots & \vdots & & \vdots \\ -a_n & -a_{n-1} & -a_{n-2} & -a_{n-3} & \cdots & -a_1 \end{pmatrix}$$

下面分析这种特殊情况，通过选择这样的变换矩阵，新的状态空间具有简单的形式。

设矩阵 $\boldsymbol{A}$ 的特征对问题为

$$\det[\lambda \boldsymbol{I} - \boldsymbol{A}] = 0$$

具有无重特征根的情况下的特征值为 λ_1，λ_2，$\cdots\lambda_n$，如果取变换矩阵为

$$\boldsymbol{P} = \begin{pmatrix} 1 & 1 & \cdots & 1 \\ \lambda_1 & \lambda_2 & \cdots & \lambda_n \\ \lambda_1^2 & \lambda_2^2 & \cdots & \lambda_n^2 \\ \vdots & \vdots & & \vdots \\ \lambda_1^{n-1} & \lambda_2^{n-1} & \cdots & \lambda_n^{n-1} \end{pmatrix} \tag{5-10}$$

则能够使新的状态空间的状态矩阵为一对角阵，且对角线元素为对应的特征值。

根据上面给出的一般情况下的新的状态空间模型

$$\begin{cases} \dot{\boldsymbol{z}} = \boldsymbol{P}^{-1}\boldsymbol{APz} + \boldsymbol{P}^{-1}\boldsymbol{Bu}(t) \\ \boldsymbol{y}(t) = \boldsymbol{CPz} + \boldsymbol{Du}(t) \end{cases}$$

再根据第 1 章的有关矩阵的概念，变换矩阵 $\boldsymbol{P}$ 的任一列为对应的特征值的特征向量，显然有 $\boldsymbol{A}$ 矩阵与 $\boldsymbol{P}^{-1}\boldsymbol{AP}$ 为相似矩阵，且有

$$\boldsymbol{P}^{-1}\boldsymbol{AP} = \begin{pmatrix} \lambda_1 & & & \\ & \lambda_2 & & \\ & & \ddots & \\ & & & \lambda_n \end{pmatrix} \tag{5-11}$$

这样就证明了这一结论的正确性。

例 5-5 设某系统的状态空间模型为

$$\begin{cases} \dot{\boldsymbol{x}}(t) = \boldsymbol{Ax}(t) + \boldsymbol{Bu}(t) \\ \boldsymbol{y}(t) = \boldsymbol{Cx}(t) + \boldsymbol{Du}(t) \end{cases}$$

式中

$$\boldsymbol{A} = \begin{pmatrix} 0 & 1 & 0 \\ 0 & 0 & 1 \\ -6 & -11 & -6 \end{pmatrix},\ \boldsymbol{B} = \begin{pmatrix} 0 \\ 0 \\ 6 \end{pmatrix},\ \boldsymbol{C} = (1 \quad 0 \quad 0),\quad \boldsymbol{D} = 0$$

试求新的状态变量，使得状态矩阵为一对角阵。

解 容易求得 $\boldsymbol{A}$ 矩阵的特征值为：$\lambda_1 = -1$，$\lambda_2 = -2$，$\lambda_3 = -3$，又知道 $\boldsymbol{A}$ 矩阵是可控标准型，所以按式（5-10）确定的特征向量矩阵为

$$\boldsymbol{P} = \begin{pmatrix} 1 & 1 & 1 \\ -1 & -2 & -3 \\ 1 & 4 & 9 \end{pmatrix}$$

取变换，得

$$\boldsymbol{x} = \boldsymbol{Pz}$$

新的状态方程为

$$\begin{cases} \dot{\boldsymbol{z}} = \boldsymbol{P}^{-1}\boldsymbol{APz} + \boldsymbol{P}^{-1}\boldsymbol{Bu}(t) \\ \boldsymbol{y}(t) = \boldsymbol{CPz} \end{cases}$$

将 $\boldsymbol{P}$ 矩阵代入上式，得

$$\begin{pmatrix} \dot{z}_1 \\ \dot{z}_2 \\ \dot{z}_3 \end{pmatrix} = \begin{pmatrix} -1 & 0 & 0 \\ 0 & -2 & 0 \\ 0 & 0 & -3 \end{pmatrix} \begin{pmatrix} z_1 \\ z_2 \\ z_3 \end{pmatrix} + \begin{pmatrix} 3 \\ -6 \\ 3 \end{pmatrix} u$$

输出方程为

$$y(t) = \boldsymbol{CPz} = (1 \quad 0 \quad 0) \begin{pmatrix} 1 & 1 & 1 \\ -1 & -2 & -3 \\ 1 & 4 & 9 \end{pmatrix} \begin{pmatrix} z_1 \\ z_2 \\ z_3 \end{pmatrix} = (1 \quad 1 \quad 1) \begin{pmatrix} z_1 \\ z_2 \\ z_3 \end{pmatrix}$$

5.4 系统的状态空间模型与传递函数模型之间的转换

对于线性系统，传递函数和状态空间是一个问题的两种表达形式，它们之间必然会相互转换。也就是说可以从一种模型转换到另一种模型。

5.4.1 从状态空间模型转换为传递函数模型

1. 单输入单输出系统

设系统的状态空间模型为

$$\begin{aligned}\dot{\boldsymbol{x}}(t) &= \boldsymbol{A}\boldsymbol{x}(t)+\boldsymbol{B}u(t)\\ y(t) &= \boldsymbol{C}\boldsymbol{x}(t)+Du(t)\end{aligned} \tag{5-12}$$

式中，$\boldsymbol{x}(t)$是$n\times1$型状态向量；$\boldsymbol{A}$是$n\times n$矩阵；$\boldsymbol{B}$是$n\times1$型列向量；$\boldsymbol{C}$是$1\times n$型行向量；$u(t)$和$y(t)$是标量；D是传输系数。

对式（5-12）进行拉普拉斯变换，则有

$$\begin{cases}s\boldsymbol{x}(s)-\boldsymbol{x}(0)=\boldsymbol{A}\boldsymbol{x}(s)+\boldsymbol{B}u(s)\\ y(s)=\boldsymbol{C}x(s)+Du(s)\end{cases} \tag{5-13}$$

由式（5-13）第一个方程可得

$$(\boldsymbol{I}s-\boldsymbol{A})\boldsymbol{x}(s)=\boldsymbol{B}u(s)-\boldsymbol{x}(0)$$

即

$$\boldsymbol{x}(s)=(\boldsymbol{I}s-\boldsymbol{A})^{-1}\boldsymbol{B}u(s)-\boldsymbol{x}(0)$$

代入到输出方程，得

$$y(s)=\boldsymbol{C}(s\boldsymbol{I}-\boldsymbol{A})^{-1}\boldsymbol{x}(0)+\boldsymbol{C}(s\boldsymbol{I}-\boldsymbol{A})^{-1}\boldsymbol{B}u(s)+Du(s)$$

由于传递函数是在零初始条件下定义的，则有

$$H(s)=\frac{y(s)}{u(s)}=\boldsymbol{C}(s\boldsymbol{I}-\boldsymbol{A})^{-1}\boldsymbol{B}+D$$

2. 多输入多输出系统

对于多输入多输出系统，在式（5-12）中的矩阵$\boldsymbol{B}$是$n\times r$矩阵，$\boldsymbol{C}$是$m\times n$矩阵，应用上述方法可以得到多输入多输出系统的传递函数矩阵形式。

例 5-6 设系统的状态空间方程为

$$\begin{pmatrix}\dot{x}_1\\ \dot{x}_2\\ \dot{x}_3\end{pmatrix}=\begin{pmatrix}0 & 1 & 0\\ 0 & 0 & 1\\ 0 & -3 & -4\end{pmatrix}\begin{pmatrix}x_1\\ x_2\\ x_3\end{pmatrix}+\begin{pmatrix}0\\ 0\\ 1\end{pmatrix}u,\quad y=(2\quad 1\quad 0)\boldsymbol{x}$$

求系统的传递函数。

解 该系统是单输入单输出系统，因为

$$(s\boldsymbol{I}-\boldsymbol{A})^{-1}=\begin{pmatrix}s & -1 & 0\\ 0 & s & -1\\ 0 & 3 & s+4\end{pmatrix}^{-1}=\frac{\begin{pmatrix}s(s+4)+3 & (s+4) & 1\\ 0 & s(s+4) & s\\ 0 & -3s & s^2\end{pmatrix}}{s(s+1)(s+3)}$$

所以系统的传递函数为

$$H(s)=\boldsymbol{C}(s\boldsymbol{I}-\boldsymbol{A})^{-1}\boldsymbol{B}=\frac{s+2}{s(s+3)(s+1)}$$

该系统表示了单输出 $y(s)$ 和单输入 $u(s)$ 之间的传递函数。

5.4.2 模型转换 Matlab 函数

```
[num,den]=ss2tf(a,b,c,d,iu)      %状态空间转化为传递函数,iu 为第 i 个输入
[z,p,k]=ss2zp(a,b,c,d,iu)        % 状态空间转化为零极点形式,iu 为第 i 个输入
[a,b,c,d]=tf2ss(num,den)         % 传递函数转化为状态空间
[z,p,k]=tf2zp(num,den)           % 传递函数转化为零极点形式
[a,b,c,d]=zp2ss(z,p,k)           % 零极点转化为状态空间
[num,den]=zp2tf(z,p,k)           % 零极点转化为传递函数
[r,p,k]=residue(num,den)         % 传递函数转化为部分分式
[num,den]=residue(r,p,k)         % 部分分式转化为传递函数
```

例 5-7 某单输入单输出系统的状态空间描述如下：

$$\begin{pmatrix}\dot{x}_1\\\dot{x}_2\\\dot{x}_3\end{pmatrix}=\begin{pmatrix}0&1&0\\0&0&1\\-1&-2&-3\end{pmatrix}\begin{pmatrix}x_1\\x_2\\x_3\end{pmatrix}+\begin{pmatrix}10\\0\\0\end{pmatrix}u,\ y=(1\quad 0\quad 0)\begin{pmatrix}x_1\\x_2\\x_3\end{pmatrix}$$

求传递函数 $H(s)=\dfrac{y(s)}{u(s)}$。

解 其 Matlab 脚本文件如下：

```
A=[0 1 0;0  0  1; -1  -2  -3];        %定义状态矩阵
B=[10;  0;  0];                        %定义输入矩阵
C=[1  0  0];                           %定义输出矩阵
D=[0];                                 %定义传递矩阵
[num,den]=ss2tf(A,B,C,D,1)             %将状态空间模型转换为传递函数模型
[z,p,k]=ss2zp(A,B,C,D,1)               %转换为传递函数零极点增益模型
```

其中，ss2tf（A，B，C，D，1）中的“1”表示对第一个输入。

传递函数的分子、分母多项式系数如下：

```
num =
0  10.0000  30.0000  20.0000
den =
1.0000  3.0000  2.0000  1.0000
```

传递函数的零、极点如下：

```
z = -1
    -2
p = -0.3376 +0.5623i
    -0.3376 -0.5623i
    -2.3247
k =10
```

因而传递函数为

$$H(s)=\frac{10(s^2+3s+2)}{s^3+3s^2+2s+1}$$
$$=\frac{10(s+1)(s+2)}{(s+0.3376-0.5623i)(s+0.3376+0.5623i)(s+2.3247)}$$

例 5-8 已知双输入、双输出系统的状态空间模型如下，求系统传递函数。

$$\begin{pmatrix}\dot{x}_1\\ \dot{x}_2\\ \dot{x}_3\end{pmatrix}=\begin{pmatrix}0 & 1 & 0\\ 0 & 0 & 1\\ 0 & -3 & -4\end{pmatrix}\begin{pmatrix}x_1\\ x_2\\ x_3\end{pmatrix}+\begin{pmatrix}1 & 2\\ 2 & 1\\ 1 & 1\end{pmatrix}\begin{pmatrix}u_1\\ u_2\end{pmatrix}$$

$$\begin{pmatrix}y_1\\ y_2\end{pmatrix}=\begin{pmatrix}1 & 0 & 0\\ 1 & 2 & 1\end{pmatrix}\begin{pmatrix}x_1\\ x_2\\ x_3\end{pmatrix}+\begin{pmatrix}1 & 2\\ 1 & 1\end{pmatrix}\begin{pmatrix}u_1\\ u_2\end{pmatrix}$$

解 这是一个双输入双输出系统，其对应的传递函数是 2×2 的矩阵形式，即 $\boldsymbol{H}=\begin{pmatrix}H_{11} & H_{12}\\ H_{21} & H_{22}\end{pmatrix}$，若要算对应于第一个输入的传递函数矩阵，可键入：

```
[num,den]=ss2tf(a,b,c,d,1)
```

则得对应于第一个输入的传递函数为

$$\begin{pmatrix}H_{11}\\ H_{12}\end{pmatrix}=\frac{1}{s^3+4s^2+3s}\begin{pmatrix}s^3+5s^2+9s+12\\ s^3+10s^2+21s+12\end{pmatrix}$$

若计算第二个输入的传递函数，可键入：

```
[num,den]=ss2tf(a,b,c,d,2)
```

则得对应于第二个输入的传递函数为

$$\begin{pmatrix}H_{21}\\ H_{22}\end{pmatrix}=\frac{1}{s^3+4s^2+3s}\begin{pmatrix}2s^3+10s^2+15s+11\\ s^3+9s^2+19s+11\end{pmatrix}$$

5.4.3 传递函数模型转换为状态空间模型的直接方法

由传递函数模型（第四章）可知，对于线性定常系统来说，微分方程模型和传递函数模型是同一个问题的两种不同表达形式，当微分方程模型转化为状态空间模型时，由于可选取的状态变量不同，所以直接从传递函数转化为状态空间模型不是唯一的，但是它转换到微分方程模型是唯一的，由此可知不同形式的状态空间模型是等价的。针对不同的情况有以下几种变换方法。

1. 系统无零点时的直接方法

如果系统没有零点，可以根据微分方程与状态空间的联系，得到系统的状态空间模型。

设系统的微分方程为

$$x^{(n)}+a_1x^{(n-1)}+\cdots+a_{n-1}\dot{x}+a_nx=b_0u(t)$$

则对应的传递函数为

$$H(s)=\frac{x(s)}{u(s)}=\frac{b_0}{s^n+a_1s^{n-1}+a_2s^{n-2}+\cdots+a_{n-1}s+a_n}$$

根据 5.2 节可以得到对应的能控标准型和能观标准型两种形式。

（1）能控标准型状态空间模型为

$$A=\begin{pmatrix}0 & 1 & 0 & 0 & \cdots & 0\\ 0 & 0 & 1 & 0 & \cdots & 0\\ 0 & 0 & 0 & 1 & \cdots & 0\\ \vdots & \vdots & \vdots & \vdots & & \vdots\\ -a_n & -a_{n-1} & -a_{n-2} & -a_{n-3} & \cdots & -a_1\end{pmatrix},\ B=\begin{pmatrix}0\\0\\ \vdots\\ b_0\end{pmatrix},\ C=[1\quad 0\quad 0\quad \cdots\quad 0]$$

（2）能观标准型状态空间模型为

$$A=\begin{pmatrix}0 & 0 & 0 & \cdots & 0 & -a_n\\ 1 & 0 & 0 & \cdots & 0 & -a_{n-1}\\ 0 & 1 & 0 & \cdots & 0 & -a_{n-2}\\ \vdots & \vdots & \vdots & & & \vdots\\ 0 & 0 & 0 & \cdots & 1 & -a_1\end{pmatrix},\quad B=\begin{pmatrix}b_0\\0\\0\\ \vdots\\0\end{pmatrix},\quad C=[0\quad 0\quad 0\quad \cdots\quad 1]$$

2. 系统有零点时的直接方法

如果系统有零点，根据系统有输入导数的状态空间可得到对应的有两种模型，根据 5.3 中的第一方法和第二方法，容易得到相应的状态空间模型。

例 5-9 已知单输入双输出系统的传递函数 $H(s)$ 如下，求系统对应的状态空间模型。

$$H(s)=\frac{\begin{pmatrix}3s+2\\ s^2+7s+2\end{pmatrix}}{3s^3+5s^2+2s+1}$$

解 系统的传递函数有零点，如果变换成 5.3 节中的第二种方式，利用 Matlab 代码可以得到状态空间模型。

```
%解：传递函数转换为状态空间模型
num=[0  3  2;  1  7  2];              %传递函数分子系数
den=[3  5  2  1];                     % 传递函数分母系数
[A, B, C, D]=tf2ss(num, den)          %传递函数模型转换为状态空间模型
G=ss(A,B,C,D);                        %也根据 A,B,C,D 建立状态空间模型
```

运行结果：

```
A=  -1.6667   -0.6667   -0.3333
     1.0000    0         0
     0         1.0000    0

B=  1
    0
    0

C=  0         1.0000    0.6667
    0.3333    2.3333    0.6667

D=0
  0
```

5.5 传递函数模型转换为状态空间模型的串并联法

5.5.1 并联模型法

由第 4 章可知，一个系统的传递函数的一般表达式为

$$H(s)=\frac{y(s)}{u(s)}=\frac{c_0s^{n-1}+c_1s^{n-2}+\cdots+c_{n-1}}{s^n+a_1s^{n-1}+\cdots+a}$$

设系统有 n 个无重根的极点 λ_1，λ_2，…，λ_n，则 $H(s)$ 就可以写成留数形式

$$H(s)=\frac{y(s)}{u(s)}=\frac{k_1}{s-\lambda_1}+\frac{k_2}{s-\lambda_2}+\cdots\cdots+\frac{k_n}{s-\lambda_n}$$

其中的留数可以由下式求得

$$k_i=\lim_{s\to\lambda_i}H(s)\times(s-\lambda_i)\qquad(i=1,2,\cdots,n)$$

下面的任务就是要写出对应的状态空间模型，首先引进 n 个状态变量 x_1，x_2，…，x_n。令

$$x_i=\frac{u(s)}{s-\lambda_i}\quad 或\quad sx_i(s)=\lambda_i x_i(s)+u(s)\tag{5-14}$$

对式（5-14）每一个表达式乘以 k_i后相加，则有

$$y(s)=k_1x_1(s)+k_2x_2(s)+\cdots+k_nx_n(s)\tag{5-15}$$

对式（5-14）和式（5-15）进行拉普拉斯逆变换，有

$$\begin{cases}\dot{x}_i=\lambda_i x_i+u\qquad(i=1,2,\cdots,n)\\ y=k_1x_1+k_2x_2+\cdots+k_nx_n\end{cases}\tag{5-16}$$

将式（5-16）写出矩阵形式

$$\begin{pmatrix}\dot{x}_1\\ \dot{x}_2\\ \vdots\\ \dot{x}_n\end{pmatrix}=\begin{pmatrix}\lambda_1 & & & \\ & \lambda_2 & & \\ & & \ddots & \\ & & & \lambda_n\end{pmatrix}\begin{pmatrix}x_1\\ x_2\\ \vdots\\ x_n\end{pmatrix}+\begin{pmatrix}1\\ 1\\ \vdots\\ 1\end{pmatrix}u$$

输出方程为

$$y=(k_1,k_2,\cdots,k_n)\begin{pmatrix}x_1\\ x_2\\ \vdots\\ x_n\end{pmatrix}$$

画出这种并联程序下的模拟图如图 5-6 所示（图中仅给出了前四项）。

例 5-10 已知系统的传递函数为

$$H(s)=\frac{1}{(s+1)(s+2)(s+3)}$$

试建立并联程序的仿真框图

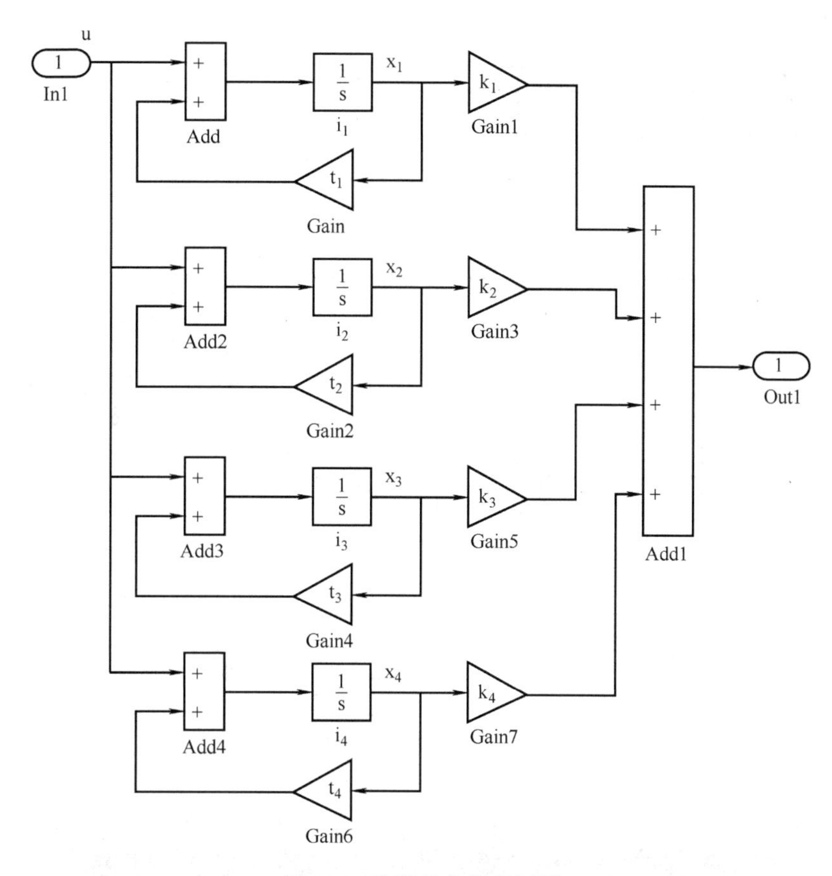

图 5-6　并联程序仿真框图

解　求系统的极点为 $\lambda_1=-1$，$\lambda_2=-2$，$\lambda_3=-3$
将传递函数写成留数形式，并求各留数

$$H(s)=\frac{k_1}{(s+1)}+\frac{k_2}{(s+2)}+\frac{k_3}{(s+3)}$$

$$k_1=\lim_{s\to-1}H(s)(s+1)=\frac{1}{2},k_2=\lim_{s\to-2}H(s)(s+2)=-1$$

$$k_3=\lim_{s\to-3}H(s)(s+3)=\frac{1}{2}$$

则得并联系统的状态空间模型为

$$\begin{pmatrix}\dot{x}_1\\ \dot{x}_2\\ \dot{x}_n\end{pmatrix}=\begin{pmatrix}-1 & & \\ & -2 & \\ & & -3\end{pmatrix}\begin{pmatrix}x_1\\ x_2\\ x_n\end{pmatrix}+\begin{pmatrix}1\\ 1\\ 1\end{pmatrix}u$$

输出方程为

$$y=\begin{pmatrix}\frac{1}{2} & 1 & -\frac{1}{2}\end{pmatrix}\begin{pmatrix}x_1\\ x_2\\ x_3\end{pmatrix}$$

仿真框图如图 5-7 所示，仿真结果如图 5-8 所示。

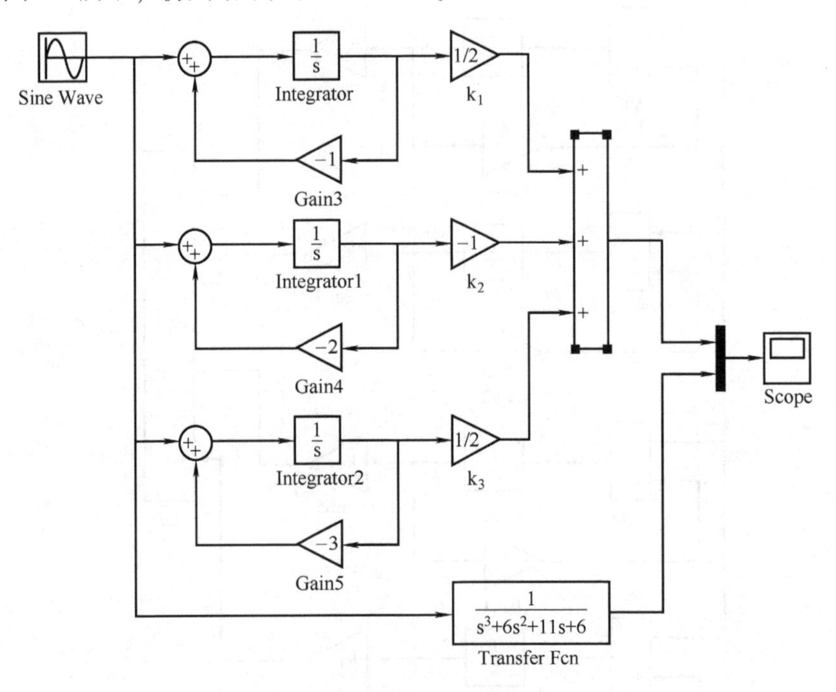

图 5-7　系统仿真框图

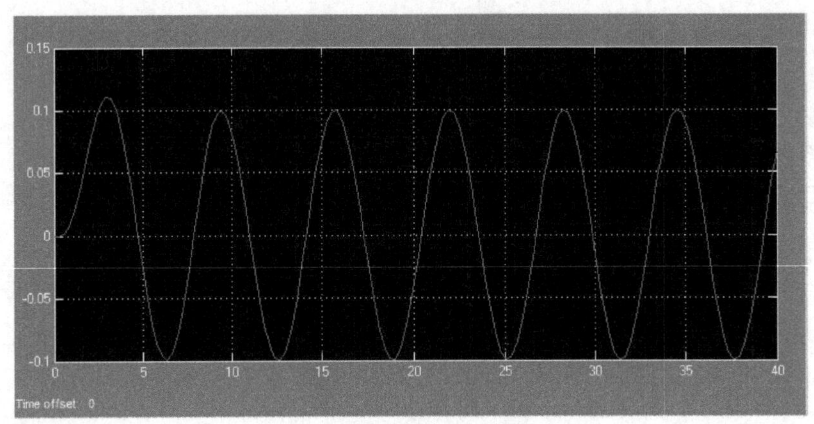

图 5-8　系统仿真结果图

5.5.2　串联模型法

假设系统的传递函数为

$$H(s)=\frac{c_0s^{n-1}+c_1s^{n-2}+\cdots+c_{n-1}}{s^n+a_1s^{n-1}+\cdots+a_n}$$

如果能够从上式的分母中解得 n 个根（称为系统的极点），即（设无重根情况）λ_1，$\lambda_2\cdots\lambda_n$，并设系统的零点为 z_1，z_2，$\cdots$，z_{n-1}，则 $H(s)$就可以写成零极点形式，为

$$H(s)=\frac{y(s)}{u(s)}=\frac{s-z_1}{s-\lambda_1}\cdot\frac{s-z_2}{s-\lambda_2}\cdot\cdots\cdot\frac{1}{s-\lambda_n}$$

如果把其中的每一项看成是一个子单元，则 i 个单元的传递函数的输入可表示为 $u_i=y_{i-1}$，其输出是第 $i+1$ 个单元的输入为 $u_{i+1}=y_i$，即

$$H_i(s)=\frac{y_i(s)}{u_i(s)}=\frac{y_i(s)}{y_{i-1}(s)}=\frac{s-z_i}{s-\lambda_i}$$

第 $i+1$ 个单元为

$$H_{i+1}(s)=\frac{y_{i+1}(s)}{u_{i+1}(s)}=\frac{y_{i+1}(s)}{y_i(s)}=\frac{s-z_{i+1}}{s-\lambda_{i+1}}$$

若令 $u_n=u$，$y_1=y$，则有

$$\frac{y(s)}{u(s)}=\frac{y_1(s)}{u_n(s)}=\frac{y_1(s)}{y_2(s)}\frac{y_2(s)}{y_3(s)}\frac{y_3(s)}{y_4(s)}\cdots\frac{y_n(s)}{u_n(s)}=\frac{y_1(s)}{u_1(s)}\frac{y_2(s)}{u_2(s)}\frac{y_3(s)}{u_3(s)}\cdots\frac{y_n(s)}{u_n(s)}$$
$$=H_1\times H_2\times\cdots\times H_n=H_n\times H_{n-1}\times H_{n-2}\times\cdots\times H_2\times H_1$$

如图 5-9 所示，第一个单元的输入 u_n 是系统的输入 u，从左开始，前一个单元的输出是后一个单元的输入，最后一个单元的输出的 y_1 是系统的输出 y。为了转化到状态空间，引入状态变量 $x_i(t)(i=1,2,\cdots,n)$，并令

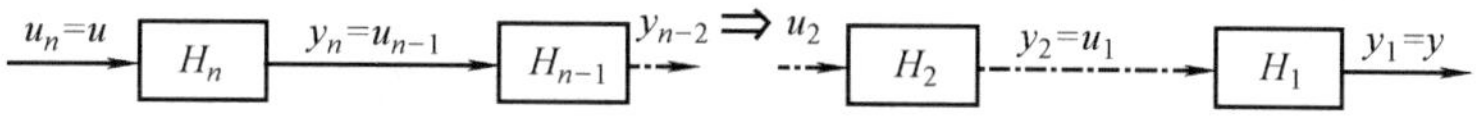

图 5-9 传递函数的串联模型

$$y_i(s)=x_i(s)(s-z_i)$$

则有

$$H(s)_i=\frac{y_i(s)}{u_i(s)}=\frac{x_i(s)(s-z_i)}{u_i(s)}=\frac{s-z_i}{s-\lambda_i}$$

可得

$$\frac{x_i(s)}{u_i(s)}=\frac{1}{s-\lambda_i}\quad 或\quad sx_i(s)-\lambda_i x_i(s)=u_i(s)$$

对此式取拉普拉斯逆变换，有

$$\dot{x}_i(t)=\lambda_i x_i(t)+u_i(t)$$

而

$$y_i(t)=\dot{x}_i(t)-z_i x_i(t)\qquad(i=1,2,\cdots,n)$$

注意第 n 单元的传递函数为

$$H_n(s)=\frac{y_n(s)}{u_n(s)}=\frac{y_n(s)}{y_{n-1}(s)}=\frac{1}{s-\lambda_i}$$

状态空间方程为

$$\dot{x}_n(t)=\lambda_n x_n(t)+u_n(t)$$

注意到左边第一个单元的输出为 $y_n=x_n$。

对于（$n-1$）单元，有

$$\dot{x}_{n-1}(t)=\lambda_{n-1}x_{n-1}(t)+u_{n-1}(t)\tag{5-17}$$

输入为 $u_{n-1}(t)=x_n$，则式（5-17）可以表示为

$$\dot{x}_{n-1}(t)=\lambda_{n-1}x_{n-1}(t)+x_n(t)$$

（$n-1$）单元的输出为

$$y_{n-1}(t)=\dot{x}_{n-1}(t)-z_{n-1}x_{n-1}(t)$$

（$n-2$）单元的特性方程为

$$\dot{x}_{n-2}(t)=\lambda_{n-2}x_{n-2}(t)+u_{n-2}(t) \tag{5-18}$$

式中

$$u_{n-2}=y_{n-1}(t)=\dot{x}_{n-1}(t)-z_{n-1}x_{n-1}(t)$$

代入式（5-18），有

$$\begin{aligned}\dot{x}_{n-2}(t)&=\lambda_{n-2}x_{n-2}(t)+\dot{x}_{n-1}(t)-z_{n-1}x_{n-1}(t)\\&=\lambda_{n-2}x_{n-2}(t)+\lambda_{n-1}x_{n-1}(t)+x_n(t)-z_{n-1}x_{n-1}(t)\\&=\lambda_{n-2}x_{n-2}(t)+(\lambda_{n-1}-z_{n-1})x_{n-1}(t)+x_n(t)\\&\vdots\end{aligned}$$

可得到第 i 个单元的模拟图和系统框图，如图 5-10 所示。

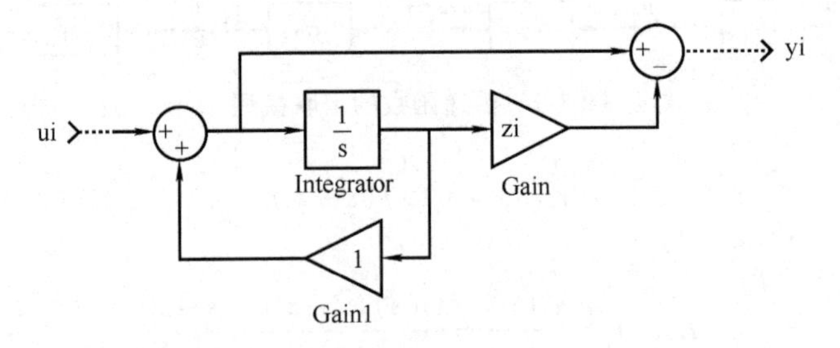

图 5-10　单元仿真框图

这样可以得到状态空间为

$$\begin{pmatrix}\dot{x}_1\\\dot{x}_2\\\vdots\\\dot{x}_{n-2}\\\dot{x}_{n-1}\\\dot{x}_n\end{pmatrix}=\begin{pmatrix}\lambda_1(\lambda_2-z_2) & (\lambda_3-z_3) & \cdots & (\lambda_{n-1}-z_{n-1}) & 1\\ & \lambda_2 & (\lambda_3-z_3) & \cdots & (\lambda_{n-1}-z_{n-1}) & 1\\ & & \ddots & & & \\ & & & \lambda_{n-2} & (\lambda_{n-1}-z_{n-1}) & 1\\ & & & & \lambda_{n-1} & 1\\ & & & & & \lambda_n\end{pmatrix}\begin{pmatrix}x_1\\x_2\\\vdots\\x_{n-2}\\x_{n-1}\\x_n\end{pmatrix}+\begin{pmatrix}0\\0\\0\\\vdots\\0\\1\end{pmatrix}u$$

输出方程为

$$y=[(\lambda_1-z_1)\quad(\lambda_2-z_2)\quad\cdots\quad(\lambda_{n-1}-z_{n-1})\quad 1]\begin{pmatrix}x_1\\x_2\\\vdots\\x_{n-1}\\x_n\end{pmatrix}$$

可以看出，后一个单元的输入是前一个单元的输出，这样可以构成整个框图如图 5-11

所示。

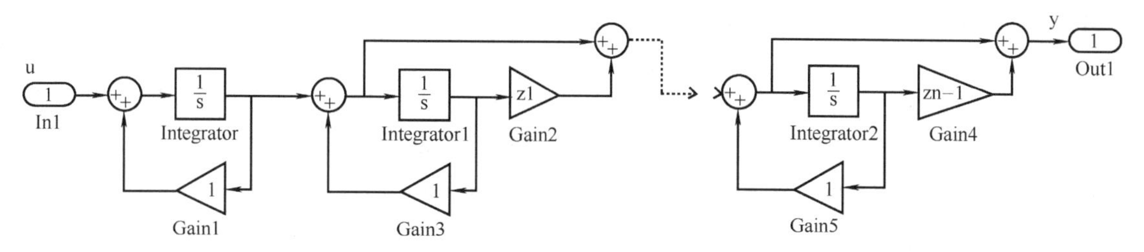

图 5-11　串联程序仿真示意图

例 5-11　已知系统的传递函数为

$$H(s)=\frac{1}{(s+1)(s+2)(s+3)}$$

试建立串联程序的仿真框图。

解　求系统的极点：

$$\lambda_1=-1, \lambda_2=-2, \lambda_3=-3$$

由于系统无零点，因此各个分单元的传递函数为

$$H(s)_i=\frac{y_i(s)}{u_i(s)}=\frac{1}{s-\lambda_i}$$

仿真框图如图 5-12b 所示，并与传递函数的仿真结果对比，如图 5-12a 所示。

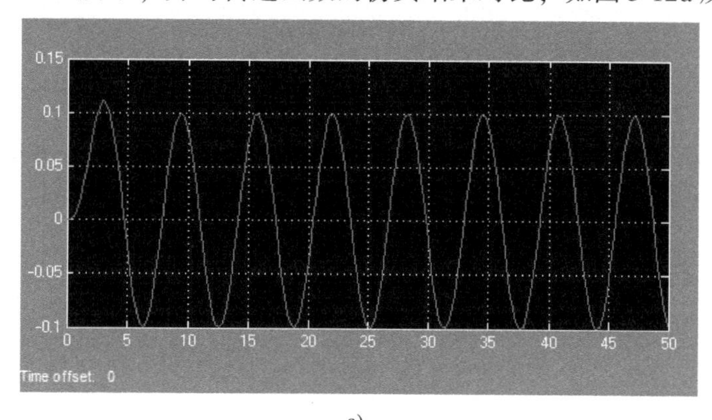

a)

Sine Wave
1/s Integrator1
−1 Gain3
1/s Integrator2
−2 Gain1
1/s Integrator3
−3 Gain2
Scope
$\frac{1}{s^3+6s^2+11s+6}$
Transfer Fcn

b)

图 5-12　系统仿真结果及仿真框图

a）仿真结果　b）串联仿真框图

5.6 状态空间仿真模型的建立

状态空间模型由状态方程和输出方程组成，其中，状态方程描述了系统内部各状态变量之间及其与各输入变量间的动态关系，输出方程则描述了系统输出是如何由状态变量和输入变量决定的。一般情况下，确定系统的状态有如下四种形式。

5.6.1 非线性时变系统

若系统状态方程和输出方程显含了状态量 x、输入 u 和时间 t 的非线性关系式，这就构成了非线性时变系统的状态空间模型，其形式为

$$\begin{cases}\dot{\boldsymbol{x}} = f(\boldsymbol{x},\boldsymbol{u},t) \\ \boldsymbol{y} = g(\boldsymbol{x},\boldsymbol{u},t)\end{cases}$$

式中，$\boldsymbol{x}$ 为 n 维状态矢量；$\boldsymbol{u}$ 为 r 维输入矢量；$\boldsymbol{y}$ 为 m 维输出矢量；$f(\boldsymbol{x},\boldsymbol{u},t)$ 和 $g(\boldsymbol{x},\boldsymbol{u},t)$ 分别为 n 维和 m 维关于状态矢量 $\boldsymbol{x}$、输入矢量 $\boldsymbol{u}$ 和时间 t 的非线性向量函数。

5.6.2 非线性定常系统

若非线性时变系统的状态空间模型中不显含时间变量 t，则成为非线性定常系统的状态空间模型，即

$$\begin{cases}\dot{\boldsymbol{x}} = f(\boldsymbol{x},\boldsymbol{u}) \\ \boldsymbol{y} = g(\boldsymbol{x},\boldsymbol{u})\end{cases}$$

式中，$f(\boldsymbol{x},\boldsymbol{u})$ 和 $g(\boldsymbol{x},\boldsymbol{u})$ 分别为 n 维和 m 维关于状态矢量 $\boldsymbol{x}$ 和输入矢量 $\boldsymbol{u}$ 的非线性函数。这些非线性函数中不显含时间变量 t，即表示系统的结构和参数不随时间变化而变化。

5.6.3 线性时变系统

线性时变系统的状态空间模型为

$$\begin{cases}\dot{\boldsymbol{x}} = \boldsymbol{A}(t)x + \boldsymbol{B}(t)\boldsymbol{u} \\ \boldsymbol{y} = \boldsymbol{C}(t)\boldsymbol{x} + \boldsymbol{D}(t)\boldsymbol{u}\end{cases}$$

式中，模型中各系数矩阵的各元素为时间变量 t 的时变函数。

5.6.4 线性定常系统

若线性时变系统的状态空间模型中各系数矩阵不显含时间 t，则为线性定常系统的状态空间模型，即

$$\begin{cases}\dot{\boldsymbol{x}} = Ax + \boldsymbol{B}\boldsymbol{u} \\ \boldsymbol{y} = \boldsymbol{C}\boldsymbol{x} + \boldsymbol{D}\boldsymbol{u}\end{cases}$$

在建立仿真模型时，如果系统是非线性的，要根据非线性模型使用 Simulink 的有关模块来搭建仿真框图，下面通过几个实际例子来说明。

例 5-12　已知系统的状态空间方程为

$$\begin{pmatrix}\dot{x}_1\\ \dot{x}_2\end{pmatrix}=\begin{pmatrix}x_2\\ -x_1-(x_1^2-1)x_2\end{pmatrix},\ (y)=\begin{pmatrix}1&0\\0&1\end{pmatrix}\begin{pmatrix}x_1\\x_2\end{pmatrix}$$

初值为

$$\begin{pmatrix}x_1(0)\\x_2(0)\end{pmatrix}=\begin{pmatrix}1\\0\end{pmatrix}$$

试建立系统的仿真框图。

解　这是一个非线性定常系统模型，可以借助信号分离模块和信号合成模块与标量乘法器建立非线性函数，如图 5-13 所示。可以直接根据微分关系建立系统的仿真框图。应注意在积分器设置初始条件。

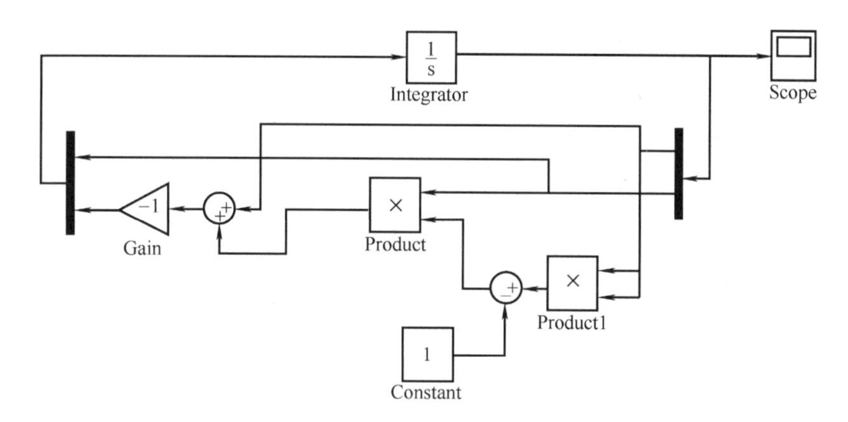

图 5-13　系统仿真框图

仿真结果如图 5-14 所示。

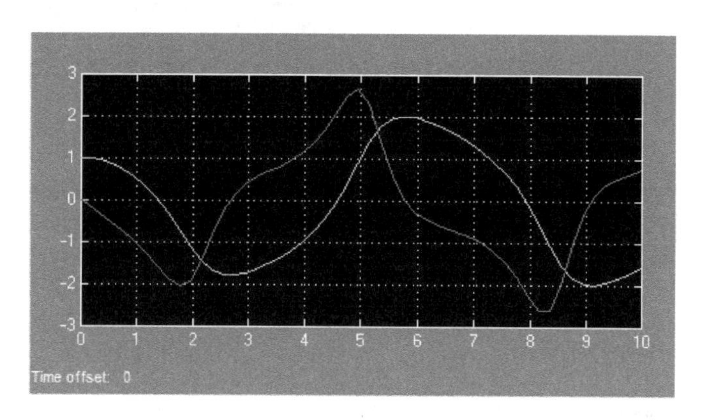

图 5-14　系统仿真结果

注：也可以直接写成高阶微分方程形式，即

$$\ddot{x}=-x-(x^2-1)\dot{x}$$

建立仿真框图 5-13。

例 5-13 已知系统的状态空间方程为

$$\begin{pmatrix}\dot{x}_1\\ \dot{x}_2\\ \dot{x}_3\end{pmatrix}=\begin{pmatrix}0 & 1 & 0\\ 0 & 0 & 1\\ -8 & -14 & -7\end{pmatrix}\begin{pmatrix}x_1\\ x_2\\ x_3\end{pmatrix}+\begin{pmatrix}0\\ 0\\ 3\end{pmatrix}u$$

输出方程为

$$y=(1\quad 0\quad 0)\begin{pmatrix}x_1\\ x_2\\ x_3\end{pmatrix}$$

式中，u 是正弦函数。试建立系统的仿真模型。

解 这是一个线性系统的状态空间模型，有多种方法可以实现。

方法 1 使用矢量信号线的积分模型方法如图 5-15 所示。

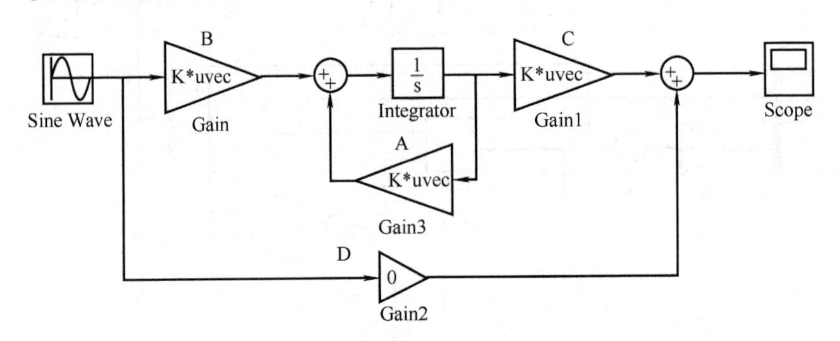

图 5-15 矢量信号线的积分模型

方法 2 状态空间模型如图 5-16 所示，其设置如图 5-17 所示。

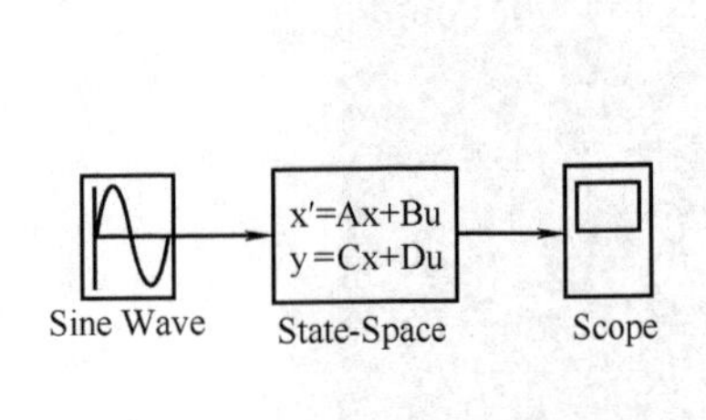

图 5-16 状态空间模型

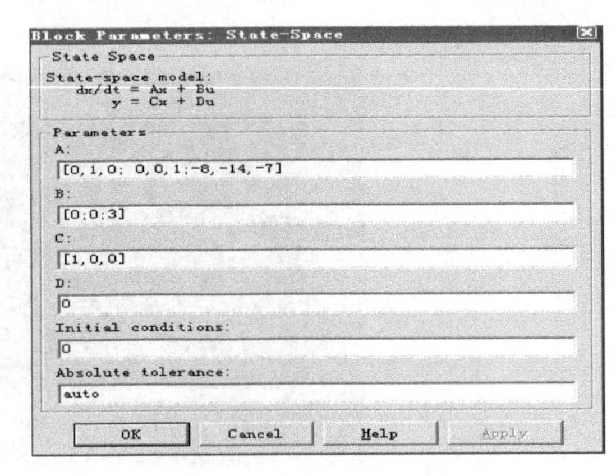

图 5-17 状态空间模型设置

5.7 关于混合系统仿真

到此已经介绍了表示动力学系统的三种模型（微分方程模型、状态空间模型和传递函数模型)，对于线性系统而言，这三种模型是等价的，当一个系统中包含了有不同形式的动态模型时，该系统就是混合系统。在建立混合系统的仿真模型时，可以将这多个模型建立在同一个仿真框图中。例如，设有两个相互独立的动态模型，其中一个是状态空间模型，另一个是传递函数模型，即

系统 1：

$$\begin{pmatrix} \dot{x}_1 \\ \dot{x}_2 \end{pmatrix} = \begin{pmatrix} -0.5572 & -0.7814 \\ 0.7814 & 0 \end{pmatrix} \begin{pmatrix} x_1 \\ x_2 \end{pmatrix} + \begin{pmatrix} 1 \\ 0 \end{pmatrix} u$$

$$y = (1.7814 \quad 3.5609) \begin{pmatrix} x_1 \\ x_2 \end{pmatrix}$$

$$D = 0$$

系统 2：

$$H(s) = \frac{3000}{s^4 + 40s^3 + 440s^2 + 300s + 584}$$

设两个系统在相同的激励作用下建立的仿真模型如图 5-18 所示，应该注意的是，在状态空间模型中使用了矢量信号线，在增益模块（Gain）中的放大参数（Multiplication）中应设置为 Matrix（K * u）（u vector），其中：u 表示一个矢量。

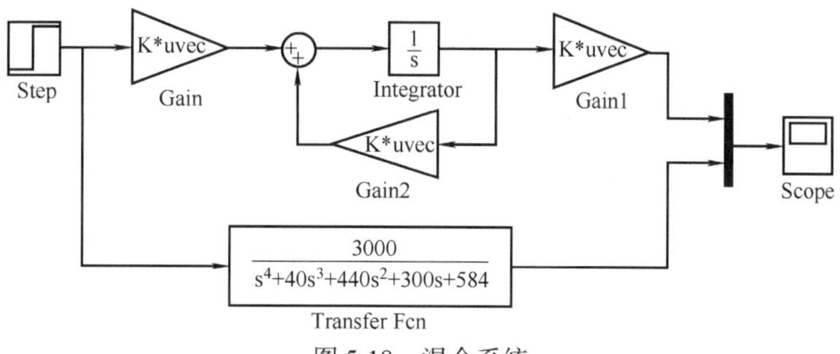

图 5-18 混合系统

在实际使用中还要注意，当有混合系统时，主要考虑的问题是不同的系统可能会涉及不同的仿真步长问题，为了提高精度，要照顾采用最小步长的系统。但是太小的步长又会占据较大的数据存储而使仿真时间加长，因此在选择仿真参数时应该综合考虑。仿真结果如图 5-19 所示。

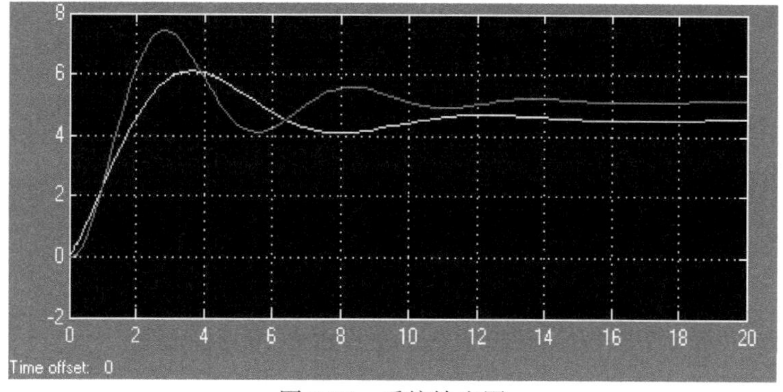

图 5-19 系统输出图

习　题

习题 5-1　图 5-20 所示系统由静止开始运动，位移 x_1，x_2 是系统的输出，假定 $t=0$，力 $u(t)$ 作用于质量块 m_2 上，方向向下，试求系统的状态空间模型。

设：$k=7\text{N/m}$，$c_1=0.5\text{N}\cdot\text{s/m}$，$c_2=0.2\text{N}\cdot\text{s/m}$，$m_1=3.5\text{kg}$，$m_2=5.6\text{kg}$，$u(t)=10\sin t$，建立状态空间的仿真框图，给出系统各质点的位移响应曲线。

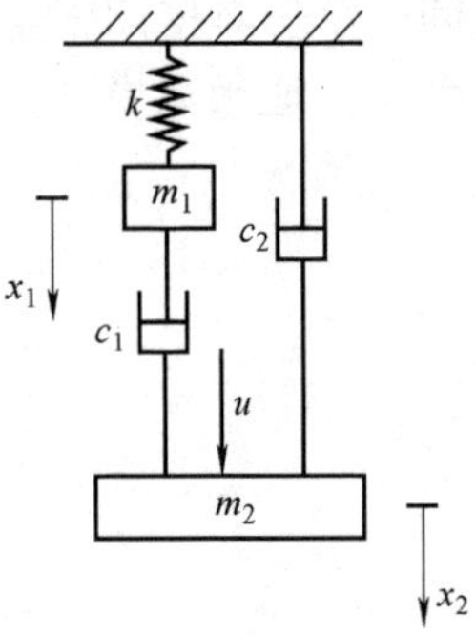

图 5-20　习题 5-1 图

习题 5-2　已知某系统的传递函数模型为

$$H(s)=\frac{25s+5}{s^3+5s^2+25s+5}$$

试求出对应的状态空间模型，并建立状态空间仿真模型以及并、串联形式，对比仿真结果。

习题 5-3　根据并联程序和串联程序法，将单自由度系统

$$m\ddot{x}+c\dot{x}+kx=f(t)$$

在给定系统物理参数情况下（自行设置 m，c，k 的值）转化状态空间串联模型和并联模型的仿真图。

习题 5-4　已知双输入双输出系统的状态空间模型为

$$\begin{pmatrix}\dot{x}_1\\\dot{x}_2\\\dot{x}_3\end{pmatrix}=\begin{pmatrix}0&1&0\\0&0&1\\-2&-4&-6\end{pmatrix}\begin{pmatrix}x_1\\x_2\\x_3\end{pmatrix}+\begin{pmatrix}0&0\\0&1\\1&0\end{pmatrix}\begin{pmatrix}u_1\\u_2\end{pmatrix}$$

输出方程为

$$\begin{pmatrix}y_1\\y_2\end{pmatrix}=\begin{pmatrix}1&0&0\\0&1&0\end{pmatrix}\begin{pmatrix}x_1\\x_2\\x_3\end{pmatrix}$$

式中，u_1，u_2 为系统的输入；y_1，y_2 为系统的输出。试建立系统的传递函数矩阵。

习题 5-5　已知某系统的状态空间模型为

$$\begin{pmatrix}\dot{x}_1\\\dot{x}_2\\\dot{x}_3\end{pmatrix}=\begin{pmatrix}0&1&0\\0&0&1\\1&-1&3\end{pmatrix}\begin{pmatrix}x_1\\x_2\\x_3\end{pmatrix}+\begin{pmatrix}1\\1\\1\end{pmatrix}u,y=\begin{pmatrix}1&0&0\end{pmatrix}\begin{pmatrix}x_1\\x_2\\x_3\end{pmatrix}$$

试求出系统的标量微分方程。

习题 5-6　某系统的微分方程为

$$\dddot{x}+2\ddot{x}+3\dot{x}+4x=2\dot{u}+6u$$

试写出系统的状态空间表达式，并画出系统的 Simulink 仿真框图。

习题 5-7 设某系统的微分方程模型为

$$\frac{\mathrm{d}^n y}{\mathrm{d}t^n}+a_1\frac{\mathrm{d}^{(n-1)}y}{\mathrm{d}t^{(n-1)}}+\cdots+a_n y=b_0u^{(n)}+b_1u^{(n-1)}+\cdots+b_{n-1}\dot{u}+b_n u$$

试选择合适的状态变量，使得状态空间模型为

$$\begin{pmatrix}\dot{x}_1\\ \dot{x}_2\\ \vdots\\ \vdots\\ \dot{x}_n\end{pmatrix}=\begin{bmatrix}0&1&0&0&\cdots&-a_n\\ 0&0&1&0&\cdots&-a_{n-1}\\ 0&0&0&1&\cdots&-a_{n-2}\\ \vdots&&&&&\\ -a_n&a_{n-1}&-a_{n-2}&-a_{n-3}&\cdots&-a_1\end{bmatrix}\begin{pmatrix}x_1\\ x_2\\ \vdots\\ \\ x_n\end{pmatrix}+\begin{pmatrix}b_n-a_nb_0\\ b_{n-1}-a_{n-1}b_0\\ \vdots\\ \vdots\\ b_0-a_1b_0\end{pmatrix}u$$

$$y=(1\quad 0\quad \cdots\quad 0)\begin{pmatrix}x_1\\ x_2\\ \vdots\\ x_n\end{pmatrix}+b_0u$$

习题 5-8 设某系统的状态空间模型为

$$\begin{cases}\dot{\boldsymbol{x}}(t)=\boldsymbol{A}\boldsymbol{x}(t)+\boldsymbol{B}u(t)\\ y(t)=\boldsymbol{C}\boldsymbol{x}(t)+Du(t)\end{cases}$$

式中

$$\boldsymbol{A}=\begin{pmatrix}0&5&0\\ 0&0&5\\ 5&-5&15\end{pmatrix},\ \boldsymbol{B}=\begin{pmatrix}0\\ 0\\ 1\end{pmatrix},\ \boldsymbol{C}=(1\quad 0\quad 0),\ \boldsymbol{D}=0$$

试求新的状态变量，使得状态矩阵为一对角阵。

习题 5-9 已知时变线性双输入系统，其状态矩阵和输入矩阵都是时变矩阵，系统的状态空间方程为

$$\begin{pmatrix}\dot{x}_1\\ \dot{x}_2\end{pmatrix}=\begin{pmatrix}0&5(1-\mathrm{e}^{-5t})\\ 0&5(\mathrm{e}^{-5t}-1)\end{pmatrix}\begin{pmatrix}x_1\\ x_2\end{pmatrix}+\begin{pmatrix}5&5\mathrm{e}^{-5t}\\ 0&5(1-\mathrm{e}^{-5t})\end{pmatrix}\begin{pmatrix}u_1\\ u_2\end{pmatrix}$$

式中

$$\begin{pmatrix}u_1\\ u_2\end{pmatrix}=\begin{pmatrix}\sin t\\ 1(t)\end{pmatrix},\ x(0)=\begin{pmatrix}0\\ 0\end{pmatrix}$$

试建立系统的仿真框图。

习题 5-10 建立简支梁（欧拉-伯努利梁模型）横向振动的状态空间模型，设单位长度质量为ρ，抗弯刚度为EI，梁的长度为l（提示：使用模态分析法将系统转化为有限自由度模型）。

第6章 连续系统的相似离散法

在用计算机对一个连续系统进行仿真时，实际上已经将这个系统看作是离散系统了，第3章是从数值微分和积分的角度讨论系统的离散解，并没有涉及“采样”这一概念。由于采样技术的迅速发展，尤其是计算机控制技术的广泛应用，人们对离散系统的研究日益深入，目前，已经有一整套分析计算的方法。本章将从连续系统离散化的角度来探讨仿真方法，这对于深入揭示离散系统仿真实质、提出新的仿真方法十分有益，尤其是基于递推的离散化模型的仿真方法，能快速得到系统的仿真解。

离散时间系统指一个输入信号和输出信号都是离散序列的系统。自20世纪50年代以来，数字信号处理技术得到迅速发展，尤其是在60年代中期以后，由于电子计算机、大规模集成电路和各种离散序列快速算法的飞速发展，数字系统发展迅猛。现在它已广泛用于生物医学工程、石油勘探、核试验监测、语音通信、数据通信、核物理、数字图像处理、遥感技术等领域。同时，在控制领域中也广泛采用了数字系统。数字系统的性能优越，计算精度高，出错机率小，可靠性高，既可用硬件实现，又可用软件实现，所以实现起来很灵活。数字系统能分时复用，所以经济上也是合理的。数字系统可以做成自适应的，其中的参数可根据需要自动调整，以使系统得出最优的结果。因此，数字系统的应用已经渗透到各个学科和工程领域。

6.1 线性连续系统相似离散法

第3章介绍的近似离散的方法，针对微分方程进行了离散处理，只要采样的步长ΔT足够小，就可以得到一定精度的数值解。下面的分析基于一种采样保持器的离散方法，称为相似离散法，利用这种方法可以得到较高的仿真精度。

6.1.1 连续系统状态方程的精确解

设系统的状态方程为

$$\begin{cases} \dot{\boldsymbol{x}} = \boldsymbol{Ax} + \boldsymbol{Bu} \\ \boldsymbol{y} = \boldsymbol{Cx} \end{cases} \tag{6-1}$$

为了求得状态方程的离散解，先求状态方程的解析解。现对式（6-1）中的状态方程两边取拉普拉斯变换，得

$$s\boldsymbol{X}(s) - \boldsymbol{X}(0) = \boldsymbol{AX}(s) + \boldsymbol{Bu}(s) \tag{6-2}$$

或者

$$(s\boldsymbol{I} - \boldsymbol{A})\boldsymbol{X}(s) = \boldsymbol{X}(0) + \boldsymbol{Bu}(s) \tag{6-3}$$

解出

$$\boldsymbol{X}(s) = (s\boldsymbol{I} - \boldsymbol{A})^{-1}[\boldsymbol{X}(0) + \boldsymbol{Bu}(s)] \tag{6-4}$$

这里令

$$\boldsymbol{\phi}(s) = (s\boldsymbol{I} - \boldsymbol{A})^{-1} \tag{6-5}$$

而

$$\boldsymbol{\phi}(t) = L^{-1}[(s\boldsymbol{I} - \boldsymbol{A})^{-1}] = \mathrm{e}^{At} \tag{6-6}$$

式中，$\boldsymbol{\phi}(t)$为转移矩阵。对式（6-4）进行拉普拉斯逆变换，得

$$\boldsymbol{x}(t) = \boldsymbol{\phi}(t)\boldsymbol{x}(0) + L^{-1}[\boldsymbol{\phi}(s)\boldsymbol{Bu}(s)] \tag{6-7}$$

根据第 1 章中的卷积定理，有

$$L^{-1}[\boldsymbol{\phi}(s)\boldsymbol{Bu}(s)] = \int_0^t \boldsymbol{\phi}(t-\tau)\boldsymbol{Bu}(\tau)\mathrm{d}\tau \tag{6-8}$$

状态方程积分为

$$\boldsymbol{x}(t) = \boldsymbol{\phi}(t)\boldsymbol{x}(0) + \int_0^t \boldsymbol{\phi}(t-\tau)Bu(\tau)\mathrm{d}\tau$$

所以有

$$\boldsymbol{x}(t) = \mathrm{e}^{At}\boldsymbol{x}(0) + \int_0^t \mathrm{e}^{A(t-\tau)}\boldsymbol{Bu}(\tau)\mathrm{d}\tau \tag{6-9}$$

这就是连续系统状态方程的通解，其中第一项为齐次方程的通解，第二项为非齐次方程的特解。

6.1.2　零阶保持器下状态方程的离散化

相似离散法是与连续系统等价或相似的离散模型，在连续系统中人为地在系统输入及输出端加上采样开关，如图 6-1 所示（这完全是虚构的，目的是将这个系统离散化），同时，为使输入信号恢复到原来的信号，在输入端还要添加一个保持器，现假定为零阶保持器，即假定输入矢量 $\boldsymbol{u}$ 的分量在所有任意两个依次相连的采样瞬时之间为常值，如对第 k 个采样周期，有 $\boldsymbol{u}(t) = \boldsymbol{u}(kT)$，其中，$T$ 为采样周期。

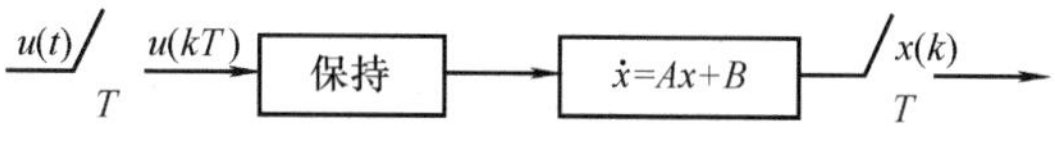

图 6-1　相似离散法示意图

对于零阶保持器，有以下假设：

（1）$t = kT$，T 为采样周期，且很小，$k = 0, 1, 2, \cdots$为一正整数。

（2）$\boldsymbol{u}(t)$只在采样时离散化，即在 $kT \leqslant t \leqslant (k+1)T$ 时，$\boldsymbol{u}(t) = \boldsymbol{u}(kT) =$ 常数。

现在推导通解的离散解，在采样的基础上分析 k 和 $k+1$ 两个采样点上的值。根据

式（6-9），得

$$\boldsymbol{x}(kT)=\mathrm{e}^{\boldsymbol{A}kT}\boldsymbol{x}(0)+\int_0^{kT}\mathrm{e}^{\boldsymbol{A}(kT-\tau)}\boldsymbol{B}\boldsymbol{u}(\tau)\mathrm{d}\tau \tag{6-10}$$

$$\boldsymbol{x}[(k+1)T]=\mathrm{e}^{\boldsymbol{A}(k+1)T}\boldsymbol{x}(0)+\int_0^{(k+1)T}\mathrm{e}^{\boldsymbol{A}[(k+1)T-\tau]}\boldsymbol{B}\boldsymbol{u}(\tau)\mathrm{d}\tau \tag{6-11}$$

对式（6-10）两边乘以 $-\mathrm{e}^{AT}$，然后再和式（6-11）相加，得

$$\boldsymbol{x}[(k+1)T]=\mathrm{e}^{AT}\boldsymbol{x}(kT)+\int_{kT}^{(k+1)T}\mathrm{e}^{\boldsymbol{A}[(k+1)T-\tau]}\boldsymbol{B}\boldsymbol{u}(\tau)\mathrm{d}\tau \tag{6-12}$$

通过积分变量的替换可以简化式（6-12），设 $t=\tau-kT$，而 $\mathrm{d}t=\mathrm{d}\tau$。积分上限变为：当 $\tau=(k+1)T$ 时，有 $t=0$；积分下限为：当 $\tau=kT$ 时，$t=T$。考虑到零阶保持器下 $\boldsymbol{u}(\tau)=\boldsymbol{u}(kT)$（在积分区间内为常数），因此积分项与 k 无关，则有

$$\int_{kT}^{(k+1)T}\mathrm{e}^{\boldsymbol{A}[(k+1)T-\tau]}\boldsymbol{B}\boldsymbol{u}(\tau)\mathrm{d}\tau=\int_0^T\mathrm{e}^{At}\boldsymbol{B}\boldsymbol{u}(kT)\mathrm{d}t$$

简化后的解为

$$\boldsymbol{x}[(k+1)T]=\mathrm{e}^{AT}\boldsymbol{x}(kT)+\left[\int_0^T\mathrm{e}^{At}\boldsymbol{B}\mathrm{d}t\right]\boldsymbol{u}(kT)$$

考虑到转移矩阵的定义

$$\mathrm{e}^{AT}=\boldsymbol{\phi}(T)$$

则有

$$\boldsymbol{x}[(k+1)T]=\boldsymbol{\phi}(T)\boldsymbol{x}(kT)+\left[\int_0^T\boldsymbol{\phi}(t)\boldsymbol{B}\mathrm{d}t\right]\boldsymbol{u}(kT)$$

令

$$\boldsymbol{H}(T)=\int_0^T\boldsymbol{\phi}(t)\boldsymbol{B}\mathrm{d}t$$

则系统的离散化方程可以表示为

$$\boldsymbol{x}[(k+1)T]=\boldsymbol{\phi}(T)\boldsymbol{x}(kT)+\boldsymbol{H}(T)\boldsymbol{u}(kT)\qquad(k=0,1,2,\cdots) \tag{6-13a}$$

与连续系统一样，其输出方程的离散化模型为

$$\boldsymbol{y}[(kT)]=\boldsymbol{C}(T)\boldsymbol{x}(kT)+\boldsymbol{D}(T)\boldsymbol{u}(kT) \tag{6-13b}$$

注意：当系统的 $\boldsymbol{A}$，$\boldsymbol{B}$ 矩阵给出后，可以求出式（6-13）中的 $\boldsymbol{\phi}(T)$ 和 $\boldsymbol{H}(T)$，这样就得到了一个连续系统的离散解的递推表达式。

在离散系统仿真中，经常需要利用单位延迟模块（Unit Delay）建立离散系统状态空间仿真框图，如图 6-2 所示。

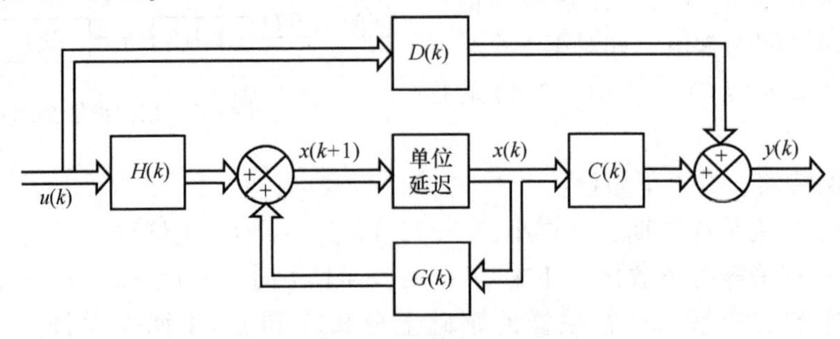

图 6-2　离散系统仿真框图

6.1.3 一阶保持器下的状态方程的离散

零阶保持器是把两个采样时间内保持为前一采样值一直外推到后一时刻的采样值。实际上，在一般情况下，系统的输入量一般在两个时刻之间是变化的，这样，利用零阶保持器将会引起较大误差。为了提高精度，可采用按照线性规律外推的保持器，称为一阶保持器，如图 6-3 所示。

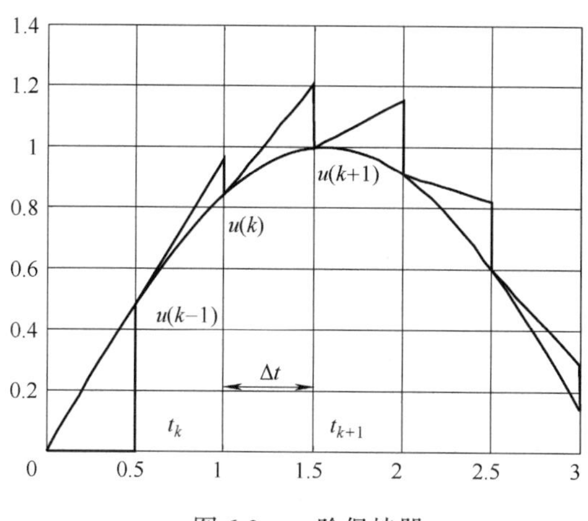

图 6-3 一阶保持器

$$\boldsymbol{u}(t)=\boldsymbol{u}(kT)+\frac{\boldsymbol{u}(k)T-\boldsymbol{u}(k-1)T}{T}(t-kT)\qquad(kT\leqslant t\leqslant(k+1)T)\tag{6-14a}$$

式（6-14a）定义了在计算下一个采样周期内的值使用了前一个采样步长的斜率，与零阶保持器相比，一阶保持器是用梯形来代替矩形，在一个周期内，它比零阶保持器多出了一个增量 $\Delta\boldsymbol{u}$，根据图 6-3，在两个采样时刻内系统输入的增量值近似用下式来表示：

$$\Delta\boldsymbol{u}(\tau)=\boldsymbol{u}[(k+1)T]-\boldsymbol{u}(kT)=\frac{\boldsymbol{u}(kT)-\boldsymbol{u}[(k-1)T]}{T}\tau\approx\dot{\boldsymbol{u}}(k)\tau$$

因此，在零阶保持器的基础上，系统输出的增量为

$$\begin{aligned}\Delta\boldsymbol{x}[(k+1)T]&=\int_0^T \mathrm{e}^{\boldsymbol{A}[T-\tau]}\boldsymbol{B}\Delta\boldsymbol{u}(\tau)\mathrm{d}\tau\\&=\int_0^T \boldsymbol{\tau}\mathrm{e}^{\boldsymbol{A}(T-\tau)}\boldsymbol{B}\,\dot{\boldsymbol{u}}(kT)\mathrm{d}\tau=\hat{\boldsymbol{H}}(T)\,\dot{\boldsymbol{u}}(kT)\end{aligned}$$

式中

$$\hat{\boldsymbol{H}}(T)=\int_0^T \boldsymbol{\tau}\mathrm{e}^{\boldsymbol{A}(T-\tau)}\boldsymbol{B}\mathrm{d}\tau$$

它是在零阶保持器的基础上附加了一个增量部分 $\hat{\boldsymbol{H}}(T)\,\dot{\boldsymbol{u}}(k)$，因此，系统在一阶保持器作用下离散化的递推公式为

$$\boldsymbol{x}[(k+1)T]=\boldsymbol{\phi}(T)\boldsymbol{x}(kT)+\boldsymbol{H}(T)\boldsymbol{u}(kT)+\hat{\boldsymbol{H}}(T)\,\dot{\boldsymbol{u}}(k)\tag{6-14b}$$

6.1.4 离散系统仿真模块

1. 单位延迟模块

为了计算 $y(k)=y(k-1)$，可以直接使用该模块，需要注意的是，在利用 Scope 显示数

据时，要事先分析取出的数据是 $y(k)$ 还是 $y(k-1)$，以选择正确的连接位置。

2. 离散传递函数的三种形式

（1）离散传递函数模块（Discrete Transfer Fcn）：其分子分母都是以 z 的降幂形式排序的。

（2）零极点离散传递函数模块（Discrete pole - zero）：其分子分母都是以 z 的因式分解形式排列的。

（3）离散滤波器模块（Discrete filter）：其分子分母都是以 z^{-1} 的降幂形式排序的，如 $H(z)=\dfrac{0.4+0.8z^{-1}+0.4z^{-2}}{10-16z^{-1}+7z^{-2}}$。

3. 离散状态方程模块

也可以使用离散状态方程模态建立方程形式为式（6-13a）和式（6-13b）的仿真图。

例 6-1 某动态系统的状态模型为

$$\dot{x}=\begin{pmatrix}0 & 1\\ 0 & -2\end{pmatrix}x+\begin{pmatrix}0\\ 1\end{pmatrix}u(t)$$

设采样周期为 $T=0.5\text{s}$，试求在零阶保持器下的状态方程的离散化模型。

解 状态矩阵为

$$\boldsymbol{A}=\begin{pmatrix}0 & 1\\ 0 & -2\end{pmatrix}$$

输入矩阵为

$$\boldsymbol{B}=\begin{pmatrix}0\\ 1\end{pmatrix}$$

计算转移矩阵：

$$\boldsymbol{\phi}(T)=\mathrm{e}^{AT}=L^{-1}(s\boldsymbol{I}-\boldsymbol{A})^{-1}=\begin{pmatrix}1 & (1-\mathrm{e}^{-2T})/2\\ 0 & \mathrm{e}^{-2T}\end{pmatrix}$$

计算 $H(T)$：

$$\boldsymbol{H}(T)=\int_0^T\boldsymbol{\phi}(t)\boldsymbol{B}\mathrm{d}t=\int_0^T\begin{pmatrix}\frac{1}{2}(1-\mathrm{e}^{-2t})\\ \mathrm{e}^{-2t}\end{pmatrix}\mathrm{d}t=\begin{pmatrix}\frac{1}{4}(2T+\mathrm{e}^{-2T}-1)\\ \frac{1}{2}(1-\mathrm{e}^{-2T})\end{pmatrix}$$

得离散化方程为

$$\boldsymbol{x}[(k+1)T]=\boldsymbol{\phi}(T)\boldsymbol{x}(kT)+\boldsymbol{H}(T)\boldsymbol{u}(kT) \tag{6-15}$$

将 $T=0.5$ 代入式（6-15），在给定初始节点的值后，就可得到各个采样点的值。

6.2 状态转移矩阵

6.2.1 状态转移矩阵的特性

前面定义了转移矩阵 $\boldsymbol{\phi}(t)=L^{-1}[(s\boldsymbol{I}-\boldsymbol{A})^{-1}]=\mathrm{e}^{At}$，它有以下性质：

（1）$\boldsymbol{\phi}(0)=\boldsymbol{I}$

（2）$\boldsymbol{\phi}^{-1}(t)=\boldsymbol{\phi}(-t)$

证明：因为 $\boldsymbol{\phi}(t)=\mathrm{e}^{At}$，则有 $\boldsymbol{\phi}(t)\cdot\mathrm{e}^{-At}=\boldsymbol{I}$，得

$$\boldsymbol{\phi}(t)^{-1}=\mathrm{e}^{-At}=\boldsymbol{\phi}(-t)$$

（3）$\boldsymbol{\phi}(t_2-t_1)\boldsymbol{\phi}(t_1-t_0)=\boldsymbol{\phi}(t_2-t_0)$

证明：设 $x(t)=\boldsymbol{\phi}(t-t_0)x(t_0)$，则有

$$x(t_2)=\boldsymbol{\phi}(t_2-t_0)x(t_0)$$

也可以写成

$$x(t_2)=\boldsymbol{\phi}(t_2-t_1)x(t_1)$$
$$x(t_1)=\boldsymbol{\phi}(t_1-t_0)x(t_0)$$

则有

$$x(t_2)=\boldsymbol{\phi}(t_2-t_1)\boldsymbol{\phi}(t_1-t_0)\boldsymbol{\phi}(t_0)=\boldsymbol{\phi}(t_2-t_0)x(t_0)$$

显然有

$$\boldsymbol{\phi}(t_2-t_1)\boldsymbol{\phi}(t_1-t_0)=\boldsymbol{\phi}(t_2-t_0)$$

这个性质说明了一个转移过程可以分成若干个转移过程来研究。

（4）$[\boldsymbol{\phi}(t)]^k=\boldsymbol{\phi}(kt)$

证明：$[\boldsymbol{\phi}(t)]^k=\mathrm{e}^{At}\cdot\mathrm{e}^{At}\cdot\cdots\cdot\mathrm{e}^{At}=\mathrm{e}^{kAt}=\mathrm{e}^{Akt}=\boldsymbol{\phi}(kt)$

（5）$\boldsymbol{A}=\dot{\boldsymbol{\phi}}(0)$

证明：

根据 $$\boldsymbol{\phi}(t)=\mathrm{e}^{At}=\boldsymbol{I}+\boldsymbol{A}t+\frac{1}{2!}\boldsymbol{A}^2t^2+\cdots+\frac{1}{k!}\boldsymbol{A}^kt^k$$

则有

$$\dot{\boldsymbol{\phi}}(0)=\boldsymbol{A}\mathrm{e}^{At}|_{t=0}=\boldsymbol{A}\left[I+\boldsymbol{A}t+\frac{1}{2!}\boldsymbol{A}^2t^2+\cdots+\frac{1}{k!}\boldsymbol{A}^kt^k\right]_{t=0}=\boldsymbol{A}$$

6.2.2 求转移矩阵的方法

（1）按定义，有

$$\boldsymbol{\phi}(t)=\mathrm{e}^{At}=L^{-1}[(s\boldsymbol{I}-\boldsymbol{A})^{-1}] \tag{6-16a}$$

当阶数较低时，该方法有效，但是当阶数较高时，计算过程比较麻烦。

（2）按指数展开：$$\varphi(t)=\mathrm{e}^{At}=I+\boldsymbol{A}t+\frac{1}{2!}\boldsymbol{A}^2t^2+\cdots+\frac{1}{k!}\boldsymbol{A}^kt^k \tag{6-16b}$$

理论上是无穷级数，可以证明，对于所有的矩阵 $\boldsymbol{A}$，当 t 取有限值时，级数一定是收敛的，计算的精度取决于级数项的多少。如果 t 很小，则可以忽略高阶小量，这样可以减少计算工作量。

（3）化为有限项法。根据凯莱-哈密顿（Cayley-Hamilton）定理，可以将 $n\times n$ 阶矩阵化为 $n-1$ 次多项式得到，即

$$\boldsymbol{\phi}(t)=\mathrm{e}^{At}=a_0(t)\boldsymbol{I}+a_1(t)\boldsymbol{A}+a_2(t)\boldsymbol{A}^2+\cdots+a_{n-1}(t)\boldsymbol{A}^{n-1} \tag{6-16c}$$

其中

$$\begin{pmatrix} a_0(t) \\ a_1(t) \\ \vdots \\ a_{n-1}(t) \end{pmatrix}=\begin{pmatrix} 1 & \lambda_1 & \lambda_1^2 & \cdots & \lambda_1^{n-1} \\ 1 & \lambda_2 & \lambda_2^2 & \cdots & \lambda_2^{n-1} \\ \vdots & \vdots & \vdots & & \vdots \\ 1 & \lambda_n & \lambda_n^2 & \cdots & \lambda_n^{n-1} \end{pmatrix}^{-1}\begin{pmatrix} \mathrm{e}^{\lambda_1 t} \\ \mathrm{e}^{\lambda_2 t} \\ \vdots \\ \mathrm{e}^{\lambda_n t} \end{pmatrix}$$

式中，$\lambda_i(i=1,2,\cdots,n)$是$\boldsymbol{A}$的互异特征根。当$\lambda_i$有重根时，请见其他参考书籍。

在 Matlab 中求指数矩阵的命令为

```
Expm(A)  %使用pade 逼近算法计算 e^A
```

例如，设采样周期为 $T=0.5$，状态矩阵为 $\boldsymbol{A}=\begin{pmatrix}0 & 1\\0 & -2\end{pmatrix}$，计算转移矩阵。

```
%计算转移矩阵 φ(t) = e^At
Syms  t                  % 定义符号 t
a=[0  1; 0  -2];         % 矩阵 a
fai=expm(a*t)            %计算转移矩阵
f=subs(fai,'t',0.5)      % 替换函数,将转移矩阵中的 t=0.5 代入
```

显示结果为

```
fai=[  1, 1/2-1/2*exp(-2*t)]
    [  0,       exp(-2*t)]
```

当 $T=0.5\text{s}$ 时，则

```
F=  1.0000    0.3161
       0      0.3679
```

6.3 离散系统的传递函数模型

6.3.1 零阶保持器的传递函数

零阶保持器是将前一个采样时刻 kT 的采样值维持不变到下一个采样时刻$(k+1)T$，即在采样中间按常数外推。设保持器的函数为 $g(t)$，先将 $g(t)$分解为两个部分，如图 6-4 所示。

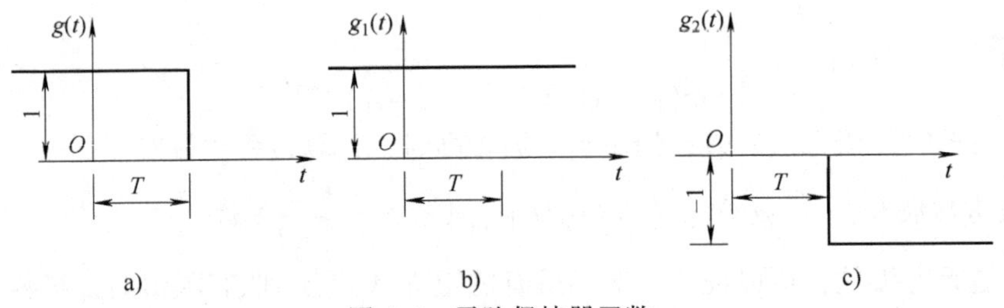

图 6-4　零阶保持器函数

$$g(t)=g_1(t)+g_2(t)=1(t)-1(t)1(t-T)$$

利用拉普拉斯变换的平移定理，有

$$H_g(s)=L[g(t)]=L[g_1(t)]+L[g_2(t)]=\frac{1}{s}+\frac{\mathrm{e}^{-Ts}}{s}=\frac{1-\mathrm{e}^{-Ts}}{s} \tag{6-17a}$$

式（6-17a）为零阶保持器的传递函数。在要求精度不高的情况下，可以采用近似方法如下：

$$\begin{aligned}H_g(s)&=\frac{1-\mathrm{e}^{-Ts}}{s}=\frac{1}{s}\left(1-\frac{1}{\mathrm{e}^{Ts}}\right)=\frac{1}{s}\left(1-\frac{1}{1+Ts+\dfrac{T^2s^2}{2}+\cdots}\right)\\&\approx\frac{1}{s}\left(1-\frac{1}{1+Ts}\right)=\frac{T}{1+Ts}\end{aligned} \tag{6-17b}$$

6.3.2 一阶保持器的传递函数

为了能得到一阶保持器的传递函数，可以先求一阶保持器的单位脉冲响应函数，然后通过拉普拉斯变换得到传递函数（理论证明见第 9 章），根据式（6-16a），一阶保持器的离散时域可以表示为

$$u(t)=u(kT)+\frac{u(kT)-u(k-1)T}{T}(t-kT) \qquad (kT\leqslant t\leqslant (k+1)T)$$

当输入为单位脉冲函数时，有

$$u(kT)=\begin{cases}1 & k=0\\ 0 & k=\pm1,\pm2\cdots\end{cases}$$

即

$$u(t)=\begin{cases}0 & k<0\\ u(0)+\dfrac{u(0)-u(-1)}{T}t=1-\dfrac{t}{T},\ 0\leqslant t\leqslant T & k=0\\ u(T)+\dfrac{u(T)-u(0)}{T}(t-T)=-\dfrac{t-T}{T},\ T\leqslant t\leqslant 2T & k=1\\ u(2T)+\dfrac{u(2T)-u(T)}{T}(t-2T)=0,\ 2T\leqslant t\leqslant 3T & k=2\\ 0 & k>2\end{cases}$$

为了能够求得传递函数，将以上分段函数看成由几个单位阶跃函数与单位斜波函数组合而成，如图 6-5 所示，即

$$\begin{aligned}h(t)&=1(t)+\frac{1}{T}t(t)-2\times1(t-T)-\frac{2}{T}t\times1(t-T)+1(t-2T)+\frac{1}{T}t\times1(t-2T)\\&=\left(1+\frac{t}{T}\right)1(t)-2\left(1+\frac{t-T}{T}\right)1(t-T)+\left(1+\frac{t-2T}{T}\right)1(t-2T)\end{aligned} \tag{6-18a}$$

对式（6-18a）进行拉普拉斯变换，即可得到一阶保持器的传递函数

$$H(s)=\frac{(1+sT)(1-\mathrm{e}^{-sT})^2}{Ts^2} \tag{6-18b}$$

由于一阶保持器的结构更复杂，所以实际很少使用。

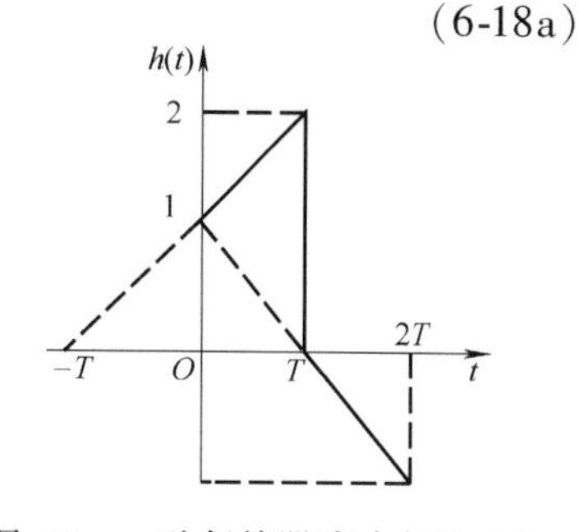

图 6-5 一阶保持器脉冲离散函数

例 6-2 某连续系统的传递函数为

$$H_1=\frac{1}{s(s+1)}$$

如果在零阶保持下的采样时间间隔为 T，试求系统在零阶保持下的传递函数。

解 零阶保持器的传递函数为 $H_g=\dfrac{1-\mathrm{e}^{-sT}}{s}$，因此有时基于采样的传递函数模型可用图 6-6 表示。

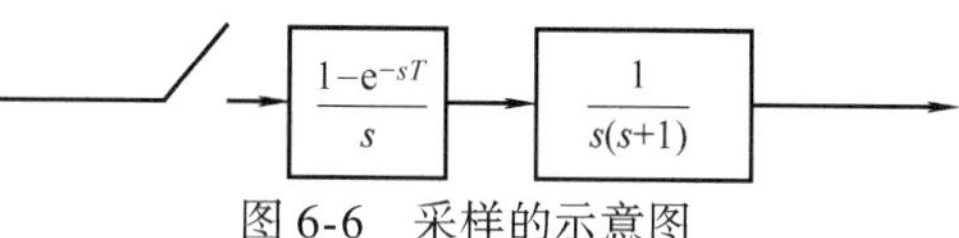

图 6-6 采样的示意图

根据传递函数的串联模型，可以得到系统的总传递函数为

$$H(s)=\frac{1-e^{-Ts}}{s}\cdot\frac{1}{s(s+1)}=\frac{1-e^{-Ts}}{s^2(s+1)}$$

利用 Z 变换，即令 $e^{sT}=Z$，则得采样的传递函数为

$$H(z)=(1-z^{-1})Z\left(\frac{1}{s^2(s+1)}\right)=\frac{(T-1+e^{-T})z+(1-e^{-T}-Te^{-T})}{(z-1)(z-e^{-T})}$$

$$=\frac{(T-1+e^{-T})z+(1-e^{-T}-Te^{-T})}{z^2-(1+e^{-T})z+e^{-T}}$$

6.3.3 离散系统的传递函数模型

设离散系统的状态空间方程为

$$\begin{cases}x[(k+1)T]=G(T)x(kT)+H(T)u(kT)\\ y[(kT)]=C(T)x(kT)+D(T)u(kT)\end{cases}$$

与连续系统一样，可以通过模拟采样开关来离散，并借助于 Z 变换来求系统的离散传递函数，为

$$H(z)=C(zI-G)^{-1}H+D$$

与连续系统的传递函数一样，也可以将离散系统的传递函数写成零极点增益模型，即

$$\frac{y(z)}{u(z)}=\frac{n_0+n_1z^{-1}+n_2z^{-2}}{d_0+d_1z^{-1}}=\frac{n_0z^2+n_1z+n_2}{d_0z+d_1}$$

零极点增益模型为

$$\frac{y(z)}{u(z)}=k\frac{(z-z_1)(z-z_2)}{z(z-p_1)}$$

式中，z_1，z_2 为零点；p_1 为极点；k 为增益。

例 6-3 设离散系统的状态空间方程为

$$\{x(k+1)\}=\begin{pmatrix}-2 & 0\\ 0 & -3\end{pmatrix}\{x(k)\}+\begin{pmatrix}1\\ 1\end{pmatrix}u(k)$$

$$y(k)=(1\quad -4)x(k)+u(k)$$

试求离散系统的传递函数。

解 根据 $\boldsymbol{H}(z)=\boldsymbol{C}(z\boldsymbol{I}-\boldsymbol{G})^{-1}\boldsymbol{H}+\boldsymbol{D}$，可得离散系统的传递函数

$$(z\boldsymbol{I}-\boldsymbol{G})^{-1}=\begin{pmatrix}z+2 & 0\\ 0 & z+3\end{pmatrix}^{-1}=\frac{\begin{pmatrix}z+3 & 0\\ 0 & z+2\end{pmatrix}}{(z+2)(z+3)}$$

因为

$$(z\boldsymbol{I}-\boldsymbol{G})^{-1}=\begin{pmatrix}z+2 & 0\\ 0 & z+3\end{pmatrix}^{-1}=\frac{\begin{pmatrix}z+3 & 0\\ 0 & z+2\end{pmatrix}}{(z+2)(z+3)}$$

则

$$H(z)=(1\quad -4)\frac{\begin{pmatrix}z+3 & 0\\ 0 & z+2\end{pmatrix}}{(z+2)(z+3)}\begin{pmatrix}1\\ 1\end{pmatrix}+1=\frac{z^2+2z+1}{(z+2)(z+3)}$$

例 6-4 设某系统连续传递函数模型为 $H_1(s)=\frac{1}{s+a}$，$H_2(s)=\frac{1}{s+b}$，现通过采样开关将其离散，如图 6-7 所示。如果系统是基于零阶保持器的，试求系统总的传递函数。

解 系统串联后的传递函数为

$$H(s)=H_1(s)\times H_2(s)$$

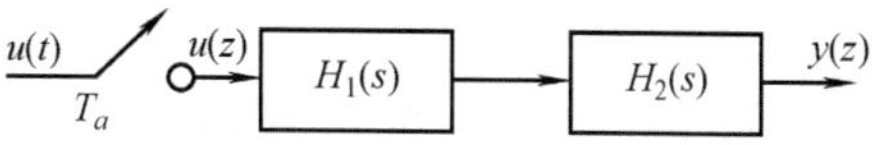

图 6-7 有零阶保持器的系统图

由于系统是基于零阶保持器的，则总的传递函数为

$$H(s)=H_g(s)H(s)=\frac{1-\mathrm{e}^{-Ts}}{s}\cdot\frac{1}{(s+a)(s+b)}=\frac{1-\mathrm{e}^{-Ts}}{s(s+a)(s+b)}$$

系统的离散传递函数为

$$H(z)=z[H_g(s)H(s)]=z\left[\frac{1-\mathrm{e}^{-Ts}}{s(s+a)(s+b)}\right]$$

在离散系统仿真中，要将原系统和采样保持器一起看成一个"连续系统"，求离散传递函数时也要将它们一起求出 Z 传递函数。

例 6-5 设有单自由度弹簧阻尼系统，$m\ddot{y}+c\dot{y}+ky=f(t)$，其中，$m=1$，$c=0.3$，$k=9$，$f(t)$ 为一幅值为 1 的阶跃激励，设采样时间为 $T=0.1$ 秒，建立零阶保持器系统的离散传递函数，并建立仿真框图。

解 连续系统的传递函数为 $$G(s)=\frac{1}{ms^2+cs+k}$$

零阶保持器的传递函数为 $$H_g(s)=\frac{1-\mathrm{e}^{-Ts}}{s}$$

两个传递函数串联时的总传递函数为

$$H(s)=H_g(s)G(s)=\frac{1-\mathrm{e}^{-Ts}}{s}\cdot\frac{1}{ms^2+cs+k}=\frac{1-\mathrm{e}^{-Ts}}{s(s^2+0.3s+9)}$$

利用 Z 变换可以得到离散系统传递函数为

$$H(z)=Z\left(\frac{1-\mathrm{e}^{-Ts}}{s}\cdot\frac{1}{s^2+0.3s+k}\right)$$

可以借助于 Matlab 中的 c2d( ) 命令对连续系统进行离散化处理，函数的调用格式为 sys = c2d（model，ts，'zoh'）。
其中，sys 是离散时间模型；model 是原连续系统的传递函数；ts 是采样周期，'zoh' 为零阶保持器。

脚本文件如下：

```
num =[1];den =[1,0.3,9];
    ts =0.1;
m1 =tf(num,den)                   % 连续系统传递函数
sys =c2d(m1,ts,'zoh')             % 离散系统
```

显示结果如下：

Transfer function: $\frac{1}{s^2+0.3s+9}$

Transfer function:

$$\frac{0.004913z+0.004864}{z^2-1.882z+0.9704}$$

```
Sampling time: 0.1
```

这样可以得到对应的离散传递函数为 $H(z)=\dfrac{0.004913z+0.004864}{z^2-1.882z+0.9704}$。

建立的仿真模型如图 6-8 所示，并比较了连续系统加上零阶保持器的仿真结果。由图 6-8 可见，只要离散步长满足要求，就可以得到与连续系统模型几乎相等的结果，如图 6-9 所示。

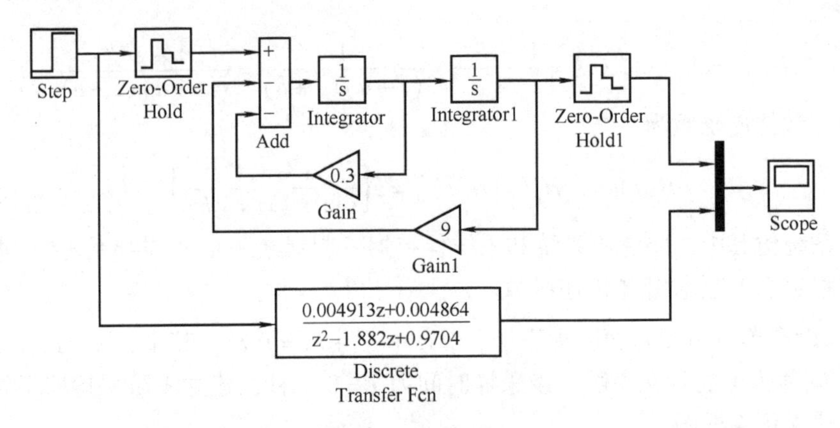

图 6-8　系统仿真图

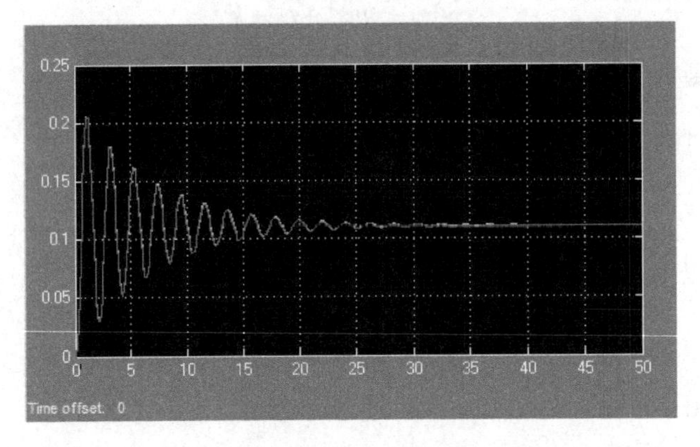

图 6-9　系统的输出

6.4　线性时变系统状态方程的离散化

如果线性系统中包含了变系数，就称为变系数线性系统，时变系统的状态空间模型为

$$\begin{cases}\dot{\boldsymbol{x}}=\boldsymbol{A}(t)\boldsymbol{x}+\boldsymbol{B}(t)\boldsymbol{u}\\ \boldsymbol{y}=\boldsymbol{C}(t)x+\boldsymbol{D}(t)\boldsymbol{u}\end{cases}\tag{6-19}$$

6.4.1　线性时变状态方程的解

尽管线性时变系统的自由解不能像定常系统那样写成一个封闭的解析形式，但仍然能表

示成状态转移的形式。对于齐次矩阵微分方程

$$\dot{x}=\boldsymbol{A}(t)x,\quad x(t)|_{t=t_0}=x(t_0)$$

则有

$$x(t)=\mathrm{e}\int_{t_0}^{t}\boldsymbol{A}(\boldsymbol{\tau})\mathrm{d}\boldsymbol{\tau}x(t_0)=\boldsymbol{\Phi}(t,t_0)x(t_0) \tag{6-20}$$

设 $A(t)$ 和 $B(t)$ 的元素在 $[t_0,t_f]$ 内分段连续，则非齐次状态方程的解为

$$x(t)=\phi(t,t_0)x(t_0)+\int_{t_0}^{t}\phi(t,\tau)\boldsymbol{B}(\tau)\boldsymbol{u}(\tau)\mathrm{d}\tau \tag{6-21}$$

6.4.2 线性时变系统状态方程的离散化

对于连续系统，可以在某一区间来讨论，令 $t=kT$，$t_0=hT$，有

$$x(kT)=\phi(kT,hT)x(hT)+\int_{hT}^{kT}\phi(kT,\tau)\boldsymbol{B}(\tau)\boldsymbol{u}(\tau)\mathrm{d}\tau \tag{6-22}$$

令 $t=(k+1)T$，$t_0=hT$，则有

$$x(kT+T)=\phi(kT+T,hT)x(hT)+\int_{hT}^{kT+T}\phi(kT+T,\tau)\boldsymbol{B}(\tau)\boldsymbol{u}(\tau)\mathrm{d}\tau \tag{6-23}$$

由此得

$$x(k+1)T=\phi(kT+T,kT)x(kT)+\int_{kT}^{kT+T}\phi(kT+T,\tau)\boldsymbol{B}(\tau)\boldsymbol{u}(\tau)\mathrm{d}\tau \tag{6-24}$$

令

$$G(kT)=\phi(kT+T,kT) \tag{6-25}$$

$$H(kT)=\int_{kT}^{kT+T}\phi(kT+T,\tau)\boldsymbol{B}(\tau)\mathrm{d}\tau \tag{6-26}$$

简写为

$$x(kT+T)=G(kT)x(kT)+H(kT)u(kT)\quad\text{（离散化状态方程）} \tag{6-27}$$

$$y(kT)=C(kT)x(kT)+D(kT)u(kT)\quad\text{（离散化输出方程）} \tag{6-28}$$

注意：离散后 C 与 D 不改变。

6.4.3 近似离散化

假设 T 很小，$T\leqslant 0.1T_{\min}$（最小时间常数），当精度要求不高时，可采用近似离散化方法，即用差商代替微商，即

$$t=kT,\quad \dot{x}(t)=\lim_{\Delta t\to 0}\frac{x(t+\Delta t)-x(t)}{\Delta t}$$

求 $[kT,(k+1)T]$ 区间的导数，得

$$\dot{x}(t)=\lim_{T\to 0}\frac{x[(k+1)T]-x(kT)}{T}$$

$$\dot{x}(kT)=\frac{x[(k+1)T]-x(kT)}{T}=\boldsymbol{A}(kT)x(kT)+\boldsymbol{B}(kT)\boldsymbol{u}(kT)$$

$$\boldsymbol{x}[(k+1)T]=[\boldsymbol{I}+T\boldsymbol{A}(kT)]\boldsymbol{x}(kT)+T\boldsymbol{B}(kT)\boldsymbol{u}(kT)$$

$$\boldsymbol{x}[(k+1)T]=\boldsymbol{G}^*(kT)\boldsymbol{x}(kT)+\boldsymbol{H}^*(kT)\boldsymbol{u}(kT)$$

式中

$$G^*(kT)=I+TA(kT),\ H^*(kT)=TB(kT) \tag{6-29}$$

例 6-6 已知时变系统

$$\dot{x}=\begin{pmatrix}0 & 5(1-e^{-5t})\\ 0 & 5(e^{-5t}-1)\end{pmatrix}x+\begin{pmatrix}5 & 5e^{-5t}\\ 0 & 5(1-e^{-5t})\end{pmatrix}u$$

输入和初始条件分别为 $u(t)=\begin{pmatrix}0\\1\end{pmatrix}$和 $x(0)=\begin{pmatrix}0\\0\end{pmatrix}$，试将它近似离散化，并求出方程在采样时刻的解。

解 使用近似离散化方法，根据式（6-29），这里取 $T=0.2\mathrm{s}$，则 $t=kT=0.2k$，则有

$$G^*(KT)=I+TA(kT)=\begin{pmatrix}1 & 0\\ 0 & 1\end{pmatrix}+0.2\begin{pmatrix}0 & 5(1-e^{-k})\\ 0 & 5(e^{-k}-1)\end{pmatrix}=\begin{pmatrix}1 & 1-e^{-k}\\ 0 & e^{-k}\end{pmatrix}$$

$$H^*(kT)=TB(kT)=0.2\begin{pmatrix}5 & 5e^{-k}\\ 0 & 5(1-e^{-k})\end{pmatrix}=\begin{pmatrix}1 & e^{-k}\\ 0 & 1-e^{-k}\end{pmatrix}$$

则递推公式为

$$x[(k+1)T]=G^*(kT)x(kT)+H^*(kT)u(kT)$$

离散化方程为

$$\begin{pmatrix}x_1[(k+1)T]\\ x_2[(k+1)T]\end{pmatrix}=\begin{pmatrix}1 & 1-e^{-k}\\ 0 & e^{-k}\end{pmatrix}\begin{pmatrix}x_1(kT)\\ x_2(kT)\end{pmatrix}+\begin{pmatrix}1 & e^{-k}\\ 0 & 1-e^{-k}\end{pmatrix}\begin{pmatrix}u_1(kT)\\ u_2(kT)\end{pmatrix}$$

设采样 $T=0.2\mathrm{s}$，取 $k=0$，1，2，…，并代入输入函数和初始条件，可得近似解

$$\begin{pmatrix}x_1(0.2)\\ x_2(0.2)\end{pmatrix}=\begin{pmatrix}1 & 0\\ 0 & 1\end{pmatrix}\begin{pmatrix}0\\ 0\end{pmatrix}+\begin{pmatrix}1 & 1\\ 0 & 0\end{pmatrix}\begin{pmatrix}0\\ 1\end{pmatrix}=\begin{pmatrix}1\\ 0\end{pmatrix}$$

$$\begin{pmatrix}x_1(0.4)\\ x_2(0.4)\end{pmatrix}=\begin{pmatrix}1 & 0.63\\ 0 & 0.37\end{pmatrix}\begin{pmatrix}1\\ 0\end{pmatrix}+\begin{pmatrix}1 & 0.37\\ 0 & 0.63\end{pmatrix}\begin{pmatrix}0\\ 1\end{pmatrix}=\begin{pmatrix}1.37\\ 0.63\end{pmatrix}$$

$$\begin{pmatrix}x_1(0.6)\\ x_2(0.6)\end{pmatrix}=\begin{pmatrix}1 & 0.865\\ 0 & 0.135\end{pmatrix}\begin{pmatrix}1.37\\ 0.63\end{pmatrix}+\begin{pmatrix}1 & 0.135\\ 0 & 0.865\end{pmatrix}\begin{pmatrix}0\\ 1\end{pmatrix}=\begin{pmatrix}2.05\\ 0.95\end{pmatrix}$$

这样可以一直递推下去，当然也可以借助离散系统的仿真方法得到在采样点处的解。和前面不同的是，状态矩阵是与时间离散点 k 有关的，在建立时变系统的 Simulink 仿真模型时要比非时变更复杂一些，对应的连续系统的仿真框图如图 6-10 所示。

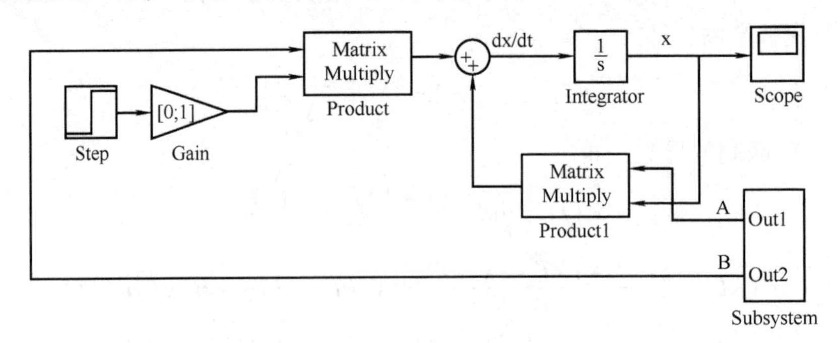

图 6-10 系统仿真框图

子系统 Subsystem 如图 6-11 所示。对应的仿真结果如图 6-12 所示。

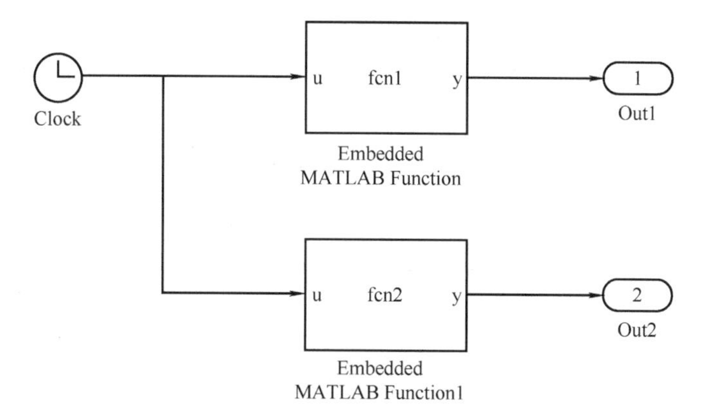

图 6-11　Subsystem 图

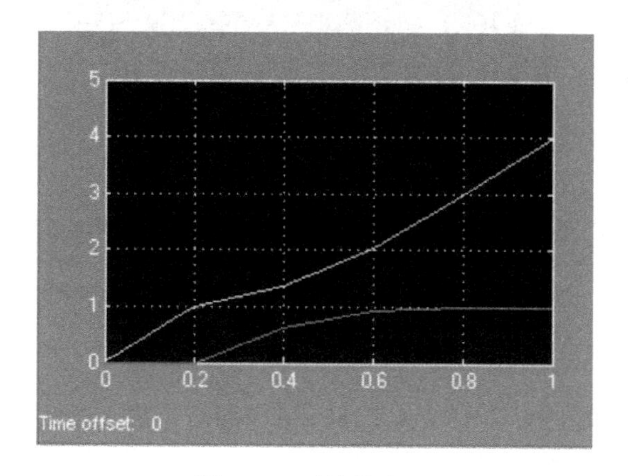

图 6-12　系统输出图

% 函数模块代码：

```
Function y=fcn1 (u)      %得到矩阵 A
[y]=[0 5*(1-exp (-5*u)); 0  -5*(1-exp (-5*u))];

Function y=fcn2 (u)      %得到矩阵 B
[y]=[5  5*exp(-5*u); 0  5*(1-exp(-5*u))];
```

应注意求解器的参数为

```
max step  size  0.2
Min step  size  0.1
```

也可以使用单位延迟模块针对递推公式建立仿真模型，其中的子系统要根据离散方程做相应改写，方程中的 $k=t/T$。仿真结果如图 6-13 所示，输出结果如图 6-14 所示。

如果某系统的模型是用传递函数表示的，可以先将传递函数模型转化为状态空间模型，然后再借助于状态空间模型的离散化处理方法得到离散解。

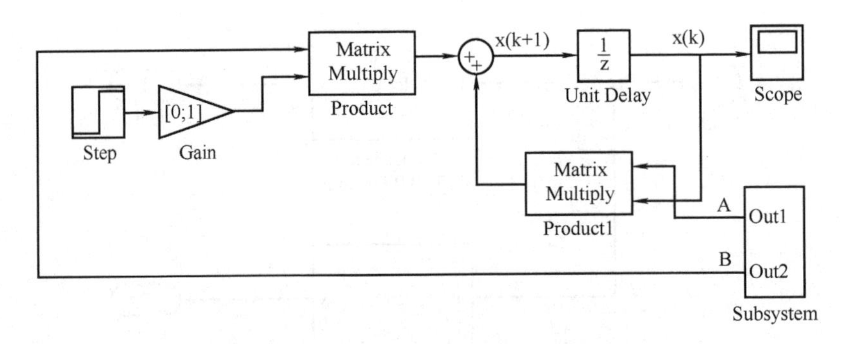

图 6-13　用单位延迟模块仿真图

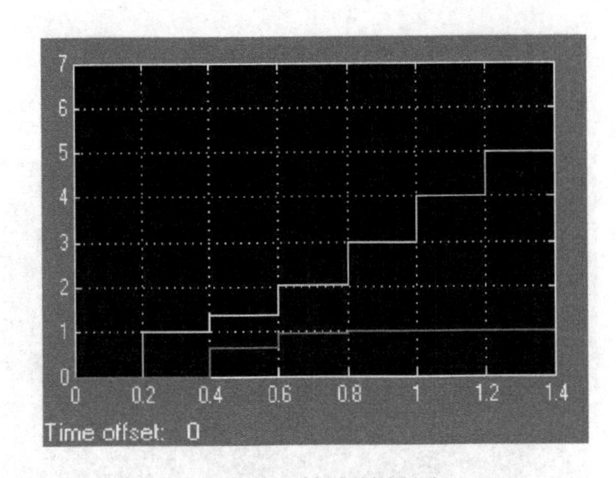

图 6-14　输出结果图

例 6-7　如图 6-15 所示为一个开环系统的传递函数，试利用离散化状态方程求离散解。

解　系统的传递函数为

$$\frac{y(t)}{u(t)} = \frac{1}{s^2 + s}$$

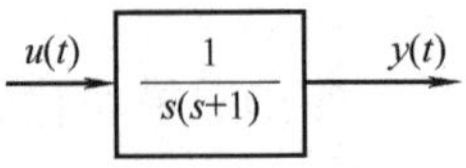

$u(t)$ → $\frac{1}{s(s+1)}$ → $y(t)$

图 6-15　系统图

对应的微分方程为

$$\ddot{y} + \dot{y} = u(t)$$

不难根据前面的知识，直接根据传递函数的形式写出状态方程的各个矩阵：

$$\dot{\boldsymbol{X}} = \boldsymbol{AX} + \boldsymbol{B}u,\ y = \boldsymbol{CX}$$

对应状态方程为

$$\dot{\boldsymbol{x}} = \begin{pmatrix} 0 & 1 \\ 0 & -1 \end{pmatrix} \boldsymbol{x} + \begin{pmatrix} 0 \\ 1 \end{pmatrix} u,\ y = (1 \quad 0)x$$

式中

$$\boldsymbol{A} = \begin{pmatrix} 0 & 1 \\ 0 & -1 \end{pmatrix},\ \boldsymbol{B} = \begin{pmatrix} 0 \\ 1 \end{pmatrix},\ \boldsymbol{C} = (1 \quad 0)$$

尽管这个系统是一个定常系统，为了说明离散法，下面采用两种方法离散。

用第一种离散化方法求转移矩阵：

$$\boldsymbol{\phi}(t) = L^{-1}(s\boldsymbol{I} - \boldsymbol{A})^{-1} = \mathrm{e}^{\boldsymbol{A}t}$$

即

$$e^{At}=L^{-1}[(sI-A)^{-1}]=L^{-1}\begin{pmatrix}s & -1\\0 & s+1\end{pmatrix}^{-1}=\begin{pmatrix}1 & 1-e^{-t}\\0 & e^{-t}\end{pmatrix}$$

$$G(T)=e^{AT}=\begin{pmatrix}1 & 1-e^{-T}\\0 & e^{-T}\end{pmatrix}$$

$$H(T)=\int_0^T e^{At}B\mathrm{d}t=\begin{pmatrix}T+e^{-T}-1\\1-e^{-T}\end{pmatrix}$$

离散化方程为

$$x(kT+T)=\begin{pmatrix}1 & 1-e^{-T}\\0 & e^{-T}\end{pmatrix}x(kT)+\begin{pmatrix}T+e^{-T}-1\\1-e^{-T}\end{pmatrix}u(kT)$$

用第二种离散化方法，近似离散化：

$$G^*(T)=TA+I=\begin{pmatrix}1 & T\\0 & 1-T\end{pmatrix},\quad H^*(T)=TB=\begin{pmatrix}0\\T\end{pmatrix}$$

$$x(kT+T)=\begin{pmatrix}1 & T\\0 & 1-T\end{pmatrix}x(kT)+\begin{pmatrix}0\\T\end{pmatrix}u(kT)$$

6.5 离散系统仿真模型的建立

6.5.1 有关离散系统 Matlab 函数的应用

为了将连续系统的传递函数离散化，在 Matlab 中提供了专用函数。它的一般格式为

```
[Ad,Bd]=c2d(A,B,ts)
[Ad,Bd,Cd,Dd]=c2dm(A,B,ts,'method'),
[numz,denz]=c2dm(num,den,ts,'method')
```

说明：

(1) c2d 命令使用离散化的零阶保持器方法，它只有状态空间形式；

(2) c2dm 既有状态空间形式，又有传递函数形式；

(3) 参数 ts 是采样周期 T；

(4) method 指定转换方式，其中“zoh”表示采用零阶保持器；“foh”表示采用三角形保持器；“tustin”表示采用双线性变换；“prewarp”表示采用指定转折频率的双线性变换；系统默认为零阶保持器。

例 6-8 已知开环离散控制系统结构如图 6-16 所示，$H_1=\dfrac{1}{s(s+1)}$，求开环脉冲传递函数。设采样周期 $T=1$s。

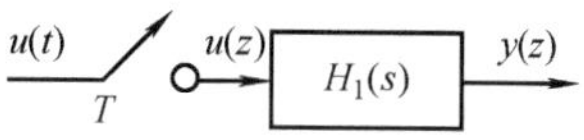

图 6-16 开环离散控制系统结构

解 用 Matlab 可以很方便地求得上述结果：

```
um=[1];den=[1,1,0];
T=1
[numZ,denZ]=c2dm(num,den,T,'Zoh');  %% 传递函数 Z 变换
printsys(num,den,'Z')               %% 打印语句
```

打印结果

$$\frac{0.368z+0.264}{z^2-1.368z+0.368}$$

在采样周期为 $T=0.5\text{s}$ 的情况下，传递函数为

$$H(z)=\frac{0.10653z+0.090204}{z^2-1.6065z+0.60653}$$

如果已知系统的离散传递函数，当输入为单位阶跃时，可以使用 Matlab 命令直接求出响应，其命令格式为

```
Dstep(num,den,n)
```

其中，num 为离散传递函数的分子系数；den 是分母系数；n 为点数，响应曲线如图 6-17 所示。

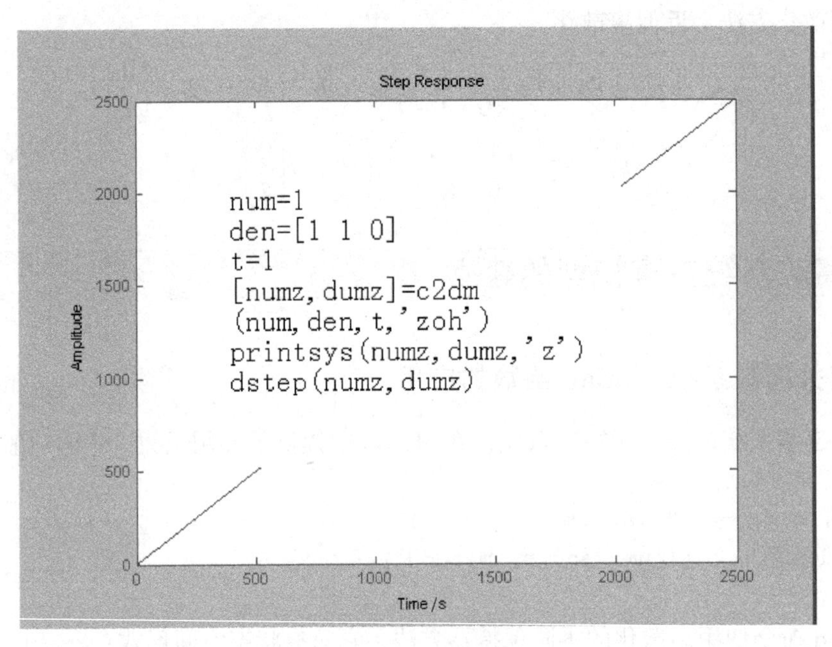

图 6-17　系统的响应曲线

例 6-9　结构如图 6-18 所示，试求当采样系统的输入为单位阶跃，即 $R(t)=1(t)$，采样周期 $T=1\text{s}$ 时，求输出响应的离散值 $y(kT)$。

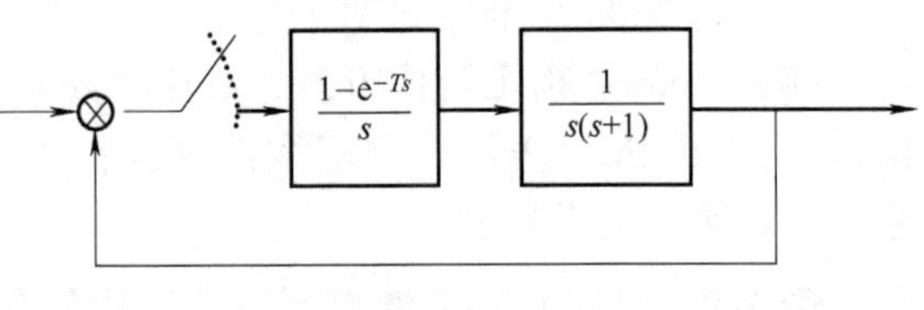

图 6-18　系统图

解　（1）计算开环传递函数

```
Znum=[1];den=[1,1,0];T=1;
[numZ,denZ]=c2dm(num,den,T,'Zoh');     % 基于零阶保持器的传递函数 Z 变换
printsys(numZ,denZ,'Z')                 % 打印开环传递函数语句
```

得 num/den =

```
0.36788 Z + 0.26424
---------------------------------------
Z^2 - 1.3679 Z + 0.36788
```

即

$$G=\frac{0.36788z+0.26424}{z^2-1.3679z+0.36788}$$

（2）根据单位反馈计算闭环传递函数：

$$H(z)=\frac{G(z)}{1+G(z)}=\frac{0.368z+0.264}{z^2-z+0.632}$$

$$y(z)=H(z)R(z)=\frac{z(0.368z+0.264)}{(z-1)(z^2-z+0.632)}$$

其中

$$R(z)=\frac{z}{z-1}$$

仿真结果如图 6-19 所示。

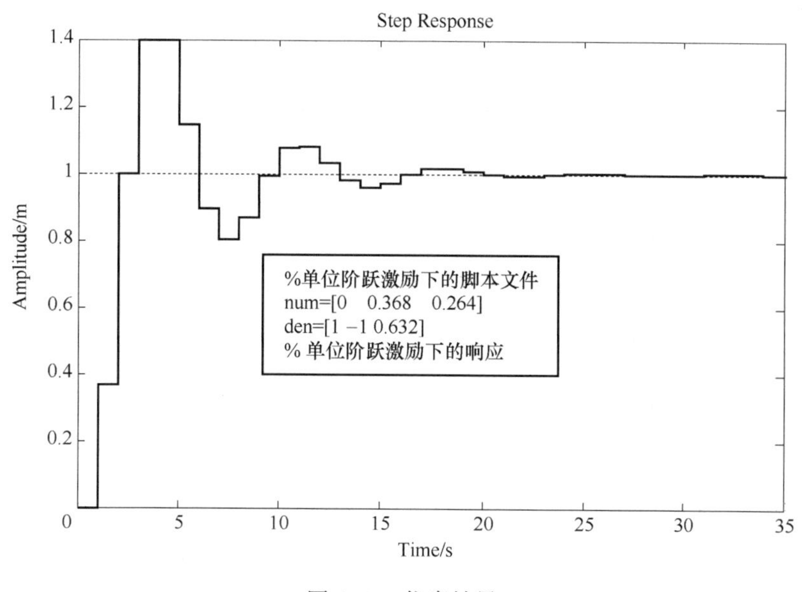

图 6-19 仿真结果

例 6-10 已知某系统的传递函数为

$$H(s)=\frac{10}{(s+2)(s+5)}$$

选用采样时间 $T=0.1\text{s}$，试将其进行离散化处理，分析在单位阶跃激励下的响应并和连续系统的 Simulink 仿真模型的仿真结果进行比较。

解 将原式写成多项式形式

$$H(s)=\frac{10}{s^2+7s+10}$$

$$H(z)=Z\left[\frac{1}{(s+2)(s+5)}\right]$$

程序如下：

```
num=[10];den=[1,7,10];                 % 传递函数分子、分母系数
```

```
ts =0.1;                                      %步长
i = [0:35];                                   %仿真时间
time =i* ts;
[nz,dz] =c2dm(num,den,ts);                    % 默认零阶器
printsys(nz,dz,'Z')                           % 打印语句
yc =step(num,den,time);                       %连续系统
yz =dstep(nz,dz,36);                          %离散系统在单位阶跃激励下的响应
[x,y] =stairs(time,yz);                       %阶梯图形
figure; hold on;                              % 绘图窗口
plot(time,yc);plot(x,y);grid                  %绘图
```

结果输出为

```
num/den =
            0.039803 Z + 0.031521
            ------------------------
            Z^2 - 1.4253 Z + 0.49659
```

连续和离散仿真结果如图 6-20 所示，由对比可知，两者的结果一致。

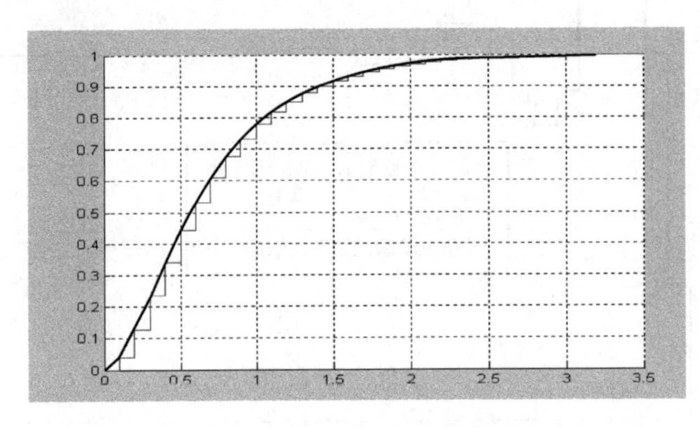

图 6-20　连续和离散仿真结果

6.5.2　使用单位延迟模块的状态空间仿真模型

设一般情况下线性时不变系统的差分方程为

$$x(k+1)=G(k)x(k)+H(k)u(k) \qquad \text{（状态方程）}$$

$$y(k)=C(k)x(k)+D(k)u(k) \qquad \text{（输出方程）}$$

利用单位延迟模块来建立系统的仿真模型，其中的信号线为矢量信号，如图 6-21 所示。

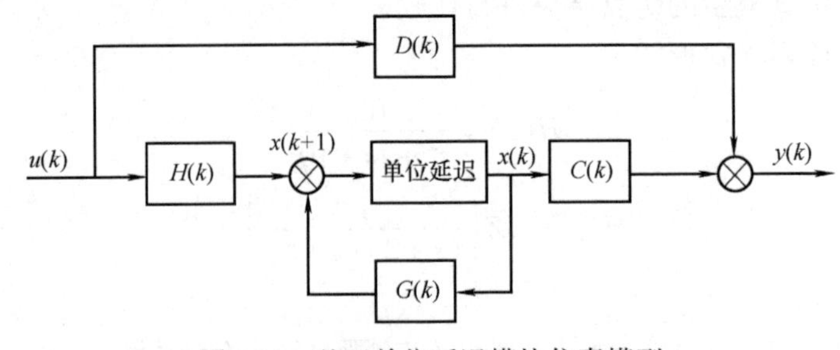

图 6-21　基于单位延迟模块仿真模型

例 6-11 已知某个动态系统的状态空间模型为

$$\dot{x} = \begin{pmatrix} 0 & 1 \\ 0 & -2 \end{pmatrix} x + \begin{pmatrix} 0 \\ 1 \end{pmatrix} u$$

求零阶保持器下的离散化方程，并和连续系统仿真结果比较。

解 计算转移矩阵

$$(s\boldsymbol{I}-\boldsymbol{A})^{-1} = \begin{pmatrix} s & -1 \\ 0 & s+2 \end{pmatrix}^{-1} = \frac{1}{s(s+2)} \begin{pmatrix} s+2 & 1 \\ 0 & s \end{pmatrix} = \begin{pmatrix} \dfrac{1}{s} & \dfrac{1}{s(s+2)} \\ 0 & \dfrac{1}{s+2} \end{pmatrix}$$

$$\boldsymbol{G}(T) = \begin{pmatrix} 1 & (1-\mathrm{e}^{-2T})/2 \\ 0 & \mathrm{e}^{-2T} \end{pmatrix}$$

$$\boldsymbol{H}(T) = \int_0^T \boldsymbol{\phi}(T-\boldsymbol{\tau})\boldsymbol{B}\mathrm{d}\boldsymbol{\tau} = \int_0^T \begin{pmatrix} 1 & (1-\mathrm{e}^{-2(T-\tau)})/2 \\ 0 & \mathrm{e}^{-2(T-\tau)} \end{pmatrix} \begin{pmatrix} 0 \\ 1 \end{pmatrix} \mathrm{d}\tau$$

$$= \int_0^T \begin{pmatrix} (1-\mathrm{e}^{-2(T-\tau)})/2 \\ \mathrm{e}^{-2(T-\tau)} \end{pmatrix} \mathrm{d}\tau = \begin{pmatrix} \dfrac{T}{2} + \dfrac{1}{4}(\mathrm{e}^{-2T}-1) \\ \dfrac{1}{2}(1-\mathrm{e}^{-2T}) \end{pmatrix} = \begin{pmatrix} \dfrac{1}{4}(2T+\mathrm{e}^{-2T}-1) \\ \dfrac{1}{2}(1-\mathrm{e}^{-2T}) \end{pmatrix}$$

值得注意的是，$\boldsymbol{H}(T)$的积分也可以用以下形式：

$$\boldsymbol{H}(T) = \int_0^T \boldsymbol{\phi}(T-\tau)\boldsymbol{B}\mathrm{d}\boldsymbol{\tau} = \int_0^T \boldsymbol{\phi}(\boldsymbol{\tau})\boldsymbol{B}\mathrm{d}\boldsymbol{\tau} = \int_0^T \begin{bmatrix} (1-\mathrm{e}^{-2\tau})/2 \\ \mathrm{e}^{-2\tau} \end{bmatrix} \mathrm{d}\tau = \begin{bmatrix} \dfrac{1}{4}(2T+\mathrm{e}^{-2T}-1) \\ \dfrac{1}{2}(1-\mathrm{e}^{-2T}) \end{bmatrix}$$

离散后系统解的递推公式为

$$\begin{bmatrix} x_1[(k+1)T] \\ x_2[(k+1)T] \end{bmatrix} = \boldsymbol{G}(T) \cdot \begin{bmatrix} x_1(kT) \\ x_2(kT) \end{bmatrix} + \boldsymbol{H}(T)\boldsymbol{u}(kT)$$

当 T 选定后，可以借助 Matlab 命令来计算 $\boldsymbol{\phi}(T)$ 和 $\boldsymbol{H}(T)$ 矩阵。

例如，当 $T=0.5$s 时，$\boldsymbol{\phi}(T)$ 和 $\boldsymbol{H}(T)$ 的计算如下：

```
T=0.5;                        %采样步长
t=sym('t');                   %定义符号函数
A=[0,1;0,-2];                 %状态矩阵
G=expm(A*t)                   % 求解转移矩阵
t=T;
G1=expm(A*t)                  % 求解转移矩阵
B=[0;1];                      %定义输入矩阵
fxt=G*B                       % 定义表达式
                              %fxt=[(1-exp(-2*T+2*t))/2;exp(-2*T+2*t)]; % 定义表达式
[H]=int(fxt,'t',0,T)          % 积分(0,T)运算
% H1=subs(H,'T',T)            %替换函数
H1=subs(H)                    %或者使用该函数
```

运行结果为

$$G=\begin{pmatrix}1, & 1/2-1/2*\exp(-2*t)\\ 0, & \exp(-2*t)\end{pmatrix},\qquad G_1=\begin{pmatrix}1.0000 & 0.3161\\ 0 & 0.3679\end{pmatrix}$$

$$fxt=\begin{pmatrix}1/2-1/2*\exp(-2*t)\\ \exp(-2*t)\end{pmatrix},\qquad H=\begin{bmatrix}1/4*\exp(-1)\\ -1/2*\exp(-1)+1/2\end{bmatrix}$$

即

$$G(T)=\begin{pmatrix}1 & 0.3161\\ 0 & 0.3679\end{pmatrix},\qquad H(T)=\begin{pmatrix}0.0920\\ 0.3161\end{pmatrix}$$

图 6-22 是借助单位延迟模块建立的仿真框图，并和状态空间的仿真结果比较是一致的，如图 6-23 所示。注意单位延迟模块的采样时间要设置为 0.5s。

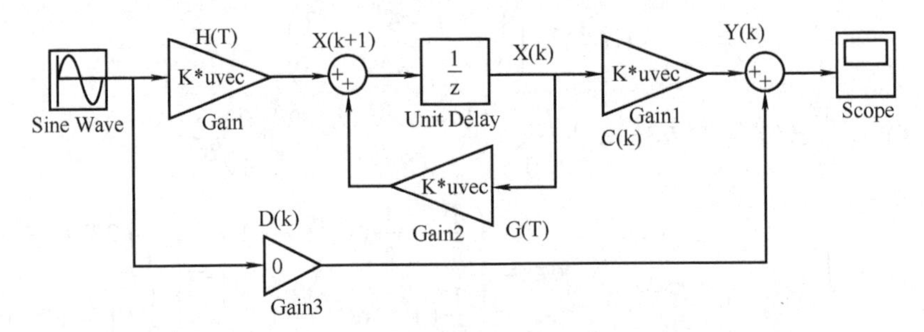

图 6-22　单位延迟模块仿真框图

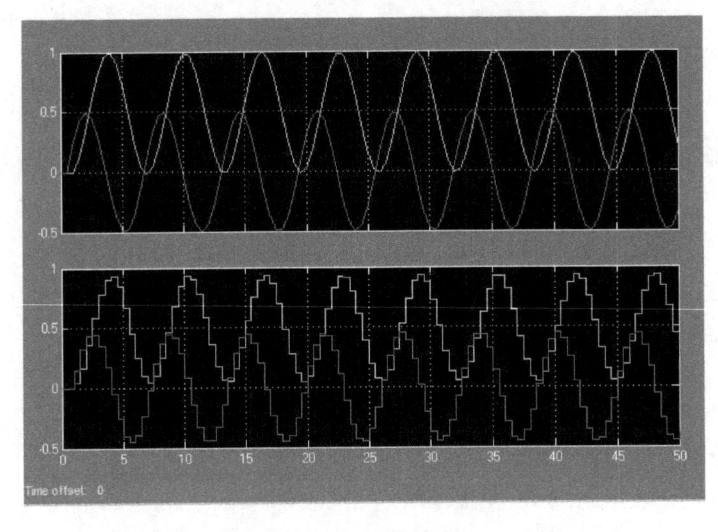

图 6-23　系统输出

6.5.3　利用离散传递函数模块的 Simulink 仿真模型

如果知道了离散系统的传递函数，可以直接使用 Simulink 模块库中离散系统库模块下的传递函数模块，很方便得到仿真结果。

例 6-12　已知系统的离散传递函数为

$$H(z)\frac{0.368z+0.264}{z^2-1.0665z+0.632}$$

求系统在单位阶跃输入的响应。

解　可以设计仿真框图如图 6-24 所示，仿真结果如图 6-25 所示。

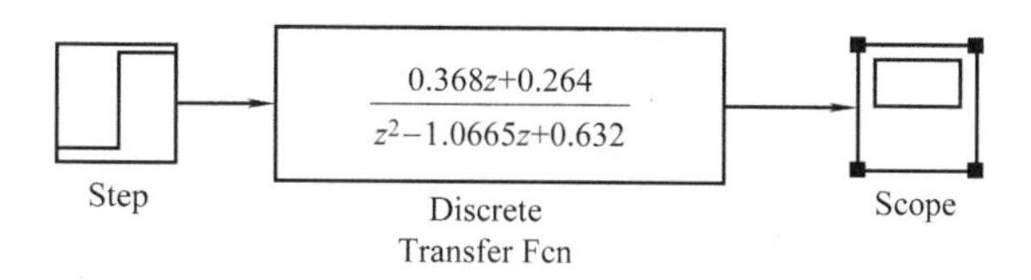

图 6-24　基于离散传递函数模型仿真框图

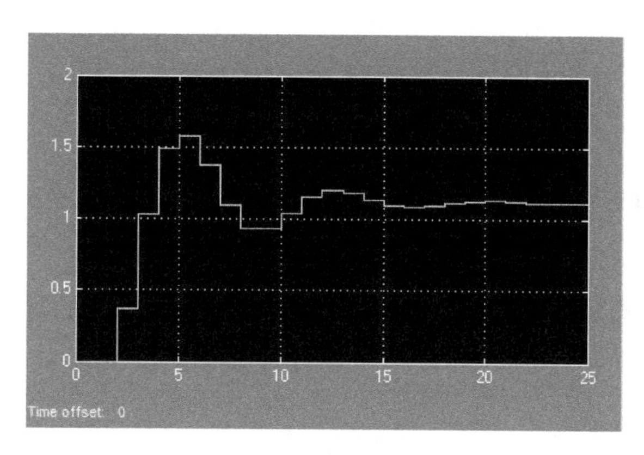

图 6-25　仿真结果

注：也可以按滤波器形式建立仿真模型。

6.5.4　使用离散状态空间模块仿真模型

设定常系统的状态空间模型为

$$\dot{Y}(t)=\boldsymbol{A}\boldsymbol{Y}(t)+\boldsymbol{B}u(t)$$

在零阶保持器下，系统的差分离散解为

$$Y(k+1)=\mathrm{e}^{AT}Y(k)+\int_{kT}^{(k+1)T}\mathrm{e}^{A[(k+1)T-\tau]}\mathrm{d}\tau\boldsymbol{B}u(k)$$

令：$t=(k+1)T-\tau$ 则有

$$Y(k+1)=\mathrm{e}^{AT}Y(k)-\int_{T}^{0}\mathrm{e}^{At}\mathrm{d}t\boldsymbol{B}u(k)$$

或

$$Y(k+1)=\mathrm{e}^{AT}Y(k)+\int_{0}^{T}\mathrm{e}^{At}\mathrm{d}t\boldsymbol{B}u(k)$$

将上式简写为

$$Y(k+1)=FY(k)+Gu(k)$$

其中系统矩阵为

$$\boldsymbol{F}=\mathrm{e}^{AT}$$

输入矩阵为

$$\boldsymbol{G}=\int_{0}^{T}\mathrm{e}^{At}\mathrm{d}t\cdot\boldsymbol{B}$$

根据指数函数的定义，有

$$F = I + AT + \frac{A^2T^2}{2!} + \cdots = \sum_{K=0}^{n}\frac{A^kT^k}{k!}$$

可以求得积分为

$$G = \int_0^T e^{At}dt \cdot B = \sum_{k=0}^{n}\frac{A^kT^{k+1}}{(k+1)!}B = \sum_{k=0}^{n}\frac{A^{k-1}T^k}{k!}B$$

例 6-13 双自由度系统的数学模型为

$$M\ddot{X}(T) + C\dot{X}(t) + KX(t) = 0$$

初始条件为

$$\dot{X}(0) = [0 \quad 0]^T, X(0) = [0.2 \quad 0]^T$$

其中

$$M = \begin{pmatrix} 40 & 0 \\ 0 & 20 \end{pmatrix}, K = \begin{pmatrix} 40 & -20 \\ -20 & 20 \end{pmatrix}, C = \begin{pmatrix} 4 & -2 \\ -2 & 2 \end{pmatrix}$$

解 首先根据式（5-4）将微分方程模型转化为状态空间模型，再根据连续系统的离散化处理方法和以上公式将连续状态空间转化为离散系统，以上计算可以采用转换函数 [G,H] = c2d(A,B,TS)离散，整个过程的 M 文件如下：

```
clc
M=[40 0;0 20];
C=[4 -2;-2 2];
K=[40 -20;-20 20];
E=[0;0];                              %外激励系数列阵
X0 =[0.2;0];                          %初位移
DX0 =[0;0];                           %初速度
ZE=zeros([2,2]);                      %生成零矩阵
EY=eye([2,2]);                        %生成单位阵
A=[ZE EY; -inv(M)*K  -inv(M)*C]       %生成状态矩阵
B=[0;0;inv(M)*E]                      %生成输入矩阵
Y0=[X0;DX0];                          %生成状态空间初始条件
TS=0.02;                              %采样步长
[G,H]=c2d(A,B,TS)                     %将连续状态空间系统转换为离散系统
```

运行结果如下

```
A =       0           0          1.0000        0
          0           0          0             1.0000
         -1.0000      0.5000    -0.1000        0.0500
          1.0000     -1.0000     0.1000       -0.1000
B =       0
          0
          0.0250
          0
G =       0.9998      0.0001     0.0200        0.0000
          0.0002      0.9998     0.0000        0.0200
         -0.0200      0.0100     0.9978        0.0011
```

```
        0.0200       -0.0200      0.0022         0.9978
H =     1.0e-03 *
        0.0050
        0.0000
        0.4995
        0.0005
```

利用 Simulink 离散状态空间模型仿真如图 6-26，参数设计如下：

其中

```
A = G
B = H;
C = [1 0 0 0;0 1 0 0;0 0 0 0;0 0 0 0];
D = [0;0;0;0]
INITIAL CONDITIONS     [0.2;0;0;0]   初始条件，
SAMPLE TIME    0.02         步长 0.02，
```

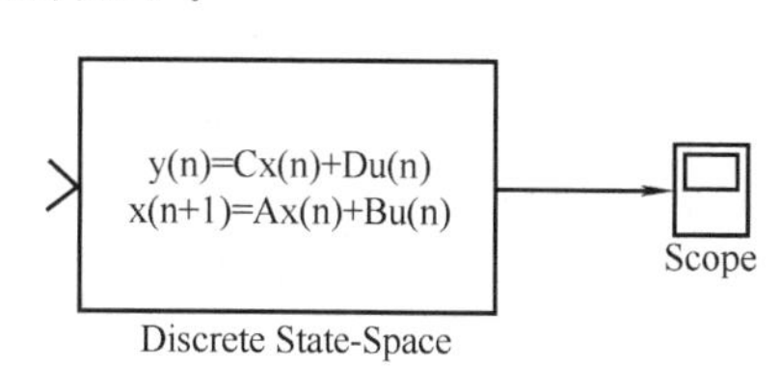

图 6-26　仿真框图

仿真参考和两个质点的位移响应曲线图如图 6-27 所示。

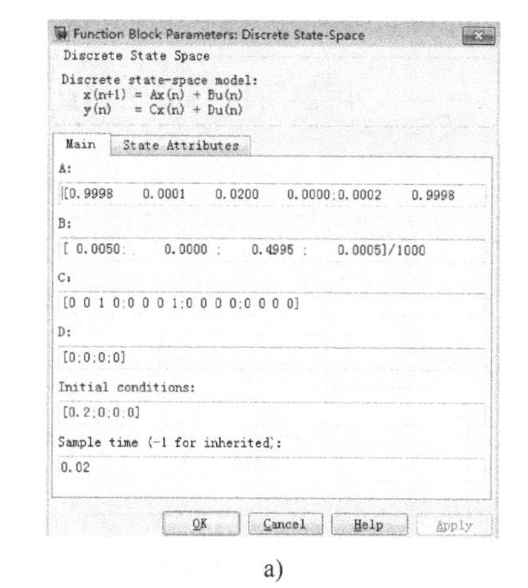

a)

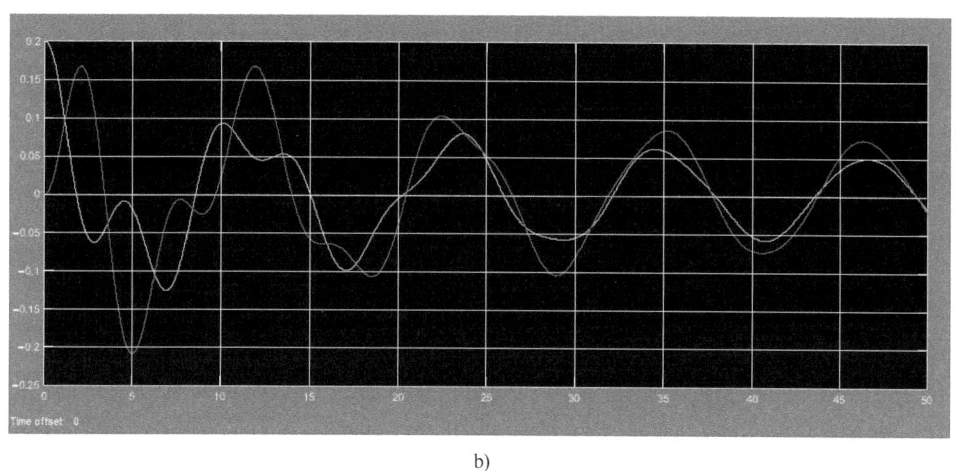

b)

图 6-27　系统的位移响应曲线

a）仿真参数　b）位移响应曲线

习　题

习题 6-1　设采样周期为 $T=0.01$，状态矩阵为：$\boldsymbol{A}=\begin{pmatrix}0 & 1\\0 & -2\end{pmatrix}$。试利用计算指数矩阵的两种方法，式（6-16a）、式（6-16b），计算出 e^{AT}。

习题 6-2　在如图 6-28 所示的双层缓冲器中，质量 $m=30\text{kg}$，弹簧刚度系数 $k_1=k_2=100\text{N/m}$，阻尼器的阻尼系数 $c=6\text{N}\cdot\text{s/m}$。当 $t>0$ 时，作用于缓冲器一个单位阶跃激励 $u(t)=1(t)$，试建立基于零阶保持器的离散模型求解缓冲器的位移。

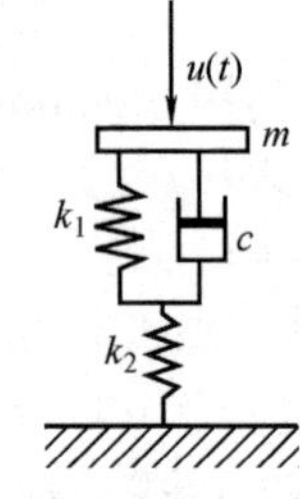

图 6-28　习题 6-2 图

习题 6-3　已知某系统的传递函数为

$$H(s)=\frac{4}{s^2+5s+6}$$

设采样时间间隔为 $\Delta t=0.2\text{s}$，试建立基于零阶保持器的离散系统传递函数。

习题 6-4　试将连续系统$\dfrac{1}{(s+1)(s+2)}$用零阶保持器法离散化，并计算 $\boldsymbol{\phi}(T)$ 和 $\boldsymbol{H}(T)$。

习题 6-5　将连续系统$\dfrac{1}{T^2s^2+2\xi Ts+2}$用零阶保持器法将此连续系统离散化，并计算$\boldsymbol{\phi}(T)$ 和 $\boldsymbol{H}(T)$，其中 $\xi<1$。

习题 6-6　有一个闭环系统如图 6-29 所示。试求系统的 $\boldsymbol{G}(T)$ 和 $\boldsymbol{H}(T)$，并求出 $y(t)$ 的差分方程。

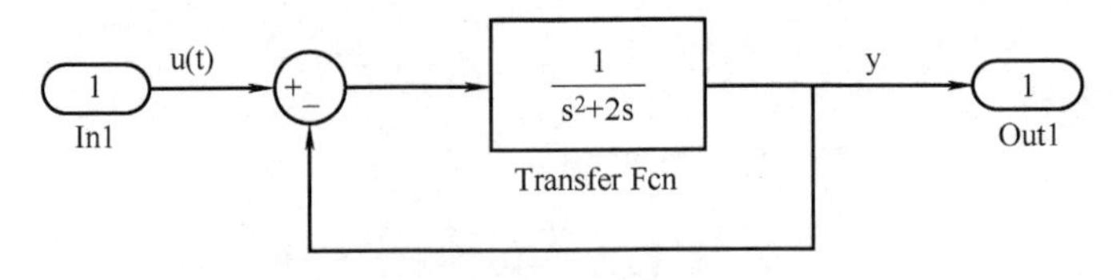

图 6-29　习题 6-6 图

习题 6-7　试求定常系统 $\dot{x}=\begin{pmatrix}0 & 1\\0 & 1\end{pmatrix}\boldsymbol{x}+\begin{pmatrix}0\\1\end{pmatrix}u$。其中，$u(t)=t$，试建立基于零阶保持器的离散化模型。

习题 6-8　线性时变系统为

$$\dot{\boldsymbol{x}}=\begin{pmatrix}0 & 1/(t+1)^2\\0 & 0\end{pmatrix}\boldsymbol{x}+\begin{pmatrix}1\\1\end{pmatrix}u,\ x(0)=0,\ u(t)=1(t)$$

求系统的近似离散化递推表达式，设采样周期 $T=0.1\text{s}$。

习题 6-9　一只火箭最初质量为 1350kg（包括燃料质量 1080kg），其中燃料以 18kg/s 燃烧速率产生 31500N 的推力使火箭垂直向上运动，火箭在运行中受到的阻力大小与速度的平方成正比，即 $F=kv^2$，其中空气阻力系数为 $k=0.0039\text{N}\cdot\text{s}^2/\text{m}^2$，试求火箭在燃料燃烧完毕瞬时火箭的速度与位移的变化规律。

习题 6-10　已知两自由度振动系统方程为

$$\boldsymbol{M}\ddot{\boldsymbol{y}}+\boldsymbol{C}\dot{\boldsymbol{y}}+\boldsymbol{K}\boldsymbol{y}=\boldsymbol{f}(t)$$

其中

$$\boldsymbol{M}=\begin{pmatrix}1 & 0\\0 & 1\end{pmatrix},\ \boldsymbol{C}=\begin{pmatrix}0.5 & -0.25\\-0.25 & 0.25\end{pmatrix},\ \boldsymbol{K}=\begin{pmatrix}100 & -50\\-50 & 50\end{pmatrix}$$

试建立 $\boldsymbol{f}(t)=\begin{Bmatrix}\sin t\\\cos t\end{Bmatrix}$、采样时间为 0.01s 时系统的仿真模型，并建立在零阶保持器下的 0～10s 过程各质点的位移规律。

习题 6-11　如图 6-30 所示两自由度系统，试建立基础位移 $u(t)$ 引起的振动问题的状态空间模型。

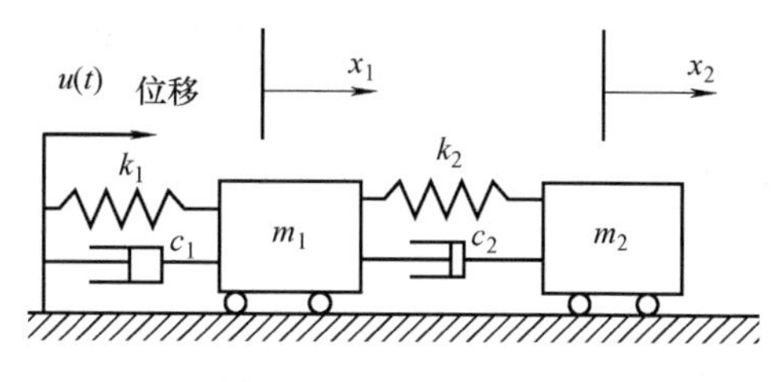

图 6-30　习题 6-11 图

已知 $m_1=10\text{kg}$，$m_2=100\text{kg}$，$c_1=50\text{N}\cdot\text{s/m}$，$c_2=100\text{N}\cdot\text{s/m}$，$k_1=50\text{N/m}$，$k_2=200\text{N/m}$，$u(t)=\sin 3t$。设采样时间为 $T=0.01\text{s}$，建立零阶保持器系统的状态空间离散仿真模型，并给出 x_1、x_2 的响应表达式及仿真结果。

第7章

机电模拟系统

机械动力学系统与电器系统在很多方面有相同的数学模型，因此在有些情况下，用电学系统研究机械动力学系统会带来很多方便，机械中有三种元件（阻尼、弹性和惯量），电气系统中也有三种元件（电阻、电容和电感）。利用电学系统的仿真结果可以转化为机械系统的仿真结果来建立机电模拟系统是仿真的另一种有效方法。

7.1 电学基本元件和基本定律

7.1.1 电学基本元件

1. 电阻元件

电阻不能以任何形式储存能量，它以热的形式消耗能量，线性电阻元件的电阻为（单位：Ω(欧姆) = V(伏特)/A(安培)）

$$R=\frac{u(\text{电压})}{i(\text{电流})}(\Omega) \tag{7-1}$$

2. 电容元件

两个导体用一个非导体分离就形成了电容，可以用两块金属板中间放绝缘材料分离，以形成电容器件。

电容器的电容表示在单位电压时储存在电容器上的电荷量（单位：F(法拉) = C(库仑)/V(伏特)），即

$$c=\frac{q(\text{电荷})}{u(\text{电压})}(\mathrm{F}) \tag{7-2}$$

电容器能够储存能量（电荷），也能释放能量，因为 $i=\mathrm{d}q/\mathrm{d}t$ 和 $q=cu$，则有

$$i=c\frac{\mathrm{d}u}{\mathrm{d}t}$$

电容器上的电压为

$$u_c = \frac{\int i\mathrm{d}t}{c} = \frac{q}{c} \tag{7-3}$$

3. 电感元件

在由电感元件组成的电路中，如果电路位于交变磁场中，则电路中将产生感应电动势，感应效应可以分为自感和互感两种形式。

自感是单个线圈的特性，当线圈中的电流引起磁场，磁场耦合线圈时，感应电压的大小正比于耦合电路磁通量的变化率（$\mathrm{d}i/\mathrm{d}t$），如果电路中有电感存在，则电感两端的电压为

$$u_L = L\frac{\mathrm{d}i}{\mathrm{d}t}$$

则

$$L = \frac{u_L}{\mathrm{d}i/\mathrm{d}t} \tag{7-4}$$

式中，L 为电感或自感（单位：H(亨利) = V(伏特) · s(秒)/A(安培)）。

4. 电压源和电流源

电压源是指在电路中的任意两个节点之间产生确定电压的设备，电压可以是恒定的，也可以是变化的。产生恒定电压的设备称为恒压源。

电流源是指产生确定电流的设备，它是串接在电路中的，其电压是可变的或者是恒定的。产生恒定电流的设备称为恒流源。

7.1.2 电路动态方程的基本定律

1. 欧姆定律

欧姆定律叙述的是电路中的电流 i 与作用在电路中的总电动势 E 与电路中电阻 R 之间的关系，其表达式为

$$i = \frac{E}{R} \tag{7-5}$$

即电流与电动势成正比，与电阻成反比。

2. 基尔霍夫定律

在解电路问题时，电路中包括许多电动势、电阻、电容、电感等，经常需要使用基尔霍夫定律。基尔霍夫定律有两个：电流定律（节点定律）和电压定律（环路定律）。

（1）基尔霍夫电流定律（节点定律）：电路中的节点是指三个或三个以上的导线连接在一起的点，基尔霍夫电流定律（节点定律）是指所有流入节点的电流和流出节点的电流的代数和为零，该定律也可以表达为：流入节点的所有电流之和应等于流出该节点的所有电流之和。应用这个定律解决电路问题时，必须要注意下面的规则：流向节点的电流须带正号，离开节点的电流带负号。基尔霍夫电流定律表述为

$$i_1 + i_2 - i_3 - i_4 - i_5 = 0 \tag{7-6}$$

（2）基尔霍夫电压定律（环路定律）：指在任意给定的瞬时，在电路中绕任意环路的电压的代数和为零。这个定律也可以表达为：绕环路的电压下降值之和应等于电压上升值之和。应用这个定律解决电路问题时，必须注意下面的规则：电压上升（一般出现从负极到正极通过电动势电源），则

$$\sum_{i=1}^{n} E_i - \sum_{J=1}^{K} u_j = 0 \tag{7-7}$$

式中，E_i 为上升电压；u_j 为下降电压。

利用基尔霍夫节点定律或环路定律来建立系统的电路方程也称为电气系统的数学模型。当电路中的电学量随时间变化时，称为动态方程。

7.1.3 电器系统数学模型的建立

与力学系统一样，根据电路有关定律，可以建立给定系统的数学模型，下面通过几个实例说明。

例 7-1 半波整流电路滤波电路，利用晶体二极管 VD 的半波导电性质，即当 $u(t)$ 在正半周时通过，负半周时不通过，再利用电容充放电的特性，最后获得电容器两端的近似直流电（脉动很小），如图 7-36 所示，试建立系统的动态方程。

解 该系统是一个单环路情况，根据回路定律，可以得到电容器两端的电压方程为

$$RC\frac{\mathrm{d}u_C}{\mathrm{d}t} + u_C = u(t)$$

设输入电压为频率 $f = 5\text{Hz}$ 的交流电压，$u(t) = 2\sin\omega t$，$RC = 0.5$。Simulink 仿真框图和显示电容器两端的电压波形如图 7-1 所示。

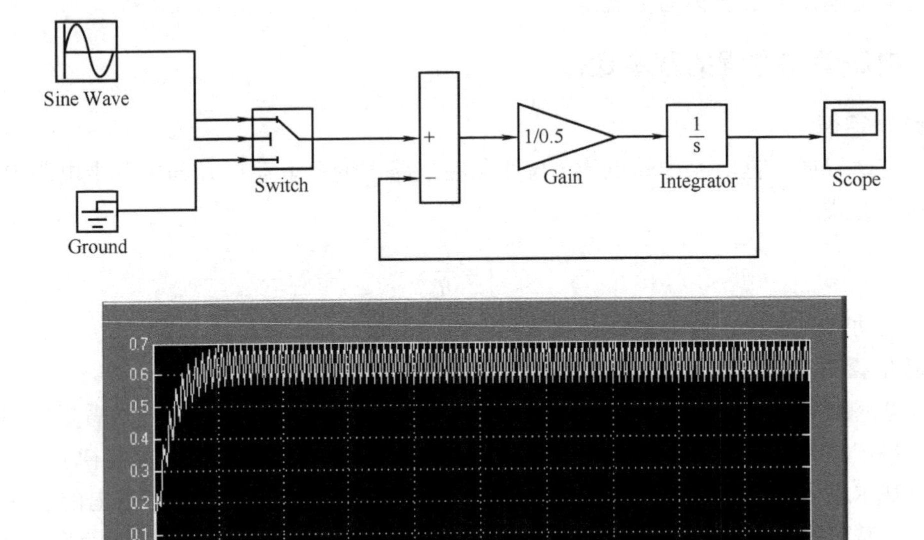

图 7-1 系统仿真框图与仿真结果

请读者分析波纹的大小与 RC 大小的关系。

具有多个环路的电路情况：对于具有两个或两个以上的接点或环路的情况，可以同时应用基尔霍夫节点定律或环路定律建立系统的电路方程。

例如，对于如图 7-2 所示有两个环路和一个节点的电路，其电路的动态方程为

$$u_R(t) = i_1 R_1 + \frac{\int i_3 \mathrm{d}t}{C_1}$$

$$\frac{\int i_3 \mathrm{d}t}{C_1} = u_C(t) + i_2 R_2$$

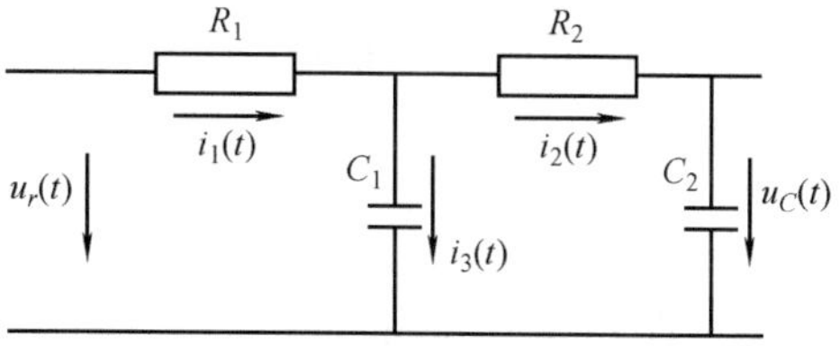

图 7-2　双环路电路

或

$$C_1 \frac{\mathrm{d}u_R}{\mathrm{d}t} - C_1 R_1 \frac{\mathrm{d}i_1}{\mathrm{d}t} = i_3 \tag{7-8a}$$

$$C_1 \frac{\mathrm{d}u_C(t)}{\mathrm{d}t} + C_1 R_2 \frac{\mathrm{d}i_2}{\mathrm{d}t} = i_3 \tag{7-8b}$$

节点的电流方程为

$$i_1 = i_2 + i_3 \tag{7-9}$$

式（7-8）和式（7-9）联立求解就可以得到 i_1、i_2 和 i_3，有了电流就可以方便地得到输出电压。

1. 微积分电路原理

在电路中串入电阻、电容和电感元件，只要适当的选择元件参数和测量的电荷量，就可以近似地得到输出与输入之间的微分和积分关系。

（1）阻容式微积分网络

最简单实际的微分网络一般可用两个元件实现，如图 7-3 所示，在电路中只有 R，C 元件时，动态方程为

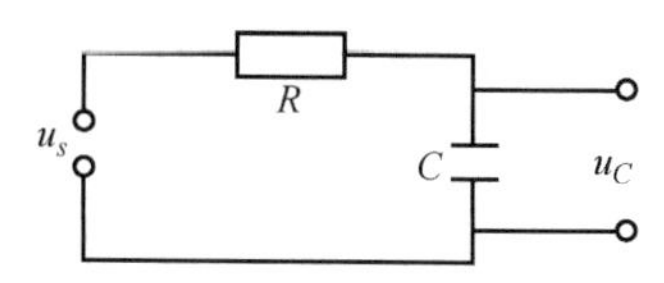

图 7-3　微积分电路原理

$$E(t) = Ri + \frac{\int i \mathrm{d}t}{C} \tag{7-10}$$

积分电路：若在串联回路中的电阻远大于容抗，即当 $R \gg \frac{1}{\omega C}$ 时，电阻上的电压降要远远大于电容上的电压降，即 $u_R \gg u_C$，此时 $E(t) \approx Ri$，于是电路中的电流近似为 $i = \frac{E}{R}$，如果从电容两端取出的电压为

$$u_C \approx \frac{\int i \mathrm{d}t}{C} = \frac{\int E(t) \mathrm{d}t}{CR} \tag{7-11}$$

即取出的电压与输入电压的积分成正比，比例系数为 $\frac{1}{RC}$，其中 RC 的乘积是电路系统的时间常数，根据题设条件 $RC \gg \frac{1}{\omega}$ 可知，积分的精度取决于：

1）时间常数 RC 越大，积分值越精确。

2）外部电压的频率 ω 越高，积分值越精确。

但是，提高积分精度意味着积分输出的信号越小，越容易受噪声干扰。

微分电路：若在串联回路中的容抗远大于电阻，即 $\frac{1}{\omega C} \gg R$，则电容上的电压降要远远大于电阻上的电压降，即 $u_C \gg u_R$，这样，电容两端的电压几乎等于外加电压，即 $u_C = \frac{1}{C}\int i \mathrm{d}t \approx E$，

于是电路中的电流近似为 $i = C\dfrac{\mathrm{d}E}{\mathrm{d}t}$，从电阻两端取出的电压为

$$u_R = R \cdot i = RC\frac{\mathrm{d}E}{\mathrm{d}t}$$

条件 $RC \ll \dfrac{1}{\omega}$意味着系统的时间常数越小，电阻两端的电压越接近精确值。

（2）电感电阻式微积分网络

如图 7-4 所示为 *LRC* 串联系统电路，根据回路定律，可以得到该电路的数学模型为

$$E(t) = L\frac{\mathrm{d}i}{\mathrm{d}t} + iR + \frac{\int i\mathrm{d}t}{C} \tag{7-12}$$

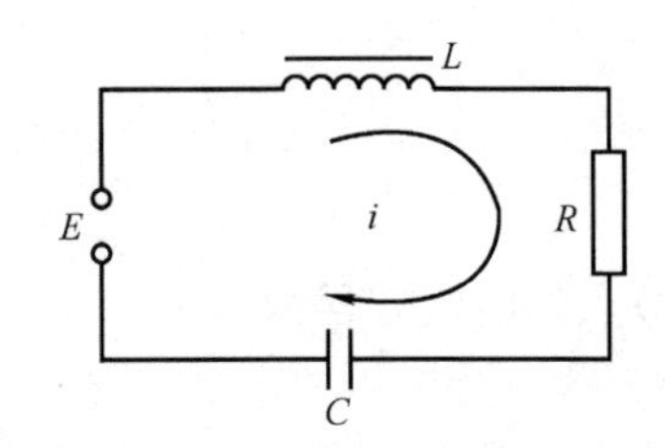

图 7-4　电感电阻式微积分电路

当只有电感和电阻串联时，电路的数学模型为

$$E(t) = L\frac{\mathrm{d}i}{\mathrm{d}t} + iR$$

1）积分电路：若感抗远大于电阻，即 $\omega L \gg R$，此时电感两端的电压远大于电阻两端的电压，可以近似地认为外加电压几乎等于电感两端的电压，即 $E(t) \approx L\dfrac{\mathrm{d}i}{\mathrm{d}t}$，电路中的电流近似为 $i = \dfrac{1}{L}\int E(t)\mathrm{d}t$，测量电阻两端的电压为

$$u_R = Ri = \frac{R}{L}\int E(t)\mathrm{d}t$$

这样，在电阻两端的电压与外加电压的积分成正比，比例系数为$\dfrac{R}{L}$，其中，$\dfrac{L}{R}$为电路的时间常数。显然，时间常数越大，积分结果越准确。

2）微分电路：若电阻远大于感抗，即 $R \gg \omega L$，有 $u_R \gg u_L$，$E(t) \approx iR$，电路中的电流近似为 $i = \dfrac{E(t)}{R}$，在电感上的电压为

$$u_L = L\frac{\mathrm{d}i}{\mathrm{d}t} = \frac{L}{R}\frac{\mathrm{d}E}{\mathrm{d}t}$$

即电感上的电压与外加电压的导数成正比，比例系数为电路的时间常数$\dfrac{L}{R}$，时间常数越小，积分表达越准确。

以上四种微积分电路由于可测量的电压信号较小，给精确测量带来一定的困难，在应用上常采用分段的时间常数来提高测量精度。为了提高精度，出现了有源微积分网络。

2. 阻抗分析法

除了使用直接方法建立电路的动态方程外，还有阻抗分析法。当交流电通过具有电阻、电感、电容的电路时，由于电阻、电感、电容都具有阻碍电流流通的作用，把它们总的效果称为阻抗。根据三种电学基本原件的电压与电流的特性，容易得到其阻抗如表 7-1 所示。

表 7-1　元件阻抗

元　　件	基 本 方 程	阻　　抗
电阻 R	$u=Ri$	$Z_R=R$
电容 C	$u=\dfrac{\int i\mathrm{d}t}{C}$	$Z_C=\dfrac{1}{Cs}$
电感 L	$u=L\dfrac{\mathrm{d}i}{\mathrm{d}t}$	$Z_L=Li$

阻抗的串并联与传递函数的串并联计算方法相同，对于复杂系统，将电器元件用阻抗表示后，可以利用阻抗串、并联的方法来简化动态方程的计算。

例 7-2　运用阻抗分析法建立图 7-5 所示电路的传递函数。

解　利用阻抗的概念可得图 7-5 的等效图 7-6。

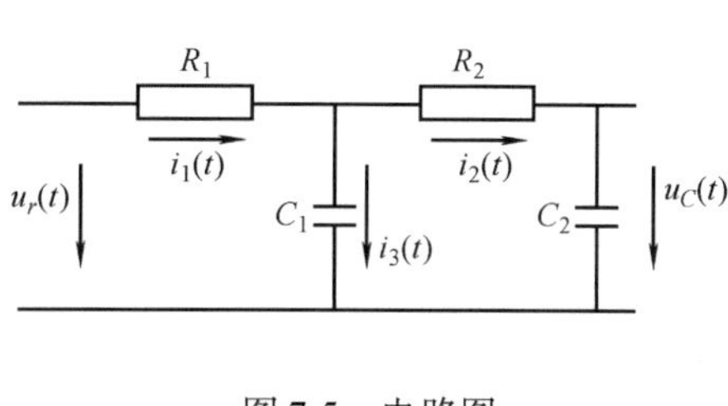

图 7-5　电路图

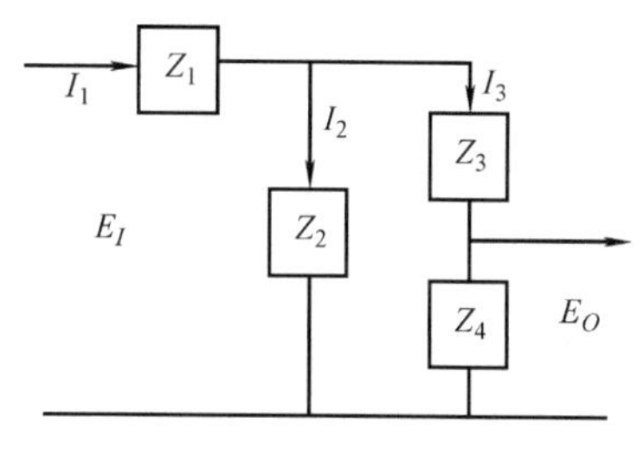

图 7-6　阻抗图

因为

$$Z_2I_2+Z_1I_1=E_I,\quad Z_2I_2=(Z_3+Z_4)I_3$$
$$Z_3I_2=E_O,\qquad I_1=I_2+I_3$$

这样可以求得系统的传递函数为

$$H(s)=\frac{E_O}{E_I}=\frac{Z_3I_2}{Z_2I_2+Z_1I_1}=\frac{1}{R_1C_1R_2C_2s^2+(R_1C_1+R_2C_2+R_1C_2)s+1}$$

7.2 无源滤波器

7.2.1　滤波器的基本类型

滤波器是振动测试中经常用到的一个部件，它能选择需要的信号，过滤掉不需要的信号。为了获得良好的性能和选择性，滤波器应以最小的衰减在有用频段内（称为通频带）传输有用的信号，对于不需要频段内（称为阻频带）的信号给以最大的衰减。

滤波器的基本类型可以分为四种：

（1）低通滤波器：能传送 $0\to f_c$ 频段内的信号，f_c 为低通滤波器的截止频率。

（2）高通滤波器：能传送 $f_c\to\infty$ 频段内的信号，f_c 为高通滤波器的截止频率。

（3）带通滤波器：能传送 $f_1\to f_2$ 频段内的信号，$f_1\to f_2$ 为带通滤波器的带宽。

（4）带阻滤波器：不能传送 $f_1\to f_2$ 频段内的信号，$f_1\to f_2$ 为带阻滤波器的带宽。

在振动测量中，经常会用到 LC 滤波器（由电感和电容组成）、RC 滤波器（由电阻和电容组成）以及谐振滤波器（由晶体振荡器、磁致伸缩、机械等组成）。

7.2.2 无源 *RC* 滤波器

1. 低通滤波器

设 RC 串联系统信号源为

$$u_s(t)=V_{SM}\sin\omega t$$

如图 7-7 所示，并设初值为 $u_C(0)=0$，则有 $u_R(0)=0$。式中，V_{SM}为信号源电压幅值。

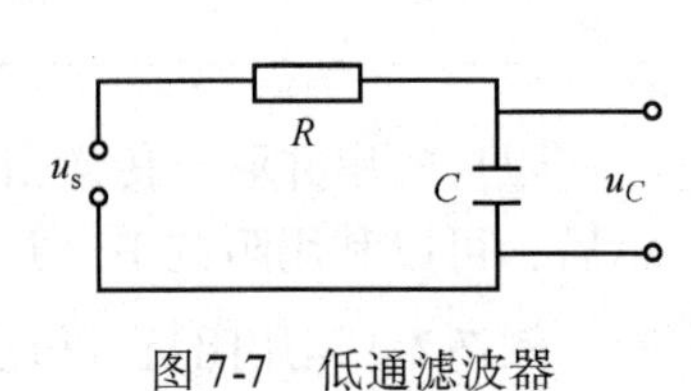

图 7-7 低通滤波器

根据回路定律，可得

$$u_R+u_C=u_s(t)$$

又因

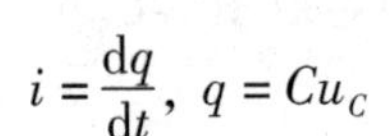

则有

$$i=C\frac{\mathrm{d}u_C}{\mathrm{d}t},\quad u_R=iR$$

得电容两端电压的动态方程为

$$RC\frac{\mathrm{d}u_C}{\mathrm{d}t}+u_C=u_s(t)$$

齐次方程为

$$RC\frac{\mathrm{d}u_C}{\mathrm{d}t}+u_C=0$$

齐次通解为

$$u_C(t)=A\mathrm{e}^{-\frac{t}{\tau}}$$

式中，$\tau=RC$；τ 为一阶系统时间常数。

应用常数比较法可以求得方程的特解，设特解的形式为

$$u_C=B\sin(\omega t+\phi)=B\sin(\omega t)\cos\phi+B\cos(\omega t)\sin\phi$$

式中，B 和 ϕ 为待定常数，代入动态方程中，有

$$\tau\cdot B[\omega\cos(\omega t)\cos\phi-\omega\sin(\omega t)\sin\phi]+B[\sin(\omega t)\cos\phi+\cos(\omega t)\sin\phi]$$
$$=V_{SM}\sin(\omega t)$$

比较方程两边变量 $\sin\omega t$，$\cos\omega t$ 前的系数可得

$$\tau\cdot B\omega\cos\phi+B\sin\phi=0$$
$$-\tau\cdot\omega B\sin\phi+B\cos\phi=V_{SM}$$

解得

$$B[1+(\tau\cdot\omega)^2]\frac{1}{\sqrt{1+(\tau\omega)^2}}=V_{SM}$$

或

$$B=\frac{\sqrt{1+(\tau\omega)^2}}{1+(\tau\omega)^2}\quad V_{SM}=\frac{V_{SM}}{\sqrt{1+(\tau\omega)^2}}$$

$$\tan\phi = -\tau \cdot \omega$$

这样，问题的通解为

$$u_C(t) = Ae^{-\frac{t}{\tau}} + B\sin(\omega t + \phi)$$

利用初值条件

$$u_C(0_+) = Ae^0 + B\sin(\phi) = 0$$

得

$$A = -B\sin(\phi)$$

最后得到 $u_C(t)$ 由两部分组成：

$$u_C(t) = B\sin(\omega t + \phi) - B\sin(\phi)e^{-\frac{t}{\tau}}$$

上式表明，在正弦激励下，RC 电路中元件上电压由两部分组成：带指数衰减因子的瞬态分量和正弦成分的强制分量（稳态）。由于电路初始状态和激励的初值可能有各种情况，激励开始后一段时间内，元件电压会有一段不规则的波形。当时间足够长（$t>4\tau$）时，瞬态分量近似为0，电路进入稳态。稳态解的完全形式为

$$u_C(t) = \frac{V_{SM}}{\sqrt{1+(\tau\omega)^2}}\sin(\omega t + \arctan(-\omega\tau))$$

显然，当 $\tau\omega \ll 1$，即 $\omega \ll \frac{1}{\tau}$ 或 $f \ll \frac{1}{2\pi\tau}$ 时，有

$$B(\omega) \approx V_{SM}$$

也就是说，当外激励频率 $\omega \ll \frac{1}{\tau}$ 时，系统的输出频率和振幅与输入的频率和振幅几乎无衰减，当 $\tau\omega = RC\omega = 1$ 时，有

$$B(\omega) = \frac{V_{SM}}{\sqrt{2}} = 0.707V_{SM}$$

由以上分析可知，一阶 RC 电路可以构成一个低通滤波器，通常定义低通滤波器的截止频率为

$$\omega_c = 1/RC = 1/\tau(1/s)$$

或

$$f_c = \frac{1}{2\pi\tau} = \frac{1}{2\pi RC}(\text{Hz})$$

这时对应的输出信号 u_C 和输入信号 u_s 的幅值的比值为 -3dB（分贝），如图 7-8 所示，

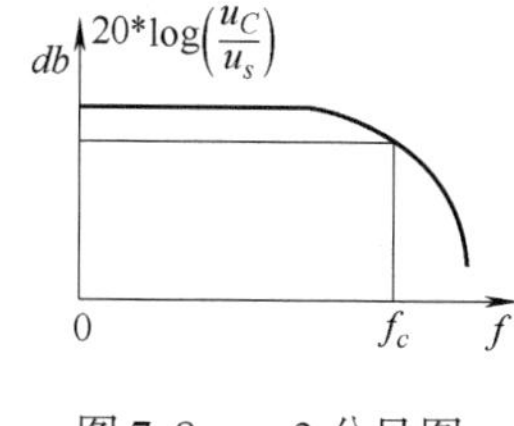

图 7-8　-3 分贝图

即

$$20\log\left(\frac{B(\omega)}{V_{SN}}\right) = 2\log\left(\frac{1}{\sqrt{2}}\right) = -3\text{dB}$$

当输入信号大于 f_c 时，认为此频率的信号被滤波器滤掉了，改变 RC 的数值，可以改变低通截止频率 f_c，同时也改变了滤波器的特性。

为了得到系统的滤波频域特性，可将原微分方程换成传递函数形式，即

$$H(s) = \frac{u_C(s)}{u_s(s)} = \frac{1}{\tau s + 1}$$

再将其转换到频率域中，可以得到其频率特性。

使用 Matlab 频率响应命令

```
freqs(num,den);
```

其中，num，den 分别为传递函数分子分母按 s 的降幂系数。

图 7-9 是 $RC=\tau=1$ 时，截止频率 $\omega_C=1/RC=1$ 的滤波器频率特性和相频特性。根据上述传递函数，可以在命令窗口中直接输入：

```
freqs([0 1],[1  1])
```

可以得到滤波器的频率特性如图 7-9 所示（有关其他较详细的频域分析见第 9 章）。

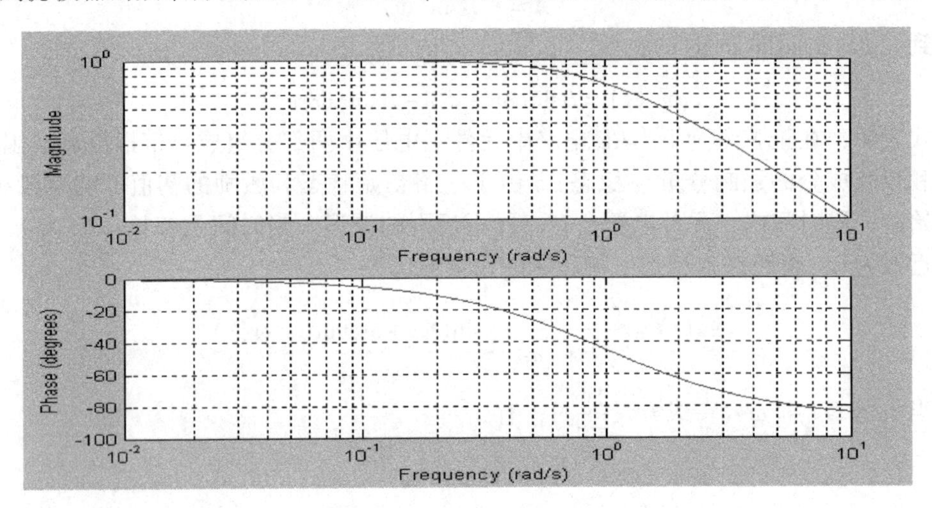

图 7-9　低通滤波器特性

图 7-9 中表示了以截止频率 $\omega_c=1=10^0$（rad/s）为分界点、低频信号和高频信号通过低通滤波器的幅值情况。

在 RC 低通滤波器中的衰减不够时，可以把两个低通滤波器串联起来，以提高滤波效果。

2. 高通滤波器

在 RC 滤波器中，如果以电阻上的电压降为输出变量，根据回路定律，可得

$$u_R+u_C=u_s(t)$$

对上式求导，得

$$\frac{\mathrm{d}u_R}{\mathrm{d}t}+\frac{\mathrm{d}u_C}{\mathrm{d}t}=\frac{\mathrm{d}u_s}{\mathrm{d}t}$$

而$\frac{\mathrm{d}u_C}{\mathrm{d}t}=\frac{i}{C}=\frac{u_R}{CR}$，代入上式，有

$$\frac{\mathrm{d}u_R}{\mathrm{d}t}+\frac{u_R}{RC}=\frac{\mathrm{d}u_s}{\mathrm{d}t}\quad 或\quad \frac{\mathrm{d}u_R}{\mathrm{d}t}+\frac{u_R}{RC}=V_{SM}\omega\cos(\omega t)$$

按以上同样的分析方法，可以得到稳态解为

$$u_R(t)=\frac{\tau\omega V_{SM}}{\sqrt{1+(\tau\omega)^2}}\sin(\omega t+\mathrm{arctg}(\omega\tau))$$

将振幅写成

$$B(\omega)=\frac{V_{SM}}{\sqrt{1/(\tau\omega)^2+1}}$$

其中，$\tau=RC$（一阶系统时间常数）。

根据该式，显然有 $\frac{1}{(\tau\omega)^2}\ll 1$ 时，$\tau\omega\gg 1$，即当 $\omega\gg\frac{1}{\tau}$ 或 $f\gg\frac{1}{2\pi\tau}$ 时，$B(\omega)\approx V_{SM}$。也就是说，当外激励的频率 $\omega\gg 1/\tau$ 时，系统的输出频率和振幅与输入的频率和振幅几乎无衰减，当 $RC\omega=1$ 时，$B(\omega)=\frac{V_{SM}}{\sqrt{2}}=0.707V_{SM}$。

从上述分析可知，这时的一阶 RC 电路可以构成一个高通滤波器。通常定义高通滤波器的低频截止频率为 $f_c=\frac{1}{2\pi RC}$。

当输入信号大于 f_c 时，认为此频率的信号被滤波器滤掉了，当改变 RC 的数值时，可以改变低通滤波器特性。

对原方程取拉普拉斯变换，得

$$su_R(s)+\frac{u_R(s)}{RC}=su_s(s)$$

传递函数为

$$H(s)=\frac{u_R(s)}{u_s(s)}=\frac{S}{s+\frac{1}{RC}}$$

当 $RC=1$ 时，可以得到该系统的传递函数为

$$H(s)=\frac{u_C(s)}{u_s(s)}=\frac{s}{s+1}$$

图 7-10 是取 $RC=1$ 时的滤波器频率特性和相频特性，使用 Matlab 频率响应命令：

```
freqs([1 0],[1  1])
```

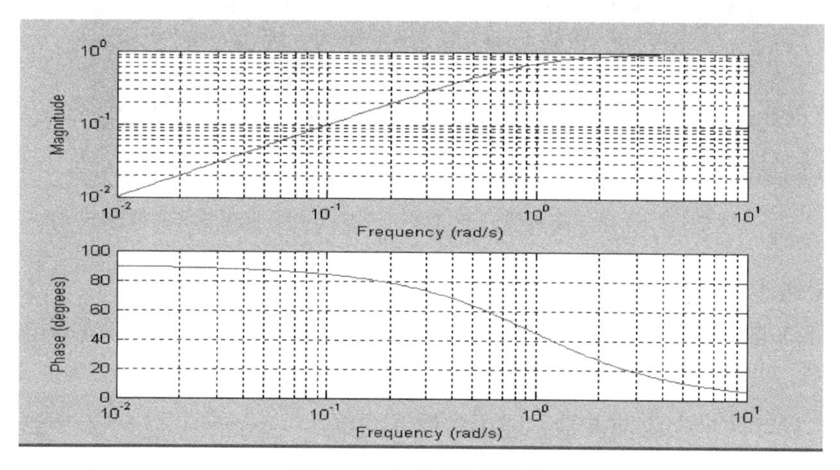

图 7-10　高通滤波器特性

可以将多个低通滤波器串联后获得更好的率减，因为，当两个系统串联时，有

$$H(s)=H_1(s)\times H_2(s)$$

相应的幅频特性与相频特性为

$$A(\omega)=A_1(\omega)\times A_2(\omega),\ \phi(\omega)=\phi_1(\omega)+\phi_2(\omega)$$

例 7-3 设 RC 滤波器中的电阻和电容器的乘积 $RC=1$，有两个正弦信号分别为 $u_1(t)=\sin(0.2t)$，$u_2(t)=\sin(5t)$。试通过 Simulink 分析两信号分别通过低通滤波器和高通滤波器后的幅值。

解 由低通和高通滤波器的截止频率均为 $\omega_C=\dfrac{1}{RC}=1$ 可知，所给出的信号分别是在低频和高频范围内，因此信号通过不同特性的滤波器会有不同的幅值。根据低通和高通滤波器的动态方程，可以得到 Simulink 仿真图和仿真结果，如图 7-11 所示。

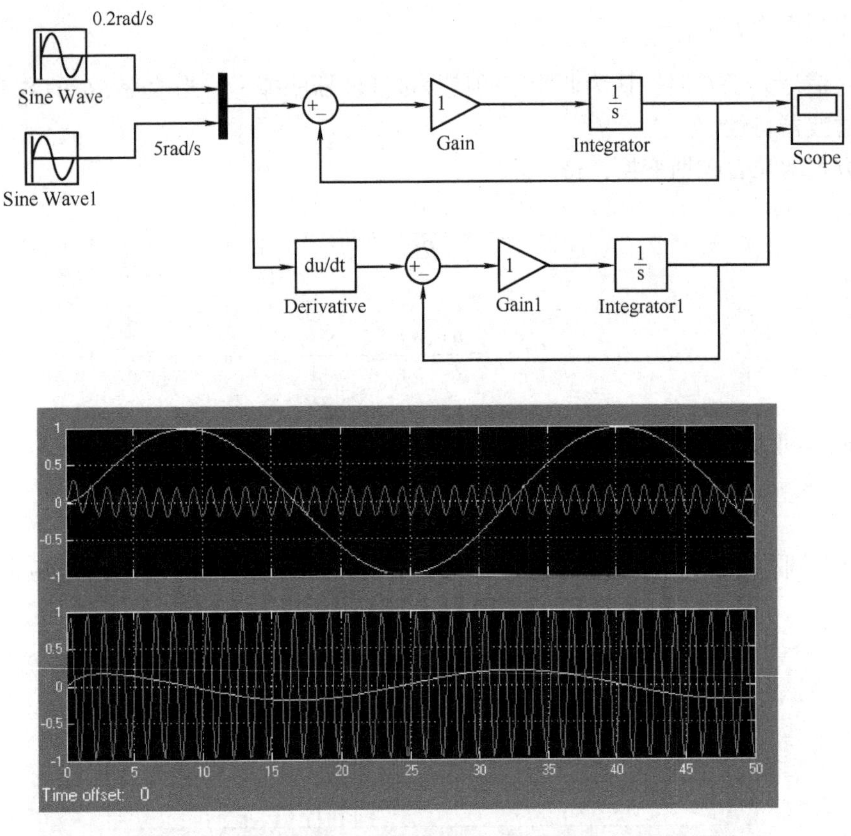

图 7-11 低频、高频信号通过低通滤波器和高通滤波器的情况

3. *RC* 带通滤波器

将一个低通滤波器和高通滤波器串联起来，并选择低通滤波器的截止频率大于高通滤波器的截止频率，可以构成一个带通滤波器。

例 7-4 设计两个一阶滤波器：一个为低通滤波器，其时间常数为 τ_1；另一个为高通滤波器，时间常数为 τ_2。将这两个滤波器串联，如图 7-12 所示，并设低通滤波器的截止频率为 $f_{c1}=\dfrac{1}{2\pi\cdot C_1R_1}=100$，而

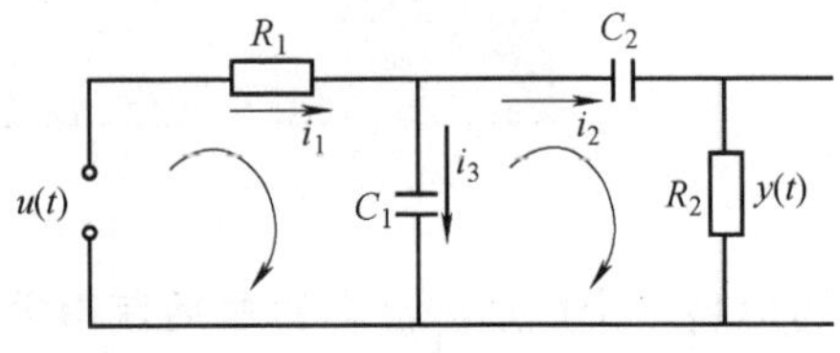

图 7-12 双环路带通滤波器电路图

高通滤波器的截止频率为$f_{c1}=\dfrac{1}{2\pi C_2R_2}=10$，试分析该系统的滤波器特性。

解 这是有一个节点和两个环路的电路，有

$$u(t)=i_1R_1+\frac{\int(i_1-i_2)\mathrm{d}t}{C_1} \tag{7-13}$$

$$\frac{\int(i_2-i_1)\mathrm{d}t}{C_1}=\frac{\int i_2\mathrm{d}t}{C_2}+i_2R_2 \tag{7-14}$$

$$i_1=i_2+i_3,\quad y(t)=i_2R_2$$

对式（7-13）和式（7-14）取拉普拉斯变换，得

$$u(s)=i_1(s)R_1+\frac{i_1(s)-i_2(s)}{sC_1} \tag{7-15}$$

$$\frac{i_1(s)-i_2(s)}{C_1s}=\frac{i_2(s)}{sC_2}+i_2(s)R_2 \tag{7-16}$$

由式（7-15）解得

$$i_1(s)\left[R_1+\frac{1}{sC_1}\right]=\frac{i_2(s)}{sC_1}+u(s)$$

得

$$i_1(s)=\frac{i_2(s)+sC_1u(s)}{1+sC_1R_1}$$

代入式（7-16），得到输入与输出之间的传递函数为

$$H(s)=\frac{R_2i_2}{u(s)}=\frac{y(s)}{u(s)}=\frac{sC_2R_2}{s^2C_1R_1C_2R_2+s(C_1R_1+C_2R_2+R_1C_2)+1}$$

设 $C_1=1\times10^{-4}\mu\text{F}$，$R_1=200\Omega$，$C_2=1\times10^{-4}\mu\text{F}$，$R_2=2000\Omega$

则

$$\tau_1=C_1R_1=2\times10^{-2}\text{s},\ \tau_2=C_2R_2=2\times10^{-1}\text{s}$$

带通频率为

$$f_1=1/\tau_1=5\times10^1\text{Hz},\quad f_2=1/\tau_2=5\times10^0\text{Hz}$$

则

$$H(s)=\frac{R_2i_2}{u(s)}=\frac{y(s)}{u(s)}=\frac{0.2s}{0.004s^2+0.24s+1}=\frac{s}{0.02s^2+1.2s+5}$$

使用Matlab频率响应命令

```
freqs([0.2 0],[0.004 0.24  1])
```

带通滤波器特性如图7-13所示。

从图7-13中可以看出，在中间的某一段范围内（5～50rad/s），曲线的幅值几乎保持不变，即构成一带通滤波器。

值得注意的是，两个带通滤波器的上限、下限截止频率不一定等于这两个高通滤波器和低通滤波器的截止频率，因为后一级对前一级有“负载”效应，前一级是后一级的输入内阻。为了消除这种影响，常在两级之间加隔离，如使用射级隔离器或运算放大器隔离器，所以通常的带通滤波器为有源滤波器。

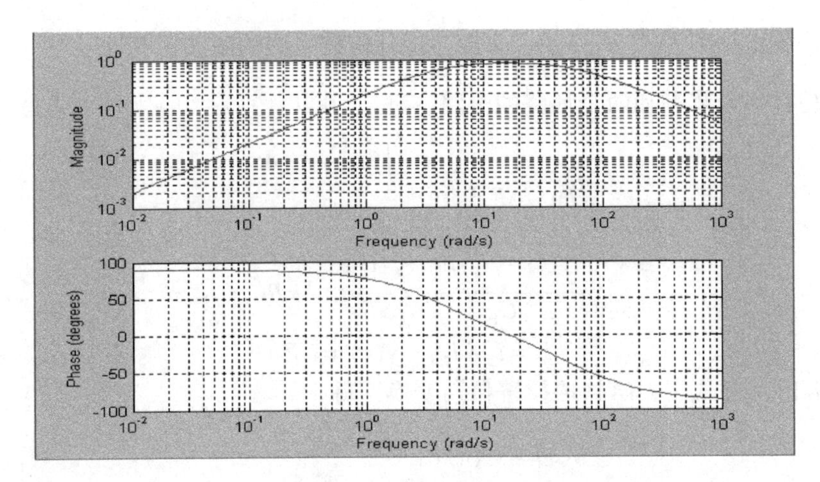

图 7-13　带通滤波器特性图

4. *RC* 带阻滤波器

如果把低通滤波器和高通滤波器并联起来，选取适当的参数，则可以构成带阻滤波器。带阻滤波器电路如图 7-14 所示。请读者分析其频率特性。

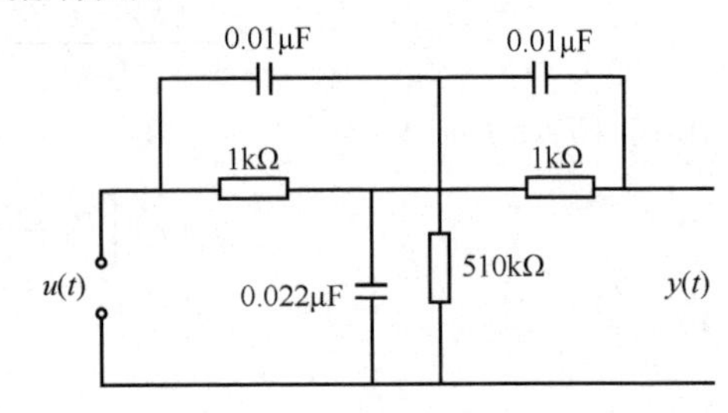

图 7-14　*RC* 带阻滤波器

7.2.3　无源 *RLC* 滤波器

除了采用一阶滤波器外，还可以采用二阶滤波器模型，其中 *RLC* 就是一种。如图 7-15 所示。

设输入电压为 u_0，取电阻两端的电压为输出，可以构成一带通滤波器，根据二阶电路的动态方程

$$L\frac{\mathrm{d}i}{\mathrm{d}t} + Ri + \frac{1}{C}\int i\mathrm{d}t = u_0$$

图 7-15　无源 *RLC* 带通滤波器

因为 $u_R = iR$，则

$$\frac{L}{R}\frac{\mathrm{d}u_R}{\mathrm{d}t} + u_R + \frac{1}{RC}\int u_R\mathrm{d}t = u_0 \tag{7-17}$$

对式（7-17）两端取拉普拉斯变换，得

$$\left(\frac{L}{R}s + 1 + \frac{1}{sRC}\right)u_R(s) = u_o(s)$$

传递函数为

$$H(s) = \frac{u_R(s)}{u_0(s)} = \frac{R}{Ls + R + \frac{1}{sC}} = \frac{sRC}{LCs^2 + RCs + 1}$$

对比 *RC* 带通滤波器可知，适当地调整 *RLC* 值，便能获得带通滤波器效果。Matlab 代码如下，得到的带通滤波器的频率特性如图 7-16 所示。

```
R=2000;C=1e-4;L=1;
num=[R*C 0];den=[L*C,R*C,L];
```

```
[R,P,K]=residue(num,den)
freqs(num,den);
```

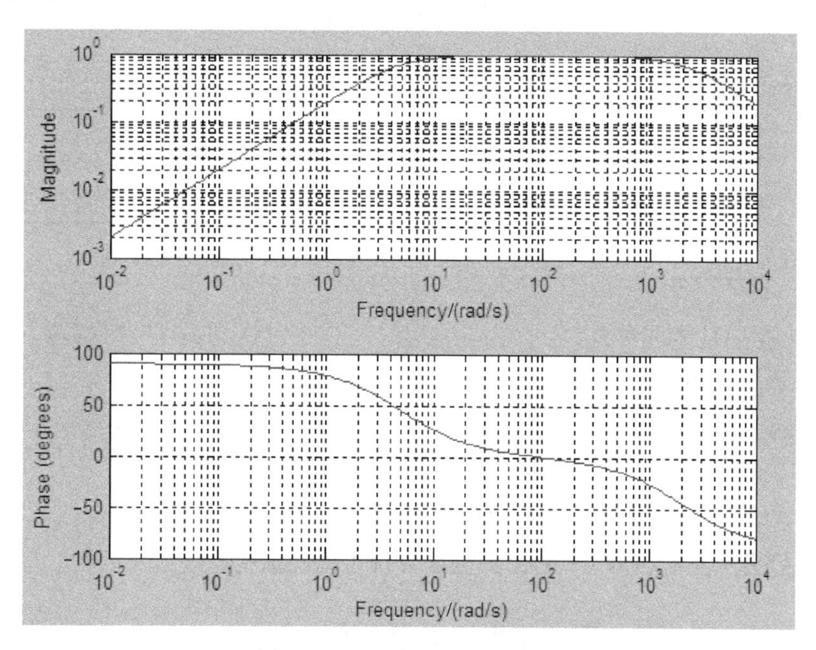

图 7-16 *RLC* 带通滤波器特性

RC 数值的大小与通带宽度有关，请读者自行分析这种关系。

以上所说的滤波器是无源滤波器，由于构造简单，所以得到了广泛的应用，缺点是这种滤波器的衰减阶段不够理想，将多级滤波串联或并联可以改变滤波器的特性。另外，如果在电路中加入放大电路（如运算放大器）构成有源滤波器，其效果会大大改进。有关有源滤波器请参考相关书籍。

7.3 机电相似系统

可以用相同的数学模型表示、但其物理意义不同的系统称为相似系统。因此相似系统可以用相同的微分方程、积分方程或传递函数来描述。

相似系统的概念在实际中非常有用，原因如下：

（1）描述一个物理系统的解可以直接应用于任何其他领域的相似系统。

（2）当一种类型的系统比另一种类型的系统在实验上容易处理时，通常选择前者。例如，对于所要建立和研究的机械系统（或液压系统、气动系统等），可以建立和研究其电学相似系统，一般而言，电气或电子系统在实验上比较容易处理。

本章主要介绍力学（机械）系统和电气系统之间的相似原理——机械-电气相似。机械系统可以通过它的电学相似系统来研究，其电学系统模型可能比相应的机械系统模型更容易建立。对机械系统有两种电学相似系统：力-电压相似和力-电流相似。

7.3.1 力-电压相似系统

考虑图 7-17 所示的机械系统和图 7-18 所示的电气系统，在力学系统中，输入的是力 F；

在电气系统中，输入的是电压源的电压 u。机械系统的方程为

$$m\ddot{x}+c\dot{x}+kx=F \tag{7-18}$$

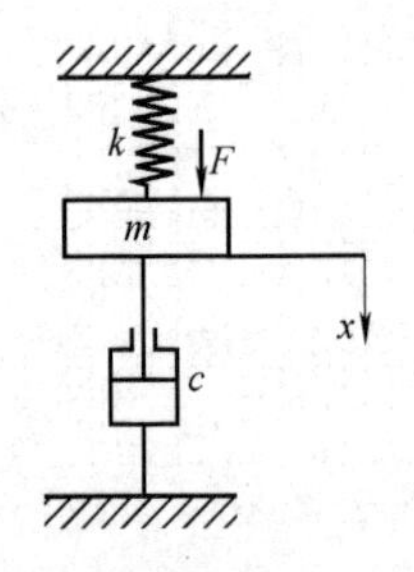

图 7-17　机械系统

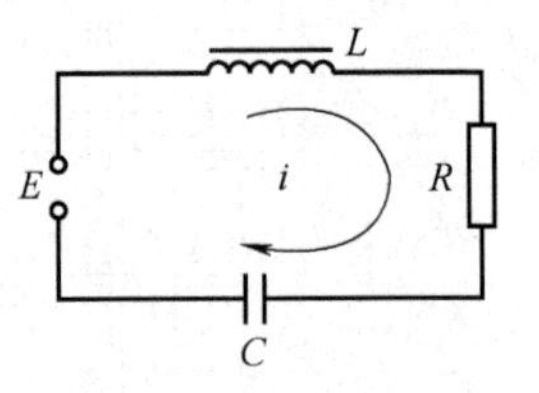

图 7-18　电气系统

式中，m 是质量；x 为从平衡位置开始测量的位移。

电气系统的方程为

$$L\frac{\mathrm{d}i}{\mathrm{d}t}+Ri+\frac{1}{C}\int i\mathrm{d}t=u$$

如果用电荷表示电流，即 $i=\frac{\mathrm{d}q}{\mathrm{d}t}$，则电学方程可以写成为

$$L\frac{\mathrm{d}^2q}{\mathrm{d}t^2}+R\frac{\mathrm{d}q}{\mathrm{d}t}+\frac{q}{C}=u \tag{7-19}$$

比较式（7-18）和式（7-19）可知，两个系统的数学模型完全一样，因此这两个系统是相似的。

在微分方程中相对应位置的量称为相似量，在这种相似系统中，对应的相似量为力-电压相似（见表 7-2）、质量-电感相似和位移-电荷相似。

表 7-2　力-电压相似系统的相似量

力学系统	电气系统
力 F、力矩 M	电压 u
质量 m、转动惯量 J	电感 L
黏性阻尼系数 c	电阻 R
刚度系数 k	电容倒数 $1/C$
位移 x、转角 φ	电荷 q
速度、角速度	电流 i

二阶系统微分方程的一般式为

$$m\frac{\mathrm{d}^2y(t)}{\mathrm{d}t^2}+B\frac{\mathrm{d}y(t)}{\mathrm{d}t}+Ky(t)=f(t)$$

若令时间常数 $T_B=\frac{B}{K}$，$T_m=\sqrt{\frac{m}{K}}$，则上式可写成

$$T_m^2\frac{\mathrm{d}^2y(t)}{\mathrm{d}t^2}+T_B\frac{\mathrm{d}y(t)}{\mathrm{d}t}+y(t)=\frac{1}{K}f(t)=K_af(t)$$

式中，$K_a=\frac{1}{K}$。

7.3.2　力-电流相似系统

机械与电气系统的另一个相似原理称为力-电流相似。

对于同一个力学系统，可以通过以下的电学系统得到，在如图7-19所示的电学系统中，i 是恒流源，根据节点定律，可以得到线路方程为

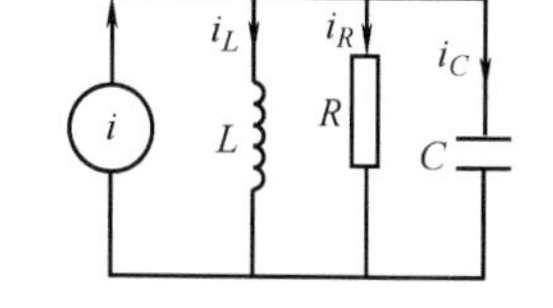

图7-19　力-电流相似系统

$$i = i_L + i_R + i_C$$

式中

$$i_L = \frac{1}{L}\int u\mathrm{d}t,\ i_R = \frac{u}{R},\ i_C = C\frac{\mathrm{d}u}{\mathrm{d}t}$$

即

$$i = i_L + i_R + i_C = \int u\mathrm{d}t + \frac{u}{R} + C\frac{\mathrm{d}u}{\mathrm{d}t}$$

如果用磁通量 Φ 来表示电压 u，即

$$u = \frac{\mathrm{d}\Phi}{\mathrm{d}t}$$

则

$$C\frac{\mathrm{d}^2\Phi}{\mathrm{d}t^2} + \frac{1}{R}\frac{\mathrm{d}\Phi}{\mathrm{d}t} + \frac{\Phi}{L} = i(t)$$

力-电流相似系统的相似量见表7-3。

表7-3　力-电流相似系统的相似量

力学系统	电气系统
力 F、力矩 M	电流 i
质量 m、转动惯量 J	电容 C
黏性阻尼系数 c	电阻倒数 $1/R$
刚度系数 k	电感倒数 $1/L$
位移 x、转角 ϕ	磁通量 Φ
速度、角速度	电压 u

例7-5　试建立如图7-20所示的机械系统和图7-21所示的电学系统的力学模型，并分析它们是否为相似系统，如果是相似系统，进一步说明是力-电压相似还是力-电流相似。

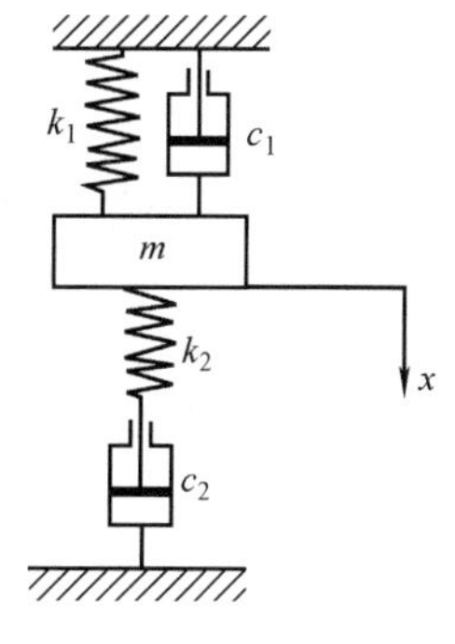

图7-20　机械系统

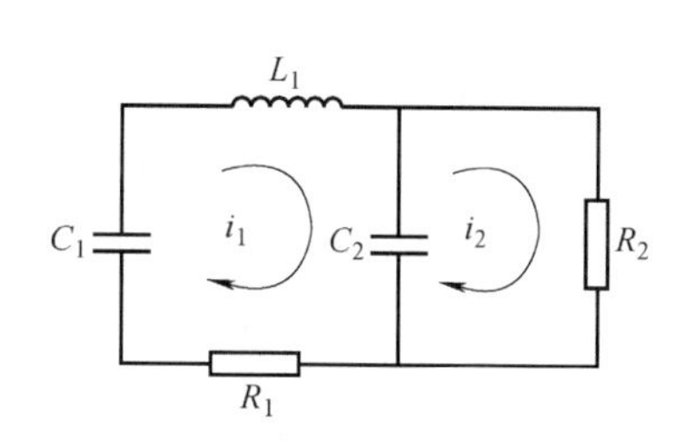

图7-21　力-电压相似系统

解 机械系统建模，容易得到

$$m_1\ddot{x} = -c_1\dot{x} - k_1x + k_2(x_2 - x) - c_2\dot{x}_2 - k_2(x_2 - x) = 0$$

电学系统建模。根据环路电压定律

$$L_1\frac{\mathrm{d}i_1}{\mathrm{d}t} + \frac{1}{C_1}\int i_1\mathrm{d}t + R_1i_1 + \frac{1}{C_2}\int(i_1 - i_2)\mathrm{d}t = 0$$

$$R_2i_2 + \frac{1}{C_2}\int(i_2 - i_1)\mathrm{d}t = 0$$

因为$\frac{\mathrm{d}q_1}{\mathrm{d}t} = i_1$，$\frac{\mathrm{d}q_2}{\mathrm{d}t} = i_2$，则有

$$L_1\ddot{q}_1 + R_1\dot{q}_1 + \frac{1}{C_1}q_1 + \frac{1}{C_2}(q_1 - q_2) = 0$$

$$R_2\dot{q}_2 + \frac{1}{C_2}(q_2 - q_1) = 0$$

对比这两个模型可知，它们是力-电压相似系统。

7.4 机电耦合系统的数学建模

在工程实际问题中，常常同时伴随着机械元件和电器元件出现在同一个系统中，这样便产生了机电耦合系统，机电耦合系统的类型很多，在此以直流励磁电动机和磁悬浮系统的数学建模为例说明机械电器耦合系统的模型建立问题。

直流励磁电动机的基本原理：直流励磁电动机由定子和转子构成，定子中有励磁线圈提供磁场，转子中有电枢线圈，在一定的磁场力情况下，通过改变电枢电流可以改变电动机的转速，图 7-22 所示为直流励磁电动机原理图。

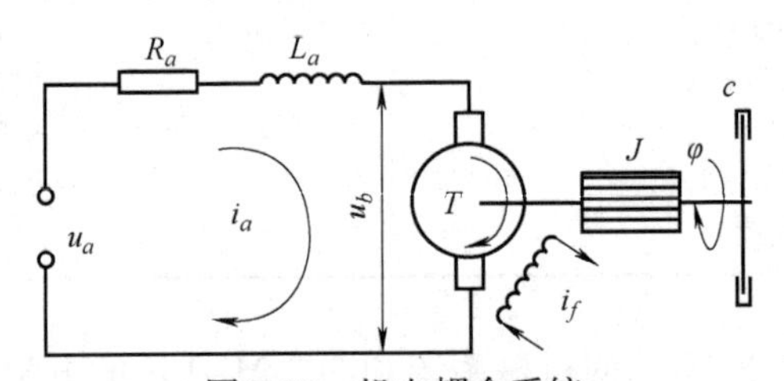

图 7-22 机电耦合系统

R_a—电枢电阻 L_a—电枢电感 i_a—电枢电流 u_a—电枢外电压 u_b—电枢电动势 i_f—励磁电流
T—电动机转矩 J—电动机转子转动惯量 c—电动机和负载的黏性阻尼系数

系统模型：电动机的转矩 T 与电枢电流 i_a 和气隙磁通量 ψ 成正比，而磁通量 ψ 与励磁电流 i_f 成正比，即 $T = k_li_a\psi$，$\psi = k_fi_f$，其中，k_l 是励磁系数，k_f 是磁通系数，则电动机驱动力矩为 $T = k_lk_fi_ai_f$，在励磁电流等于常数的情况下，电动机的驱动力矩与电枢电流成正比，即 $T = K\cdot i_a$，这里 K 为常数。

当电动机转动时，在电枢中会产生反向磁感电动势，磁感电动势的大小与转子的转动角速度成正比，即

$$u_b = k_b\frac{\mathrm{d}\varphi}{\mathrm{d}t} \tag{7-20}$$

式中，k_b 为反向电动势常数。

由回路定律可以得到电枢电路的微分方程，为

$$L_a \frac{\mathrm{d}i_a}{\mathrm{d}t} + R_a i_a + u_b = u_a \tag{7-21}$$

转子动力学方程为

$$J \frac{\mathrm{d}^2\varphi}{\mathrm{d}t^2} + c\frac{\mathrm{d}\varphi}{\mathrm{d}t} = T,\ T = Ki_a \tag{7-22}$$

通过联立求解上面的电学方程和力学方程，最终可以得到系统的输入电压和输出转角的关系。

为了得到方程的解，可以求出系统的传递函数。对式（7-20）～式（7-22）取拉普拉斯变换，得

$$u_b(s) = s \cdot k_b\varphi(s) \tag{7-23}$$

$$L_a si(s) + R_a i(s) + u_b(s) = u_a(s) \tag{7-24}$$

$$Js^2\varphi(s) + cs\varphi(s) = Ki(s) \tag{7-25}$$

将式（7-23）代入式（7-24）中，得

$$L_a s \cdot i(s) + R_a i(s) + s \cdot k_b\varphi(s) = u_a(s)$$

从该式解出

$$i(s) = \frac{u_a(s) - s \cdot k_b\varphi(s)}{L_a s + R_a}$$

代入式（7-25）中，

$$Js^2\varphi(s) + cs \cdot \varphi(s) = K\frac{u_a(s) - s \cdot k_b\varphi(s)}{sL_a + R_a}$$

系统的传递函数为

$$H(s) = \frac{\varphi(s)}{u_a(s)} = \frac{K}{(sL_a + R_a)(Js^2 + cs) - sKk_b} = \frac{K}{s[s^2JL_a + s^1(JR_a + cL_a) + R_a c + Kk_b]}$$

通过控制电枢的输入电压可以控制系统的输出转角。

当电路中的电感通常 L_a 很小，并可以忽略时，系统的传递函数可以简化为

$$H(s) = \frac{\varphi(s)}{u_a(s)} = \frac{K}{s^2JR_a + s(R_a c + Kk_b)}$$

7.5 运算放大器系统的数学建模

运算放大器在机电系统应用中是一个重要的电子器件，并且有很多成功的应用示例，常应用于电子滤波和传感器的放大电路中。

图 7-23 所示为运算放大器（Op-amps）的简图，有两个输入端，当信号从“－”端 e_1 输入时，输出与输入信号反相，当从正端输入 e_2 时，输出与输入同相，称 e_1 端为反相输入端，e_2 为同相输入端。

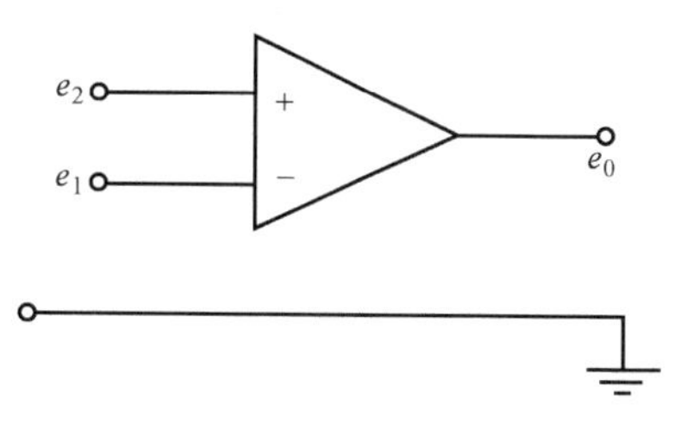

图 7-23 运算放大器简图

运算放大器的特性：

（1）高增益：输出与输入关系为

$$e_0 = k(e_2 - e_1)$$

式中，k 为放大倍数，$k = \dfrac{e_0}{e_2 - e_1}$。

对于开环情况下，直流放大倍数约为$10^4 \sim 10^6$。

（2）高输入阻抗和低输出阻抗：输入阻抗一般为$10^4 \sim 10^6\Omega$，通常认为输入端的阻抗无穷大。输出阻抗一般为几十欧到一二百欧。在深度负反馈时，输出阻抗会更小。

为了简化计算，通常将运算放大器作为理想情况，即认为放大倍数和输入阻抗为无限大，而输出阻抗为零，由此可以得到以下两个结论：

（1）由于输入阻抗无穷大，则运放的输入电流等于零。

（2）由于放大倍数为无限大，则运放的输出为有限值，由 $k = \dfrac{e_0}{e_2 - e_1}$可知，两个输入端口的电压相等，即 $e_1 = e_2$。

下面通过几个例子来说明运算放大器的数学模型的建立方法。

例 7-6 考虑如图 7-24 所示的放大器电路，建立倒相放大器的数学模型。

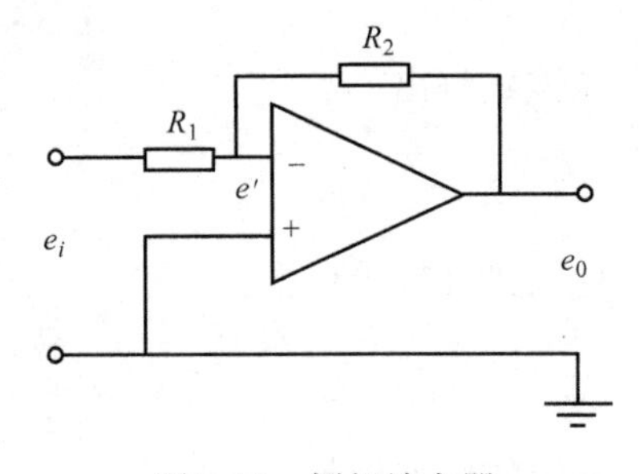

图 7-24 倒相放大器

解 根据电路的连接方式，设输入电压为 e_i，输出电压为 e_0，则流过电阻 R_1 和 R_2 上的电流为

$$i_1 = \frac{e_i - e'}{R_1}, \quad i_2 = \frac{e' - e_0}{R_2}$$

由于两个输入端之间以及系统内阻无限大，则无电流流过输入端，因此有 $i_1 = i_2$，即

$$\frac{e_i - e'}{R_1} = \frac{e' - e_0}{R_2}$$

也即

$$\frac{e_i}{R_1} + \frac{e_0}{R_2} = \left(\frac{1}{R_1} + \frac{1}{R_2}\right)e'$$

又因 $e_0 = k(e_2 - e_1) = -ke'$（这里 e_2 是同相端电压，e_1 为反相端电压，k 为电压放大倍数，并有 $e_2 = 0$，$e_1 = e'$），则

$$\frac{e_i}{R_1} + \frac{e_0}{R_2} = -\frac{1}{k}\left(\frac{1}{R_1} + \frac{1}{R_2}\right)e_0$$

或

$$e_0\left(\frac{1}{R_2} + \frac{1}{kR_1} + \frac{1}{kR_2}\right) = -\frac{e_i}{R_1}$$

$$\frac{e_0}{e_i} = \frac{-R_2/R_1}{1 + \dfrac{1 + R_2/R_1}{k}}$$

在应用中，R_1 和 R_2 一般是可比量级的，因此则有$\dfrac{1 + R_2/R_1}{k} \ll 1$，且近似有

$$\frac{e_0}{e_i} = -\frac{R_2}{R_1} \quad 或 \quad \frac{e_0}{R_2} + \frac{e_i}{R_1} = 0$$

可以得到

$$e' = \left(\frac{e_i}{R_1} + \frac{e_0}{R_2}\right) \Big/ \left(\frac{1}{R_1} + \frac{1}{R_2}\right) = 0$$

这个结论说明，当输出端有反馈到输入负端时，负端的电压与正端电压相等，这种状态称为“虚短路”，这时，运算放大器的负端电压和正端电压均为零，而输出端的电压和输入端的电压为

$$e_0 = -\frac{R_2}{R_1} e_i$$

即输出端和输入端的极性相反，大小取决于两个电阻之比。当 $R_1 = R_2$ 时，$e_0 = -e_i$，该电路称为反相器。

例 7-7 同相放大器。如图 7-25 所示，根据运算放大器输入端的阻抗无限大，输入端无电流流过，则 $e' = e_i$，因此有

$$\frac{e_0}{R_2 + R_1} = \frac{e_i}{R_1}$$

则 $e_0 = \dfrac{R_2 + R_1}{R_1} e_i$，输出电压与输入电压同相，特别是当 $R_1 = \infty$ 时，有 $e_0 = e_i$，该电路称为射级跟随器。

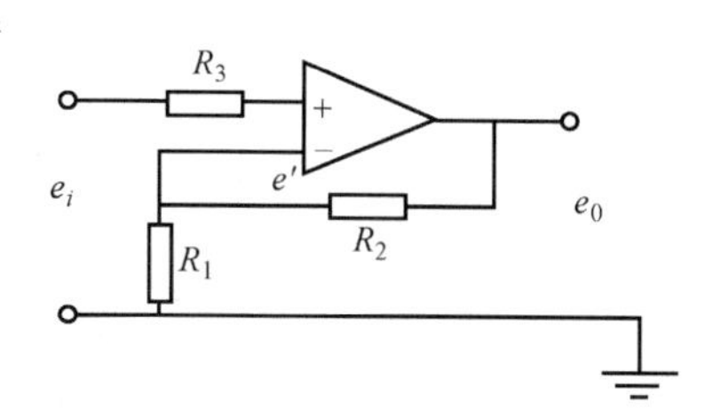

图 7-25 同相放大器

例 7-8 考虑如图 7-26 所示的电路，建立加法器数学模型：

$$i_1 = \frac{e_1 - e'}{R_1}, i_2 = \frac{e_2 - e'}{R_2}$$

$$i_3 = \frac{e_3 - e'}{R_3},\ i_4 = \frac{e' - e_0}{R_4}$$

流过电阻 R_4 的电流为

$$i_1 + i_2 + i_3 = i_4$$

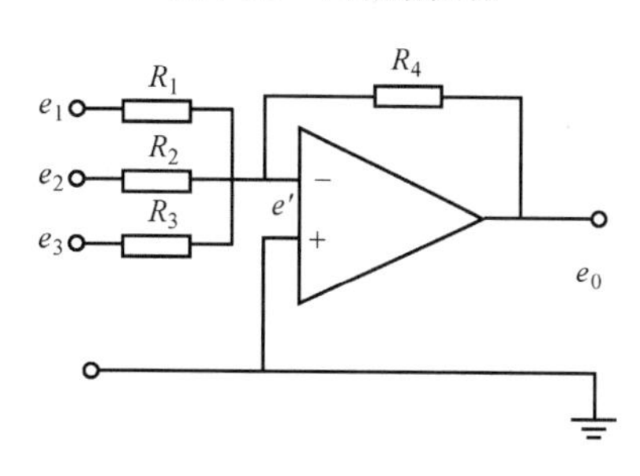

图 7-26 加法器

即

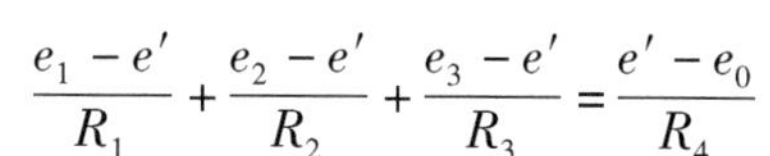

$$\frac{e_1 - e'}{R_1} + \frac{e_2 - e'}{R_2} + \frac{e_3 - e'}{R_3} = \frac{e' - e_0}{R_4}$$

再根据以上结论有 $e' = 0$，如果选择 $R_1 = R_2 = R_3 = R_4 = R$，可得

$$e_0 = -(e_1 + e_2 + e_3)$$

称该电路为反相加法器。

例 7-9 积分器。在如图 7-27 所示的电路中，因为

$$i_1 = \frac{e_i - e'}{R}, \quad i_C = C\frac{\mathrm{d}u_C}{\mathrm{d}t}$$

又因 $i_C = i_1$，$e' = 0$，则有

$$u_C = \int RCe_i(t)\,\mathrm{d}t$$

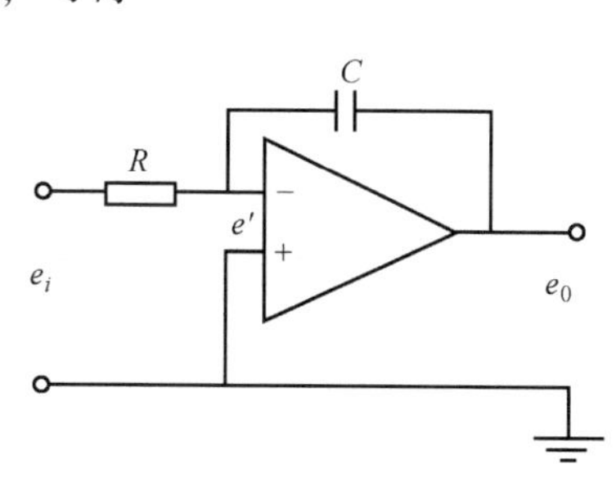

图 7-27 积分器

输出与输入是积分关系，因此该电路称为有源积分器。

例 7-10 微分器。在如图 7-28 所示的电路中，因为

$$i_C = C\frac{\mathrm{d}(e_i - e')}{\mathrm{d}t},\ i_R = \frac{u_R}{R}$$

又因为 $i_C = i_R$，$e' = 0$，则有

$$u_R = RC\frac{\mathrm{d}e_i(t)}{\mathrm{d}t}$$

输出电压和输入电压为微分关系，因此该电路称为微分器。

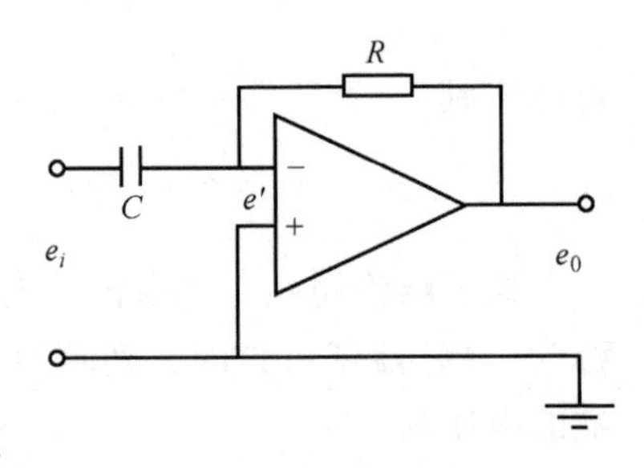

图 7-28　微分器

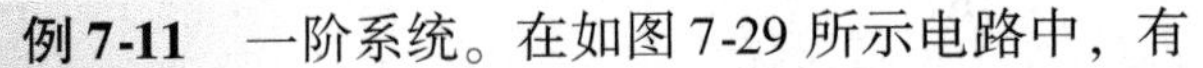

例 7-11 一阶系统。在如图 7-29 所示电路中，有

$$i_1 = \frac{e_i - e'}{R_1}, i_2 = \frac{e' - e_0}{R_2}$$

$$i_3 = C_1\frac{\mathrm{d}(e' - e_0)}{\mathrm{d}t}$$

另 $e' = 0$，再根据 $i_1 = i_2 + i_3$，则有

$$\frac{e_i}{R_1} = -\frac{e_0}{R_2} - C_1\frac{\mathrm{d}e_0}{\mathrm{d}t}$$

该动态方程为一阶微分方程，假定初始条件为零，对方程进行拉普拉斯变换，得到系统的传递函数为

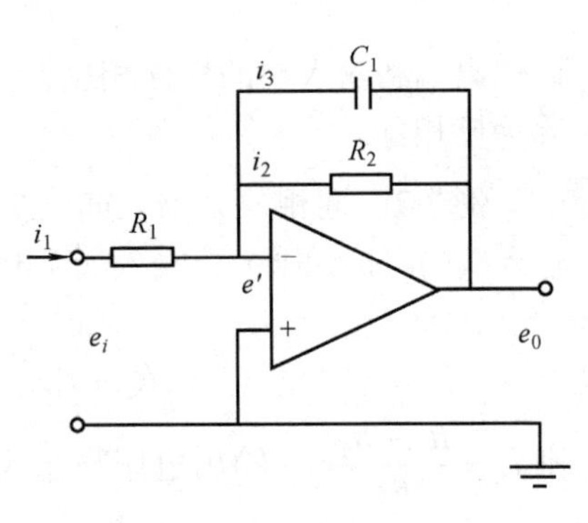

图 7-29　一阶系统

$$H(s) = \frac{E_0(s)}{E_i(s)} = -\frac{R_2}{R_1}\frac{1}{R_2Cs + 1}$$

如果给定系统的输入为节跃激励，即 $e_i(t) = E \cdot 1(t)$，则有

$$E_0(s) = -\frac{R_2}{R_1}\frac{1}{R_2Cs + 1}\frac{E}{s} = -\frac{R_2E}{R_1}\left[\frac{1}{s} - \frac{1}{s + 1/(R_2C)}\right]$$

时域响应为

$$e_0(t) = -\frac{R_2E}{R_1}\left[1 - \exp\left(-\frac{t}{R_2C}\right)\right]$$

例 7-12 二阶系统。如图 7-30 所示的系统，有

$$i_1 = \frac{e_i - e_A}{R_1},\quad i_2 = \frac{e_A - e'}{R_2}$$

$$i_3 = \frac{e_A - e_0}{R_3}$$

$$i_4 = C_1\frac{\mathrm{d}e_A}{\mathrm{d}t},\quad i_5 = C_2\frac{\mathrm{d}(e' - e_0)}{\mathrm{d}t}$$

由于输出端反馈到输入端，则 $e' = 0$，$i_2 = i_5$。

在 A 点，$i_1 = i_2 + i_3 + i_4$，即

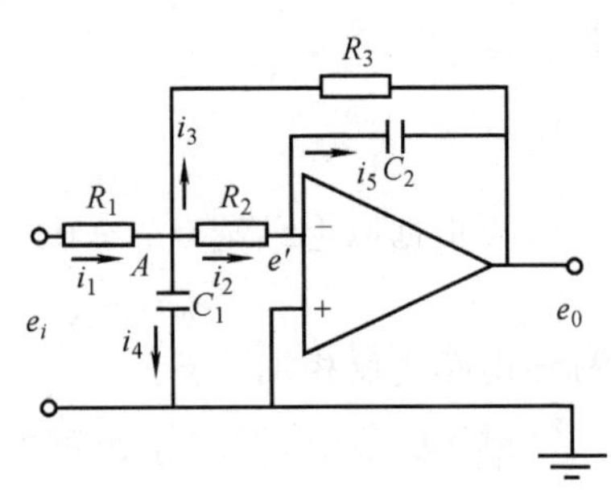

图 7-30　二阶系统

$$\frac{e_i - e_A}{R_1} = \frac{e_A}{R_2} + \frac{e_A - e_0}{R_3} + C_1\frac{\mathrm{d}e_A}{\mathrm{d}t} \tag{7-26}$$

以及

$$\frac{e_A}{R_2}=-C_2\frac{\mathrm{d}e_0}{\mathrm{d}t} \tag{7-27}$$

将式（7-27）代入式（7-26），消去 e_A，得

$$-C_1R_2C_2\frac{\mathrm{d}^2e_0}{\mathrm{d}t^2}-R_2C_2\left(\frac{1}{R_1}+\frac{1}{R_2}+\frac{1}{R_3}\right)\frac{\mathrm{d}e_0}{\mathrm{d}t}-\frac{e_0}{R_3}=\frac{e_i}{R_1}$$

系统的传递函数为

$$H(s)=\frac{-1/R_1}{C_1C_2R_2s^2+[C_2(R_2R_3+R_1R_3+R_1R_2)/(R_1R_3)]s+1/R_3}$$

简写为

$$H(s)=\frac{C_0}{a_2s^2+a_1s+a_0}$$

$$a_2=C_1C_2R_2, a_1=\frac{C_2(R_2R_3+R_1R_3+R_1R_2)}{R_1R_3},\ a_0=-\frac{1}{R_3},\ C_0=-\frac{1}{R_1}$$

对于熟悉 PID 知识的读者，可参考 10.2 节的电子 PID 设计，建立 PID 控制数学模型。

例 7-13 磁悬浮系统的数学建模与仿真。磁悬浮是当今有重大应用的成果，其中最典型的两大应用领域是磁悬浮列车和磁悬浮轴承。磁悬浮列车的原理就是将列车的车厢用磁力悬浮起来，由于没有接触和摩擦，所以列车可以以非常高的速度运行。磁悬浮轴承（Magnetic Bearing）技术是一种应用转子动力学、机械学、电工电子学、控制工程、磁性材料、测试技术、数字信号处理等的综合技术。通过磁场力将转子和轴承分开，实现无接触的新型支承组件。图 7-31 所示为磁悬浮轴承系统的简图，这是一个具有反馈装置的动力学控制系统，原理如下：

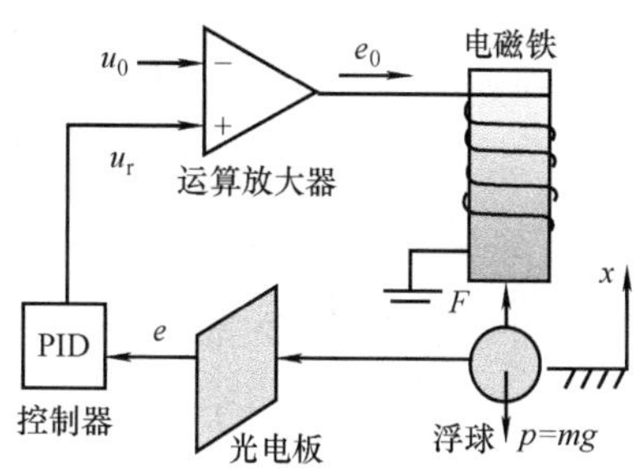

图 7-31 磁悬浮轴承系统简图

（1）电磁动力学力方程：电磁力是线圈中的电流 i 和浮球位置 x 的函数：

$$F=k_ii+k_xx$$

式中，k_i、k_x 为常数。

（2）浮球的动力学方程：

$$m\ddot{x}=F-mg-F_\delta$$

式中，F_δ 为干扰力。

（3）光电转换模型：

$$e=k_e(x_0-x)$$

式中，x_0 为期望位置，通过控制，浮球可以稳定在给定位置上。

（4）PID 控制方程（详见第 10 章）。通过光电检测板将浮球的位置量转化为电压量 e，PID 是比例、积分和微分控制的简称，其数学模型为

$$u_r=k_pe+k_i\int e\mathrm{d}t+k_d\dot{e}$$

式中，k_p、k_i 和 k_d 分别称为比例控制系数、积分控制系数和微分控制系数。

（5）运算放大器数学模型。运算放大器是一种高效率的放大电子器件，可以简化为两

个输入端，一个输出端，一个接地点。放大器的输出电压为

$$e_0 = k(u_r - u_0)$$

式中，k 为运算放大器放大系数；$k(u_r - u_0) = iR$ 为电流；R 为线圈电阻。这样可以得到浮球的动力学方程为

$$m\ddot{x} = k_i i + k_x x - mg - F_\delta = \frac{k_i k(u_r - u_0)}{R} + k_x x - mg - F_\delta$$

通过预设值，使得$\frac{k_i k u_0}{R} = mg$，则上式简化为 $m\ddot{x} = \frac{k_i k u_r}{R} + k_x x - F_\delta$，其中 u_r 为 PID 控制模型，即

$$u_r = k_p e + k_i \int e dt + k_d \dot{e}$$

设 $m = 20$kg，$k_i = 1$N/A，$k_x = 10$N/m，$k_e = 2$V/m，$k = 10$，$R = 1\Omega$，$k_p = 50$，$k_i = 2$，$k_d = 5$。设期望浮球稳定在 $x_0 = 0.25$m 位置上，在时间 $t = 0$ 和延时 12s 时作用了宽度为 0.1s 脉冲干扰，仿真框图如图 7-32 所示，仿真结果如图 7-33 所示。可以看到，在脉冲干扰下，系统仍然能稳定在给定的位置上。

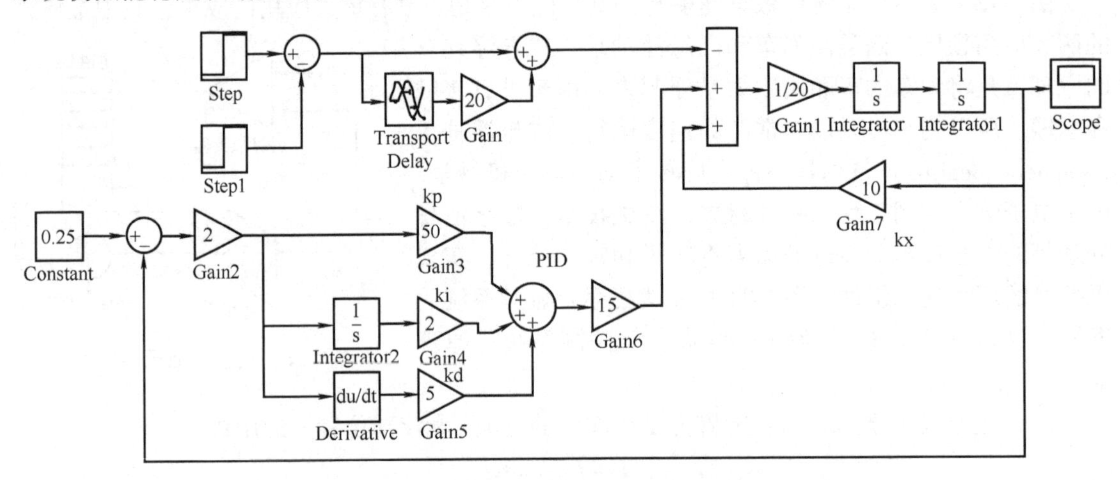

图 7-32　磁悬浮仿真框图

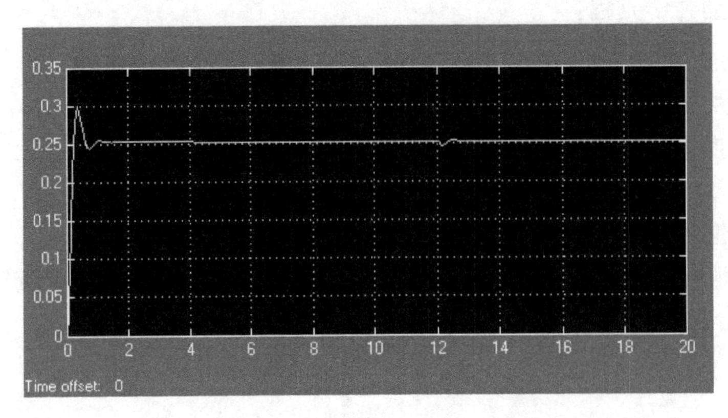

图 7-33　磁悬浮仿真结果图

请读者设计一个仿真模型，调整 PID 参数，观察运算放大器输出、PID 控制器输出、光电转化输出及浮球的位移和力的变化规律。改变干扰（如随机干扰等），并改变 PID 控制参数，观察浮球的运动情况。

例 7-14 图 7-34 所示为一转速控制系统，设转子的转动惯量为 J，负载的转矩为 M_L，电动机的输入量是电压 u，输出量是负载的转速 ω，$u_b=K_c\omega$，$I_f=$ 常数，试求系统输入/输出间的动态方程，并画出系统结构图。

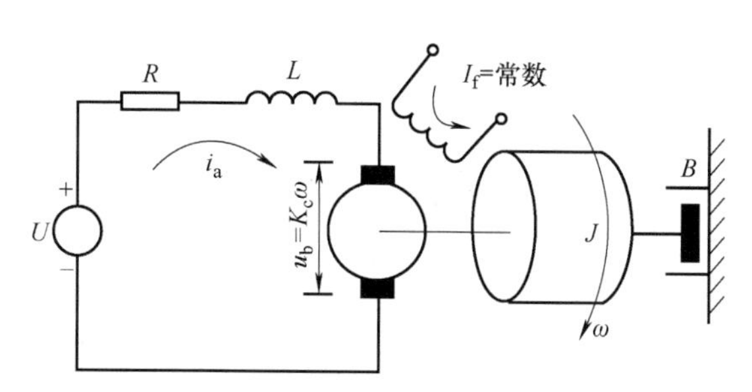

图 7-34 转速控制简图

解 (1) 列出各部分的微分方程

① 电动机电路方程：

$$R \cdot i_a + L\frac{\mathrm{d}i_a}{\mathrm{d}t} + E_b = u$$

② 反向电动势方程：$E_b = K_e\omega$

③ 电动机转矩方程：$M_d = K_m i_a$

④ 转子动力学方程：$J\frac{\mathrm{d}\omega}{\mathrm{d}t} + B\omega = M_d - M_L$

式中，M_d、M_L 为电磁力矩与负载力矩。

(2) 对上面的方程组进行拉普拉斯变换，并画出系统结构图

$$I_a = \frac{U(s) - E_b(s)}{Ls + R}, \quad E_b(s) = K_e\omega(s), \quad M_d(s) = K_m I_a(s)$$

$$\omega(s) = \frac{M_d(s) - M_L(s)}{Js + B}$$

得到系统传递函数模型的仿真框图如图 7-35 所示。

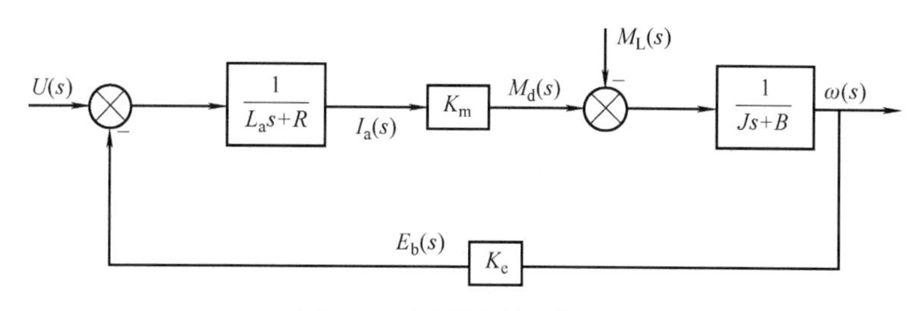

图 7-35 转速控制仿真框图

系统的总传递函数为

$$\frac{\omega(s)}{U(s)} = \frac{K_m/JL}{s^2 + \left(\frac{R}{I_a} + \frac{B}{J}\right)s + \frac{K_m K_e}{JL}}$$

7.6 电子 PID 控制器设计

利用运算放大器可以设计电子 PID，根据第 7 章所述的运算放大器建模知识得到其控制参数。利用运算放大器的基本知识，借助于阻抗分析方法可以方便地得到系统的传递函数，

如图 7-36 所示的电路，根据第一级的输入与输出关系，有

$$\frac{E_{\mathrm{o}}(s)}{E_{\mathrm{i}}(s)}=-\frac{Z_2}{Z_1}$$

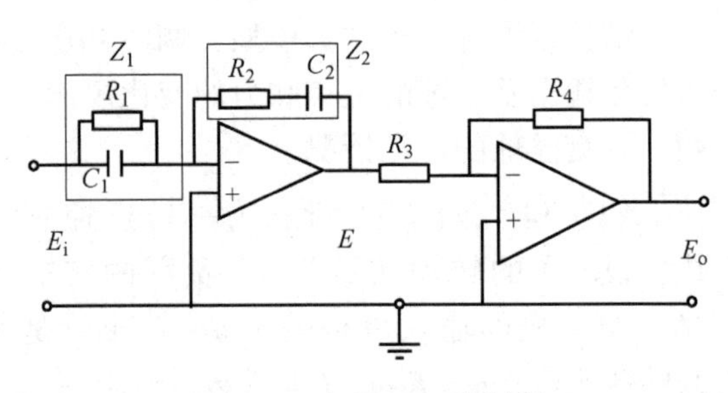

图 7-36　电子 PID 控制器

式中

$$Z_1=\frac{1}{1/R_1+C_1s}=\frac{R_1}{1+R_1C_1s}$$

$$Z_2=R_2+\frac{1}{C_2s}=\frac{R_2C_2s+1}{C_2s}$$

$$\frac{E_{\mathrm{o}}(s)}{E_{\mathrm{i}}(s)}=-\frac{R_4}{R_3}$$

系统的传递函数为

$$H(s)=\frac{E_{\mathrm{o}}(s)}{E_{\mathrm{i}}(s)}=\frac{Z_2}{Z_1}\frac{R_4}{R_3}=\frac{(R_2C_2s+1)(1+R_1C_1s)\cdot R_4}{R_1R_3C_2s}$$
$$=R_4\frac{R_1C_1R_2C_2s^2+(R_1C_1+R_2C_2)s+1}{R_1R_3C_2s}$$

对比后面第 10 章的 PID 控制模型式（10-3）

$$G(s)=k_{\mathrm{p}}+\frac{k_i}{s}+k_{\mathrm{d}}s$$

可以得到比例控制系数为

$$k_{\mathrm{p}}=\frac{R_4(R_1C_1+R_2C_2)}{R_1R_3C_2}$$

积分控制系数为

$$k_{\mathrm{i}}=\frac{R_4}{R_1R_3C_2}$$

微分控制系数为

$$k_{\mathrm{d}}=\frac{R_4C_1R_2}{R_3}$$

在这里可以看到，第二级系统是一个反相放大器，通过设置元件参数得到 PID 控制参数。

除了电子 PID 以外，液压控制也广泛应用于工业中，高压液压能产生很高的压力，在实际应用中，常将电子 PID 和液压结合起来获得优质的控制效果。

习　题

习题 7-1　如图 7-37 所示为半波整流滤波电路，通过晶体二极管的半波导电性质与电容充放电的特性，当 $u(t)$ 在正半周时通过，负半周不通过，最后获得电容器两端的电压动态方程为

$$RC\frac{\mathrm{d}u_C}{\mathrm{d}t}+u_C=u(t)$$

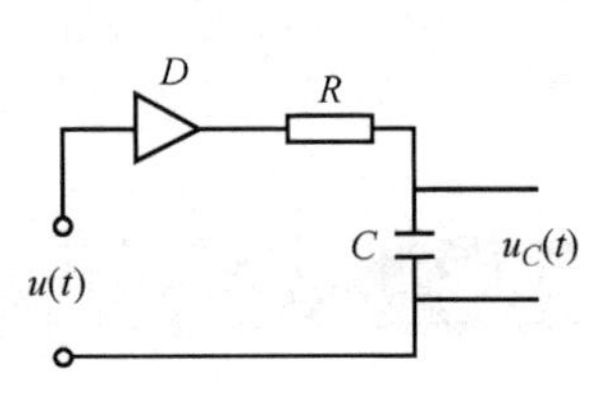

图 7-37　习题 7-1 图

设其输入电压为频率 $f=15\mathrm{Hz}$ 的交流电压，$u(t)=12\sin\omega t$，$RC=$

0.5。试建立 Simulink 仿真框图，给出在稳态情况下电容器两端电压的波动范围。

习题 7-2 设图 7-38 所示的 RC 滤波器中的电阻和电容的乘积 $RC=0.5$，分别有三个正弦信号的频率分别是 $\omega_1=15\text{rad/s}$，$\omega_2=0.5\text{rad/s}$，$\omega_3=2\text{rad/s}$，幅值均为 1。试求：

（1）低通滤波器和高通滤波器的截止频率。

（2）三个信号通过低通滤波器和高通滤波器后的幅值和相位。

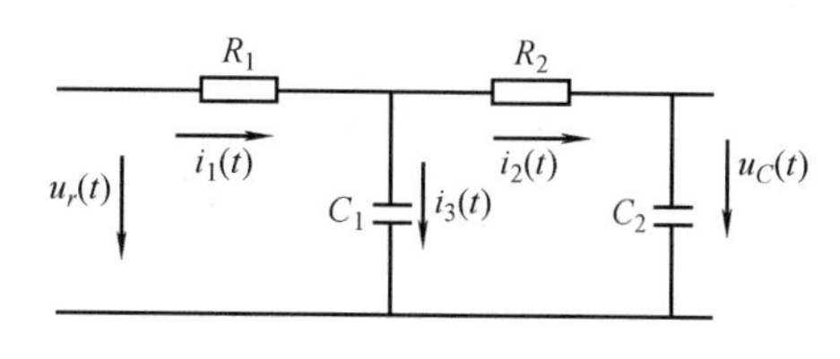

图 7-38 习题 7-2 图

习题 7-3 图 7-39 是一个二阶无源 RC 低通滤波器，其中，$R_1=R_2=2\text{k}\Omega$，$C_1=C_2=0.1\mu\text{F}$。试建立该系统的传递函数，并给出系统的滤波器频域特性曲线。

习题 7-4 试证明图 7-40a 所示电气网络与图 7-40b 所示的机械系统具有相同形式的传递函数。

图 7-39 习题 7-3 图

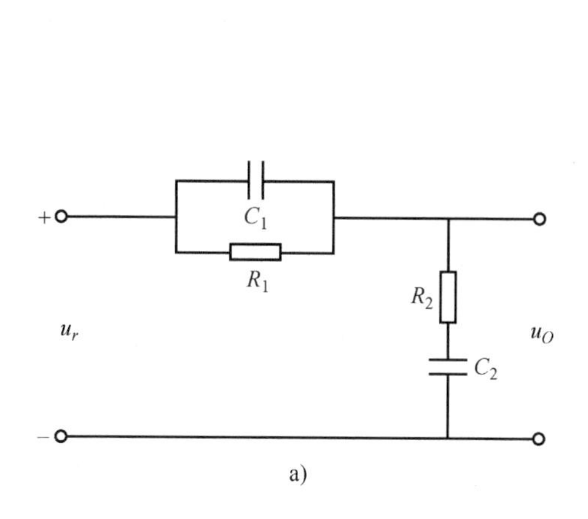

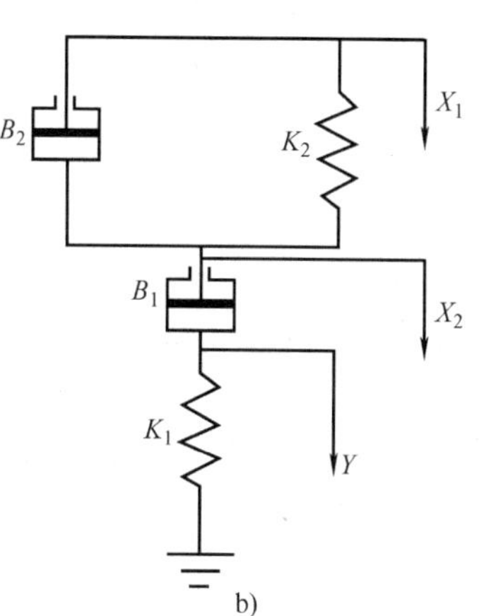

图 7-40 习题 7-4 图

a）电气网络图 b）机械模型图

习题 7-5 试写出图 7-41 所示机械系统的电学模拟系统，其中 x_1，x_2 是系统的输出。

习题 7-6 试写出图 7-42 所示电学系统对应的机械系统模型。

习题 7-7 试写出图 7-43 所示电学系统对应的机械系统模型。

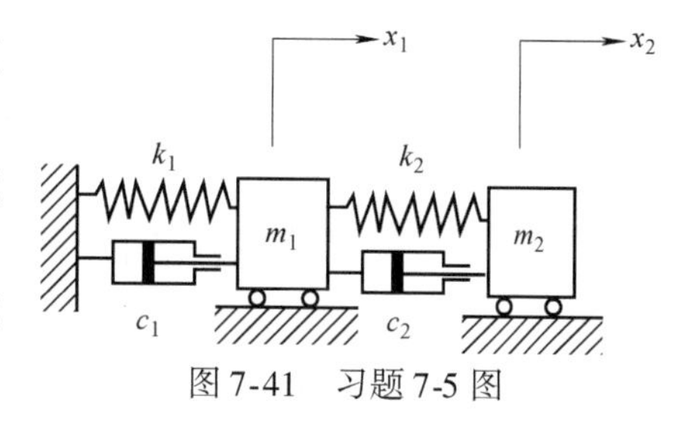

图 7-41 习题 7-5 图

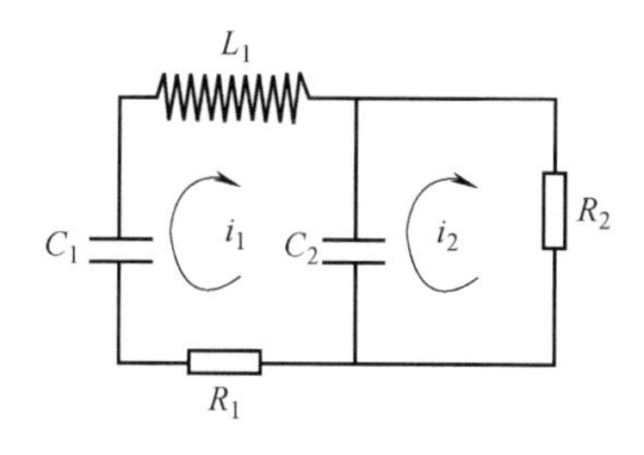

图 7-42 习题 7-6 图

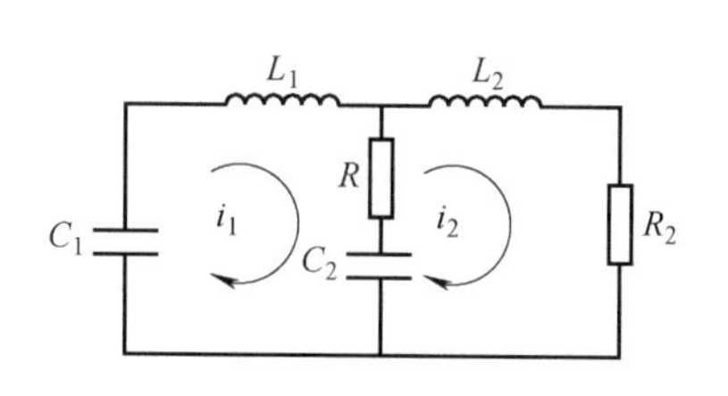

图 7-43 习题 7-7 图

习题 7-8 图 7-44 是一个有两级传动系统的直流伺服机电偶合系统，假设系统的输入是外加电枢电压 u_a，输出是负载轴的角速度 $\omega=\dot{\phi}_2$，$R_a=0.2\Omega$，是电枢线圈的电阻，L_a 是电枢线圈的电感（可以忽略）。其中：$E_b=5.5\times10^{-2}\text{V}$（以下各参数均为国际单位）为反向电动势，$K=6\times10^5\text{N}\cdot\text{m/A}$ 为电动机转矩常数，$J_T=1\times10^{-2}\text{kg}\cdot\text{m}^2$ 为电动机转子的转动惯量，$J=1\times10^{-2}\text{kg}\cdot\text{m}^2$ 为负载的转动惯量，$c=4\times10^{-2}\text{N}\cdot\text{s/m}$ 为电动机转子的黏性摩擦系数，$n=\dfrac{Z_1}{Z_2}=0.1$ 为齿轮的齿数比。试建立系统的输入与输出之间的传递函数。画出仿真结构图，并分析如果要使输出的角速度限制在某个范围内波动，则输入电流 i_a 的范围如何。

习题 7-9 试利用阻抗计算法求图 7-45 运算放大器的传递函数。

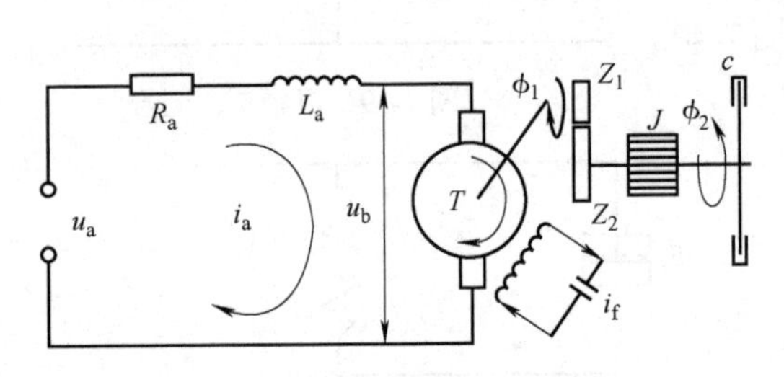

图 7-44 习题 7-8 图

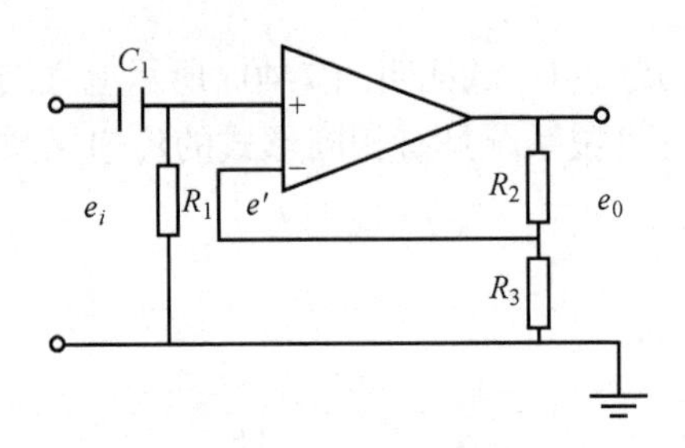

图 7-45 习题 7-9 图

习题 7-10 系统模型。如图 7-46a 所示，其中

$$H_1(s)=\frac{-2.5}{0.25s+1},\quad H_2(s)=-1,\quad H_3(s)=-\frac{1}{s}$$

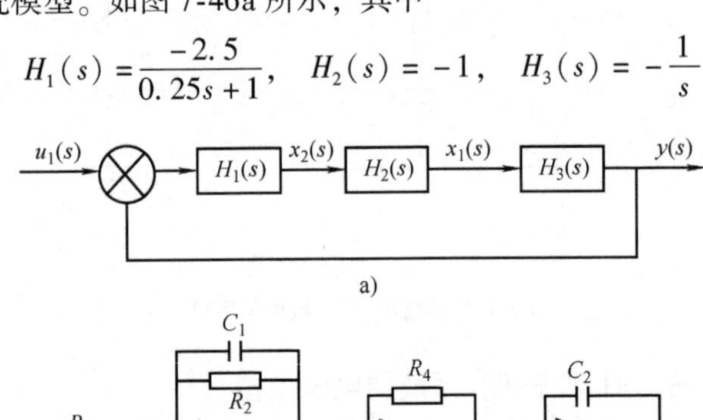

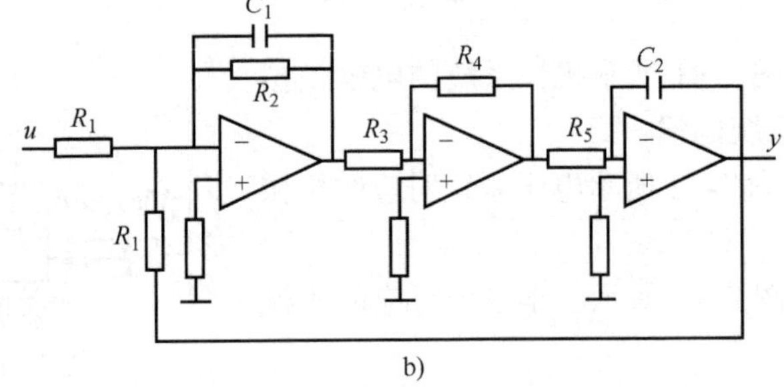

图 7-46 习题 7-10 图
a）系统框图 b）模拟电路图

设计一个用运算放大器构成的模拟电路，如图 7-46b 所示。试计算电路元件的电阻和电容值。

习题 7-11 利用运算放大器设计一个能求解二阶常系数线性微分方程 $3\ddot{y}+\dot{y}+25y=\sin10\pi t$ 的模拟求解器，并给出线路图。

第8章 系统瞬态响应分析

在一般情况下，一个动力学系统在输入作用下，其输出量中包含瞬态分量和稳态分量两个分量。对于稳定的系统，只要系统含有耗能元件，瞬态分量随时间的推移而逐渐消失，最后保留下来的就是稳态分量，其实稳态分量从输入信号加入的瞬时起就始终存在。稳态响应反映了控制系统跟踪输入信号或抑制扰动信号的能力和精度。这种能力或精度称为系统的稳态性能。一个系统的稳态性能是以某些典型输入下系统响应的稳态误差评价的。

系统的响应取决于结构参数、外力作用、初始条件等。为了描述系统的内部特征，分析和比较系统性能的优劣，通常对外力作用和初始条件做一些典型化处理。处理的原则是接近实际、简单。

另外，在动力学控制中，除了关心系统的稳态响应外，往往需要研究在各个控制过程中的瞬态变化情况，因为控制过程对控制系统性能与系统的瞬态响应有关，同时瞬态响应也包含了系统的物理参数（质量、阻尼和刚度）。

在工程中，常常根据系统在单位阶跃、脉冲或斜坡函数激励下的响应来评价系统的动态性能，因此本章将讨论一阶和二阶系统在典型激励下的响应，重点讨论二阶系统动态响应的一些指标，通过这些指标来评价动力学系统的特性，也可以用这些指标识别系统的物理参数。

8.1 典型状态和典型激励的瞬态响应

8.1.1 系统响应的种类

1. 自由响应

也称固有响应，它是由系统本身特性决定的，与外加激励形式无关，对应于系统动力学微分方程的齐次解。

2. 强迫响应

其形式取决于外加激励，对应于系统动力学微分方程的特解。

3. 暂态响应

对于有阻尼的系统，暂态响应是指激励信号接入一段时间内，完全响应中暂时出现的有关成分，随着时间 t 增加而消失；对于无阻尼的系统，暂态响应不会消失，然而对于实际大多数系统，阻尼总是存在的，则自由响应和瞬态响应都是暂时出现的响应特性（暂态响应），总会随时间增大而消失。暂态响应中应包含三个分量，即自由响应、瞬态响应和稳态响应（见例 1-9）。

4. 稳态响应

由完全响应中减去自由响应和瞬态响应分量即得稳态响应分量。也是当时间趋于无穷大时系统的响应。

5. 零输入响应

它是没有外加激励信号的作用，只由起始状态（起始时刻系统储能）所产生的响应。

6. 零状态响应

它是不考虑原始时刻系统储能的作用（起始状态等于零），由系统的外加激励信号产生的响应。

系统零输入响应实际上是求系统方程的齐次解，由非零的系统状态值 $x(0)$，$\dot{x}(0)$决定的初始值求出待定系数。

系统零状态响应是在激励作用下求系统方程的非齐次解，由状态值为零时（$x(0)=0$，$\dot{x}(0)=0$）决定的初始值求出待定系数。应该注意，零状态响应中包含了瞬态响应和稳态响应分量。

8.1.2 常见的几种典型外激励

1. 单位阶跃为 $f(t)=u(t)=1(t)$

如指令的突然转换、开关闭合、负荷突变、突加载荷等。对应的拉普拉斯变换为 $f(s)=u(s)=\frac{1}{s}$。

2. 单位斜坡为 $f(t)=r(t)=tu(t)=t1(t)$

如数控机床加工斜面时的给进指令等。对应的拉普拉斯变换为 $f(s)=r(s)=\frac{1}{s^2}$。

3. 单位脉冲为 $f(t)=\delta(t)$

如脉动电压、冲击力，对应的拉普拉斯变换为 $f(s)=\delta(s)=1$。

4. 正弦激励为 $f(t)=\sin\omega t$ 余弦激励为 $f(t)=\cos\omega t$

如海浪、旋转机械、伺服振动台等，对应的拉普拉斯变换分别为 $\frac{\omega}{s^2+\omega^2}$，$\frac{s}{s^2+\omega^2}$。

5. 周期激励

如果满足 $f(t)=f(t+T)$，其中 T 是周期，对于这种激励，常借助傅里叶级数，将周期激励分解为一系列的正弦和余弦的和，即

$$f(t)=\frac{a_0}{2}+\sum_{n=1}^{\infty}\left[a_n\cos(\omega nt)+b_n\sin(\omega nt)\right]$$

式中

$$a_0 = \frac{2}{T}\int_{-T/2}^{T/2} f(t)\,\mathrm{d}t,\quad a_n = \frac{1}{T}\int_{-\frac{T}{2}}^{\frac{T}{2}} f(t)\cos n\omega t\mathrm{d}t$$

$$b_n = \frac{1}{T}\int_{-\frac{T}{2}}^{\frac{T}{2}} f(t)\sin n\omega t\mathrm{d}t$$

除此之外，在振动实验中还经常采用正弦扫频激励和随机激励等。在以上各种激励中，前三种激励是人们最关心的，除了随机激励外，其他的任意激励可以通过以上激励的组合得到。

不难得到单位阶跃 $u(t)=1(t)$、单位斜坡 t 和单位脉冲 $\delta(t)$ 三种激励有如下关系：

$$\delta(t)=\frac{\mathrm{d}u(t)}{\mathrm{d}t},\quad u(t)=\frac{\mathrm{d}r(t)}{\mathrm{d}t}$$

积分关系为

$$u(t) = \int_{-\infty}^{\infty}\delta(t)\mathrm{d}t = 1(t),\quad r(t) = \int_{t_0}^{t} u(t)\mathrm{d}t$$

得

$$\int_{-\infty}^{\infty}\delta(t-t_0)\mathrm{d}t = 1(t-t_0)$$

其拉普拉斯变换为

$$\delta(s)=s\cdot u(s),\ u(s)=s\cdot r(s)$$

8.2 一阶系统的瞬态响应分析

工程中有些问题本身就是一阶系统，在电学中的一阶系统要比在力学中的一阶系统更为常见。先分析一个 RC 串联电路的情况（见图 8-1）。

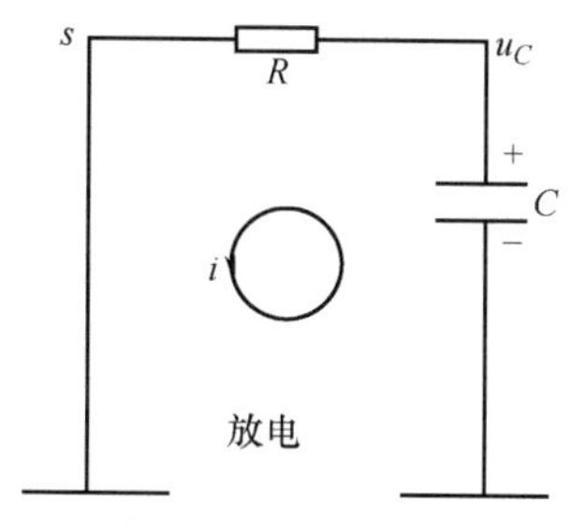

图 8-1　RC 放电电路

8.2.1　系统在零输入响应

先从数学上最简单的情形来看 RC 电路的特性。在图 8-1 中，假定 RC 电路接在一个电压值为 V 的直流电源上很长时间了，电容上的电压已与电源相等，在某时刻 t_0 突然将电阻左端 S 接地，此后电容上的电压会进入放电状态。在理论分析时，将该时刻 t_0 取作时间的零点，在数学上要解一个满足初值条件的微分方程。

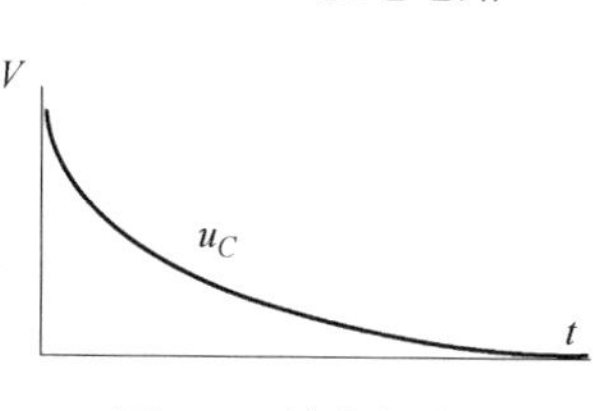

图 8-2　放电规律

放电的电路如图 8-2 所示，设电容上的电压为 u_C，则电路中电流为

$$i=\frac{\mathrm{d}q}{\mathrm{d}t}=C\frac{\mathrm{d}u_C}{\mathrm{d}t} \tag{8-1}$$

依据回路定律，建立电路方程：

$$R\cdot i+u_C=0\quad 即\quad RC\frac{\mathrm{d}u_C}{\mathrm{d}t}+u_C=0 \tag{8-2}$$

初值条件为

$$u_C(0)=V$$

式（8-2）是一个齐次方程，意味着系统没有外激励作用，称为零输入，u_C 的变化称为

零输入响应。

该方程的特征方程为 $RCs+1=0$，于是特征根为

$$s=-\frac{1}{RC}$$

得齐次通解为 $u_C(t)=Ae^{st}=Ae^{-\frac{t}{RC}}$，待定常数 A 可由初值条件来定，即

$$u_C(0)=Ae^0=A=V$$

最后得到

$$u_C(t)=Ve^{-\frac{t}{RC}}=Ve^{-t/\tau} \tag{8-3}$$

在式（8-3）中，引入记号 $\tau=RC$，这是一个由电路元件参数决定的参数，称为时间常数。它的物理意义是在时间 $t=\tau$ 处的响应：

$$u_C(\tau)=Ve^{-\frac{t}{\tau}}=Ve^{-1}=0.368\text{V}$$

时间常数 τ 是电容上电压下降到初始值的 1/e = 36.8% 时经历的时间。当 $t=4\tau$ 时，$u_C(4\tau)=0.0183\text{V}$，该值已经很小，一般认为电路进入稳态。

8.2.2 系统零状态响应

零状态响应是指系统在零初始条件下的响应。下面来看电容上的充电过程。假定在合上开关前，电容 C 上无电压，如图 8-3 所示。

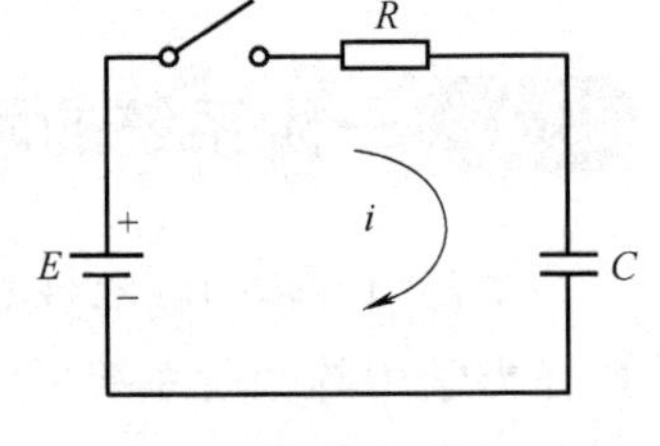

图 8-3　RC 充电电路

以开关合上瞬间作为时间起点，则电容 C 上的电压变化的动态方程为

$$RC\frac{\mathrm{d}u_C}{\mathrm{d}t}+u_C=E \tag{8-4}$$

式中，$E=E\cdot 1(t)$；初始条件为 $u_C(0)=0$。

式（8-4）是一个非齐次方程，完全响应为

$$u_C(t)=\bar{u}_C(t)+u_C^*(t)$$

其中齐次通解为

$$\bar{u}_C(t)=Ae^{st}=Ae^{-\frac{1}{RC}t} \tag{8-5}$$

设系统的非齐次特解为

$$u_C^*(t)=B$$

代入式（8-4），可得非齐次特解为

$$u_C^*=B=E$$

而系统的完全响应为

$$u_C(t)=\bar{u}_C(t)+u_C^*(t)=Ae^{-\frac{1}{RC}t}+E$$

根据初始条件

$$u_C(0)=\bar{u}_C(0)+u_C^*(0)=A+E=0$$

得

$$A=-E$$

全解为

$$u_C(t)=E\left(1-\mathrm{e}^{-\frac{1}{RC}t}\right)$$

这个解说明，尽管在零初始条件下，对应的齐次解的那一部分并不等于零，随着时间的推移，系统越来越接近于稳态值，而对应于齐次解的那一部分将衰减到零。

如果在 $t=t_1$ 时切断电源，则 $t>t_1$ 后的动态方程将变为齐次方程，系统的响应将是零输入响应，而系统的初始状态是 $t=t_1$ 的状态，即

$$RC\frac{\mathrm{d}u_C}{\mathrm{d}t}+u_C=0 \qquad (t\geqslant t_1)$$

为了得到以上的解，可对上式取拉普拉斯变换，得

$$RC[su_C(s)-u_C(t_1)]+u_C(s)=0$$

即

$$(RCs+1)u_C(s)=RCu_C(t_1)$$

得

$$u_C(s)=\frac{RCu_C(t_1)}{(RCs+1)}=\frac{u_C(t_1)}{\left(s+\frac{1}{RC}\right)}$$

取拉普拉斯逆变换后，得系统的响应为

$$u_C(t)=u_C(t_1)\mathrm{e}^{-\frac{(t-t_1)}{RC}}=E(1-\mathrm{e}^{-\frac{t_1}{RC}})\cdot\mathrm{e}^{-\frac{(t-t_1)}{RC}} \qquad (t\geqslant t_1)$$

这里，取 $RC=0.8$，$E(t)=1(t)$，$t_1=5\mathrm{s}$ 情况下的响应仿真框图及结果如图 8-4 所示。

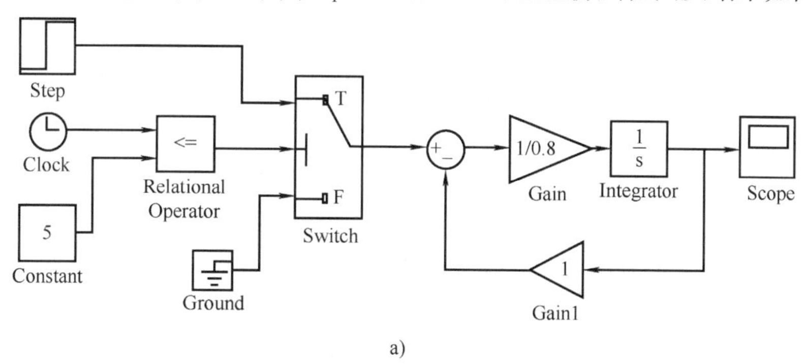

a)

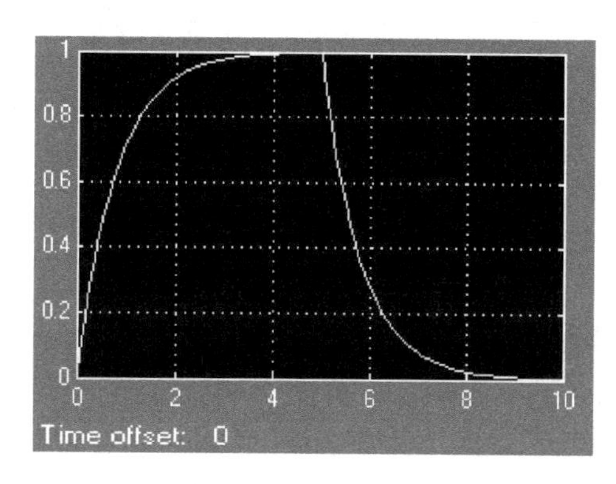

b)

图　8-4

a）充放电规律仿真框图　b）充放电规律

可以看到，尽管切断了系统的输入，但由于系统在切断点处的初始条件不等于零（相对于切断点处的初始状态不等于零），所以系统仍然会发生瞬态响应。

请读者分析，如果系统在 $t=t_2$ 时（$t_2 \geqslant t_1$）又闭合开关，那么系统的响应规律是什么？

8.2.3 标准一阶系统的单位阶跃响应特性

为了研究一阶系统的一些特性，通常将上面提到的模型写成标准一阶模型，无论是一阶电学系统还是一阶力学系统，都可以转化为一阶标准系统来研究，下面分析一阶系统在典型激励下的响应以及性能。

1. 标准一阶系统的响应

一阶系统的微分方程为

$$RC\frac{\mathrm{d}u_C}{\mathrm{d}t}+u_C=E(t)$$

令 $T=RC$（时间常数），一阶系统微分方程的标准形式为

$$T\frac{\mathrm{d}y}{\mathrm{d}t}+y=f(t) \tag{8-6}$$

容易得到系统的传递函数

$$H(s)=\frac{1}{Ts+1}$$

当 $f(t)=u(t)=1(t)$，$t>0$ 时，则有

$$Y(s)=H(s)\cdot F(s)=\frac{1}{s(Ts+1)}$$

根据拉普拉斯逆变换，得单位阶跃响应函数为

$$y(t)=L^{-1}[Y(s)]=1-\mathrm{e}^{-t/T}$$

理论计算结果为

$t=T$，$y(T)=0.632$；　$t=2T$，$y(2T)=0.865$

$t=3T$，$y(3T)=0.950$；　$t=4T$，$y(4T)=0.982$

曲线斜率随时间增加不断下降，当 $t\to\infty$ 时，斜率为零，动态过程结束。这时的响应记为 $y(\infty)=1$。过 $t=0$ 点作响应曲线的切线，与 $y(\infty)=1$ 表示的直线交于 P 点。P 点所对应的时间刚好是 $t=T$，如图 8-5 所示，而此时响应值 $y(t)=0.632$。在实际应用中，常用这个特征来判断实验曲线是否为一阶系统的响应曲线。

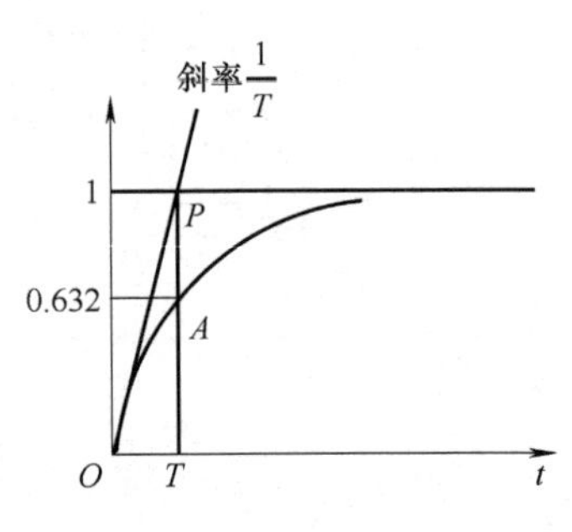

图 8-5　标准一阶系统响应

2. 一阶系统的性能指标

下面给出了两个指标来说明一阶系统的一些特性。

（1）调节时间：$t_s=3T$（s）（对应 5% 误差带）；$t_s=4T$（s）（对应 2% 误差带）。T 越小，t_s 也越小，系统的快速性越好。

（2）稳态误差：$e_{ss}=1-h(\infty)=0$。

结论：一阶系统在单位阶跃输入下的稳态误差为 0。

例 8-1　设某一阶系统的传递函数为 $H(s)=\dfrac{K}{Ts+1}$，其中，K，T 是未知常数。系统在单位阶跃作用下各时刻的输出值如表 8-1 所示，试求常数 K，T。

表 8-1　系统在单位阶跃作用下各时刻的输出值

t	0	1	2	3	4	5	6	7	∞
$x(t)$	0	1.61	2.97	3.72	4.38	4.81	5.10	5.36	6.00

解　根据已知条件 $H(s)=\dfrac{K}{Ts+1}$，输出为

$$C(s)=H(s)\cdot\frac{1}{s}=\frac{K}{s(Ts+1)}=K\left(\frac{1}{s}-\frac{1}{s+1/T}\right)$$

而系统的响应函数为

$$x(t)=L[(C(s)]=K-K\mathrm{e}^{-\frac{t}{T}}$$

根据给定的实验数据

$$x(\infty)=K-K\mathrm{e}^{-\frac{t}{T}}=K=6$$

当 $t=1$ 时，$x(1)=6-6\mathrm{e}^{-\frac{1}{T}}=1.61$，得

$$-\frac{1}{T}=\ln\frac{6-1.61}{6}=-3.12$$

得 $T=3.2$，因此该系统的传递函数为

$$H(s)=\frac{6}{3.2s+1}$$

3. 一阶系统的单位斜坡响应

设系统的激励为

$$f(t)=r(t)=t\qquad(t\geqslant0)$$

应用上述方法容易得到一阶系统在单位斜坡激励下的响应为

$$X(s)=H(s)\cdot F(s)=\frac{1}{s^2(Ts+1)}$$

$$x(t)=L^{-1}[x(S)]=t-T+\mathrm{e}^{-\frac{t}{T}}$$

稳态误差为

$$e_{ss}=\lim_{t\to\infty}[f(t)-x(t)]=\lim_{t\leftarrow\infty}[t-t+T+\mathrm{e}^{-\frac{t}{T}}]=T$$

也可以先写出误差函数

$$E(s)=R(s)-x(s)=\frac{1}{s^2}-\frac{1}{s^2(Ts+1)}=\frac{Ts}{s^2(Ts+1)}$$

再利用终值定理，有

$$e_{ss}=\lim_{s\to0}s\frac{Ts}{s^2(Ts+1)}=\lim_{s\to0}\frac{Ts}{s(Ts+1)}\lim_{s\to0}\frac{T}{(Ts+1)}=T$$

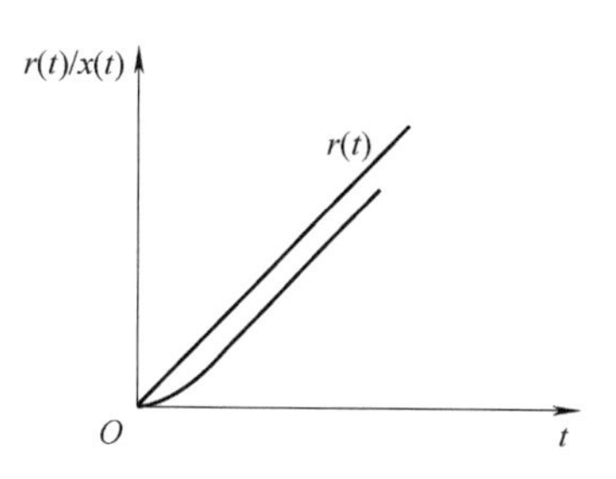

图 8-6　一阶系统的单位斜坡响应

结论：一阶系统在单位斜坡输入下的稳态误差为 T（时间常数），它只能通过减小时间常数 T 来减小，而不能最终消除，如图 8-6 所示。

4. 一阶系统的单位脉冲响应

当 $f(t)=\delta(t)$ 时，有

$$X(s)=H(s)F(s)=\frac{1}{(Ts+1)}$$

而

$$x(t)=L^{-1}[x(s)]=\frac{1}{T}e^{-\frac{t}{T}}$$

显然，T越小，响应的持续时间越短，系统的快速性越好，如图 8-7 所示。

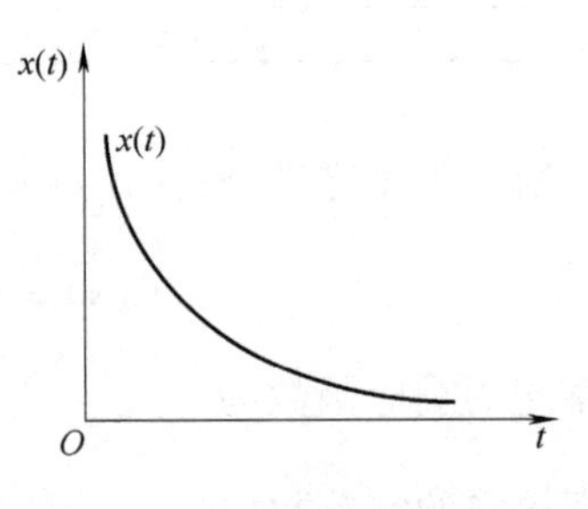

图 8-7　一阶系统单位脉冲响应

以上所述的三种典型激励和相应的三种响应之间存在着如下关系，对于激励，有

$$\delta(t)=\frac{du(t)}{dt},\quad u(t)=\frac{dr(t)}{dt}$$

请读者验证，响应之间也存在同样的微分关系。

性质：系统对输入信号导数的响应，等于系统对该输入信号响应的导数。这是线性定常系统的一个重要特性，不仅适用于一阶系统，而且适用于任意阶系统。

8.3　二阶系统瞬态响应分析

二阶系统在振动分析中是一种重要的数学模型。本节将介绍二阶系统在典型输入下的瞬态响应，同时还介绍二阶系统瞬态响应指标以及通过这个指标识别系统参数的方法。

8.3.1　标准二阶系统的单位脉冲响应

位置控制系统（伺服系统）在动态控制系统中应用极为广泛，在如图 8-8 所示的角位移控制系统中，假定转子在旋转过程中受到摩擦轮带来的阻力矩 $M_b=-c\dot{C}(t)$，c 是阻尼系数。

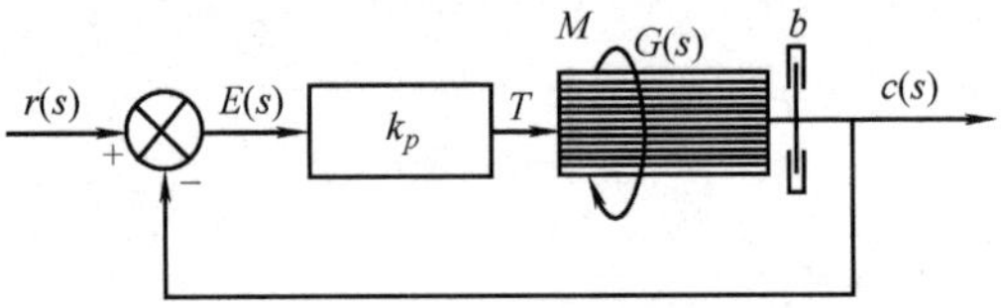

图 8-8　转子位控系统

转子系统的动力学方程为

$$J\ddot{C}(t)+b\dot{C}(t)=T(t) \tag{8-7}$$

在零初始条件下负载元件的传递函数为

$$G(s)=\frac{1}{s(Js+c)}$$

为了将输出角度稳定在给定的 $r(s)$ 上，将系统的输出与期望输入的差值乘以一个常数 k_p 作为系统的输入，这样就构成了一个闭环控制系统，容易得到闭环控制系统的动力学方程为

$$J\ddot{C}(t)+b\dot{C}(t)=k_p[r(t)-C(t)]$$

或者

$$J\ddot{C}(t)+c\dot{C}(t)+k_pC(t)=k_p\cdot r(t) \tag{8-8}$$

这样可以得到闭环控制系统的传递函数为

$$H(s)=\frac{C(s)}{r(s)}=\frac{k_p}{Js^2+cs+k_p}=\frac{k_p/J}{s^2+(c/J)s+(k_p/J)}=\frac{\omega_n^2}{s^2+2\xi\omega_ns+\omega_n^2} \tag{8-9}$$

式中，$\omega_n=\sqrt{k_p/J}$为系统的无阻尼固有频率；$\xi=\dfrac{c}{2\sqrt{Jk_p}}$为系统的阻尼比。

这是一个标准的二阶系统的传递函数，根据式（8-8）还可以将控制系统简化为单位反馈控制框图，如图 8-9 所示。

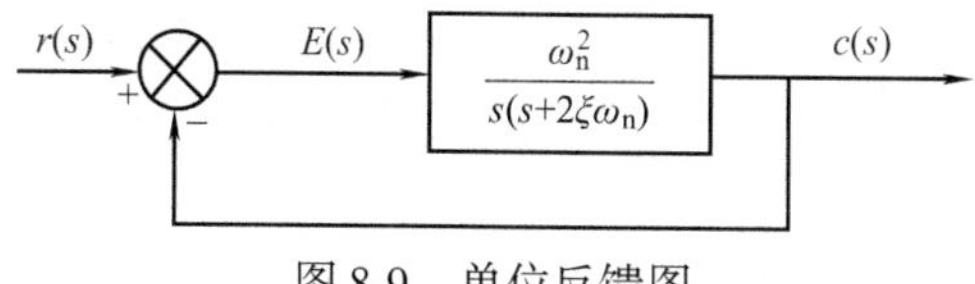

图 8-9 单位反馈图

其中开环系统的传递函数为

$$G(s)=\frac{c(s)}{E(s)}=\frac{\omega_n^2}{s(s+2\xi\omega_n)}$$

用二阶微分方程描述的系统称为二阶系统，如弹簧、质量、阻尼系统、扭转弹簧系统、*RLC* 网络、忽略电枢电感后的电动机等。此外，许多高阶系统在一定条件下，往往可以简化成二阶系统。因此，研究和分析二阶系统的动态特性具有重要的实际意义。

通常将二阶系统简化为闭环结构来研究，为了使研究的结论具有普遍性，将闭环传递函数式（8-8）与开环传递函数式（8-9）之间的关系表示为

$$H(s)=\frac{C(s)}{r(s)}=\frac{G(s)}{1+G(s)}=\frac{\omega_n^2}{s^2+2\xi\omega_n s+\omega_n^2}$$

式中，$\omega_n=\sqrt{\frac{k}{m}}$为固有频率；$\xi=\frac{c}{2\sqrt{mk}}$为阻尼比。

系统的输出为

$$C(s)=\frac{\omega_n^2}{s^2+2\xi\omega_n s+\omega_n^2}r(s)$$

当输入为脉冲激励时，$r(t)=\delta(t)$，对应的拉普拉斯变换为 $r(s)=L[\delta(t)]=1$，则响应为

$$C(s)=\frac{\omega_n^2}{s^2+2\xi\omega_n s+\omega_n^2}$$

写成零极点形式

$$C(s)=\frac{\omega_n^2}{(s-s_1)(s-s_2)}$$

根据因式分解可以得到系统的极点，系统的极点就是动力系统的特征根，即

$$s_{1,2}=-\xi\omega_n\pm\omega_n\sqrt{\xi^2-1}=-\xi\omega_n\pm\omega_d$$

式中，$\omega_d=\omega_n\sqrt{\xi^2-1}$为系统的阻尼固有频率。

（1）在大阻尼情况下，即 $\xi>1$ 时，系统有两个不相等的负实根，此时的响应为

$$x(t)=L^{-1}\left[\frac{\omega_n^2}{(s-s_1)(s-s_2)}\right]=\omega_n^2\frac{e^{s_1t}-e^{s_2t}}{s_1-s_2}=\omega_n^2\frac{e^{-\xi\omega_nt}[e^{\omega_dt}-e^{-\omega_dt}]}{2\omega_d}$$

（2）当阻尼比较小，即 $0<\xi<1$ 时，称为欠阻尼状态，方程有一对实部为负的共轭复根：

$$s_{1,2}=-\xi\omega_n\pm j\omega_n\sqrt{1-\xi^2}$$

系统时间响应具有振荡特性，即

$$x(t)=\frac{\omega_n^2}{\omega_d}e^{-\xi\omega_nt}\sin\omega_dt$$

（3）临界阻尼情况，即 $\xi=1$ 时，系统有一对相等的负实根：

$$s_{1,2}=-\omega_n$$

系统时间响应开始失去振荡特性，或者说，处于振荡与不振荡的临界状态，故称为临界阻尼状态：

$$x(t)=te^{-\xi\omega_nt}$$

（4）当 $\xi=0$ 时，系统有一对纯虚根，即 $s_{1,2}=\pm \mathrm{j}\omega_n$，称为无阻尼状态。系统时间响应为等幅振荡，这种情况属于不稳定状态：

$$x(t)=\omega_n \sin\omega_n t$$

上述各种情况对应的闭环极点分布及对应的脉冲响应如图 8-10 所示。

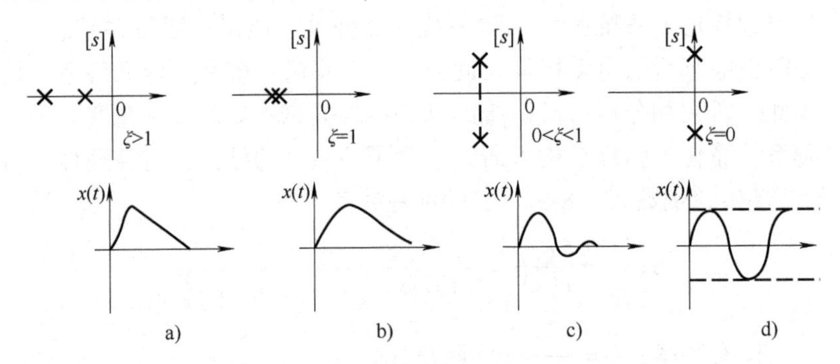

图 8-10　二阶系统的闭环极点分布及其脉冲响应

a）负实异根　b）负实同根　c）共轭复根　d）纯虚根

8.3.2　欠阻尼标准二阶系统的阶跃响应

在二阶系统中，通常由规范的性能指标函数来表示系统的动态特性，研究系统的瞬态响应，一方面是通过瞬态响应来研究系统的物理参数，另一方面是通过瞬态响应指标为系统控制分析提供依据。尤其是在确定控制参数方面，瞬态响应指标是不可少的。

在大多数情况下，二阶系统的瞬态响应是根据系统在单位阶跃激励下的响应来分析的，从物理上说，产生单位阶跃激励比较容易实现，它能使得系统既有明显的瞬态响应，同时还具有稳态响应，还有一点就是和大多数激励相比，阶跃激励对于结构往往是最不利的。本节是针对上面提到的位控系统来研究的，对于非位控系统问题可以借鉴。

对于二阶系统，当阻尼比 $0<\xi<1$ 时，二阶系统的特征方程有一对共轭复根，即

$$s_{1,2}=-\xi\omega_n \pm \mathrm{j}\omega_n\sqrt{1-\xi^2}=-\xi\omega_n+\mathrm{j}\omega_d$$

式中，$\omega_d=\omega_n\sqrt{1-\xi^2}$ 为有阻尼振荡的固有频率，且 $\omega_d<\omega_n$。

传递函数为

$$H(s)=\frac{C(s)}{R(s)}=\frac{\omega_n^2}{s^2+2\xi\omega_n s+\omega_n^2}$$

当输入信号为单位阶跃函数时，在零状态时，标准二阶系统输出为

$$c(s)=H(s)R(s)=\frac{1}{s}-\frac{s+\xi\omega_n}{(s+\xi\omega_n)^2+\omega_d^2}-\frac{\xi\omega_n}{(s+\xi\omega_n)^2+\omega_d^2} \tag{8-10}$$

对式（8-10）进行拉普拉斯逆变换，得到欠阻尼二阶系统的单位阶跃响应，并用 $x(t)$ 表示，即

$$\begin{aligned} x(t)&=1-\mathrm{e}^{-\xi\omega_n t}\left[\cos\omega_d t+\frac{\xi}{\sqrt{1-\xi^2}}\sin\omega_d t\right] \quad (t\geqslant 0) \\ &=1-\frac{\mathrm{e}^{-\xi\omega_n t}}{\sqrt{1-\xi^2}}\sin(\omega_d t+\beta) \end{aligned} \tag{8-11}$$

$\tan\beta=\sqrt{1-\xi^2}/\xi$ 或 $\beta=\arctan\sqrt{1-\xi^2}/\xi$，$\beta=\arccos\xi$ 或 $\sin\beta=\sqrt{1-\xi^2}$，β 随 ξ 的变化曲线如图 8-11 所示。

由式（8-11）可见，系统的响应由稳态分量与瞬态分量两部分组成，稳态分量值等于 1，瞬态分量是一个随着时间 t 的增长而衰减的振荡过程量。振荡角频率为 ω_d，其值取决于阻尼比 ξ 及无阻尼自然频率 ω_n。采用无因次时间 $\omega_n t$ 作为横坐标，这样，时间响应仅为阻尼比 ξ 的函数，如图 8-12 所示。

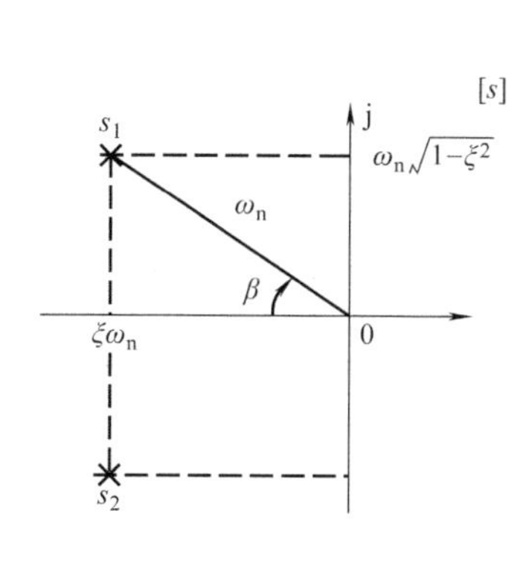

图 8-11　β 角定义图

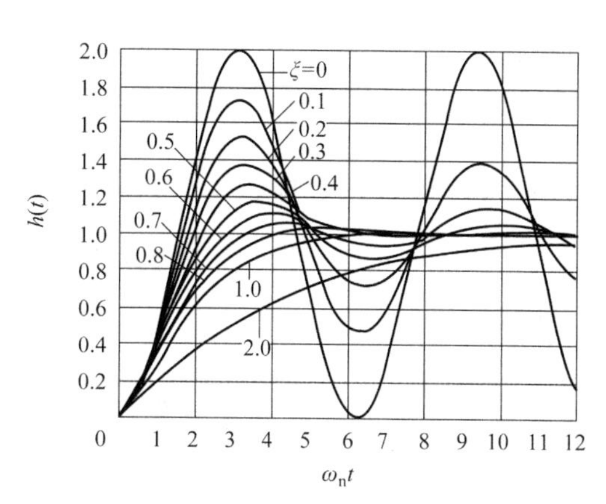

图 8-12　二阶系统单位阶跃响应曲线

注意：由例 1-9 可知，一般情况下一个二阶系统的全响应可分为三个部分，其中的稳态分量和瞬态分量与外激励有关。由于所研究的问题是零状态响应，所以没有出现由初始条件引起的自由振动部分。

8.3.3　欠阻尼标准二阶系统的性能指标

通常，利用标准二阶欠阻尼系统零状态在单位阶跃激励 $r(t)=1(t)$ 下的瞬态响应定义系统的性能指标，在这些性能指标中还包含了系统本身的物理参数，典型的瞬态响应函数曲线如图 8-13 所示，通常有七个常用的性能指标，即上升时间 t_r、延迟时间 t_d、峰值时间 t_p、最大超调量 M_p、调整时间 t_s、稳态误差 e_{ss}、振荡次数 N。

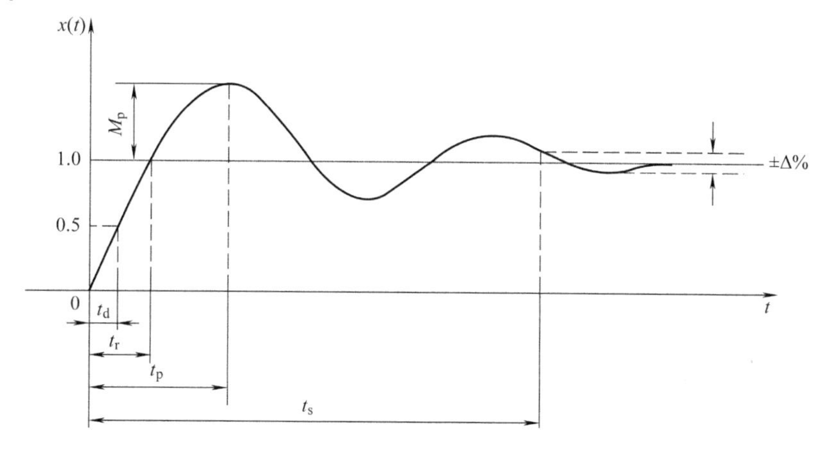

图 8-13　欠阻尼标准二阶系统性能指标

1. 上升时间 t_r

$x(t)$从 0 到第一次上升到稳态值所需的时间（对于过阻尼系统，通常规定响应曲线从稳态值的 10% 上升到 90% 所需的时间）。

对于欠阻尼系统，根据定义，令式（8-11）为

$$x(t)=r(t)-e^{-\xi\omega_n t}\left[\cos\omega_d t+\frac{\xi}{\sqrt{1-\xi^2}}\sin\omega_d t\right]\qquad(t\geqslant 0)$$

或写成

$$x(t)=1-\frac{e^{-\xi\omega_n t}}{\sqrt{1-\xi^2}}\sin(\omega_d t+\beta)$$

当 $x(t)$等于 1 时，即

$$e^{-\xi\omega_n t_r}\left(\cos\omega_d t_r+\frac{\xi}{\sqrt{1-\xi^2}}\sin\omega_d t_r\right)=0$$

因为 $e^{-\xi\omega_n t_r}\neq 0$，所以

$$\cos\omega_d t_r+\frac{\xi}{\sqrt{1-\xi^2}}\sin\omega_d t_r=0$$

有

$$\tan\omega_d t_r=-\frac{\sqrt{1-\xi^2}}{\xi}\quad 或\quad t_r=\frac{1}{\omega_d}\arctan\frac{-\sqrt{1-\xi^2}}{\xi}$$

因为 $\tan\beta=\frac{\sqrt{1-\xi^2}}{\xi}$，$\tan(\pi-\beta)=\frac{-\sqrt{1-\xi^2}}{\xi}$，则有

$$\pi-\beta=\arctan\left(\frac{-\sqrt{1-\xi^2}}{\xi}\right)$$

所以上升时间为

$$t_r=\frac{\arctan\left(\frac{-\sqrt{1-\xi^2}}{\xi}\right)}{\omega_d}=\frac{\pi-\beta}{\omega_d}\tag{8-12}$$

显然，当阻尼比 ξ 不变时，β 角也不变。如果无阻尼振荡频率 ω_n 增大，即增大闭环极点到坐标原点的距离，那么上升时间 t_r 就会缩短，从而加快了系统的响应速度；阻尼比越小（β 越大），上升时间就越短。

2. 延迟时间 t_d

响应曲线从 0 上升到稳态值 50% 所需的时间。

令式（8-11）中的 $x(t)=0.5$，即 $h(t)=0.5$，整理后可得

$$\omega_n t_d=\frac{1}{\xi}\ln\frac{2\sin(\sqrt{1-\xi^2}\omega_n t_d+\arccos\xi)}{\sqrt{1-\xi^2}}$$

取 $\omega_n t_d$ 为不同值，可以计算出相应的 ξ 值，然后绘出 $\omega_n t_d$ 与 ξ 的关系曲线，如图 8-14 所示。利用曲线拟合方法可得延迟时间的近似表达式：

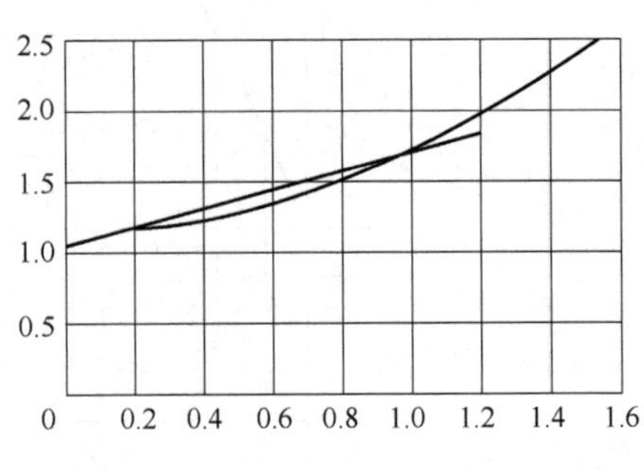

图 8-14　二阶系统 ξ 与 $\omega_n t_d$ 的关系曲线

$$t_d \approx \frac{1+0.6\xi+0.2\xi^2}{\omega_n} \qquad (\xi>1) \tag{8-13}$$

$$t_d \approx \frac{1+0.7\xi^2}{\omega_n} \qquad (0<\xi<1) \tag{8-14}$$

式（8-13）和式（8-14）表明，增大 ω_n 或减小 ξ，都可以减小延迟时间 t_d。或者说，当阻尼比不变时，闭环极点离［s］平面的坐标原点越远，系统的延迟时间越短，而当自然频率不变时，闭环极点离［s］平面的虚轴越近，系统的延迟时间越短。

3. 峰值时间 t_p

指输出响应从 0 开始第一次达到最大峰值所需要的时间。

将式（8-11）对时间求导并令其为零，可得峰值时间

$$\left.\frac{\mathrm{d}x(t)}{\mathrm{d}t}\right|_{t=t_p}=0$$

整理上式，得

$$\tan\beta=\tan(\omega_d t_p+\beta) \tag{8-15}$$

则有 $\omega_d t_p=0,\pi,2\pi,3\pi,\cdots$根据峰值时间的定义，$t_p$ 是指 $x(t)$越过稳态值到达第一个峰值所需要的时间，所以应取 $\omega_d t_p=\pi$。因此，峰值时间的计算公式为

$$t_p=\frac{\pi}{\omega_d} \text{ 或 } \frac{\pi}{\omega_n\sqrt{1-\xi^2}} \tag{8-16}$$

式（8-16）表明，峰值时间等于阻尼振荡周期的 1/2。当阻尼比不变时，极点离实轴的距离越远，系统的峰值时间越短，或者说，极点离坐标原点的距离越远，系统的峰值时间越短。

4. 最大超调量 M_p

指响应的最大峰值与稳定值的差值所占稳定值的百分比，表达式为

$$M_p=\frac{x(t_p)-x(\infty)}{x(\infty)}100\% \tag{8-17}$$

将峰值时间式（8-16）代入式（8-11），得到输出量的最大值 $x(t_p)$为

$$x(t_p)=1-\frac{e^{-\pi\xi/\sqrt{1-\xi^2}}}{\sqrt{1-\xi^2}}\sin(\pi+\beta)$$

由图 8-11 可知 $\sin(\pi+\beta)=-\sqrt{1-\xi^2}$，代入上式，有

$$x(t_p)=1+e^{-\pi\xi/\sqrt{1-\xi^2}}$$

根据超调量的定义式以及 $x(\infty)=1$，可得

$$M_p=x(t_p)-1=e^{-\pi\xi/\sqrt{1-\xi^2}}\times 100\% \tag{8-18}$$

显然，超调量仅与阻尼比 ξ 有关，与自然频率 ω_n 的大小无关。图 8-15 表示超调量 M_p 与阻尼比 ξ 的关系曲线。由图可见，阻尼比越大（β 越小），超调量越小；反之亦然。或者说，闭环极点越接近虚轴，超调量越大。通常，对于随动系统，取阻尼比为 0.4 ~ 0.8，相应的超调量为 25.4% ~1.5%。

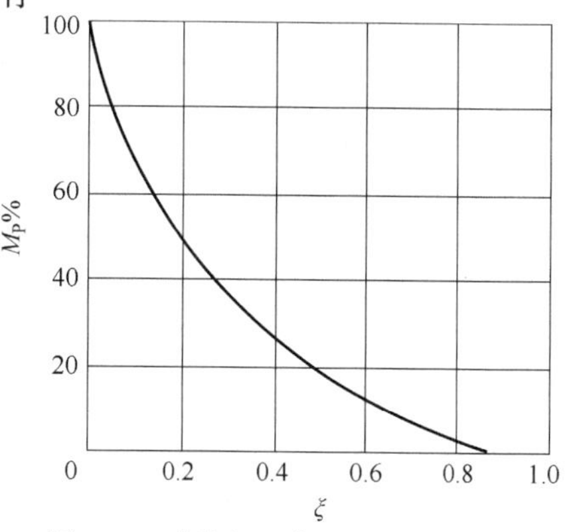

图 8-15　超调 M_p 与阻尼比 ξ 关系

5. 调整时间（调节时间）t_s

相对于$x(\infty)$的波动小于某个给定值的时间由下式确定：

$$|x(t)-x(\infty)|\leqslant\Delta\cdot x(\infty)\qquad(t\geqslant t_s)$$

式中，$\Delta=5\%$或$\Delta=2\%$。

写出调节时间t_s的准确表达式是相当困难的，通常由响应曲线的一对包络线近似计算。$x(t)$在整个瞬态响应过程中总包络在这对曲线内，同时包络线对称于稳态分量。整个响应曲线总是包含在这两条包络线之内，该包络线对称于阶跃响应的稳态分量。在图 8-15 中，采用无因次时间$\omega_n t$作横坐标，给出了$\xi=0.707$时的单位阶跃响应以及相应的包络线。可见，实际响应的收敛速度比包络线的收敛速度要快，因此采用包络线代替实际响应曲线来估算调节时间是可靠的。

在初步分析和设计中经常采用近似方法计算。对于欠阻尼二阶系统的单位阶跃响应来说，包络线方程为

$$x(t)=1\pm\frac{e^{-\xi\omega_n t}}{\sqrt{1-\xi^2}}$$

代入$|x(t)-x(\infty)|\leqslant\Delta\cdot x(\infty)$中，有

$$\left|\frac{e^{-\xi\omega_n t'_s}}{\sqrt{1-\xi^2}}\right|=\Delta(\Delta=0.05\text{ 或 }0.02),\quad t_s\approx\frac{1}{\xi\omega_n}\ln\frac{1}{\Delta\sqrt{1-\xi^2}}$$

当$\Delta=0.05$时，　$t_s\approx\dfrac{3.5}{\xi\omega_n}$，　5%误差带；

当$\Delta=0.02$时，　$t_s\approx\dfrac{4.5}{\xi\omega_n}$，　2%误差带。

该结论表明，调节时间与闭环极点的实部数值（$\xi\omega_n$）成反比，实部数值越大，即极点离虚轴的距离越远，系统的调节时间越短，过渡过程结束得越快。

综上所述，从各动态性能指标的计算公式及有关说明可以看出，各指标之间往往是有矛盾的。如上升时间和超调量，即响应速度和阻尼程度，要求上升时间小，必定使超调量加大，反之亦然。当阻尼比ξ一定时，如果允许加大ω_n，则可以减小所有时间指标（t_d，t_r，t_s和t_p）的数值，同时超调量可保持不变。

因此，在实际系统中，往往需要综合考虑各方面的因素，再作正确的抉择，即所谓“最佳”设计。

6. 稳态误差 e_{ss}

$$e_{ss}=\lim_{t\to\infty}(1-x(t))=0\tag{8-19}$$

欠阻尼情况下的稳态误差等于零，即经过较长时间，系统的响应趋于稳态情况。

7. 振荡次数 N

在调整时间t_s内，$x(t)$穿越稳态值次数的1/2即为振荡次数，根据式（8-11）可知

$$N=\frac{t_s}{T}=\frac{t_s}{2\pi/\omega_n}\tag{8-20}$$

式中，T是振荡周期。

注意：

1）上升时间t_d和峰值时间t_p表征系统响应初始阶段的快慢程度。

2）调节时间 t_s 表征系统过渡过程持续的时间，总体上反映了系统的快速性。

3）超调量 M_p 反映了系统的平稳性。

4）稳态误差 e_{ss} 反映了系统的最终控制精度。

8.3.4 非标准欠阻尼标准二阶系统的性能指标与时域参数识别

尽管以上指标是根据位控系统在单位阶跃输入下得到的，但是可以扩展到任意大小的阶跃激励情况，其中有些指标可以扩充到非位控系统的情况。

以上仅对标准二阶系统（灵敏度归一化处理）而言，如果是非标准二阶系统，则最后的输出乘以实际的灵敏度就可以了。

例如，对于有阻尼的弹簧质量系统，其输入为力 $F(t)$，动力学方程为

$$m\ddot{x}+c\dot{x}+kx=f_0F(t)$$

这是一个针对非标准的二阶系统振动系统，可以转换为标准的二阶系统来分析，改写为

$$\frac{1}{\omega_n^2}\ddot{x}+\frac{2\xi}{\omega_n}\dot{x}+x=\frac{f_0}{k}f(t)$$

或

$$\ddot{x}+2\xi\omega_n\dot{x}+\omega_n^2x=\eta\omega_n^2f(t)$$

式中，$\eta=\dfrac{f_0}{k}$为灵敏度。

灵敏度归一化后，有

$$\ddot{x}+2\xi\omega_n\dot{x}+\omega_n^2x=\omega_n^2f(t)$$

这样就转化成了标准系统，其传递函数为

$$H(s)=\frac{X(s)}{F(s)}=\frac{\omega_n^2}{s^2+2\xi\omega_n s+\omega_n^2}$$

显然，该式与位控系统的传递函数相同，对应的输出为

$$C(s)=\frac{\omega_n^2}{s^2+2\xi\omega_n s+\omega_n^2}f(s)$$

在小阻尼情况下，标准系统的输出为

$$x(t)=\frac{\omega_n^2}{\omega_d}e^{-\xi\omega_n t}\sin\omega_d t\geqslant 0$$

而实际输出为

$$x^*(t)=\eta.x(t)=\frac{1}{m\omega_d}e^{-\xi\omega_n t}\sin\omega_d t\qquad(t\geqslant 0)$$

可以利用二阶瞬态响应指标来识别系统的物理参数，下面的例 8-2 说明了这种识别方法，由于该方法是通过时域指标来识别系统物理参数的，所以称为时域识别方法。

例 8-2 性能指标在参数识别中的应用。如图 8-16 所示的机械系统，在质量块 m 施加 $F=8.9\text{N}$ 的阶跃力后，质量块的位移响应曲线 $y(t)$ 如图 8-17 所示。试从响应曲线中识别系统的质量 m、刚度系数 k 和阻尼系数 c 的值。

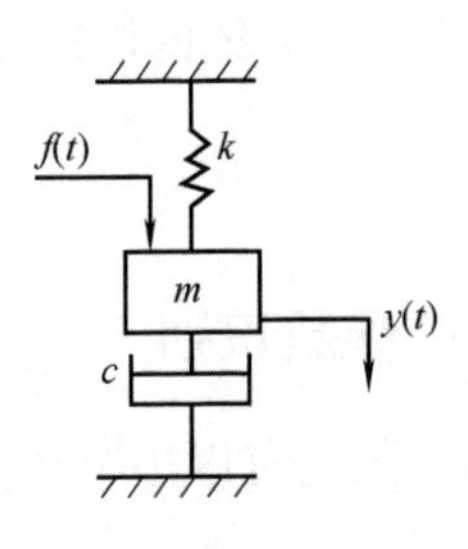

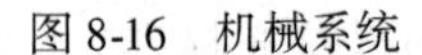
图 8-16　机械系统

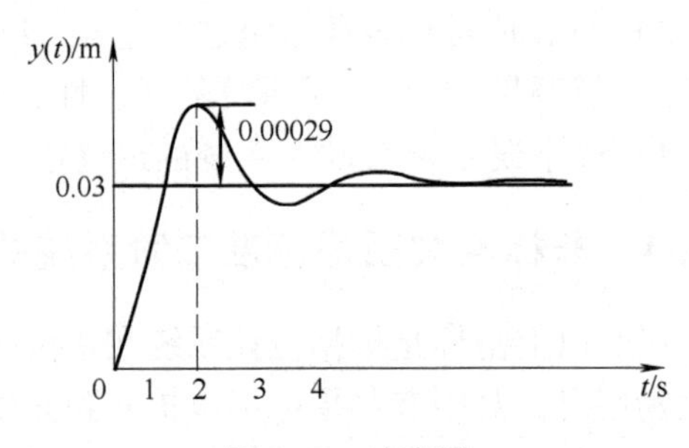

图 8-17　响应图

解　(1) 建立系统的数学模型。系统的运动微分方程为

$$m\ddot{y}(t)+c\dot{y}(t)+ky(t)=F(t)=f_0\cdot 1(t)$$

这是一个非标准系统，可以转化为标准系统为

$$\frac{1}{\omega_n^2}\ddot{x}+\frac{2\xi}{\omega_n}\dot{x}+x=\frac{f_0}{k}\cdot 1(t)$$

式中，$\frac{f_0}{k}=\eta$ 为灵敏度；$f_0=8.9$。

灵敏度归一化后，有

$$\ddot{x}+2\xi\omega_n\dot{x}+\omega_n^2x=\omega_n^2\cdot 1(t)$$

标准系统的传递函数为

$$G(s)=\frac{\omega_n^2}{s^2+2\xi\omega_n s+\omega_n^2}$$

实际系统的传递函数为

$$H(s)=\frac{X(s)}{F(s)}=\eta\cdot G(s)=\frac{1}{ms^2+cs+k}$$

在 $F(t)=f_0\cdot 1(t)$ 激励下的输出为

$$x(s)=\frac{1}{ms^2+cs+k}\frac{8.9}{s}=\eta\frac{\omega_n^2}{s^2+2\xi\omega_n s+\omega_n^2}\cdot\frac{1}{s}$$

式中，$\eta=\frac{f_0}{k}=\frac{8.9}{k}$

(2) 求系统的阻尼比和频率。根据标准系统的响应曲线可知，其稳态分量是 0.03m，根据式 (8-17)，最大超调量 M_p 的计算公式为

$$M_p=\frac{x(t_p)-x(\infty)}{x(\infty)}\cdot 100\%=\frac{0.003+0.0029-0.003}{0.03}=9.3\%$$

而超调量又可以表示为 $M_p=\mathrm{e}^{\frac{\xi\pi}{\sqrt{1-\xi^2}}}\times 100\%$，由此可得阻尼比计算公式为

$$\xi=\frac{|\ln(M_p)|}{\sqrt{\pi^2+[\ln(M_p)]^2}}$$

将 M_p 代入，计算阻尼比，得 $\xi=0.6$。

根据峰值时间

$$t_p = \frac{\pi}{\omega_d} = \frac{\pi}{\omega_n \sqrt{1-\xi^2}} = 2$$

可得阻尼系统的固有频率为

$$\omega_n = \frac{\pi}{t_p \sqrt{1-\xi^2}} = 1.96\text{rad/s}$$

（3）求刚度系数 k。利用终值定理，得

$$\lim_{t\to\infty} y(t) = \lim_{s\to 0} sy(s) = \lim_{s\to 0} s \frac{\frac{1}{m}}{s^2 + \frac{c}{m}s + \frac{k}{m}} \cdot \frac{8.9}{s} = \frac{8.9}{k} = \eta = 0.03\text{m}$$

得

$$k = \frac{8.9\text{N}}{0.03\text{m}} = 297\text{N/m}$$

（4）求系统质量 m 和阻尼系数 c。

质量：$m = \frac{k}{\omega_n^2} = \frac{297}{1.96^2}\text{kg} = 77.3\text{kg}$

阻尼系数：$c = 2\xi\omega_n \cdot m = 181.8\text{N} \cdot \text{s/m}$

该问题说明，对于二阶系统，测量在阶跃激励下的响应是识别单自由度系统物理参数的一种可行方法。

请读者根据已经识别的 m，c，k 建立 Simulink 仿真模型，在相同的激励下，验证其相应曲线的正确性。

例 8-3 设有一个单位负反馈控制系统的开环传递函数为

$$G(s) = \frac{K}{s(0.1s+1)}$$

试分别求出当 $K = 10\text{s}^{-1}$ 和 $K = 20\text{s}^{-1}$ 时系统的阻尼比 ξ、无阻尼自然频率 ω_n、单位阶跃响应的超调量 M_p 及峰值时间 t_p，并讨论 K 的大小对系统性能指标的影响。

解 可以得到系统的闭环传递函数为

$$H(s) = \frac{G(s)}{1+G(s)} = \frac{K}{0.1s^2 + s + K} = \frac{10K}{s^2 + 10s + 10K}$$

当 $K = 10\text{s}^{-1}$ 时，有

$$H(s) = \frac{100}{s^2 + 10s + 100}$$

根据标准形式（8-10），有

$$\begin{cases} \omega_n^2 = 100 \\ 2\xi\omega_n = 10 \end{cases} \Rightarrow \begin{cases} \omega_n = 10 \\ \xi = \dfrac{1}{2} \end{cases}$$

$$M_p = \text{e}^{\frac{\xi\pi}{\sqrt{1-\xi^2}}} \times 100\% = 16.3\%, \quad t_p = \frac{\pi}{\omega_n \sqrt{1-\xi^2}} = 0.362\text{s}$$

当 $K = 20\text{s}^{-1}$ 时，有

$$H(s) = \frac{200}{s^2 + 10s + 200}$$

$$\begin{cases}\omega_n^2=200\\2\xi\omega_n=10\end{cases}\Rightarrow\begin{cases}\omega_n=14.14\\\xi=0.353\end{cases}$$

$$M_p=e^{\frac{\xi\pi}{\sqrt{1-\xi^2}}}\times100\%=30\%,\quad t_p=\frac{\pi}{\omega_n\sqrt{1-\xi^2}}=0.237\text{s}$$

显然，K 增大使得超调 M_p 增大，而峰值时间 t_p 减小。

8.3.5 欠阻尼二阶系统的单位斜坡响应

单位斜坡输入信号的拉普拉斯变换式为 $R(s)=1/s^2$，可得系统输出的变换式为

$$C(s)=\frac{\omega_n^2}{s^2+2\xi\omega_n s+\omega_n^2}\frac{1}{s^2}$$

对上式进行拉普拉斯逆变换，得单位斜坡响应为 $C_t(t)$，

$$C_t(t)=t-\frac{2\xi}{\omega_n}+\frac{e^{-\xi\omega_n t}}{\omega_n\sqrt{1-\xi^2}}\sin(\omega_d t+\psi)\quad t\geqslant0 \tag{8-21}$$

式中，ψ 为相位角。

$$\psi=2\arctan\frac{\sqrt{1-\xi^2}}{\xi}=2\beta \tag{8-22}$$

显然，系统的单位斜坡响应式（8-21）由两部分组成，一部分是稳态分量

$$C_{ss}=t-\frac{2\xi}{\omega_n}$$

另一部分是瞬态分量

$$C_{tt}=\frac{e^{-\xi\omega_n t}}{\omega_n\sqrt{1-\xi^2}}\sin(\omega_d t+\psi)$$

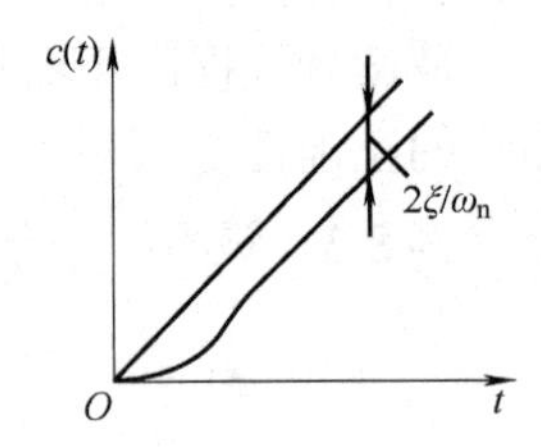

图 8-18　二阶系统单位斜坡响应

对于有阻尼系统，瞬态分量随着时间增长而振荡衰减，最终趋于零。所以系统的稳态误差为 $e_{ss}=2\xi/\omega_n$。图 8-18 为二阶系统单位斜坡响应曲线。

由图 8-18 可见，系统的稳态输出是一个与输入量具有相同斜率的斜坡函数。但是在输出位置上有一个常值误差，值为 $2\xi/\omega_n$。此误差值只能通过改变系统参数来减小，如加大自然频率 ω_n 或减小阻尼比 ξ 来减小稳态误差，但不能消除。而且这样改变系统参数，将会使系统响应的平稳性变差。所以仅靠改变系统参数是无法解决上述矛盾的。在系统设计时，一般可先根据稳态误差要求确定系统参数，然后再引入控制装置（校正装置）来改善系统的性能（即通过改变系统结构来改善系统性能）。

8.3.6 过阻尼二阶系统的单位阶跃响应

当 $\xi>1$ 时，二阶系统的闭环特征方程有两个不相等的负实根，可以写成

$$s^2+2\xi\omega_n s+\omega_n^2=\left(s+\frac{1}{T_1}\right)\left(s+\frac{1}{T_2}\right)=0$$

式中

$$T_1=\frac{1}{\omega_n\left(\xi-\sqrt{\xi^2-1}\right)},\ T_2=\frac{1}{\omega_n\left(\xi+\sqrt{\xi^2-1}\right)}$$

且 $T_1 > T_2$，$\omega_n^2 = \dfrac{1}{T_1 T_2}$，于是标准二阶系统的传递函数为

$$\frac{C(s)}{R(s)} = H(s) = \frac{\omega_n^2}{\left(s+\dfrac{1}{T_1}\right)\left(s+\dfrac{1}{T_2}\right)} = \frac{1/T_1T_2}{\left(s+\dfrac{1}{T_1}\right)\left(s+\dfrac{1}{T_2}\right)} = \frac{1}{(T_1s+1)(T_2s+1)}$$

因此，过阻尼二阶系统可以看成两个时间常数不同的一阶惯性环节的串联。T_1，T_2 为两个一阶惯性系统的时间常数，当输入信号为单位阶跃函数时，系统的输出为

$$\begin{aligned} x(t) &= 1 - \frac{1/T_2}{1/T_2 - 1/T_1}e^{-\frac{1}{T_1}t} + \frac{1/T_1}{1/T_2 - 1/T_1}e^{-\frac{1}{T_2}t} \\ &= 1 - \frac{1}{1 - T_2/T_1}e^{-(\xi-\sqrt{\xi^2-1})\omega_n t} + \frac{1}{T_1/T_2 - 1}e^{-(\xi+\sqrt{\xi^2-1})\omega_n t} \quad (t \geqslant 0) \end{aligned} \tag{8-23}$$

式中，稳态分量为 1，瞬态分量为后两项指数项。可以看出，瞬态分量随时间 t 的增长而衰减到零，故系统在稳态时无误差，其响应曲线如图 8-19 所示。

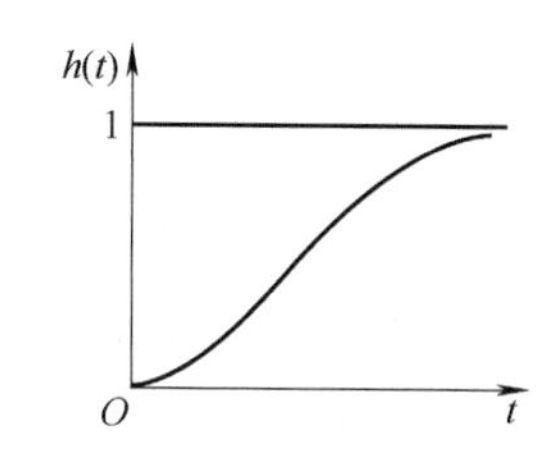

图 8-19　过阻尼系统阶跃响应

由图 8-19 可以看出，响应是非振荡的，但它是由两个一阶延迟环节串联而产生的，所以又不同于一阶系统的单位阶跃响应，其起始阶段速度很小，然后逐渐加大到某一值后又减小，直到趋于零。因此整个响应曲线有一个拐点。

对于过阻尼二阶系统的性能指标，同样可以用上升时间和调整时间 t_r、t_s 等来描述。这里着重讨论调节时间 t_s，它反映系统响应的快速性。确定 t_s 的准确表达式同样是很困难的。一般可根据式（8-23），令 T_1/T_2 为不同值，计算出相应的无因次调节时间 t_s/T_1。图 8-20 给出了误差带为 5% 的调节时间曲线，由图可见：

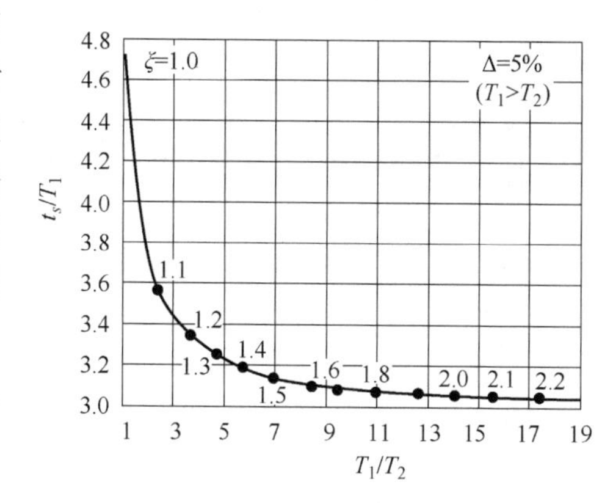

图 8-20　过阻尼调节时间特性

当 $T_1 = T_2$，即 $\xi = 1.0$ 时（临界阻尼情况），$t_s = 4.75T_1$；

当 $T_1 = 4T_2$，即 $\xi = 1.25$ 时，$t_s \approx 3.3T_1$；

当 $T_1 > 4T_2$，即 $\xi > 1.25$ 时，$t_s \approx 3T_1$。

上述分析说明，当系统的一个负实根比另一个大 4 倍以上，即两个惯性环节的时间常数相差 4 倍以上时，系统可以等效为一阶系统，其调节时间 t_s 可近似等于 $3T_1$（误差不大于 10%）。这也可以由式（8-23）得出，由于 $T_1 > 4T_2$，则 e^{-t/T_2}项比 e^{-t/T_1}项衰减快得多，即响应曲线主要取决于较大时间常数 T_1 确定的环节，或者说主要取决于离虚轴较近的极点。这样过阻尼二阶系统调节时间 t_s 的计算，实际上只局限于 $\xi = 1 \sim 1.25$ 的范围。当 $\xi > 1.25$ 时，就可将系统等效成一阶系统，其传递函数可近似地表示为$\dfrac{C(s)}{R(s)} \approx \dfrac{1}{T_1s+1}$。

这一近似函数形式也可根据以下条件直接得到，即原来的传递函数$\dfrac{C(s)}{R(s)}$与近似函数的初始值和最终值二者对应相等。

对于近似传递函数$\frac{C(s)}{R(s)}$，其单位阶跃响应的拉普拉斯变换式为

$$C(s)\approx\frac{1/T_1}{s\left(s+\frac{1}{T_1}\right)}$$

时间响应为

$$x(t)\approx 1-\mathrm{e}^{-\frac{t}{T_1}}=1-\mathrm{e}^{-(\xi-\sqrt{\xi^2-1})\omega_n t}\qquad(t\geqslant 0)$$

上式就是$\frac{C(s)}{R(s)}$中有一个极点可以忽略时近似的单位阶跃响应。图 8-21 给出了 $\xi=2$，$\omega_n=1$ 时的近似响应函数曲线，在图中还画出了系统过阻尼时的准确响应函数曲线。这时系统的近似解为 $x(t)\approx 1-\mathrm{e}^{-0.27t}$，准确解为

$$x(t)\approx 1+0.077\mathrm{e}^{-3.73t}-1.077\mathrm{e}^{-0.27t}$$

准确曲线和近似曲线之间，只是在响应曲线的起始段上有比较的差别。

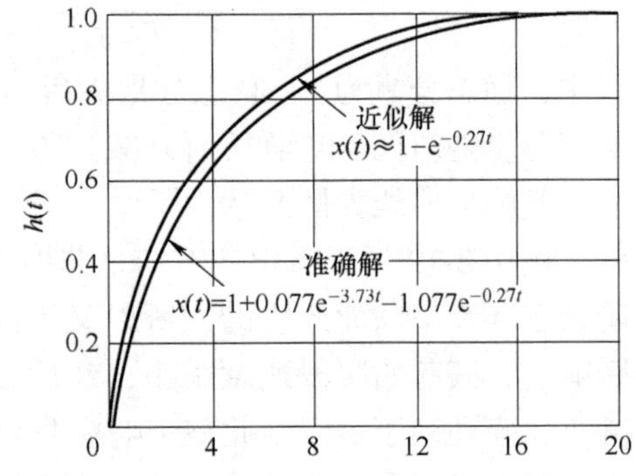

图 8-21　过阻尼二阶阶跃响应系统阶跃响应

当一个实际系统的物理参数给定以后，系统的动态特性也就完全确定了，如果原系统的动态特性不满足实际需要，在不改变系统的物理参数的情况下，要想得到改善系统的动态特性，其中的一种方法就是通过反馈控制获得新的动态特性，详见第 10 章。

8.4 Matlab/Simulink 仿真

在 Matlab 环境下，可以直接使用 sim( )函数调用 Simulink 仿真模型，其调用格式为

```
[t,x,y] = sim('model',timespan,option,ut)
```

其中，'model' 为 Simulink 生成的模型文件名；timespan 为仿真时间，可指定终止时间和起止时间；其余参数为可选，option 为用于设置初始条件、步长与容许误差等值，ut 为外部输入信号。

在 Simulink 中，系统默认采用变步长的四阶/五阶龙格-库塔积分算法（即 ode45( ) 函数）进行仿真，若采用其他算法，可在算法设置中进行选择。

例 8-4　已知某系统模型为 $\ddot{x}+34.5\dot{x}+1000x=f_0\cdot f(t)$，当：$f_0=1000\mathrm{N}$，$f(t)=1\cdot(t)$ 时，联合脚本文件和模型文件求系统的动态指标。

解　将原式写为

$$\ddot{x}+2\xi\omega_n\dot{x}+\omega_n^2x=\eta\omega_n^2f(t)$$

其中灵敏度为 $\eta=\frac{f_0}{K}=1$，因此，该系统为标准二阶系统，建立 Simulink 仿真模型如图 8-22a 所示，并保存模型文件名为“Systm. mdl”。

调用模型文件：首先建立 M 文件，命名文件名 dongtai. m（注意和模型文件在同一个文件夹中，且两个文件名前缀不能相同）。显示结果如图 8-22b 所示。

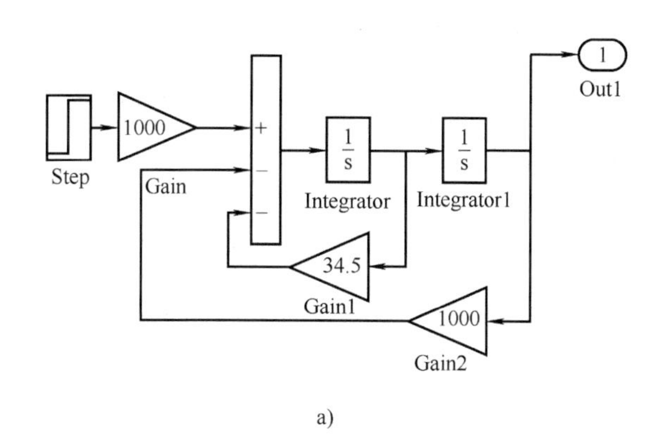

a)

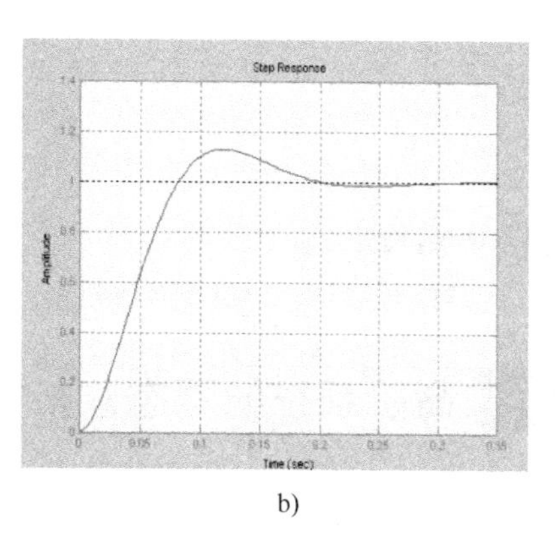

b)

图 8-22
a）仿真框图 b）仿真结果

```
%方法 1  利用模型文件瞬态响应指标计算
[t,x,y]=sim('systm.mdl',[0:0.001:5]);     % 调用模型文件,
                                          %仿真时间为 0-5(秒),步长 0.01(秒)
[ym,k]=max(y);                            %求最大值和最大值所在的位置
tp=t(k)                                   %计算峰值时间
len=length(t);                            %计算时间长度
finalvalue=y(len)                         %计算稳态值
mp=100*(ym-finalvalue)                    %计算超调量百分比
                                          %计算调整时间,当型循环
while(y(len)>0.98*finalvalue & y(len)<1.02*finalvalue); % 循环条件
  len=len-1;                              % 倒序列计算时间坐标
end                                       %循环结束
ts=t(len)                                 %得到调整时间

tp=0.1200    finalvalue=1.0000    mp=0.1293    ts=0.1800

%方法 2  利用传递函数计算系统性能指标
num=[1000];                               % 传递函数分子
den=[1 34.5  1000];                       % 传递函数分母
sys=tf(num,den);                          % 建立传递函数
                                          %利用终值定理来计算稳态值lim(t→∞) f(t) = lim(s→0) sF(s)
finalvalue=polyval(num,0)/polyval(den,0); % 计算稳态值
[y,t]=step(sys);                          % 求系统的单位阶跃响应,输出 y,t 的值
[yp,k]=max(y);                            % 找出 y 的最大值及其对应的坐标
tp=t(k)                                   % 得到峰值时间
mp=100*(yp-finalvalue)/finalvalue         % 计算超调量
len=length(t);                            % 计算时间长度
while(y(len)>0.98*finalvalue & y(len)<1.02*finalvalue);   % 计算调整时间,当型循环
len=len-1;                                % 倒序列计算时间坐标
```

```
end                                          %循环结束标志
ts=t(len)                                    % 得到调整时间
step(sys)                                    %阶跃响应曲线
```

显示结果：finalvalue = 1

tp=0.1184 mp=12.9415 ts=0.1824

8.5 高阶系统的瞬态响应

8.5.1 高阶系统的传递函数

由第4章可知，一个高阶系统的传递函数为

$$H(s)=\frac{y(s)}{u(s)}=\frac{c_m s^m+c_{m-1}s^{m-1}+\cdots+c_1 s+c_0}{a_n s^n+a_{n-1}s^{n-1}+\cdots+a_1 s+a_0}$$

还可以写成零极点形式为

$$H(s)=K\frac{(s-z_1)(s-z_2)\cdots(s-z_m)}{(s-\lambda_1)(s-\lambda_2)\cdots(s-\lambda_n)}=k\frac{\prod_{i=1}^{m}(s-z_i)}{\prod_{j=1}^{n}(s-\lambda_j)} \tag{8-24}$$

式中，z_i 为零点；λ_j 为极点。

留数形式为

$$H(s)=\frac{k_1}{s-\lambda_1}+\frac{k_2}{s-\lambda_2}+\cdots+\frac{k_n}{s-\lambda_n}=\sum_{i=1}^{n}\frac{k_i}{s-\lambda_i} \tag{8-25}$$

式中，k_i 为留数。

当高阶系统在单位阶跃激励下时，系统的响应为

$$y(s)=H(s)\cdot u(s)=\frac{1}{s}\sum_{i=1}^{n}\frac{k_i}{s-\lambda_i}=\frac{k}{s}+\sum_{i=1}^{n}\frac{A_i}{s-\lambda_i} \tag{8-26}$$

一般地，考虑式（8-26）中有 q 个负实数极点，r 个负实部共扼极点，则系统的时域响应可以写为

$$y(t)=k+\sum_{i=1}^{q}A_i e^{-\lambda_i t}+\sum_{i=1}^{r}A_i e^{-\xi_i\omega_i t}\sin\omega_i\sqrt{1-\xi_i^2}t$$

8.5.2 高阶系统的瞬态响应

由上可知，高阶系统的响应是由一系列动态响应分量组成的，各动态分量的幅值由系统的极点和零点共同决定。假定系统是稳定的，则全部极点均为有负实部，并假设系统中有 r 个实数极点，$\lambda_i=-a_i(i=1,2,\cdots,r)$，$q$ 对共轭复数极点，对于实数极点，瞬态响应总会出现指数衰减，实数极点距离原点越远，对应的指数衰减就越快；而共轭复数极点对应的瞬态响应为自由衰减振动，复数极点离虚轴越远，其对应的瞬态响应衰减也越快，由此可知，对瞬态响应起主导作用的是那些距离虚轴最近的极点，因为它们对瞬态响应的衰减最慢，称为主导型极点。因此对高阶系统进行近似分析时，可以忽略这些远离虚轴的极点对系统的影

响，而仅仅考虑主导极点对系统的影响，这样可以简化计算。在工程使用中，当两个极点的实部之比大于 5 时，可以忽略离虚轴较远的极点引起的瞬态响应。

值得注意的是，瞬态响应的类型虽然取决于系统的极点，但是同时还与系统的零点有关系，由式（8-27）可以看出，若有一个零点与极点比较靠近，则在这个极点处求出的留数就会比较小，一对非常靠近的零点和极点就会产生相互抵消的情况，留数较小的项，对系统瞬态响应也较小。

在分析多自由度系统时，利用主导极点的概念，以少数的主导型极点去代替系统的全部极点，可以大大减少系统的有效自由度数目，从而简化问题的分析和计算，这个方法称为主导型极点分析法。

由此可以得到如下结论：

（1）主导型极点：在整个响应过程中，起决定作用的系统极点称为主导型极点。如果在离虚轴最近的极点附近没有其他极点，这样在工程上往往只考虑这个主导型极点的动态特性，进一步可以简化为一个一阶系统或二阶系统，进一步可以得到系统的时域指标。

（2）非主导极点：离虚轴的距离较主导极点远 5 倍以上的极点、零点，其影响可以忽略。

（3）偶极子：一对靠得很近的零点和极点成为偶极子，在工程应用中，如果极点与某零点之间的距离小于一个数量级，则可以认为这对零极点为偶极子，偶极子对时域的响应可以忽略不计，在传递函数中可以将这对零点和极点消去，称为零极点对消。

（4）除主导型极点外，零点的作用使响应加快且超调增加，而极点的作用正好相反。

习 题

习题 8-1 如图 8-23 所示，不计质量的 AB 杆可以绕 O 轴定轴转动，在杆的一端分别与一个阻尼器和一个弹簧连接，另一端作用一力 $F(t)$ 为一个单位阶跃激励，系统的阻尼系数 $c=5\text{N}\cdot\text{s/m}$，弹簧刚度 $k=80\text{N/m}$，试求 AB 杆的微小转角的变化规律，并求出系统的时间常数。

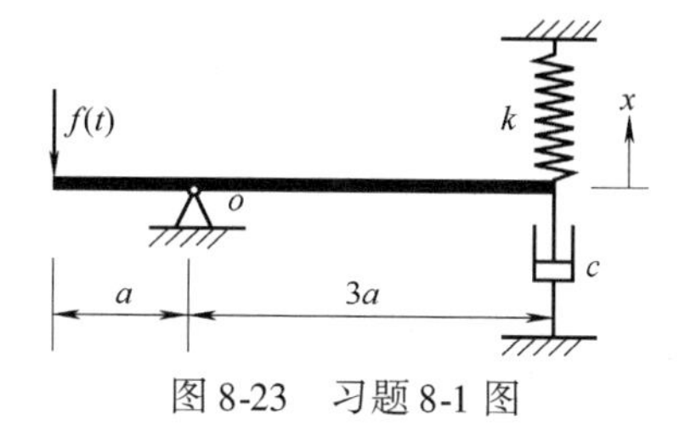

图 8-23 习题 8-1 图

习题 8-2 设小阻尼二阶系统 $m\ddot{x}+c\dot{x}+kx=f(t)$。当 $f(t)=\delta(t)$ 时系统的响应为 $x_1(t)$；当 $f(t)=u(t)=1(t)$ 时，系统的响应为 $x_2(t)$，试证明：

$$x_2(t)=\frac{\mathrm{d}}{\mathrm{d}t}[x_1(t)]$$

习题 8-3 一个质量 $m=20\text{kg}$ 的物体由弹簧和阻尼器支撑，$t<0$ 时系统处于静止状态，在 $t=0$ 时，将一个质量 $m_1=2\text{kg}$ 的物体加在质量 m 上，其系统的位移响应如图 8-24 所示，试确定弹簧刚度系数 k 和阻尼系数 c。

习题 8-4 已知某系统的开环传递函数为 $\dfrac{K}{s(s+3)}$，现利用单位负反馈构成的控制系统的结构框图如图 8-25 所示。试计算当参数 $K=14$、输入 $R(t)=1(t)$（单位阶跃激励）时，系统的瞬态响应指标 t_r, M_p, t_p, t_s。

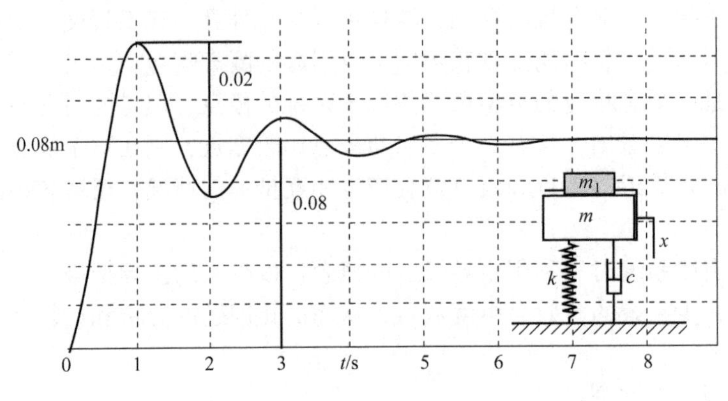

图 8-24　习题 8-3 图

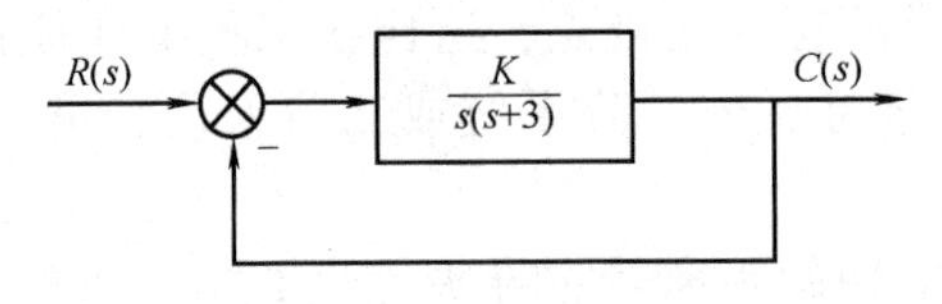

图 8-25　习题 8-4 图

习题 8-5　某动态系统框图如图 8-26 所示，已知 $K=16\text{s}^{-1}$，$T=0.25\text{s}$，$R(s)=1(s)$。试求：

（1）系统的阻尼比 ξ，固有频率 ω_n、超调量和上升时间。

（2）当超调量 $M_p=16\%$、T 不变时，K 的值。

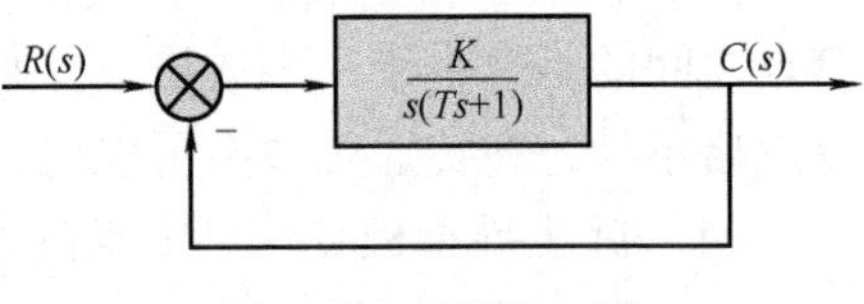

图 8-26　习题 8-5 图

习题 8-6　如图 8-27 所示的系统是在习题 8-5 中添加了一个速度反馈，称为双闭环控制系统。为使系统的阻尼比 $\xi=0.5$，求 τ 的值，并计算加入速度反馈后系统在单位阶跃激励下的超调量。

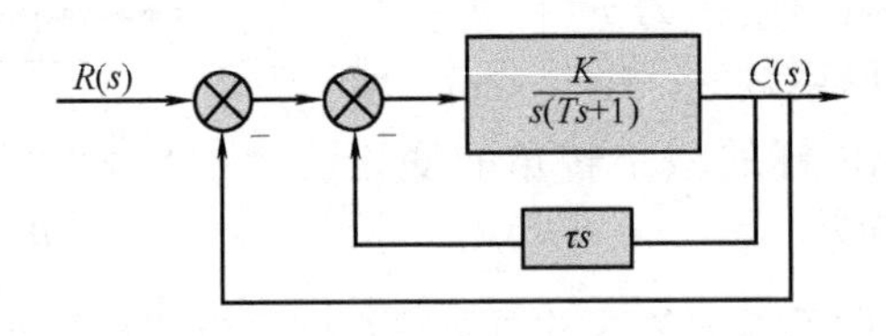

图 8-27　习题 8-6 图

习题 8-7　惯性测振仪的基本原理如图 8-28 所示，它将传感器与被测物体相连接，通过传感器内部的弹簧质量系统在振动过程中记录下的位移 $y(t)$，从而获得被测物体的位移和加速度。

加速度是和力有关系的，因此可以通过加速度计来测量力。设 $m_1=3\text{kg}$，$m=1\text{kg}$，$k=2\text{N/m}$，$c=3\text{N}\cdot\text{s/m}$，系统作用单位阶跃激励，试分析这种惯性测力传感器的峰值时间、超调量以及调整时间（图 8-28 中 $x(t)$ 是相对于框架的坐标，$y(t)$ 是框架的坐标）。

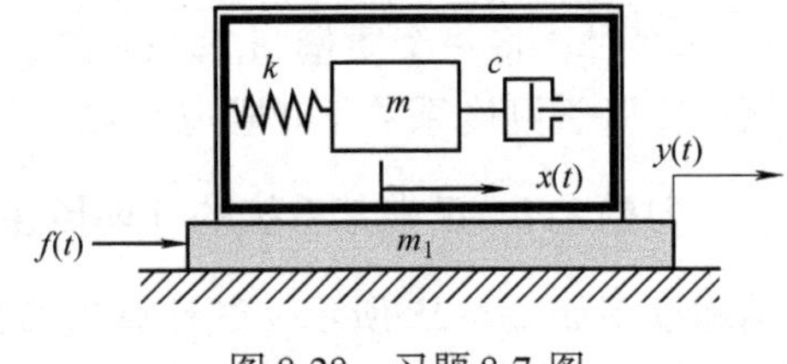

图 8-28　习题 8-7 图

习题 8-8 分别求二阶系统 $H(s)=\dfrac{120}{s^2+12s+120}$ 和 $H(s)=\dfrac{0.01}{s^2+0.002s+0.01}$ 的峰值时间 t_p、上升时间 t_r、调整时间 t_s、超调量 M_p。

习题 8-9 已知图 8-29 所示系统的单位阶跃响应曲线图，试确定 K_1、K_2 和 a 的数值。

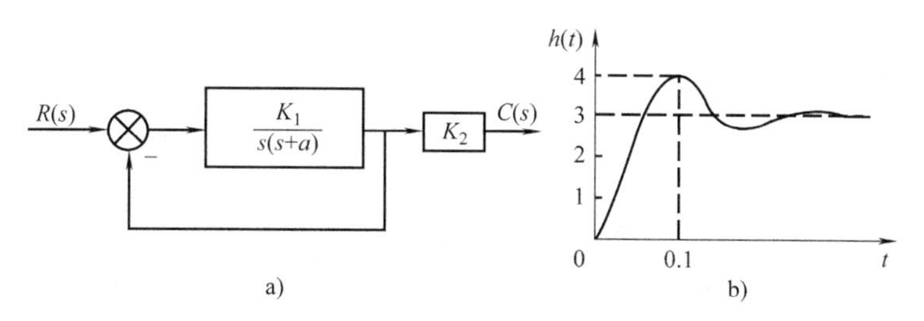

图 8-29 习题 8-9 图

习题 8-10 已知如图 8-30 所示系统，其中 $T=0.1\text{s}$，若要求系统的单位阶跃响应无超调，且调节时间 $t_s=2\text{s}$，问增益 K 应如何取值？

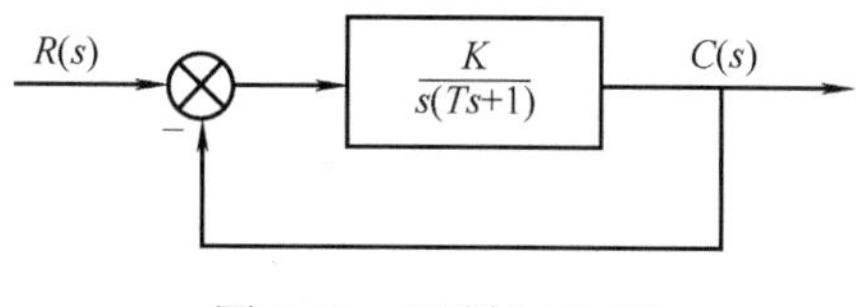

图 8-30 习题 8-10 图

习题 8-11 如图 8-31 所示，动圈式仪表在测量过程中总是希望能够在比较短的时间内稳定在所指示的位置上，其原理是通电线圈在永久磁场中受到电磁转矩 $k_r i(t)$ 的作用产生指针偏转运动，k_r 是与磁场强度有关的转矩常数，$i(t)$ 为流过线圈的电流，设系统转动部分的惯量为 J，运动时会受到扭转阻尼转矩 $c\dot{\theta}$ 和弹性恢复转矩 $k_\theta \theta(t)$ 的作用，设在测量过程中，系统受到的输入为单位阶跃激励，试分析转动惯量、阻尼系数和弹性恢复系数对测量指针偏转的峰值时间、超调量以及调整时间的影响。

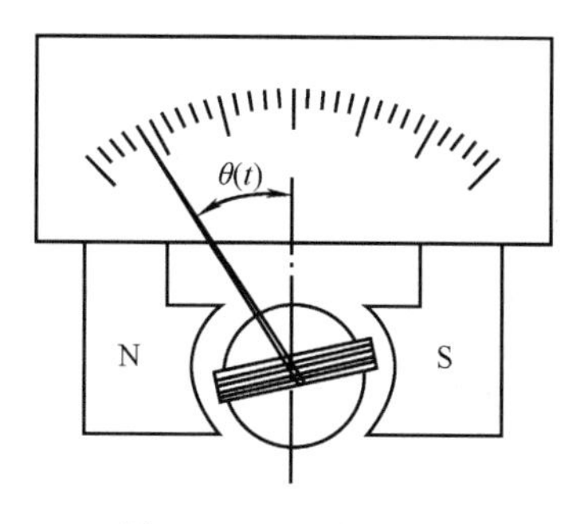

图 8-31 习题 8-11 图

第9章 动力学系统频域分析方法

9.1 概述

频率响应函数是在传递函数分析法的基础上演变而来的，频率特性分析法在工程中被广泛使用。在第4章中讲述的传递函数是在S域中表示的动力学系统的一种数学模型，通过拉普拉斯逆变换即可求得时间域中的函数。拉普拉斯变换和拉普拉斯逆变换是变量从时间域变换到复数域，以及再从复数域变换到时间域的一种变换，即

$$\begin{aligned}&\text{正变换：}x(s)=\int_{-\infty}^{\infty}x(t)\mathrm{e}^{-st}\mathrm{d}t=L[x(t)]\\&\text{反变换：}x(t)=L^{-1}[x(s)]\end{aligned}\tag{9-1}$$

在工程实际问题中，有时需要确定信号的频率成分，采取傅里叶积分（傅里叶变换）可以把时（间）域信号变换到频（率）域信号，通过逆变化又可以得到时（间）域信号，即

$$\begin{aligned}&\text{正变换：}F(\omega)=\int_{-\infty}^{\infty}F(t)\mathrm{e}^{-\mathrm{j}\omega t}\mathrm{d}t=F[F(t)]\\&\text{反变换：}F(t)=\frac{1}{2\pi}\int_{-\infty}^{\infty}F(\omega)\mathrm{e}^{\mathrm{j}\omega t}\mathrm{d}\omega=F^{-1}[F(\omega)]\end{aligned}\tag{9-2}$$

这里所说的频域分析法就是指在频率域中研究系统的动态性能。本章将介绍动态系统的频域分析法以及利用频域信息识别动力学系统参数的基本方法。

9.2 频率响应函数

9.2.1 谐和激励下系统的响应函数

任何线性系统在确定性激励（输入）作用下，就有确定的动态响应（输出），这种关系

可以用频率响应函数表示。设一个稳定的、定常的线性系统，在简谐力 $F(t)$ 作用下，其稳态响应也是同频率的简谐振动。若激励为 $F(t)=F_0\sin(\omega\cdot t+\alpha_1)$，则响应是与激励同频率的函数 $x(t)=X_0\sin(\omega\cdot t+\alpha_2)$，于是输入与输出的幅值比 $\frac{F_0}{X_0}$ 和相位（$\alpha_1-\alpha_2$）两个量确定了系统的动态特性。同理，若输入是一个复谐和激励 $F(t)=F_0\mathrm{e}^{\mathrm{j}\omega t}$，则响应也必然是复谐和响应 $x(t)=X_0\mathrm{e}^{\mathrm{j}\omega t}$。在通常情况下，用系统的复谐和响应与复谐和激励之比来定义系统的频率响应函数，即

$$G(\mathrm{j}\omega)(\text{频率响应函数})=\frac{X(\mathrm{j}\omega)(\text{复谐和响应})}{F(\mathrm{j}\omega)(\text{复谐和激励})}=\frac{X_0}{F_0} \tag{9-3}$$

或者

$$G(\mathrm{j}\omega)=|G(\mathrm{j}\omega|\mathrm{e}^{\mathrm{j}\phi} \tag{9-4}$$

响应为

$$x(t)=G(\mathrm{j}\omega)F_0\mathrm{e}^{\mathrm{j}\omega}=F_0|G(\mathrm{j}\omega)|\mathrm{e}^{\mathrm{j}(\omega+\phi)} \tag{9-5}$$

例 9-1　分析单自由度系统的频率响应函数 $G(\mathrm{j}\omega)$，设单自由度系统受复谐和激励下的微分方程为

$$m\ddot{x}+c\dot{x}+kx=F(t)=F_0\mathrm{e}^{\mathrm{j}\omega t}$$

将激励简写成 $F(\mathrm{j}\omega)=F_0\mathrm{e}^{\mathrm{j}\omega t}$，$F_0$ 是复激励的幅值，为了求得复谐和激励下的响应，假定位移响应形式为 $x(\mathrm{j}\omega)=X_0\mathrm{e}^{\mathrm{j}\omega t}$，这里 X_0 是响应的幅值；则容易得到速度响应为 $\dot{x}(\mathrm{j}\omega)=\mathrm{j}\omega x(\mathrm{j}\omega)$，加速度响应为 $\ddot{x}(\mathrm{j}\omega)=-\omega^2\cdot x(\mathrm{j}\omega)$，将此式代入到微分方程中，则有

$$(k-m\omega^2+\mathrm{j}c\omega)X_0\mathrm{e}^{\mathrm{j}\omega t}=F_0\mathrm{e}^{\mathrm{j}\omega t}$$

根据式（9-3），得频率响应函数为

$$G(\mathrm{j}\omega)=\frac{X_0\mathrm{e}^{\mathrm{j}\omega t}}{F_0\mathrm{e}^{\mathrm{j}\omega t}}=\frac{X_0}{F_0}=\frac{1}{k-m\omega^2+\mathrm{j}c\omega}$$

一般情况下，频率响应函数为复数，可以进一步求得这个复数的模和幅角，将上式写成

$$G(\mathrm{j}\omega)=\frac{(k-m\omega^2)-\mathrm{j}c\omega}{(k-m\omega^2)^2+(c\omega)^2}=|G(\mathrm{j}\omega)|\mathrm{e}^{\mathrm{j}\phi}$$

式中，$|G(\mathrm{j}\omega)|$ 为复数的模；ϕ 为复角。

容易得到复数的模为

$$|G(\mathrm{j}\omega)|=\frac{1}{\sqrt{(k-m\omega^2)^2+(c\omega)^2}}$$

幅角为

$$\phi=\arctan\frac{-c\omega}{k-m\omega^2}$$

引入记号 $\omega_{\mathrm{n}}=\sqrt{\frac{k}{m}}$，$\xi=\frac{c}{2\sqrt{mk}}$，$\lambda=\frac{\omega}{p}$，$h_0=\frac{F_0}{k}$，分别为固有频率、阻尼比、频率比和静变形，则频率响应函数的模和幅角可以表示为

$$|G(\mathrm{j}\omega)|=\frac{1}{k\sqrt{(1-\lambda^2)^2+(2\xi\lambda)^2}},\quad \phi=\arctan\frac{-2\xi\lambda}{1-\lambda^2}$$

由式（9-3）可以进一步求得响应的振幅为

$$X_0 = G(\mathrm{j}\omega)F_0 = \frac{F_0}{k} \cdot \frac{1}{\sqrt{(1-\lambda^2)^2 + (2\xi\lambda)^2}} = \frac{h_0}{\sqrt{(1-\lambda^2)^2 + (2\xi\lambda)^2}}$$

根据式（9-5）可得系统的响应为

$$\begin{aligned} x(t) &= X_0 \mathrm{e}^{\mathrm{j}\omega t} = G(\mathrm{j}\omega)F_0 \mathrm{e}^{\mathrm{j}\omega t} = |G(\mathrm{j}\omega)| \mathrm{e}^{\mathrm{j}\phi} \cdot F_0 \mathrm{e}^{\mathrm{j}\omega t} \\ &= |G(\mathrm{j}\omega)| F_0 \mathrm{e}^{\mathrm{j}(\omega t + \phi)} \end{aligned}$$

根据外激励的情况，可以选取激励的实部或虚部。对于多自由度系统，可以类似地得到频率响应函数矩阵。

9.2.2 系统的传递函数与系统的频率响应函数的关系

传递函数是在复数域中描述和考察系统的特性，而频率响应函数是在频域中描述和考察系统特性。在已知传递函数 $H(s)$ 的情况下，令 $H(s)$ 中拉普拉斯变量 s 的实部为零，即取拉普拉斯变换为 $s=\mathrm{j}\omega$，可以得到系统的频率响应函数，设系统的微分方程模型为

$$(a_n p^n + a_{n-1}p^{n-1} + \cdots + a_1 p + a_0)y(t) = (c_m p^m + c_{m-1}p^{m-1} + \cdots + c_1 p + c_0)x(t) \tag{9-6}$$

式中，$p^m = \dfrac{\mathrm{d}^m}{\mathrm{d}t^m}$为微分算子，且有 $n \geqslant m$。

假设 $y(t)$和 $x(t)$各阶导数的初值均为零，对方程两端取拉普拉斯变换，则得系统的传递函数为

$$H(s) = \frac{Y(s)}{X(s)} = \frac{b_m s^m + b_{m-1}s^{m-1} + \cdots + b_1 s + b_0}{a_n s^n + a_{n-1}s^{n-1} + \cdots + a_1 s + a_0} \tag{9-7}$$

显然，频率响应 $G(\mathrm{j}\omega)$就是系统在初始值为零的情况下，输出 $y(t)$的傅里叶变换与输入 $x(t)$的傅里叶变换之比。频率响应函数的物理意义：若式（9-1）所描述的线性系统，其输入是频率为 ω 的简谐信号 $x(t) = x_0 \mathrm{e}^{\mathrm{j}\omega t}$，那么在稳定状态下，根据线性系统的频率保持特性，该系统的输出仍然会是一个频率为 ω 的简谐信号，只是其幅值和相位与输入有所不同，因而其输出可写成

$$y(t) = y_0 \mathrm{e}^{\mathrm{j}(\omega t + \phi)}$$

式中，y_0 和 ϕ 为未知量。

输入和输出及其各阶导数分列如下：

$$x(t) = x_0 \mathrm{e}^{\mathrm{j}\omega t}, \quad y(t) = y_0 \mathrm{e}^{\mathrm{j}(\omega t + \phi)}$$

$$\frac{\mathrm{d}x(t)}{\mathrm{d}t} = \mathrm{j}\omega x_0 \mathrm{e}^{\mathrm{j}\omega t}, \quad \frac{\mathrm{d}y(t)}{\mathrm{d}t} = \mathrm{j}\omega y_0 \mathrm{e}^{\mathrm{j}(\omega t + \phi)}$$

$$\frac{\mathrm{d}^2 x(t)}{\mathrm{d}t^3} = (\mathrm{j}\omega)^2 \cdot x_0 \mathrm{e}^{\mathrm{j}\omega t}, \quad \frac{\mathrm{d}^2 y(t)}{\mathrm{d}t^2} = (\mathrm{j}\omega)^2 y_0 \mathrm{e}^{\mathrm{j}(\omega t + \phi)}$$

$$\frac{\mathrm{d}^n x(t)}{\mathrm{d}t^n} = (\mathrm{j}\omega)^n \cdot x_0 \mathrm{e}^{\mathrm{j}\omega t}, \quad \frac{\mathrm{d}^n y(t)}{\mathrm{d}t^n} = (\mathrm{j}\omega)^n y_0 \mathrm{e}^{\mathrm{j}(\omega t + \phi)}$$

将各阶导数的表达式代入式（9-6），得

$$\begin{aligned} &[a_n(\mathrm{j}\omega)^n + a_{n-1}(\mathrm{j}\omega)^{n-1} + \cdots + a_1(\mathrm{j}\omega) + a_0] y_0 \mathrm{e}^{\mathrm{j}(\omega t + \phi)} \\ &= [b_m(\mathrm{j}\omega)^m + b_{n-1}(\mathrm{j}\omega)^{m-1} + \cdots + b_1(\mathrm{j}\omega) + b_0] x_0 \mathrm{e}^{\mathrm{j}\omega t} \end{aligned}$$

于是有

$$\frac{b_m(\mathrm{j}\omega)^m+b_{n-1}(\mathrm{j}\omega)^{m-1}+\cdots+b_1(\mathrm{j}\omega)+b_0}{a_n(\mathrm{j}\omega)^n+a_{n-1}(\mathrm{j}\omega)^{n-1}+\cdots+a_1(\mathrm{j}\omega)+a_0}=\frac{y_0\mathrm{e}^{\mathrm{j}(\omega t+\phi)}}{x_0\mathrm{e}^{\mathrm{j}\omega t}}=\frac{y(t)}{x(t)} \tag{9-8}$$

式（9-7）最右边一项与式（9-8）最左边项的形式上是完全一样的。这说明式（9-7）也是系统的频率响应函数，它表示了系统的动态特性。从式（9-8）来看，频率响应也就是当频率为 ω 的简谐信号作为某一线性系统的激励（输入）时，该系统在稳定状态下的输出和输入之比（不需要进行拉普拉斯变换）。因此，频率响应函数可以视为测试系统对谐波信号的传输特性。这样可以得到频率响应函数与传递函数之间的关系为：

$$G(\mathrm{j}\omega)=H(s=\mathrm{j}\omega) \tag{9-9}$$

频率响应的物理意义给研究测试系统的动态特性带来了很大的方便，既不必对研究的系统先列出微分方程再用拉普拉斯变换的方法求系统的传递函数 $H(s)$，也不必对微分方程用傅里叶变换的方法求系统的传递函数 $H(s)$ 从而得到频率响应 $G(\mathrm{j}\omega)$，而可以通过谐波激励实验的方法求取研究对象的动态特性。即用不同频率的已知正弦信号作为研究对象的激励信号，只要测得系统的响应 $y(t)$，便可以获得该系统的频率响应 $G(\mathrm{j}\omega)$。尽管对微分方程进行拉普拉斯变换求传递函数非常简单，但有时候要完整地列出很多工程中实际系统的微分方程是一件很困难的事情，通常只能通过实验的方法来确定系统的动态特性，所以频率响应非常具有实用价值。需要注意的是，频率响应函数是描述系统的简谐输入和其稳态输出的关系，因此，在测量系统频率响应函数时，必须在系统响应达到稳态时才能测量，有关这个方面的问题属于实验模态分析中的问题。

例 9-2　如图 9-1 所示的系统，已知前馈传递函数为 $H_1(s)=\dfrac{1}{s}$，输入为

$$r(t)=3\sin(2t+30°)$$

试求闭环系统的输出 $c(t)$ 和误差 $e(t)$。

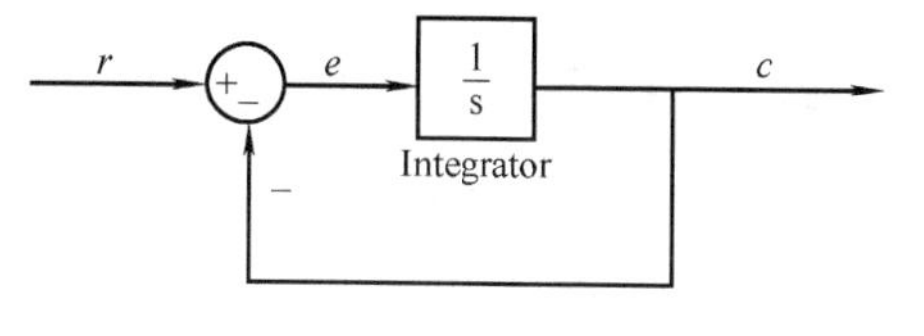

图 9-1　系统模型图

解　根据单位反馈连接，可得系统的闭环传递函数为

$$H(s)=\frac{1}{1+s}$$

进一步得到系统的频率响应函数为

$$G(\mathrm{j}\omega)=H(s=\mathrm{j}\omega)=\frac{1}{1+\mathrm{j}\omega}=\frac{1-\mathrm{j}\omega}{1+\omega^2}=|G(\mathrm{j}\omega)|\mathrm{e}^{\mathrm{j}\phi}$$

其中频率响应函数的幅值为

$$|G(\mathrm{j}\omega)|=\frac{1}{\sqrt{1+\omega^2}}\overset{\omega=2}{=}\frac{1}{\sqrt{5}}$$

相位为

$$\phi=\angle G(\mathrm{j}\omega)=-\arctan(\omega/1)=-\arctan(2)=-63.4°$$

根据式（9-5），得输出为

$$\begin{aligned}c(t)&=|G(\mathrm{j}\omega)|\mathrm{e}^{\mathrm{j}\phi}F_0\mathrm{e}^{\mathrm{j}\omega t}=|G(\mathrm{j}\omega)|F_0\mathrm{e}^{\mathrm{j}(\omega t+\phi)}\\&=\frac{1}{\sqrt{5}}\cdot 3\sin[\omega t+30°+\angle G(\mathrm{j}\omega)]=\frac{3}{\sqrt{5}}\sin(2t-33.4°)\end{aligned}$$

进一步可得误差响应为

$$e(t)=r(t)-c(t)=3\sin(2t+30°)-\frac{3}{\sqrt{5}}\sin(2t-33.4°)$$

例 9-3 如图 9-2 所示的无源 *RLC* 带通滤波器，其中 $R=8\Omega$，$c=0.6\text{F}$，$L=1\text{H}$。设输入电压 $u_s=\sin(5t)$，试分析电阻两端电压波形的幅值和相位，并求出幅值衰减的分贝数。

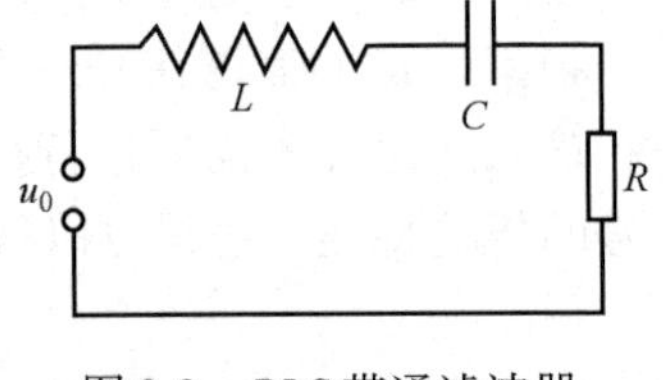

图 9-2　*RLC* 带通滤波器

解　根据二阶电路的动态方程，得

$$\frac{L}{R}\frac{\mathrm{d}u_R}{\mathrm{d}t}+u_R+\frac{1}{Rc}\int u_R\mathrm{d}t=u_0$$

对上式两端取拉普拉斯变换，得

$$\left(\frac{L}{R}s+1+\frac{1}{sRC}\right)u_R(s)=u_o(s)$$

传递函数为

$$H(s)=\frac{u_R(s)}{u_0(s)}=\frac{R}{Ls+R+\dfrac{1}{sC}}=\frac{sRC}{LCs^2+RCs+1}=\frac{4.8s}{0.6s^2+4.8s+1}$$

$$G(\mathrm{j}\omega)=H(s=\mathrm{j}\omega)=\frac{4.8\times5\mathrm{j}}{-0.6\times25+4.8\times5\mathrm{j}+1}=\frac{24(-24+14\mathrm{j})}{14^2+24^2}=|G(\mathrm{j}\omega)|\mathrm{e}^{\mathrm{j}\phi}$$

因此输出为

$$V_R=0.864\sin(5t-30.26°)$$

9.2.3　系统频率响应特性曲线（频响曲线）

关于频率响应特性有多种表达形式，这里给出常见的幅值 - 相位、实频 - 虚频和导纳圆特性曲线形式。

1. 幅频、相频特性曲线

将上面的复数形式表示成幅值和相位随频率的变化关系，即

$$A(\omega)=|G(\mathrm{j}\omega)|=\sqrt{[\mathrm{Re}(\omega)]^2+[\mathrm{Im}(\omega)]^2}=\frac{y_0(\omega)}{x_0(\omega)}\tag{9-10}$$

式中，$\mathrm{Re}(\omega)$为复数 $G(\mathrm{j}\omega)$的实部，$\mathrm{Im}(\omega)$为复数 $G(\mathrm{j}\omega)$的虚部，都是频率 ω 的实函数。

频率响应 $H(\mathrm{j}\omega)$的模 $A(\omega)$表达了系统的输出对输入的幅值比随频率变化的关系，称为幅频特性，$A(\omega)$-ω 图形则称为幅频特性曲线。$\phi(\omega)$是频率响应 $G(\mathrm{j}\omega)$的幅角，即

$$\phi(\omega)=\angle|G(\mathrm{j}\omega)|=\arctan\frac{\mathrm{Im}(\omega)}{\mathrm{Re}(\omega)}\tag{9-11}$$

表示系统的输出对输入的相位差随频率的变化关系，称为相频特性，$\phi(\omega)$-ω 图形称为相频特性曲线。

2. 实频、虚频频率响应

由于频率响应 $G(\mathrm{j}\omega)$是复数，可以用复指数形式表达，也可以写成实部和虚部之和，即

$$G(\mathrm{j}\omega)=A(\omega)\mathrm{e}^{\mathrm{j}\phi(\omega)}=\mathrm{Re}(\omega)+\mathrm{j}\mathrm{Im}(\omega)\tag{9-12}$$

$\mathrm{Re}(\omega)-\omega$ 图形和 $\mathrm{Im}(\omega)-\omega$ 图形分别称为系统的实频特性曲线和虚频特性曲线。

3. 导纳圆（Nyquist）图

频率特性 $G(\mathrm{j}\omega)$是频率 ω 的复变函数，可以在复平面上用一个矢量表示。该矢量的幅

值为$|G(\mathrm{j}\omega)|$，相角为$\angle G(\mathrm{j}\omega)$。当$\omega$从$0\to\infty$变化时，$G(\mathrm{j}\omega)$的矢端轨迹被称为频率特性的极坐标图或导纳圆（Nyquist）图。值得注意的是在极坐标图中，角度的正方向是从正实轴开始按逆时针转向为正，导纳圆图常称为极坐标图。

使用导纳圆图的一个优点是在同一个图上描述了整个频率范围的频率特性。另外，也可以使用导纳圆图和 Bode 图分析系统的稳定性。

上述不同形式的图形统称为系统的频率响应曲线（简称为频响曲线）。用幅频和相频特性曲线，或用实频和虚频曲线，或用导纳圆图，都可以完整地表示系统的动态特性。一般情况下，幅频和相频是常用的频响曲线。

例 9-4　求单自由度系统的频率响应特性曲线。

解　对单自由度系统式（9-2）取拉普拉斯变换（假设在零状态下），有

$$ms^2X(s)+csX(s)+kX(s)=f(s)$$

得传递函数为

$$H(s)=\frac{X(s)}{f(s)}=\frac{1}{ms^2+cs+k}$$

将其中的复变量$s=\mathrm{j}\omega$替换后，得复频率响应函数为

$$G(\mathrm{j}\omega)=\frac{1}{-m\omega^2+\mathrm{j}c\omega+k}=\frac{k-m\omega^2-\mathrm{j}c\omega}{(k-m\omega^2)^2+(c\omega)^2}$$

（1）幅频和相频特性：

$$A(\omega)=|G(\mathrm{j}\omega)|=\sqrt{[R_e(\omega)]^2+[\mathrm{Im}(\omega)]^2}=\frac{1}{\sqrt{(k-m\omega^2)^2+(c\omega)^2}}$$

$$\phi(\omega)=\angle G(\mathrm{j}\omega)=-\arctan\frac{c\omega}{k-m\omega^2}$$

（2）实频和虚频特性：可以将复频率响应函数分成实部和虚部，即

$$G(\mathrm{j}\omega)=\mathrm{Re}(\omega)+\mathrm{j}\mathrm{Im}(\omega)$$

式中

$$\mathrm{Re}(\omega)=\frac{k-m\omega^2}{(k-m\omega^2)^2+(c\omega)^2},\quad \mathrm{Im}(\omega)=\frac{-c\omega}{(k-m\omega^2)^2+(c\omega)^2}$$

（3）导纳圆方程：根据实频虚频分量，有

$$\mathrm{Re}^2(\omega)+\mathrm{Im}^2(\omega)=\frac{1}{k}\cdot\frac{1}{(1-\lambda^2)^2+(2\xi\lambda)^2}$$

上式右端可以写为

$$\frac{1}{k}\cdot\frac{1}{(1-\lambda^2)^2+(2\xi\lambda)^2}=-\mathrm{Im}(\omega)\frac{1}{2k\xi\lambda}$$

因此可以得到单自由度系统的导纳圆方程为

$$\mathrm{Re}^2(\omega)+\mathrm{Im}^2(\omega)+2\mathrm{Im}(\omega)\cdot\frac{1}{2}\cdot\frac{1}{2k\xi\lambda}+\left(\frac{1}{4k\xi\lambda}\right)^2=\left(\frac{1}{4k\xi\lambda}\right)^2$$

或者

$$\mathrm{Re}^2(\omega)+\left[\mathrm{Im}(\omega).+\frac{1}{4k\xi\lambda}\right]^2=\left(\frac{1}{4k\xi\lambda}\right)^2$$

该式就是一个圆心为$\left(0,-\dfrac{1}{4k\xi\lambda}\right)$、半径为$\dfrac{1}{4k\xi\lambda}$的圆方程，如图 9-3 所示。

当 $\omega=0$ 时，$A(\omega)=\dfrac{1}{k}$，则

$$\phi(0)=\angle|G(\mathrm{j}\omega)|=0$$

当 $\omega=\infty$ 时，$A(\omega)=0$，则

$$\phi(\infty)=\angle|G(\mathrm{j}\omega)|=2\pi$$

值得注意的是，单自由度系统的导纳圆仅仅是形式上的一个圆方程，或者说在任意特定的 ω 附近才可以认为是一个圆，因为该圆的直径随 ω 变化而变化，圆心在虚轴上移动，不是一个封闭的圆，如图 9-3 所示。同理也可以导出速度导纳图和加速度导纳图。

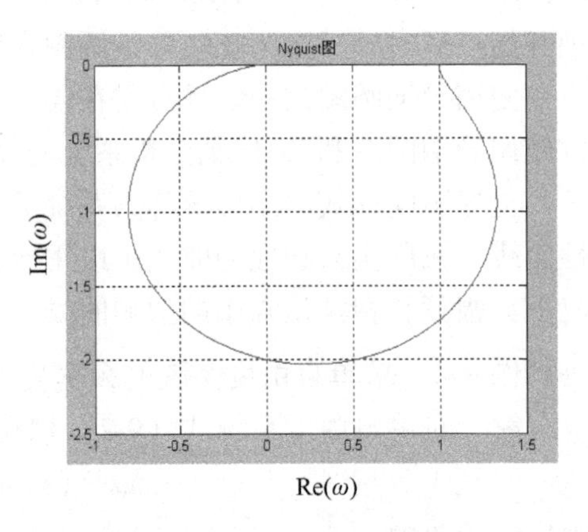

图 9-3　单自由度系统导纳圆

9.3 单位脉冲函数与频率响应函数

9.2 节是系统在简谐激励下得到了系统的频率响应函数，其实获取频率响应的方法还有多种，其中通过单位脉冲响应函数也可以得到系统的频率响应函数。

9.3.1 单位脉冲响应函数（权函数）

系统的传递函数为

$$H(s)=\frac{Y(s)}{X(s)}\quad 或\quad Y(s)=H(s)\cdot X(s)$$

当系统的输入为单位脉冲函数时，即 $x(t)=\delta(t)$，又因为单位脉冲函数的拉普拉斯变换为 $X(s)=L[\delta(t)]=1$，则得到系统的时域响应为

$$y(t)=L^{-1}[H(s)]=h(t) \tag{9-13}$$

式中，$h(t)$为单位脉冲响应函数，也称“权函数”，表示传递函数 $H(s)$的拉普拉斯逆变换，即

$$h(t)=L^{-1}[H(s)]$$

则将式（9-13）取拉普拉斯逆变换，并根据拉普拉斯变换的卷积特性，可得

$$y(t)=h(t)*x(t)=\int_0^{\infty}h(\tau)\cdot x(t-\tau)\mathrm{d}\tau \tag{9-14}$$

式（9-14）表明，系统的响应（输出）等于权函数 $h(t)$与激励（输入）$x(t)$的卷积。可见，权函数 $h(t)$与传递函数 $H(s)$（或频率响应 $H(\mathrm{j}\omega)$）一样，也反映了系统的输入与输出关系，因而也可以用来表征系统的动态特性。

从纯数学的角度来看，$h(t)$是 $H(s)$的拉普拉斯逆变换，而从物理意义的角度来看，如果某线性系统的输入为单位脉冲函数 $\delta(t)$，则根据式（9-14），该系统的输出应当是 $y(t)=h(t)*\delta(t)$，根据 δ 函数与其他函数卷积的性质可知，卷积的结果就是简单地将其他函数的图形搬移到脉冲函数的坐标位置上，因而有 $h(t)*\delta(t)=h(t)$。这表明，权函数 $h(t)$等于系统的输入为单位脉冲函数 $\delta(t)$时的响应 $y_{\delta}(t)$，因此，也把权函数 $h(t)$称为“单位脉冲响

应函数”。

在时域中，单位脉冲函数 $\delta(t)$ 与单位阶跃函数 $u(t)$ 及单位斜坡函数 $r(t)=1\cdot t$ 在数学上存在以下关系：

$$\delta(t)=\frac{\mathrm{d}u(t)}{\mathrm{d}(t)},\quad u(t)=\frac{\mathrm{d}r(t)}{\mathrm{d}(t)}$$

即单位脉冲函数是单位阶跃函数的导数，而单位阶跃函数又是单位斜坡函数的导数，它们之间可通过微积分互相转换。因此，除了可用单位脉冲响应函数 $h(t)$ 表征系统的动态特性外，还可以用单位阶跃响应函数或单位斜坡响应函数来表征系统的动态特性。

权函数的物理意义以及脉冲函数、阶跃函数和斜坡函数之间的关系，为系统动态特性的研究，提供了除用稳态正弦试验法求取系统动态特性函数（频率响应函数）以外新的途径，即仍然采用实验的方法，对系统进行脉冲、阶跃或斜坡等瞬态信号激励，只要测得系统对这些瞬态信号的响应，也就可以获得系统的动态特性。尤其是对于阶跃响应，由于阶跃信号比较容易产生，因而在系统特性的测定中比较常用。

权函数 $h(t)$（或阶跃响应函数和斜坡响应函数）是在时域中通过瞬态响应过程描述系统的动态特性；频率响应 $G(\mathrm{j}\omega)$ 则是在频域中通过对不同频率的正弦激励，以在稳定状态下的系统响应特性描述系统的动态特性（它不能反映响应的过渡过程）；传递函数 $H(s)$ 描述系统的特性则具有普遍意义，它既反映了系统响应的稳态过程，也反映了系统响应的过渡过程。由于测试工作总是力求在系统的响应达到稳态阶段再进行（以期获得较好的测试结果），所以在测试技术中常用频率响应描述系统的动态特性。

9.3.2 单位脉冲函数与频率响应函数的关系

根据以上描述可知，线性系统在单位脉冲作用下产生瞬态响应 $h(t)$ 称为系统的单位脉冲响应或权函数，而系统在单位脉冲激励下的响应可以表示为 $h(t)$，系统在任意激励 $f(t)$ 作用下的响应可以表示为单位脉冲函数与激励的卷积积分，即

$$x(t)=\int_{-\infty}^{\infty}f(\tau)h(t-\tau)\mathrm{d}\tau$$

现在对上式进行拉普拉斯变换，则有

$$\begin{aligned}X(s)&=\int_{0}^{\infty}\left[\int_{0}^{\infty}f(\tau)h(t-\tau)\mathrm{d}\tau\right]\mathrm{e}^{-st}\mathrm{d}t\\&=\int_{0}^{\infty}f(\tau)\left[\int_{0}^{\infty}h(t-\tau)\mathrm{e}^{-st}\mathrm{d}t\right]\mathrm{d}\tau\\&=\int_{0}^{\infty}f(\tau)\mathrm{e}^{-s\tau}h(s)\mathrm{d}\tau=f(s)\cdot h(s)\end{aligned}$$

式中

$$\int_{0}^{\infty}h(t-\tau)\mathrm{e}^{-st}\mathrm{d}t=\int_{0}^{\infty}h(\xi)\mathrm{e}^{-s(\xi+\tau)}\mathrm{d}\tau=\int_{0}^{\infty}h(\xi)\mathrm{e}^{-s\tau}\mathrm{e}^{-s\xi}\mathrm{d}\xi=\mathrm{e}^{-s\tau}h(s)$$

这就是卷积定理：时域的卷积积分的拉普拉斯变换等于 s 域中两个函数的乘积，即

$$X(s)=L\left[\int_{0}^{\infty}f(\tau)h(t-\tau)\mathrm{d}\tau\right]=f(s)\cdot h(s)\tag{9-15}$$

这一关系在第 1 章中的拉普拉斯变换性质中曾证明过。现在将式（9-15）中的 s 用 $\mathrm{j}\omega$

替换，得到傅里叶变换如下：

$$F\left[\int_0^{\infty} f(\tau)h(t-\tau)\mathrm{d}\tau\right] = f(\mathrm{j}\omega)\cdot h(\mathrm{j}\omega)$$

根据式（9-15），可得传递函数为

$$H(s) = \frac{y(s)}{f(s)} = \int_0^{\infty} h(t)\mathrm{e}^{st}\mathrm{d}t$$

显然，当$f(t)=\delta(t)$时，因为

$$f(s) = L[\delta(t)] = \int_0^{\infty} \mathrm{e}^{st}\delta(t)\mathrm{d}t = 1$$

则有

$$y(s) = H(s)\cdot f(s) = H(s)$$

用 $\mathrm{j}\omega$ 替换 s，可得频率响应函数，即

$$G(\mathrm{j}\omega) = F(h(t) = \int_0^{\infty} h(t)\mathrm{e}^{-\mathrm{j}\omega t}\mathrm{d}t \tag{9-16}$$

结论：系统的单位脉冲响应函数的拉普拉斯变换等于系统的传递函数；单位脉冲响应函数的傅里叶变换等于系统的频率响应函数。

这个结论可以推广到任意高阶线性系统：设某系统的输入是一单位脉冲函数，则

$$a_0\frac{\mathrm{d}^n x}{\mathrm{d}t^n} + a_1\frac{\mathrm{d}^{n-1}x}{\mathrm{d}t^{n-1}} + \cdots + a_n x = \delta(t)$$

直接对此式两边取拉普拉斯变换，注意到 $L[\delta(t)]=1$，则有

$$(a_0 s^n + a_1 s^{n-1} + \cdots + a_n)x(s) = 1$$

利用傅里叶和拉普拉斯变换之间的关系，则得到系统的输出就是系统的频率响应函数，即

$$F[x(t)] = x(s)_{s=\mathrm{j}\omega} = H(s)_{s=\mathrm{j}\omega} = \frac{1}{a_0 s^n + a_1 s^{n-1} + \cdots + a_n}\Big|_{s=\mathrm{j}\omega}$$

对此式进行拉普拉斯逆变换，可以得到单位脉冲响应函数

$$h(t) = F^{-1}[H(\mathrm{j}\omega)] \tag{9-17}$$

式（9-17）说明，频率响应函数的傅里叶逆变换为系统的单位脉冲响应函数 $h(t)$。

例 9-5 利用拉普拉斯变换求二阶系统的单位脉冲响应函数。

解 $m\ddot{x} + c\dot{x} + kx = \delta(t)$，由于该系统的传递函数为

$$H(s) = \frac{1}{ms^2 + cs + k}$$

写成零极点形式为

$$H(s) = \frac{1/m}{s^2 + 2\xi\omega_{\mathrm{n}}s + \omega_{\mathrm{n}}^2} = \frac{1/m}{(s-\omega_1)(s-\omega_2)}$$

式中，$\omega_{\mathrm{n}} = \sqrt{\dfrac{k}{m}}$为固有频率，$\xi = \dfrac{c}{2\sqrt{mk}}$ 为阻尼比。

根据因式分解可以得到系统的极点就是动力系统的特征根，即

$$\omega_1 = -\xi\omega_{\mathrm{n}} + \sqrt{\xi^2 - 1}\omega_{\mathrm{n}},\quad \omega_2 = -\xi\omega_{\mathrm{n}} - \sqrt{\xi^2 - 1}\omega_{\mathrm{n}}$$

而

$$h(t)=L^{-1}\left[\frac{1/m}{(s-\omega_1)(s-\omega_2)}\right]=\frac{1}{m}\frac{e^{\omega_1 t}-e^{\omega_2 t}}{\omega_1-\omega_2}=\frac{1}{m}\frac{e^{-\xi\omega_n t}\left[e^{\sqrt{\xi^2-1}\omega_n t}-e^{-\sqrt{\xi^2-1}\omega_n t}\right]}{2\sqrt{\xi^2-1}\omega_n}$$

在小阻尼情况下时（$\xi^2<1$），有

$$h(t)=\frac{1}{m}\frac{e^{-\xi\omega_n t}\left[e^{\sqrt{1-\xi^2}j\omega_n t}-e^{-\sqrt{1-\xi^2}j\omega_n t}\right]}{2\sqrt{1-\xi^2}\omega_n j}=\frac{1}{m}\frac{e^{-\xi\omega_n t}}{\sqrt{1-\xi^2}\omega_n}\sin\sqrt{1-\xi^2}\omega_n t=\frac{e^{-\xi\omega_n t}}{m\omega_d}\sin\omega_d t$$

式中，$\omega_d=\sqrt{1-\xi^2}\omega_n$，是阻尼系统的固有频率。

如果系统是无阻尼的，则系统的单位脉冲响应函数为

$$h(t)=\frac{1}{m\omega_n}\sin\omega_n t$$

例 9-6 已知单自由度系统的单位脉冲响应函数为 $h(t)=\frac{1}{m\omega_n}\sin(\omega_n t)$，$t>0$，求其频率响应函数。

解 根据 $H(s)=L(h(t))=\int_0^{\infty}h(t)e^{st}dt$，有

$$H(s)=\frac{1}{m\omega_0}\int_{-\infty}^{\infty}\sin(\omega_0 t)e^{st}dt=\frac{1}{m}\cdot\frac{1}{s^2+\omega_0^2}$$

用 $j\omega$ 替换 s，可以得到频率响应函数为

$$G(j\omega)=\frac{1}{m}\cdot\frac{1}{\omega_0^2-\omega^2}$$

9.3.3 标准二阶系统的频率响应特性

在实际应用中，常将二阶系统转化为归一化模型，这给分析其他二阶系统的响应带来了很大的方便。常将二阶系统的灵敏度归一化后的系统称为二阶标准系统，下面分析这种标准系统的频率响应特性，有助于方便地研究一般情况下的二阶系统。设一般二阶系统微分方程的通式为

$$a_2\frac{d^2y}{dt^2}+a_1\frac{dy}{dt}+a_0y(t)=b_0x(t) \tag{9-18}$$

将式（9-18）写成

$$\frac{d^2y}{dt^2}+2\xi\omega_n\frac{dy}{dt}+\omega_n^2y(t)=\eta\omega_n^2x(t)$$

式中，$\omega_n=\sqrt{\frac{a_0}{a_2}}$为固有频率，$\xi=\frac{a_1}{2\sqrt{a_0\cdot a_1}}$为阻尼率，$\eta=\frac{b_0}{a_0}$为灵敏度。

令 $\eta=1$，于是式（9-18）经灵敏度归一后可进一步改写为

$$\frac{d^2y}{dt^2}+2\xi\omega_n\frac{dy}{dt}+\omega_n^2y(t)=\omega_n^2x(t)$$

对上式两边取拉普拉斯变换得

$$s^2Y(s)+2\xi\omega_n sY(s)+\omega_n^2Y(s)=\omega_n^2X(s)$$

标准二阶系统的传递函数为

$$H(s)=\frac{Y(s)}{X(s)}=\frac{\omega_n^2}{s^2+2\xi\omega_n s+\omega_n^2}$$

标准二阶系统的频率响应为

$$G(j\omega)=\frac{1}{1-\lambda^2+j2\xi\lambda} \tag{9-19}$$

式中，$\lambda=\dfrac{\omega}{\omega_n}$为频率比。

而式（9-18）系统的频率响应为

$$G(j\omega)=\eta\frac{1}{1-\lambda^2+j2\xi\lambda}$$

1. 标准二阶系统的幅频特性

幅值为

$$|G(\omega)|=\frac{1}{\sqrt{(1-\lambda^2)^2+(2\xi\lambda)^2}}$$

相位为

$$\phi(\omega)=-\arctan\frac{2\xi\lambda}{1-\lambda^2} \tag{9-20}$$

根据$\dfrac{d|G(\omega)|}{d\omega}=-\dfrac{-4(1-\lambda^2)\lambda+8\xi^2\lambda}{(1-\lambda^2)^2+(2\xi\lambda)^2}=0$，极值为

$$-4(1-\lambda^2)\lambda+8\xi^2\lambda=0,\quad \lambda=0,\quad \lambda=\sqrt{1-2\xi^2}$$

$G(\omega)$峰值出现在$\omega_d=\omega_n\sqrt{1-2\xi^2}$，其峰值的大小为

$$G(\omega_d)=G_{max}=\frac{1}{2\xi\sqrt{1-\xi^2}} \tag{9-21}$$

令$G_{max}=\dfrac{1}{2\xi\sqrt{1-\xi^2}}=1$，可以得到$2\xi\sqrt{1-\xi^2}=1$，即

$$4\xi^2(1-\xi^2)=1,\qquad 4\xi^2-4\xi^4-1=0$$

解得

$$\xi=\frac{\sqrt{2}}{2}=0.707$$

考虑到小阻尼情况，从而可以得到一个重要的结论：当$0.707\leqslant\xi<1$时，系统不发生凸起峰值。

图9-4是取固有频率$\omega_n=1$、阻尼比取值区间$0.1\leqslant\xi\leqslant1$、间隔为0.1时得到的幅频特性曲线和相频特性曲线。

2. 标准二阶系统的实频、虚频特性

根据式（9-19）分解为实部和虚部，则有

$$G(j\omega)=G^R+jG^I=\frac{(1-\lambda^2)}{(1-\lambda^2)^2+(2\xi\lambda)^2}+j\left(-\frac{2\xi\lambda}{(1-\lambda^2)^2+(2\xi\lambda)^2}\right)$$

式中，G^R为实部，$G^R=\dfrac{1-\lambda^2}{(1-\lambda^2)^2+(2\xi\lambda)^2}$；$G^I$为虚部，$G^I=\dfrac{-2\xi\lambda}{(1-\lambda^2)^2+(2\xi\lambda)^2}$。

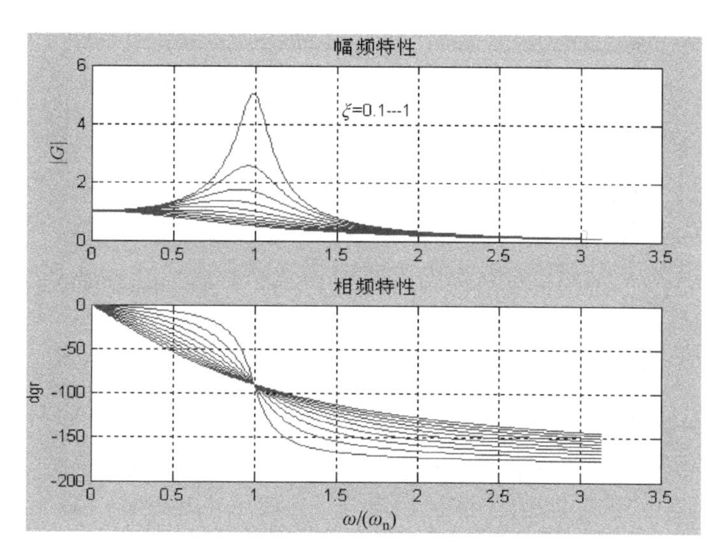

图 9-4 不同阻尼下幅频、相频特性曲线

对于非标准二阶系统，则只需要在实部、虚部分量前乘以系统的灵敏度 η 即可。

9.4 频率响应分析法仿真

9.4.1 系统频率响应特性仿真指令

Matlab 提供了计算系统的频率响应函数的指令，格式如下：

```
G(jω) = GW = polyval(P,s)
```

其中：P 是传递函数分子或分母多项式的系数矢量；s 是自变量（求频率响应时应取s = jω）；GW 为返回的计算结果（复数矢量）。

```
[b,w] = freqs([num],[den],n)
```

其中，num 为传递函数分子的系数矢量；den 为分母的系数矢量；n 是数据点数；b 为频率响应；w 为频率矢量。

例 9-7 设某单自由度系统的传递函数为

$$H(s)=\frac{1}{s^2+0.05s+1}$$

试通过 M 脚本文件绘制系统的各种频率响应特性曲线。

解 在编写脚本文件时，使用了指令

```
Gw = polyval(num,j * w)./polyval(den,j * w);
```

可以得到系统的频率响应函数，脚本文件如下（得到的各种不同特性如图 9-5 ~ 图 9-7 所示）：

（1）幅频和相频特性曲线。

```
num = [1];                      % 传递函数的分子多项式系数
den = [1 0.05 1];               % 传递函数的分母多项式系数
w = 0.05:0.001:0.5 * pi;        % 给定频率范围和频率分辨率
```

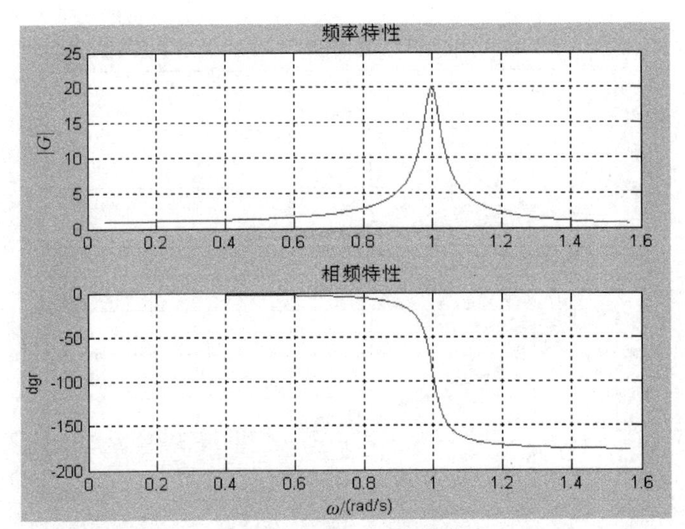

图 9-5　幅值、相位特性

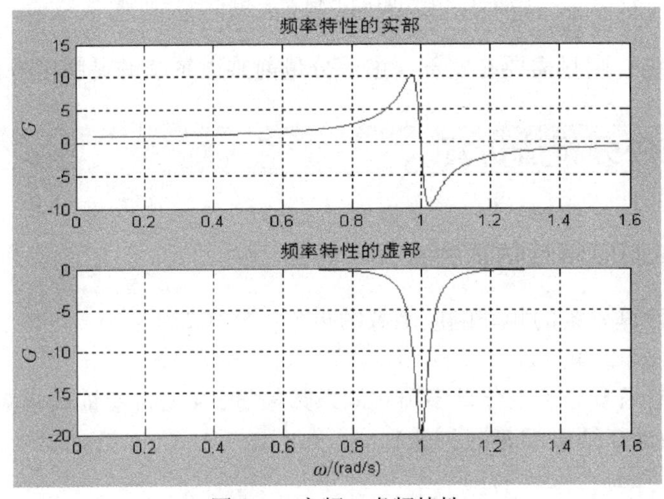

图 9-6　实频、虚频特性

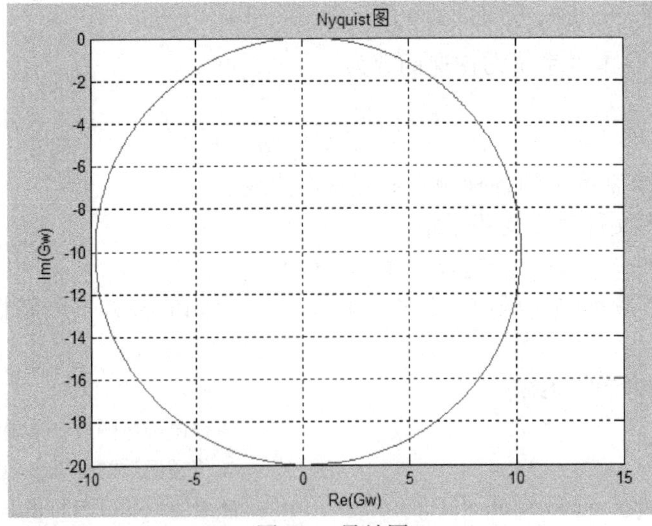

图 9-7　导纳圆

```
Gw=polyval(num,j*w)./polyval(den,j*w);    %求频率响应
mag=abs(Gw);                              % 幅频特性
theta=angle(Gw)*180/pi;                   % 幅角化为度
subplot(2,1,1),plot(w,mag)                % 绘制幅频特性曲线
grid,title('幅频特性')                     % 网格与标题
ylabel('|G|')                             % y坐标标记
subplot(2,1,2),plot(w,theta)              % 绘制相频特性曲线
grid,title('相频特性')
xlabel('\omega(rad/s)')                   % x坐标
ylabel('dgr')                             % y坐标
```

（2）通过对频率响应函数分离为实部和虚部函数 real(Gw) 和 imag(Gw)，可得到实频特性曲线和虚频特性曲线。

```
num=[1];                                  %传递函数的分子多项式系数
den=[1 0.05 1];                           %传递函数的分母多项式系数
w=0.05:0.001:0.5*pi;                      %频率分辨率和频率范围
Gw=polyval(num,j*w)./polyval(den,j*w);    %频率响应
Rew=real(Gw)                              %real计算频率响应的实部
Imw=imag(Gw);                             %imag计算频率响应的虚部
subplot(2,1,1),plot(w,Rew)
grid,title('频率特性的实部')
ylabel('Re(Gw)')
subplot(2,1,2),plot(w,Imw)
grid,title('频率特性的虚部')
xlabel('\omega(rad/s)')
ylabel('Im(Gw)')
```

（3）Nyquist图（导纳圆）。

```
num=[1];                                  %传递函数分子多项式系数
den=[1 0.05 1];                           %传递函数分母多项式系数
w=0.05:0.001:200*pi;                      %频率分辨率和频率范围
Gw=polyval(num,j*w)./polyval(den,j*w);    %频率响应
rew=real(Gw);                             %计算频率响应的实部
imw=imag(Gw);                             %计算频率响应的虚部
plot(rew,imw)                             % 绘图
grid,title('Nyquist图')
xlabel('Re(Gw)')
ylabel('Im(Gw)')
%nyquist(num,den)
```

例9-8 分析惯性式加速度计和位移计的频率特性。位移测量传感器和加速度测量传感器的基本原理如图9-8所示，将传感器与被测物体相连接，通过传感器内部的弹簧质量系统在振动过程中记录下的相对位移 $y(t)$ 获得被测物体的位移和加速度。

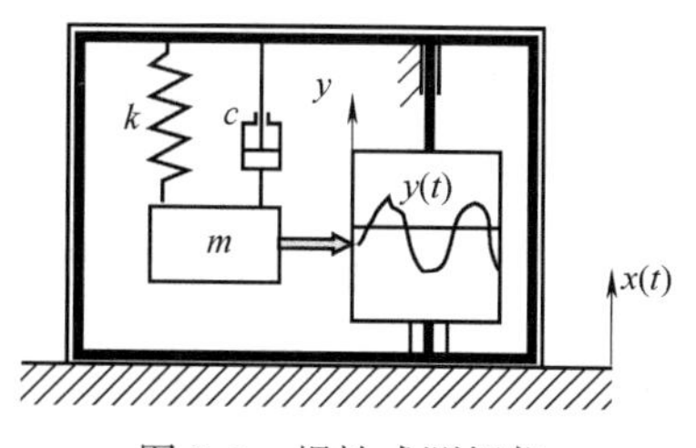

图9-8 惯性式测振仪

解 系统的动力学方程为

$$m\left(\frac{\mathrm{d}^2 y}{\mathrm{d}t^2}+\frac{\mathrm{d}^2 x}{\mathrm{d}t^2}\right)+c\frac{\mathrm{d}y}{\mathrm{d}t}+ky(t)=0 \tag{9-22}$$

或

$$m\ddot{y}+c\dot{y}+ky=-m\ddot{x}=-ma$$

式中

$$a=\ddot{x}\text{（被测物体的加速度）}$$

或

$$\ddot{y}+2\xi\omega_{\mathrm{n}}\dot{y}+\omega_{\mathrm{n}}^2 y=-a$$

将式（9-22）改写为

$$\frac{\mathrm{d}^2 y}{\mathrm{d}t^2}+2\xi\omega_{\mathrm{n}}\frac{\mathrm{d}y}{\mathrm{d}t}+\omega_{\mathrm{n}}^2 y(t)=\eta\omega_{\mathrm{n}}^2 a(t)$$

其中灵敏度系数为

$$\eta=\frac{-1}{\omega_{\mathrm{n}}^2}$$

如果采取灵敏度归一化处理，得到标准系统为

$$\frac{\mathrm{d}^2 y}{\mathrm{d}t^2}+2\xi\omega_{\mathrm{n}}\frac{\mathrm{d}y}{\mathrm{d}t}+\omega_{\mathrm{n}}^2 y(t)=\omega_{\mathrm{n}}^2 a(t)$$

对上式进行拉普拉斯变换，得到传递函数为

$$H(s)=\frac{y(s)}{a(s)}=\frac{\omega_{\mathrm{n}}^2}{s^2+2\xi\omega_{\mathrm{n}}s+\omega_{\mathrm{n}}^2}$$

则频率响应函数为

$$G(\mathrm{j}\omega)=\frac{\omega_{\mathrm{n}}^2}{-\omega^2+2\xi\omega_{\mathrm{n}}\omega\mathrm{j}+\omega_{\mathrm{n}}^2}$$

幅值为

$$A(\omega)=\frac{\omega_{\mathrm{n}}^2}{\sqrt{(\omega_{\mathrm{n}}^2-\omega^2)^2+(2\xi\omega_{\mathrm{n}}\omega)^2}}=\frac{1}{\sqrt{(1-\lambda^2)^2+(2\xi\lambda)^2}}$$

幅频特性曲线如图 9-9 所示，当 $\omega\ll\omega_{\mathrm{n}}$ 时，$\lambda=\dfrac{\omega}{\omega_{\mathrm{n}}}\ll1$，根据上式有

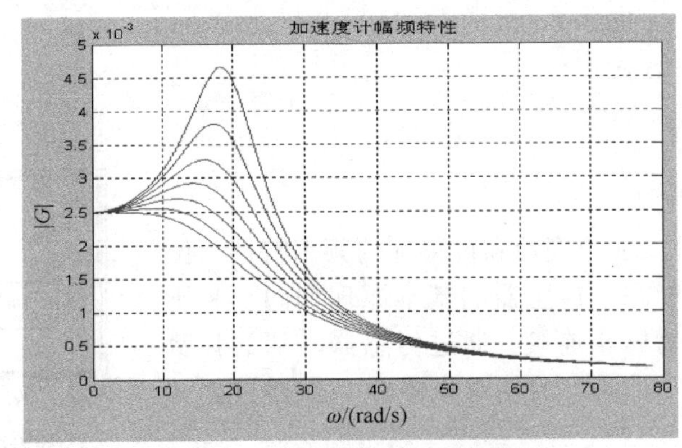

图 9-9　惯性式加速度计幅频曲线

$$y(\omega) = a(\omega)$$

而实际系统幅值为

$$A^* = |\eta| A(\omega) = \frac{1}{\omega_n^2} A(\omega) = \frac{1/\omega_n^2}{\sqrt{(1-\lambda^2)^2 + (2\xi\lambda)^2}} \tag{9-23}$$

因此，加速度计的固有频率 ω_n 相对于被测频率 ω 来说越大，测量精度越高，常称加速度计为高频仪器。

式（9-23）说明位移输出与加速度成正比，其间的关系是一比例环节，比例系数为$\frac{1}{\omega_n^2}$。

图 9-9 是取 $\xi = 0.28$ 到 $\xi = 0.7$ 区间变化的加速度计的幅频特性曲线。

例如，现设一个加速度计的固有频率 $\omega_n = 20\text{rad/s}$，阻尼比 $\xi = 0.7$，如果测量的允许测量加速度误差为 1%，试分析加速度计工作频段的最高频率。

脚本文件：

```
num = [400];                                     % 传递函数的分子多项式系数
den = [1 28 400];                                % 传递函数的分母多项式系数
w = 0.5:0.01:5 * pi;                             % 频率分辨率和频率范围
Gw = polyval(num,j * w)./polyval(den,j * w);     % 频率响应
mag = abs(Gw)                                    % 幅频特性
plot(w,mag)
grid,title('标准系统的幅频特性')
xlabel('\omega(rad/s)')
ylabel('|G|')
len = length(w);
while mag(len) <0.99;
len = len -1;                                    % 倒序列计算频率坐标
end                                              % 循环结束
ws = w(len)                                      % 得到频率上限值
```

运行结果为

```
ws = 8.0900
```

通过局部放大后可以得到，当误差在 1% 以内时，加速度计的最高频率范围是 8.1rad/s，如图 9-10 所示。这个频率是固有频率的 $\omega_s/\omega_n = 8.09/20 = 40.45\%$，为了提高精确度，在一般情况下，将减速度计的使用频率范围设计在系统固有频率 30% 的频带内，可以准确地测量到真实值。

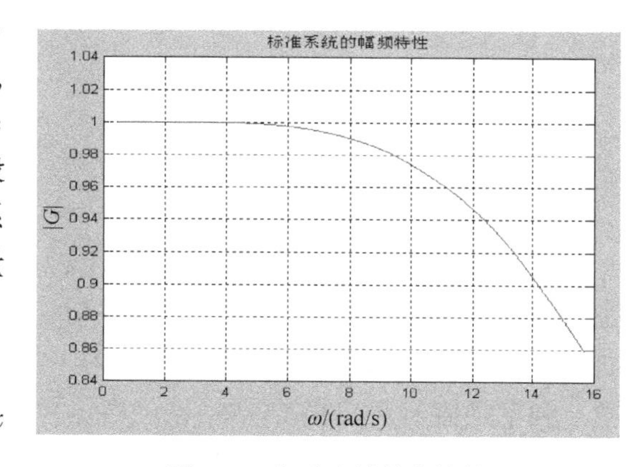

图 9-10 加速度计输出特性

下面分析位移计的频率响应。

根据原式 $m\ddot{y} + c\dot{y} + ky = -m\ddot{x}$，这里 x 是被测体系统位移。

传递函数为

$$H(s) = \frac{y(s)}{x(s)} = \frac{-s^2}{s^2 + 2\xi\omega_n s + \omega_n^2}$$

频率响应函数为

$$G(\mathrm{j}\omega)=\frac{\omega^2}{\omega_n^2-\omega^2+2\xi\omega_n\mathrm{j}\omega}$$

当 $\omega\gg\omega_n$ 时，则有 $G(\mathrm{j}\omega)\approx1$。

该结果说明，此时测量仪器相对于机壳的位移就是被测物体的位移，是一个比例系数为 1 的比例环节。因此，位移计本身是一个标准系统，灵敏度 $\eta=1$。由于位移计的固有频率相对于被测频来说要尽可能小，所以常称为低频仪器，图 9-11 是取 $\xi=0.28\sim0.7$ 区间变化的位移计的幅频特性曲线。

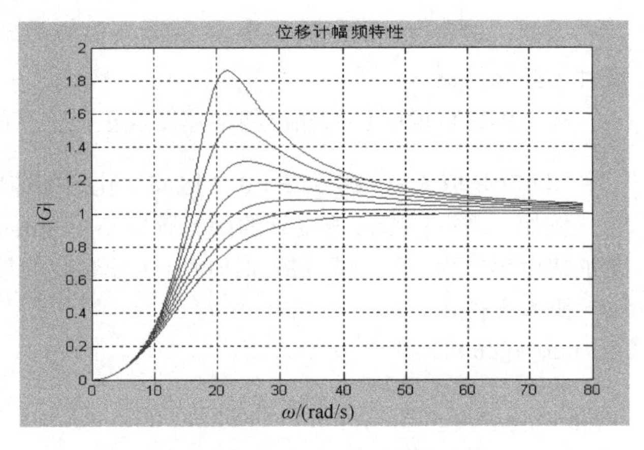

图 9-11　位移计幅频特性

设取位移计的固有频率 $\omega_n=20\mathrm{rad/s}$，阻尼比 $\xi=0.7$，如果测量的允许误差为 1%，试分析位移计的工作频段的最低频率。

```
num=[ -1 0 0];                              %传递函数的分子多项式系数
den=[1 28 400];                             %传递函数的分母多项式系数
w=0.5:0.01:25*pi;                           %频率分辨率和频率范围
Gw=polyval(num,j*w)./polyval(den,j*w);      %频率响应
mag=abs(Gw)                                 %幅频特性
plot(w,mag)
grid,title('幅频特性')
xlabel('\omega(rad/s)')
ylabel('|G|')
len=length(w);
  while mag(len)>0.99;
  len=len-1;                                %倒序列计算频率坐标
end                                         %循环结束
ws=w(len)                                   %得到频率下限值
```

运行结果为

```
ws=49.4000
```

位移计输出特性图如图 9-12 所示。通过局部放大后可以得到系统的误差为 1% 以内时对应的频率下限为 49.4rad/s。这个频率是固有频率的 247%（$\omega_s/\omega_n=49.4/20=247\%$），为了提高精确度，在一般情况下，将位移计的使用频率范围设计在系统固有频率的 300% 频带以上，可以很准确地测量到真实值。

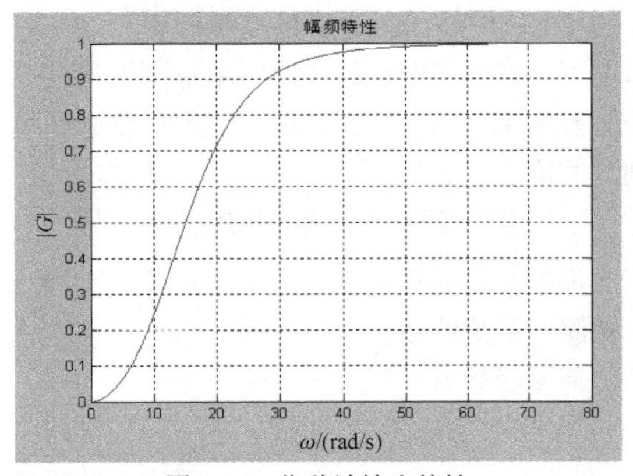

图 9-12　位移计输出特性

例9-9 无源隔振器的频率特性分析。隔振是工程中常见问题，其目的是将振源与地基之间“隔离”开来，或者是将地基的运动与工作平台隔离开来。因此有两种隔振类型，即力隔振与位移隔振。如图9-13所示，两种类型隔振传递率用下式来表示。

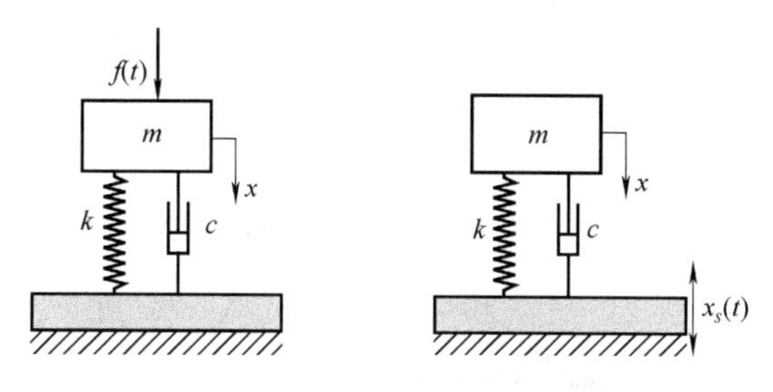

图9-13 力隔振和位移隔振简图

（1）力隔振传递率

$$\eta_f = \frac{\text{隔振后传到地基上的力}}{\text{隔振前传到地基上的力}}$$

（2）位移隔振传递率

$$\eta_x = \frac{\text{隔振后传到设备的位移}}{\text{隔振前地基上的位移}}$$

显然隔振传递率必须小于1才会有隔振效果。

力隔振的动力学方程为

$$m\ddot{x} + c\dot{x} + kx = F(t)$$

传递率为

$$\eta_f(t) = \frac{x \cdot k + c\dot{x}}{F(t)}$$

传递函数为

$$\eta_f(s) = \frac{(k + cs)}{(ms^2 + cs + k)}$$

位移隔振的动力学方程为

$$m\ddot{x} + c\dot{x} + kx = kx_s(t) + c\dot{x}_s(t)$$

传递率

$$\eta_x(t) = \frac{x(t)}{x_s(t)}$$

$$(ms^2 + cs + k)\eta_x(s)X_s(s) = (k + cs)X_s(s)$$

$$\eta_x(s) = \frac{k + cs}{ms^2 + cs + k}$$

两类传递函数相同，则两类频率响应函数均为

$$\eta_f(\mathrm{j}\omega) = \eta_x(\mathrm{j}\omega) = \frac{k + c\mathrm{j}\omega}{-m\omega^2 + c\mathrm{j}\omega + k} = \frac{\omega_\mathrm{n}^2 + \mathrm{j}2\xi\omega_\mathrm{n}\omega}{\omega_\mathrm{n}^2 - \omega^2 + \mathrm{j}2\xi\omega_\mathrm{n}\omega}$$

图9-14是取 $m = 1\mathrm{kg}$，$k = 1\mathrm{N/m}$，$c = 0.4 \sim 3.2\mathrm{N \cdot s/m}$ 间隔为0.4的幅频特性曲线，所

有的曲线均在$\frac{\sqrt{2}}{2}$处相交。

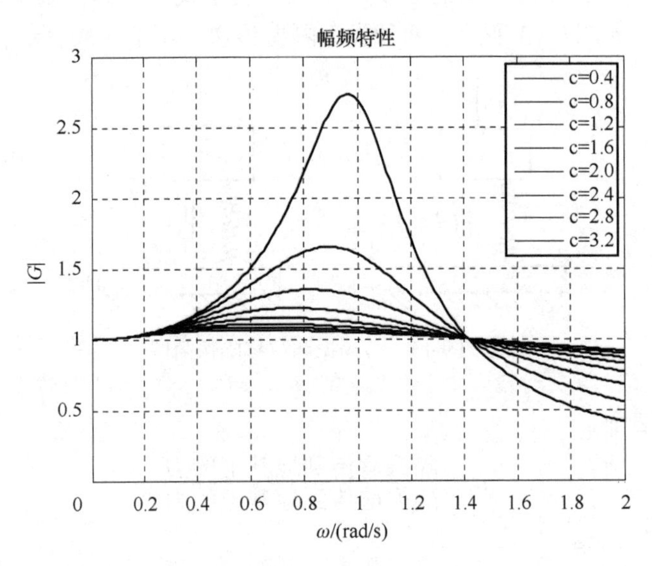

图 9-14　隔振器幅频特性

9.4.2　线性多自由度系统的频域分析

设线性 n 自由度系统的微分方程模型为

$$\boldsymbol{M}\ddot{\boldsymbol{X}} + \boldsymbol{C}\dot{\boldsymbol{X}} + \boldsymbol{K}\boldsymbol{X} = \boldsymbol{f}(t)$$

利用第 4 章关于传递函数的求解方法，容易得到系统的频率响应函数矩阵。先对上式进行拉普拉斯变换，假定 $\boldsymbol{X}(0)=0$，$\dot{\boldsymbol{X}}(0)=0$，则有

$$(\boldsymbol{M}s^2 + \boldsymbol{C}s + \boldsymbol{K})\boldsymbol{X}(s) = \boldsymbol{f}(s)$$

令 $s=\mathrm{j}\omega$，则有

$$(-\boldsymbol{M}\omega^2 + \mathrm{j}\boldsymbol{C}\omega + \boldsymbol{K})\boldsymbol{X}(\mathrm{j}\omega) = \boldsymbol{F}(\mathrm{j}\omega)$$

即令

$$\boldsymbol{B} = (-\boldsymbol{M}\omega^2 + \mathrm{j}\boldsymbol{C}\omega + \boldsymbol{K})$$

则有

$$\{x(\mathrm{j}\omega)\} = \frac{\mathrm{adj}[\boldsymbol{B}]}{\det[\boldsymbol{B}]}\{f(\mathrm{j}\omega)\} = [\boldsymbol{H}(\mathrm{j}\omega)]\{f(\mathrm{j}\omega)\}$$

式中，$[\boldsymbol{H}(\mathrm{j}\omega)]_{n\times n} = \frac{\mathrm{adj}[\boldsymbol{B}]}{\det[\boldsymbol{B}]}$ 为系统的频率响应函数矩阵。

下面利用两自由度系统动力消振器模型（见图 9-15）系统的频域仿真说明：如果在主系统上有外激励 $F(t)$，分析测点分别在主系统和子系统的位移响应和输入 $F(t)$之间的传递函数：

$$H_{11}(s) = \frac{x_1(s)}{F(s)} = \frac{m_2 s^2 + c_2 s + k_2}{g(s)}$$

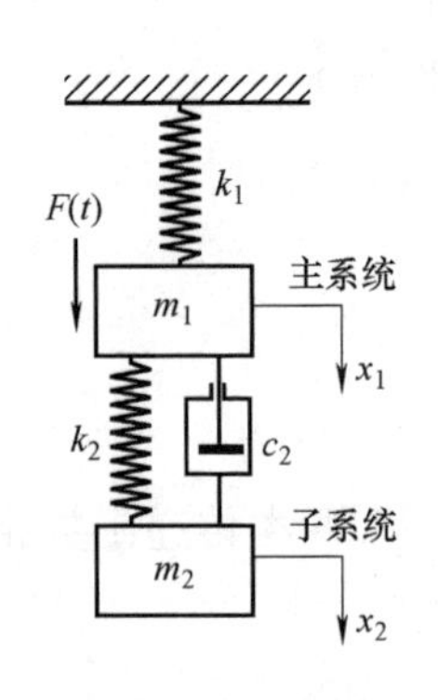

图 9-15　动力消振器

$$H_{21}(s)=\frac{x_2(s)}{F(s)}=\frac{c_2s+k_2}{g(s)}$$

式中

$$g(s)=[m_1s^2+c_2s+(k_1+k_2)]\cdot(m_2s^2+c_2s+k_2)-(c_2s+k_2)^2$$

令 $s=\mathrm{j}\omega$，可以得到系统的频率响应函数

$$H_{11}(\mathrm{j}\omega)=\frac{k_2-m_2\omega^2+\mathrm{j}c_2\omega}{g(\mathrm{j}\omega)},\quad H_{21}(\mathrm{j}\omega)=\frac{k_2+\mathrm{j}c_2\omega}{g(\mathrm{j}\omega)}$$

式中

$$g(\mathrm{j}\omega)=(k_1+k_2-m_1\omega^2+\mathrm{j}c_2\omega)\cdot(k_2-m_2\omega^2+\mathrm{j}c_2\omega)-(\mathrm{j}c_2\omega+k_2)^2$$

这里假定 $m_1=10\mathrm{kg}$，$m_2=\frac{m_1}{20}=0.5\mathrm{kg}$，$k_1=10\mathrm{N/m}$，$k_2=\frac{k_1}{20}=0.50\mathrm{N/m}$，在取不同阻尼 c_2 值的情况下，可以得到主系统的频率特性 $H_{11}(j\omega)$。

脚本文件如下：

```
%动力消振器频域特性：
clear
m1 =10;
u =1/20;m2 =u*m1;
c1 =0.0;
k1 =10;k2 =u*k1;p1 =sqrt(m1/k1);
for i =0:1:5;
    c2 =0.12*i                                  %c2 变化范围 0 -0.6
    hf1 =conv([m1,c1 +c2,k1 +k2],[m2,c2,k2])
    hf2 =conv([c2,k2],[c2,k2])
    hf3 =[0,0,conv([c2,k2],[c2,k2])]
    den =hf1 -hf3
    num =[m2,c2,k2];
    w =0.5:0.01:0.5*pi;                         %频率分辨率和频率范围
    Gw =polyval(num,j*w)./polyval(den,j*w);%频率响应
    mag =abs(Gw);                               %幅频特性
    plot(w/p1,mag),hold on,grid on
end
axis([0.5,1.5,0,8])                             % x,y 坐标范围
```

响应如图9-16所示，由图可见，当 $c_2=0$ 时，主系统的振动幅值等于零，但是，其两侧产生了较大的峰值。随着 c_2 的增加，主系统在接近子系统的固有频率时幅值也增加，但是无论 c_2 等于何值时，幅值都通过两个固定的交点。

请读者进一步分析 c_1 的变化对主系统 $H_{11}(\mathrm{j}\omega)$ 和子系统 $H_{12}(\mathrm{j}\omega)$ 的影响情况。动力消振器在工程中有较大的使用价值，有关设计请参考其他书籍。

参考第4章应用模态分析求系统的传递函数方法，可求出多自由度集中参数模型与分布参数模型的频率响应特性。

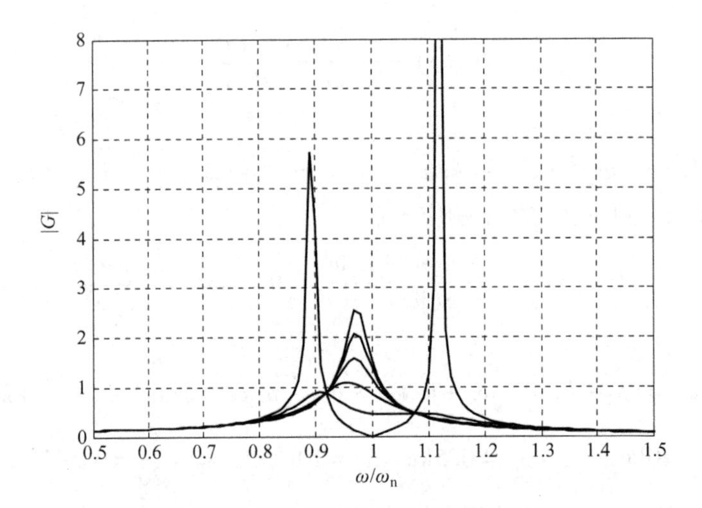

图 9-16　动力消振器频率特性

9.4.3 快速傅里叶变换（FFT）与仿真

快速傅里叶变换（FFT）在工业领域内有很多成功的应用成果，它是在离散傅里叶变换（DFT）的基础上发展起来的一种快速傅里叶变换。在动力学系统测试中，往往不知道系统的模型，而只能得到响应的是一系列离散的数据，要将这些离散数据变换到频率域中来讨论，则必须要借助于离散系统的快速傅里叶变换。借助于 Matlab 中的函数快速傅里叶变换，可以方便地解决这个问题。

设在时域中采集了一个时间序列 $x_1, x_2, \cdots, x_n$，并假定采样频率为 f_0，根据采样定理，能反映原信号的最高频率为 $f_m \leqslant f_0/2$，根据傅里叶变换理论可知，在频率域中的最小频率分辨率为 f_0，这样，变换到频率域中的频率带宽为 $f_0/2$，显然，要想得到较高的频率分辨率，则必须提高采样频率，在快速傅里叶变换分析中，通常约定了一个时间序列中的数据点数 n，一般满足 $n = 2^k$，k 取整数。在一般情况下，$k = 8 \sim 11$，当 k 取 8，9，10，11 时，n 分别取值为 256，512，1024 或 2048。

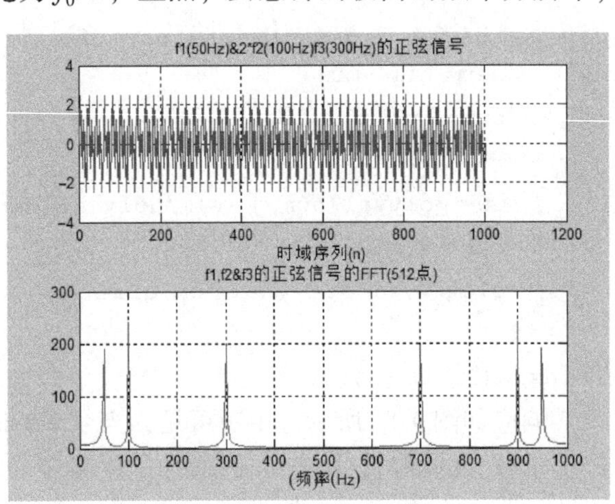

图 9-17　时域信号和频域信号

下面通过一个例子说明如何使用快速傅里叶变换函数。假定有一个包含三个频率成分的正弦波，频率分别为 $f_1 = 50\text{Hz}$，$f_2 = 100\text{Hz}$，$f_3 = 300\text{Hz}$。根据上面的计算可知，最小采样频率必须为 $f_0 \geqslant 600\text{Hz}$，在实际取值时，通常取最大分析频率的 3 ~ 10 倍作为采样频率。在此，采样频率取 $f_0 = 1000\text{Hz}$，分析结果如图 9-17 所示。

Matlab 脚本文件如下：

```
fs =1000;                                   %采样率为1000
t =0:1/fs:1;                                %采样间隔为1/fs,时长1s
```

```
f1 =50;  f2 =100;  f3 =300;                                  %信号频率 50HZ,200Hz,300Hz
xt =sin(2*pi*f1*t) +sin(2*pi*f2*t) +sin(2*pi*f3*t);;        %生成含有 3 个频率的正弦波
subplot(211)                                                 %子图窗口
plot(xt);                                                    % 绘图时间域函数图线
title('f1(50Hz)&2*f2(100Hz)f3(300Hz)的正弦信号')              %加注标题
xlabel('时域序列(n)')                                         %加注 x 标签
grid on                                                      %加网格
number =512;                                                 % fft 长度
y = fft(xt,number);                                          %求 xt 的 fft
n =0:length(y) -1;
f = fs*n/length(y);
subplot(212)
plot(f,abs(y));                                              %绘制求幅频特性曲线
title('f1,f2&f3 的正弦信号的 FFT(512 点)')
xlabel('频率 Hz')
grid on
```

注意：如果要得到实部和虚部分量，可以应用如下函数：

```
Re = real(y)                                                 %计算频率响应的实部
Im = imag(y);                                                %计算频率响应的虚部
```

值得注意的是，高于 $f_s/2=500\text{Hz}$ 的频率为高次谐波，分析的时候不包括在内。Matlab 中还提供了快速傅里叶变换的逆变换（即将频率域信号变换为时间域信号）函数 ifft，下面是将一个正弦信号先用快速傅里叶变换为频率域信号，然后再使用逆变换。

逆变换 ifft 可得到原始信号。脚本文件如下：

```
n =0:127; t =0:0.01:1.27;
q = n*2*pi/n;  x = sin(160*pi*t);
subplot(3,1,1);
plot(t,x); title('原信号')
subplot(3,1,2);
y = real(ifft(fft(x)));
plot(t,y); title('两次变换后恢复的信号')
subplot(3,1,3);
y = abs(fft(x));
plot(t,y);
```

9.5 频率响应特性在振动系统参数识别中的应用

系统的频率响应函数与结构的物理参数或模态参数是紧密联系的，下面就单自由度系统的频率响应函数和系统的物理参数之间的联系，说明识别物理参数的方法。假定系统的频率响应函数（幅频特性曲线、相频特性、实频特性、虚频特性）如图 9-18 所示。在实验模态中，可以通过动态分析仪和 FFT 数字分析仪处理后得到这些特性曲线。识别单自由度系统过程如下：

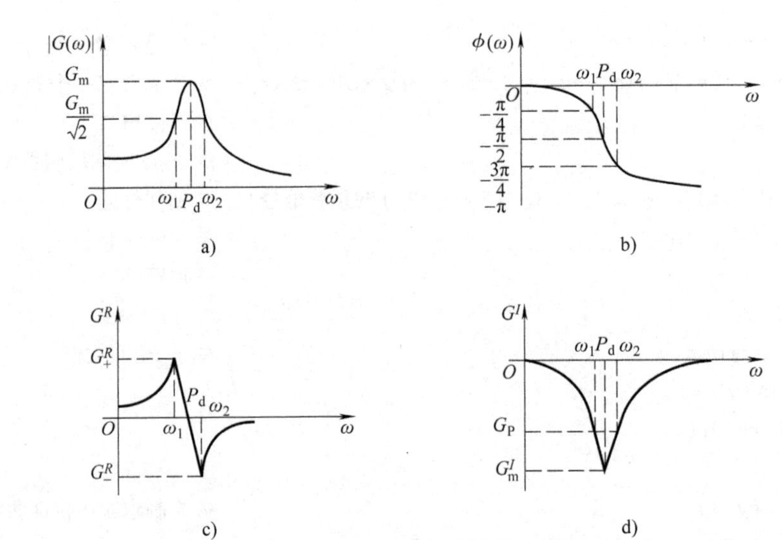

图 9-18　单自由度系统的频率特性

a）幅频曲线　b）相频曲线　c）实频曲线　d）虚频曲线

设单自由度系统为

$$m\ddot{x} + c\dot{x} + kx = F(t) \tag{9-24}$$

传递函数为

$$G(\mathrm{j}\omega) = \frac{1}{-m\omega^2 + \mathrm{j}c\omega + k} = \frac{k - m\omega^2 - \mathrm{j}c\omega}{(k - m\omega^2)^2 + (c\omega)^2} \tag{9-25}$$

引入

$$\eta = \frac{f_0}{k},\quad \lambda = \frac{\omega}{\omega_n},\quad \omega_n = \sqrt{\frac{k}{m}}$$

则幅频为

$$|G(\omega)| = \frac{1}{k\sqrt{(1-\lambda^2)^2 + (2\xi\lambda)^2}}$$

峰值为

$$G_{\max} = \frac{1}{2\xi k\sqrt{1-\xi^2}}$$

峰值频率为

$$p_d = \omega_n\sqrt{1-2\xi^2}$$

半功率位置：$\frac{\sqrt{2}}{2}G_m$，即

$$\frac{\sqrt{2}}{2}G_{\max} = \frac{1}{k\sqrt{(1-\lambda^2)^2 + (2\xi\lambda)^2}}$$

9.5.1　幅频、相频曲线识别法

1. 幅频曲线识别法

当 $\xi \ll 1$ 时，有

$$G_{\max} = G_{\mathrm{m}} = \frac{1}{2\xi k}$$

设半功率对应的频率为 ω_1，ω_2，则有

$$\frac{\sqrt{2}}{4\xi} = \frac{1}{\sqrt{(1-\lambda^2)^2 + (2\xi\lambda)^2}}$$

得

$$\lambda_{1,2}^2 = (1-2\xi^2) \pm \xi\sqrt{1+\xi^2}$$

当 $\xi \ll 1$ 时，$\lambda_{1,2}^2 = 1 \pm \xi$，则有

$$\omega_1 = \omega_{\mathrm{n}}\sqrt{1-2\xi}, \quad \omega_2 = \omega_{\mathrm{n}}\sqrt{1+2\xi}$$

$$\omega_1 + \omega_2 \approx 2\omega_{\mathrm{n}}$$

则有

$$2\xi = \frac{\omega_2^2 - \omega_1^2}{\omega_{\mathrm{n}}^2} \approx \frac{(\omega_2 - \omega_1)}{\omega_{\mathrm{n}}} = \frac{\Delta\omega}{\omega_{\mathrm{n}}} \tag{9-26}$$

或

$$2\xi\omega_{\mathrm{n}} = \omega_2 - \omega_1 = \Delta\omega, \quad 或 \quad 2n = \Delta\omega \tag{9-27}$$

式中，$\Delta\omega = \omega_2 - \omega_1$ 为系统的带宽；$n = \xi\omega_{\mathrm{n}}$ 为衰减系数。

识别方法：

（1）由幅频曲线的共振峰极值 G_{m} 求得半功率点 $G_{\mathrm{p}} = \frac{\sqrt{2}}{2}G_{\mathrm{m}}$，再由半功率点 G_{p} 的带宽求得衰减系数的近似值 $n \approx \frac{\omega_2 - \omega_1}{2}$。

（2）由共振峰极值位置得共振频率 p_{d}，求得系统的固有频率 $\omega_{\mathrm{n}} = \sqrt{p_{\mathrm{d}}^2 + 2n^2}$，再求得阻尼比 $\xi = \frac{n}{\omega_{\mathrm{n}}}$。

（3）由共振峰极值 G_{m} 和阻尼比 ξ，进一步求得刚度 $k = \frac{1}{2\xi G_{\mathrm{m}}\sqrt{1-\xi^2}}$ 以及系统质量 $m = \frac{k}{\omega_{\mathrm{n}}^2}$。

2. 相频曲线识别法

（1）根据 $\phi(\omega) = -\frac{\pi}{2}$ 确定系统的共振频率 p_{d}，近似得到系统的固有频率 $\omega_{\mathrm{n}} = p_{\mathrm{d}}$。

（2）根据 $\phi(\omega) = -\frac{\pi}{4}$ 和 $\phi(\omega) = -\frac{3\pi}{4}$ 确定半功率带宽 $\Delta\omega = \omega_2 - \omega_1$，由 $\Delta\omega$ 确定系统衰减系数 $n \approx \frac{\Delta\omega}{2}$，由 p_{n} 确定系统的阻尼比 $\xi = \frac{n}{\omega_{\mathrm{n}}}$。

9.5.2 实频、虚频曲线识别法

1. 实频曲线识别法

（1）根据

$$G^R(\omega) = \frac{k - m\omega^2}{(k-m\omega^2)^2 + (c\omega)^2} = \frac{1}{k} \cdot \frac{1-\lambda^2}{[1-\lambda^2]^2 + (2\xi\lambda)^2}$$

当 $G^R(\omega)=0$ 时，$\lambda=1$，即 $G^R(p_d)=0$，因此可以根据 $G^R(\omega)=0$ 确定共振频率 p_d，近似得到系统的固有频率 $\omega_n=p_d$。

（2）根据

$$\frac{\mathrm{d}G^R(\lambda)}{\mathrm{d}\lambda}=0$$

得 $\lambda_{1,2}^2=1\pm2\xi$，可知 $\omega_1=\omega_n\sqrt{1-2\xi}$，$\omega_2=\omega_n\sqrt{1+2\xi}$ 为半功率点的频率，进一步可得

正峰值：

$$G_+^R(\omega_1)=\frac{1}{4\xi k(1-\xi)}$$

负峰值：

$$G_-^R(\omega_2)=\frac{1}{4\xi k(1+\xi)}$$

$$G_+^R-G_-^R=\frac{1}{2\xi k(1-\xi^2)}$$

因此，由曲线上可得半功率带宽 $\Delta\omega$，衰减系数 n 以及阻尼比 ξ，即

$$\Delta\omega=\omega_2-\omega_1$$

$$n\approx\frac{\Delta\omega}{2}$$

$$\xi=\frac{n}{\omega_n}=\frac{\omega_2-\omega_1}{2\omega_n}$$

（3）根据正、负峰值 G_-^R 和 G_+^R 确定系统刚度系数 k 以及系统质量 m，即

$$k=\frac{1}{2(G_+^R-G_-^R)\xi\sqrt{1-\xi^2}}$$

$$m=\frac{k}{\omega_n^2}$$

2. 虚频曲线识别法

（1）根据

$$G^{\mathrm{I}}(\omega)=\frac{-c\omega}{(k-m\omega^2)^2+(c\omega)^2}=\frac{1}{k}\cdot\frac{-2\xi\lambda}{(1-\lambda^2)^2+(2\xi\lambda)^2}$$

$$\frac{\mathrm{d}G^{\mathrm{I}}(\lambda)}{\mathrm{d}\lambda}=\frac{2\xi(1-3\lambda^4+2\lambda^2-4\xi^2\lambda^2)}{k[(1-\lambda^2)^2+(2\xi\lambda)^2]^2}=0$$

得 $\lambda=\sqrt{1-\frac{2\xi^2}{3}}$，从而峰值频率 $p_d=\omega_n\sqrt{1-\frac{2\xi^2}{3}}$。当 $\xi\ll1$ 时，有 $p_d=\omega_n$，峰值 $G_m^{\mathrm{I}}(p_d)=\frac{1}{2k\xi}$。可以证明，半功率点在虚频曲线上的值刚好为 $\frac{1}{2}G_m^{\mathrm{I}}$。

因此，先寻找由共振峰极值 G_m^{I} 得半功率点 $G_p=\frac{1}{2}G_I$、半功率带宽 $\Delta\omega$ 和衰减系数的近似值 $n\approx\frac{\Delta\omega}{2}$。

（2）由共振峰极值 G_I 确定共振频率 p_d，得到系统的固有频率 $\omega_n=\sqrt{p_d^2+n^2}$ 和阻尼比 $\xi=\frac{n}{p_n}$。

（3）由共振峰极值 G_l 确定系统刚度系数 $k=\dfrac{1}{2G_{m}^{l}\xi}$以及质量 $m=\dfrac{k}{\omega_n^2}$。

在具体应用中，可以将以上方法联合应用以获得较高精度。除此之外还有导纳圆方法和速度、加速度频率响应特性曲线识别法，还可以使用 Bode 图识别系统参数。感兴趣的读者可以参考有关书籍。

9.5.3 导纳圆的参数识别法

1. 位移导纳圆参数识别公式

位移导纳圆是幅频特性曲线的一种极坐标表示方法，前面已经给出了复频率响应函数实部和虚部表达式为

$$\mathrm{Re}(\omega)=\frac{k-m\omega^2}{(k-m\omega^2)^2+(c\omega)^2}=\frac{1}{k}\cdot\frac{1-\lambda^2}{(1-\lambda^2)^2+(2\xi\lambda)^2}$$

$$\mathrm{Im}(\omega)=\frac{-c\omega}{(k-m\omega^2)^2+(c\omega)^2}=\frac{1}{k}\cdot\frac{-2\xi\lambda}{(1-\lambda^2)^2+(2\xi\lambda)^2}$$

式中，$\lambda=\dfrac{\omega}{\omega_n}$。

根据导纳圆上的几何关系可知 d 点处 $\omega=0$，则有 $\mathrm{Re}=\dfrac{1}{k}$。

a，b 点：这两个点是幅频曲线上的两个半功率点，因此可以计算 ξ，也可以在 c 点左右两侧附近取两个点，如图 9-19 所示。可以证明：

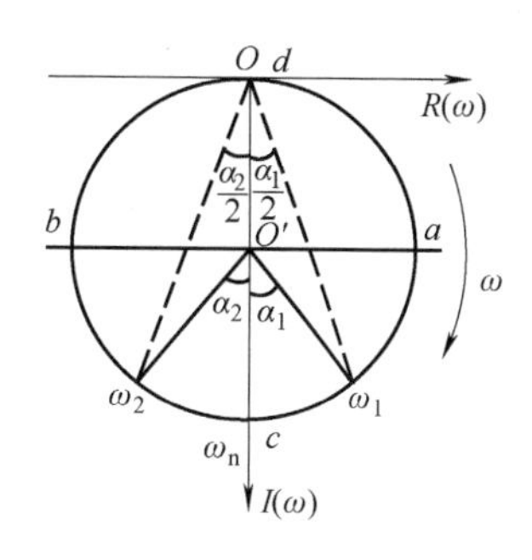

图 9-19 导纳圆

$$\tan(\alpha_1/2)+\tan(\alpha_2/2)=\frac{\mathrm{Re}(\omega_1)}{\mathrm{Im}(\omega_1)}-\frac{\mathrm{Re}(\omega_2)}{\mathrm{Im}(\omega_2)}$$

$$=\frac{1-\lambda_1^2}{2\xi\lambda_1}-\frac{1-\lambda_2^2}{2\xi\lambda_2}$$

$$=\frac{(\omega_n-\omega_1)^2}{2\xi\omega_1\omega_n}-\frac{(\omega_n-\omega_2)^2}{2\xi\omega_2\omega_n}$$

考虑到在 c 点左右附近，有 $\omega_1\approx\omega_n\approx\omega_2$，则上式可以写为

$$\tan(\alpha_1/2)+\tan(\alpha_2/2)\approx\frac{2\omega_1(\omega_n-\omega_1)}{2\xi\omega_1\omega_n}-\frac{2\omega_2(\omega_n-\omega_2)}{2\xi\omega_2\omega_n}=\frac{\omega_2-\omega_1}{\xi\omega_n}$$

因此有

$$\xi=\frac{\omega_2-\omega_1}{\omega_n}\frac{1}{\tan(\alpha_1/2)+\tan(\alpha_2/2)} \tag{9-28}$$

显然，当 $\alpha_1=\alpha_2=90°$时，则退化为真正的半功率点（a,b），在 c 点，有 $\mathrm{Re}=0$，即 $\omega=\omega_n$，而 $\mathrm{Im}=\dfrac{1}{2k\xi}$，由此可得 $k=\dfrac{1}{2\xi\mathrm{Im}}$。在点 O 处，$\omega=\infty$，$\mathrm{Re}=\mathrm{Im}=0$；点 O'（圆心）坐标为 $\left(0,\dfrac{-1}{4k\xi\lambda}\right)$。

2. 拟合圆最小二乘识别参数识别法

在实际工程应用中，常常使用在共振区附近的测量数据，通过最小二乘法得到导纳圆

(拟合圆)，根据拟合圆上的特殊点可以识别系统参数，下面介绍这种方法。

设导纳圆的一般方程为

$$x^2+y^2+ax+by+c=0$$

可以配置成标准圆方程为

$$\left(x+\frac{a}{2}\right)^2+\left(y+\frac{b}{2}\right)^2=\frac{1}{4}(a^2+b^2-4c)$$

式中，x，y 表示实轴坐标和虚轴坐标；a，b，c 与导纳圆的圆心坐标和半径有关。

假定在某阶固有频率附近有 m 个数据点（通常在半功率点带宽内取5个点以上），其中每个数据点（x_k,y_k）与拟合圆的误差为

$$\begin{aligned}\varepsilon_k&=(x_k^2+y_k^2+ax_k+by_k+c)-(x^2+y^2+ax+by+c)\\&=x_k^2+y_k^2+by_k+c\qquad(k=1,2,\cdots,m)\end{aligned}$$

m 个点的误差平方和为

$$E=\sum_{k=1}^{m}\varepsilon_k^2=\sum_{k=1}^{m}(x_k^2+y_k^2+ax_k+by_k+c)^2$$

欲使误差最小，则 a,b,c 应满足

$$\frac{\partial E}{\partial a}=2\sum_{k=1}^{m}(x_k^2+y_k^2+ax_k+by_k+c)x_k=0$$

$$\frac{\partial E}{\partial b}=2\sum_{k=1}^{m}(x_k^2+y_k^2+ax_k+by_k+c)y_k=0$$

$$\frac{\partial E}{\partial c}=2\sum_{k=1}^{m}(x_k^2+y_k^2+ax_k+by_k+c)=0$$

矩阵形式为

$$\begin{pmatrix}\sum_{k=1}^{m}x_k^2 & \sum_{k=1}^{m}x_ky_k & \sum_{k=1}^{m}x_k\\ \sum_{k=1}^{m}x_ky_k & \sum_{k=1}^{m}y_k^2 & \sum_{k=1}^{m}y_k\\ \sum_{k=1}^{m}x_k & \sum_{k=1}^{m}y_k & m\end{pmatrix}\begin{pmatrix}a\\b\\c\end{pmatrix}=\begin{pmatrix}\sum_{k=1}^{m}(x_k^3+x_ky_k^2)\\ \sum_{k=1}^{m}(x_k^2y_k+y_k^3)\\ \sum_{k=1}^{m}(x_k^2+y_k^2)\end{pmatrix}$$

利用该方程可以解出 a,b,c，从而得到圆心位置和半径分别为

$$x_0=\frac{-a}{2},\quad y_0=\frac{-b}{2},\quad R=\sqrt{\frac{a^2}{4}+\frac{b^2}{4}-c}$$

有了拟合圆就可以进行参数识别了。

(1) 根据式(9-28)，有

$$\xi=\frac{\omega_2-\omega_1}{\omega_{\mathrm{n}}}\frac{1}{\tan(\alpha_1/2)+\tan(\alpha_2/2)}$$

(2) 识别刚度系数 $k=\dfrac{1}{2\xi\mathrm{Im}}$

(3) 识别质量 $m=\dfrac{k}{\omega_{\mathrm{n}}^2}$。

习 题

习题9-1 已知某测试系统传递函数 $H(s)=\frac{1}{0.5s+1}$，当输入信号分别为 $x_1(t)=\sin\pi t$ 和 $x_1(t)=\sin4\pi t$ 时，试分别求系统稳态输出（幅值和相位）。

习题9-2 如图9-20所示的动圈式显示仪振子是一个典型二阶系统。在笔式记录仪和光线示波器等动圈式振子中，通电线圈在永久磁场中受到电磁转矩 $k_r i(t)$的作用产生指针偏转运动，设系统的转动惯量为 J，运动时会受到扭转阻尼转矩 $c\dot{\theta}$ 和弹性恢复转矩 $k_\theta\theta(t)$的作用，试求标准系统的频率响应函数和灵敏度。

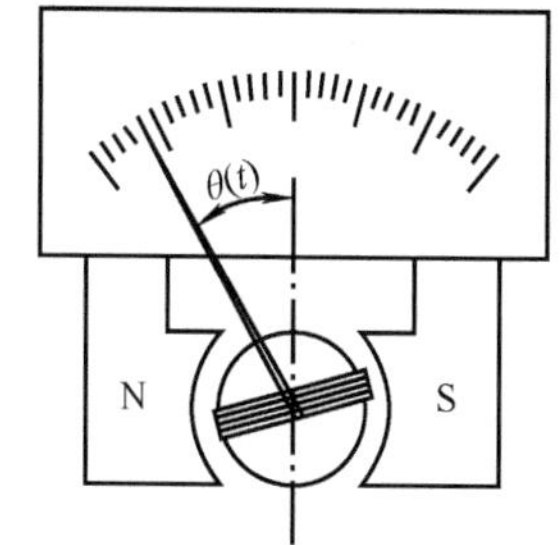

图9-20 习题9-2图

习题9-3 位移测量传感器和加速度测量传感器的基本原理如图9-21所示，将传感器与被测物体相连接，通过传感器内部的弹簧质量系统，在振动过程中记录下的位移 $y(t)$获得被测物体的位移和加速度，分析位移测量传感器和加速度测量传感器的频率响应，绘制出可测量的误差曲线。

（1）试分析当 $\xi\approx0.707$ 时，相对于其他阻尼效果的不同特点。

（2）设仪器的固有频率为 $\omega_n=12(1/s)$，阻尼比 $\xi=0.707$ 时，如果测量的允许测量误差控制在1%以内，分析位移计和加速度计的使用频带。

习题9-4 如图9-22所示，建立双层汽车悬架中车体对路面激励的频率响应函数。其中，路基不平度函数为

$$y=0.05\sin\frac{2\pi x}{l}$$

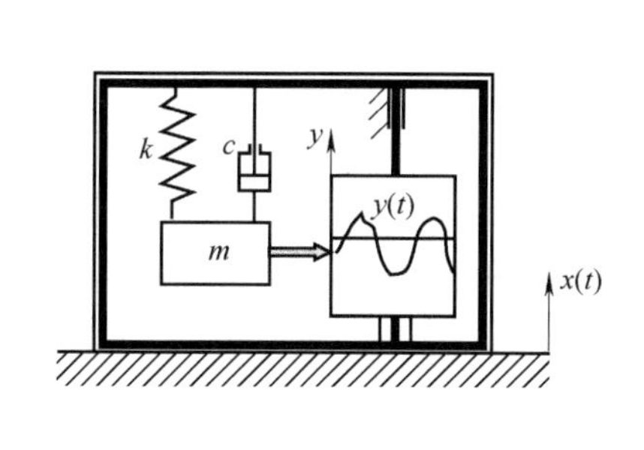

图9-21 习题9-3图

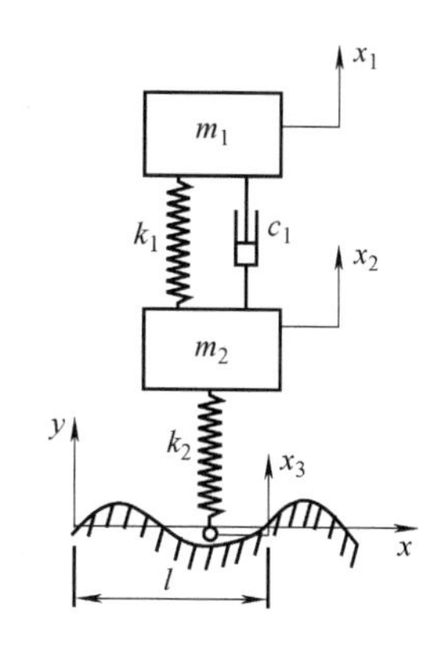

图9-22 习题9-4图

已知：$m_1=800\text{kg}$，$m_2=60\text{kg}$，$k_1=1000\text{N/m}$，$k_2=2000\text{N/m}$，$c_1=500\text{N}\cdot\text{m/s}$，$c_2=200\text{N}\cdot\text{s/m}$，波长 $l=6\text{m}$。试建立系统的Simulink仿真模型；给出当车辆速度由零线性增加到150km/h过程中车体 m_1 的频域特性（绘制幅频特性与相频特性、虚频特性与实频特性和导纳圆等曲线）。

习题9-5 已知零阶保持器的传递函数为 $H_g(s)=\frac{1-e^{-Ts}}{s}$，其中 T 是采样周期，试求零

阶保持器的频率响应函数，给出幅频特性曲线，并分析保持器的滤波特性。

习题 9-6 针对单自由系统，$m=100\text{kg}$，$k=1000\text{N/m}$，$c=100\text{N}\cdot\text{s/m}$，设计一个测试方案，通过 FFT 获取频率响应曲线，再利用最小二乘法识别系统的物理参数。

习题 9-7 设计一个测试方案，测试对象为一个悬臂梁，设 A 点为输入，B 点为输出，借助第 4 章的连续系统传递函数模型作为测试数据，通过 FFT 获取频率响应曲线，并根据实频、虚频曲线识别法和导纳圆参数识别法识别系统的一阶模态质量，模态刚度与模态阻尼。

第10章 动力学系统控制基础

当今工程中动力学问题与控制紧密相连，土木建筑、机械工程、车辆工程、航空航天和智能机器人等工程领域中的诸多应用与控制有关，迄今已有众多应用成果。本章主要介绍在动力学控制中的一些基本概念和基本方法，为深入学习和掌握动力学控制奠定基础。

10.1 动力学控制的基本概念

一个简单的动力学控制可以用图 10-1 的示意框图表示。

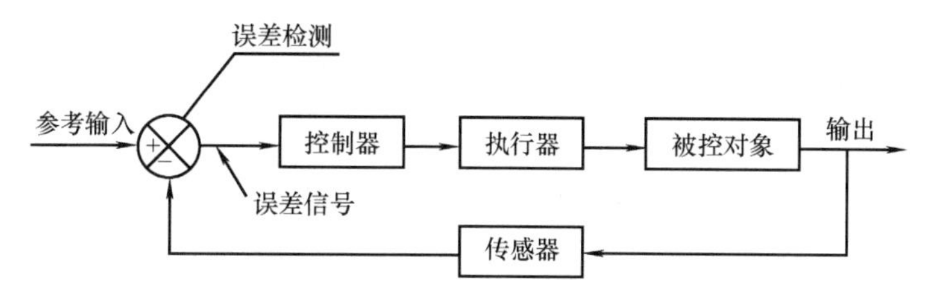

图 10-1　动力学控制示意框图

该控制系统中，误差检测是将参考输入和来自传感器的反馈信号进行比较以产生误差信号，控制器是一个重要的部件，由于控制方法不同，所以就产生了各种各样的控制器。控制器信号一般经过放大后推动执行器将控制施加在被控对象上，由于传感器时时刻刻检测被控对象的输出，因此被控对象的输入取决于误差信号的大小。执行器是根据控制信号对被控对象产生输入的元件，传感器是把输出变量转化为另一种变量的装置，可以转化为位移、压力或电压，使得和参考输入信号有相同的量纲以便产生误差信号。

将以上控制框图用传递函数的形式表示，如图 10-2 所示。

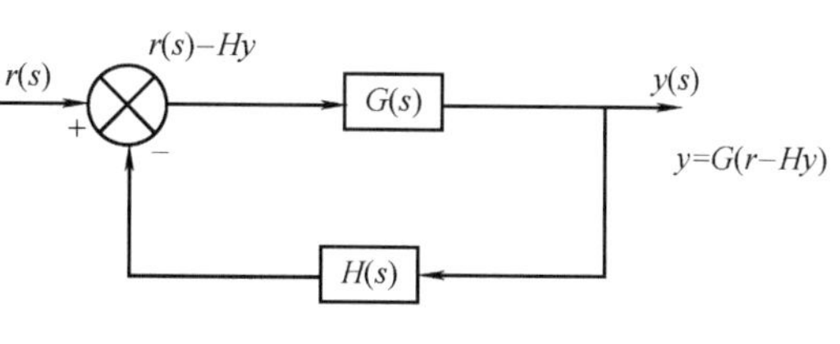

图 10-2　控制模型框图

这里 $r(s)$ 是参考输入，$G(s)$ 为被控系统的传递函数，也称为前馈传递函数，$H(s)$ 为反馈传递函数。不难得到负反馈闭环系统的传递函数为

$$\frac{y(s)}{r(s)}=\frac{G(s)}{1+G(s)H(s)}$$

这种反馈系统不但能根据系统的输出控制系统的输入，还能有效抑制外部的干扰，如图 10-3a 所示，图中如果在系统的输出部分添加干扰项 $n(s)$，则系统的输出为 $y=G(r-Hy)+n$，由该式解得

$$y(1+GH)=Gr+n \quad 或 \quad y=\frac{Gr}{1+GH}+\frac{n}{1+GH}$$

当 $GH\gg1$ 时，$y\approx\frac{r}{H}$，说明输出 y 与 G 和 n 无关，而仅与 H 有关。因此，GH 可以看成是对输入信号到反馈信号的放大率，该值越大，控制精度就越高。反馈的目的在于：一方面改善了自动修正误差的稳定性，即使有外部干扰也不会产生偏差；另一方面也改善了系统的瞬态响应特性，当目标值发生改变时，能迅速改变成新的稳定值。

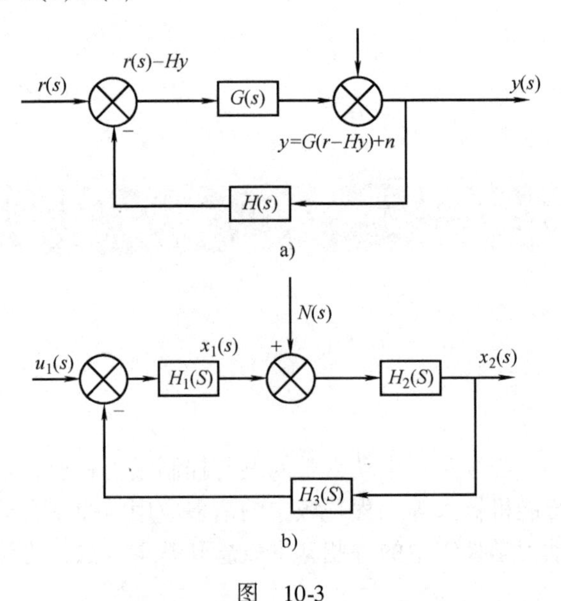

图 10-3

a）具有输出干扰的控制框图　b）具有输入干扰的控制框图

反馈不但能抑制输出干扰，还会抑制输入干扰，如图 10-3b 所示。系统在工作中由于某些原因使得系统受到外界的干扰，输入 $N(s)$ 模型。

容易得到输出分别对输入 $u(s)$ 和干扰 $N(s)$ 的传递函数为

$$G_1(s)=\frac{x_{21}(s)}{u(s)}=\frac{H_1(s)H_2(s)}{1+H_1(s)H_2(s)H_3(s)}$$

$$G_2(s)=\frac{x_{22}(s)}{N(s)}=\frac{H_2(s)}{1+H_1(s)H_2(s)H_3(s)}$$

当两种输入对线性系统共同作用时，系统的总输出符合叠加原理，即

$$x_2=x_{21}+x_{22}=\frac{H_2(s)}{1+H_1(s)H_2(s)H_3(s)}[H_1(s)u(s)+N(s)]$$

显然，当 $H_3\gg\frac{1}{H_1H_2}$ 时，干扰 $N(s)$ 对输出的影响为

$$x_2(s)=\frac{H_2(s)}{1+H_1(s)H_2(s)H_3(s)}N(s)\approx\frac{1}{H_1(s)H_3(s)}N(s)=\delta N(s)$$

δ 是一个小量，可见，反馈控制能有效的抑制干扰输入对输出的影响。

在实际应用中，根据控制器不同的控制规律和处在系统不同的环节中，就出现了各种控制方法。下面简单介绍 PID 控制、状态反馈控制和最优控制的基本方法。

10.2 PID 控制系统

10.2.1 PID 工作简介

在工程实际中应用最为广泛的控制规律为比例、积分、微分控制，简称 PID 控制，又称 PID 调节。PID 控制器问世至今已有近 70 年历史，它以其结构简单、稳定性好、工作可靠、调整方便而成为工业控制的主要技术之一。当被控对象的结构和参数不能完全掌握或得不到精确的数学模型，控制理论的其他技术难以采用时，系统控制器的结构和参数必须依靠经验和现场调试来确定，这时应用 PID 控制技术最为方便。即当不完全了解一个系统和被控对象，或不能通过有效的测量手段获得系统参数时，最适合用 PID 控制技术。实际的 PID 控制中也包含有 PI 和 PD 控制。PID 控制器就是根据系统的误差，利用比例、积分、微分计算出控制量从而进行控制的。

通过 PID 不同的控制规律对系统输出的影响，可以给出一些定性结论：

（1）比例（P）控制：它是一种最简单的控制方式，其控制器的输出与输入误差信号成比例关系。当仅有比例控制时，系统输出存在稳态误差（Steady-state error）。

（2）积分（I）控制：在积分控制中，控制器的输出与输入误差信号的积分成正比关系。对一个自动控制系统，如果在进入稳态后存在稳态误差，则称这个控制系统是有稳态误差的系统，或简称有差系统（System with Steady-state Error）。为了消除稳态误差，在控制器中必须引入“积分项”。积分项对误差取决于时间的积分，随着时间的增加，积分项会增大。这样，即使误差很小，积分项也会随着时间的增加而加大，它推动控制器的输出增大使稳态误差进一步减小，直到等于零。因此，比例-积分（PI）控制器可以使系统在进入稳态后无稳态误差。

（3）微分（D）控制：控制器的输出与输入误差信号的微分（即误差的变化率）成正比关系。自动控制系统在克服误差的调节过程中可能会出现振荡甚至失稳。其原因是由于存在有较大惯性组件（环节）或有滞后（Delay）组件，具有抑制误差的作用，其变化总是落后于误差的变化。解决的办法是使抑制误差作用的变化“超前”，即在误差接近零时，抑制误差的作用就应该是零。这就是说，在控制器中仅引入“比例项”往往是不够的，比例项的作用仅是放大误差的幅值，而目前需要增加的是“微分项”，它能预测误差变化的趋势。这样，具有比例-微分（PD）的控制器就能够提前使抑制误差的控制作用等于零，甚至为负值，从而避免了被控量的严重超调。所以对有较大惯性或滞后的被控对象，比例-微分（PD）控制器能改善系统在调节过程中的动态特性。

10.2.2 PID 的数学模型

如果控制器是 PID 控制规律，根据上面的分析，可以建立控制器的传递函数数学模型为

$$G(s)=\frac{M(s)}{E(s)}=k_{\mathrm{p}}\left(1+\frac{1}{T_{\mathrm{i}}s}+T_{\mathrm{d}}s\right) \tag{10-1}$$

式中，k_{p} 为比例增益；T_{i} 为积分器时间；T_{d} 为微分时间。可以得到对应的时域函数为

$$m(t) = k_p\left(1 + \frac{1}{T_i}\int_{-\infty}^{t} e(t)\,dt + T_d\frac{de(t)}{dt}\right) \tag{10-2}$$

式（10-1）和式（10-2）还可以写为

$$G(s) = k_p + \frac{k_i}{s} + k_d s \tag{10-3}$$

$$g(t) = k_p e(t) + k_i\int_{-\infty}^{t} e(t)\,dt + k_d\frac{de(t)}{dt}$$

式中，$k_i = k_p/T_i$ 为积分增益，$k_d = k_p T_d$ 为微分增益。控制器的示意图如图 10-4 所示。

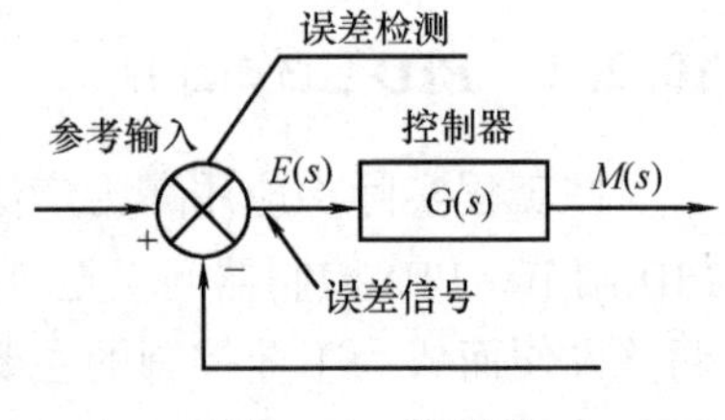

图 10-4　控制器

使用数值积分和微分可以得到离散形式模型。

10.2.3　PID 控制系统的响应分析

下面通过实际例子说明 PID 的控制规律。

1. 无阻尼惯性系统在比例控制下的响应

图 10-5 是一个转子系统转角位移控制简图，一个转动惯量为 J 的圆柱体，不考虑阻尼的作用，在外加力偶矩 T 的作用下，系统的动力学方程为 $J\ddot{\phi} = T(t)$，现在分析当 $T(t)$ 为一单位阶跃激励下的响应情况。

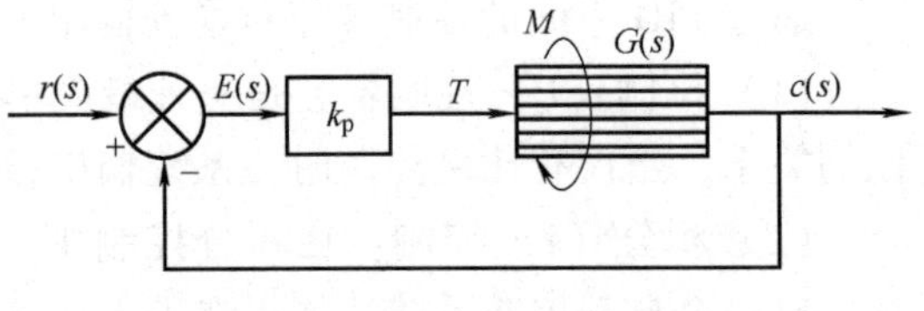

图 10-5　转子系统转角位移控制简图

在零初始状态情况下，其解为 $\phi(t) = \frac{1}{2}t^2$，显然这个转角不会受到任何控制。

现在将以上问题转化为一个能控制转角的比例控制系统，如图 10-5 所示。

设 $r(s)$ 是单位阶跃函数，k_p 是比例控制系数，可以得到加在圆柱体上的力偶矩为 $T(t) = k_p(r - c) = k_p e(t)$，$c(s)$ 为转子的转角输出，根据转动问题的动力学定理，容易得到闭环系统的动力学方程为

$$J\ddot{c}(t) = k_p e(t) = k_p(r(t) - c(t))$$

或

$$J\ddot{c}(t) + k_p c(t) = k_p r(t)$$

闭环系统传递函数为

$$H(s) = \frac{c(s)}{r(s)} = \frac{k_p}{Js^2 + k_p}$$

式中，$Js^2 = \frac{1}{G(s)}$，$G(s)$ 为系统传递函数。

系统的特征根方程为 $Js^2 + k_p = 0$，极点为 $s_{1,2} = \pm\sqrt{\frac{k_p}{J}}i$。由于特征根为一共轭虚数，可以得到系统的响应规律为 $c(t) = (1 - \cos pt)$，其中振荡频率为 $p = \sqrt{\frac{k_p}{J}}$。

结论：在无阻尼系统中使用比例控制后，给定系统的参考输入为单位阶跃函数，系统响应是在输入角度为 1 左右的一个等幅值振荡。尽管角度能控制，但是发生了振荡现象，这在

控制系统中属于不稳定状态，因此是不可取的。

2. 阻尼系统在比例控制下的瞬态响应

针对以上转子的振荡问题，如果考虑原系统的阻尼效应，假定转子在旋转过程中受到摩擦轮带来的阻力矩 $M_b=-b\dot{c}(t)$，b 是阻尼系数，如图 10-6 所示。

被控元件（也是系统的附载元件）的动力学方程为

$$J\ddot{c}(t)+b\dot{c}(t)=T(t)$$

在零初始条件下负载元件的传递函数为

$$G(s)=\frac{1}{s(Js+b)}$$

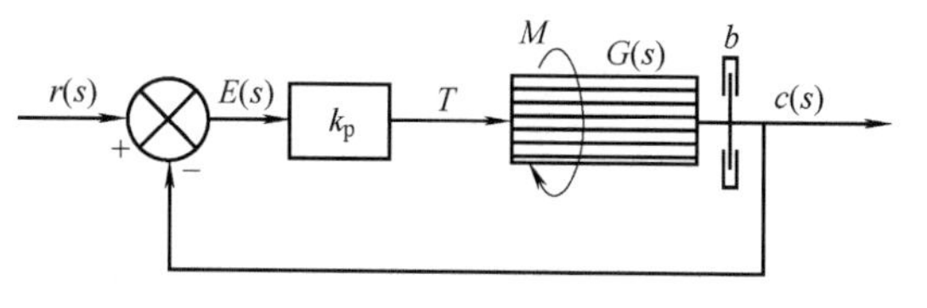

图 10-6 带阻尼系统的比例控制简图

在比例控制下可以得到闭环控制系统的动力学方程为：

$$J\ddot{c}(t)+b\dot{c}(t)=k_p[r(t)-c(t)]$$

或者

$$J\ddot{c}(t)+b\dot{c}(t)+k_pc(t)=k_pr(t)$$

式中

$$G(s)=\frac{c(s)}{T(s)}=\frac{1}{s(Js+b)}$$

闭环控制系统的传递函数为

$$H(s)=\frac{c(s)}{r(s)}=\frac{k_p}{Js^2+bs+k_p}=\frac{k_p/J}{s^2+(b/J)s+(k_p/J)}=\frac{\omega_n^2}{s^2+2\xi\omega_ns+\omega_n^2}$$

式中，$\omega_n=\sqrt{k_p/J}$为无阻尼固有频率；$\xi=\dfrac{b}{2\sqrt{Jk_p}}$为系统的阻尼比。

从上式看到，比例控制的引入会影响系统的阻尼和固有频率以及系统的超调量。在小阻尼（$0<\xi<1$）情况下，系统在单位阶跃激励下时有 $r(s)=\dfrac{1}{s}$，闭环系统的输出为

$$c(s)=H(s)\cdot r(s)=\frac{\omega_n^2}{s^2+2\xi\omega_ns+\omega_n^2}\cdot\frac{1}{s}=\frac{1}{s}-\frac{s+2\xi\omega_n}{s^2+2\xi\omega_ns+\omega_n^2} \tag{10-4}$$

对式（10-4）取拉普拉斯逆变换，时域响应为

$$c(t)=1-e^{-\omega_nt}\left(\frac{\xi}{\sqrt{1-\xi^2}}\cdot\sin\sqrt{1-\xi^2}\omega_nt+\cos\sqrt{1-\xi^2}\omega_nt\right)$$

或

$$c(t)=1-\frac{e^{-\omega_nt}}{\sqrt{1-\xi^2}}\left[\sin\sqrt{1-\xi^2}\omega_nt+\arctan\left(\frac{\sqrt{1-\xi^2}}{\xi}\right)\right]$$

设系统的转动惯量 $J=10$，阻尼力偶矩 $b=2$，当比例控制系数 k_p 从零变化到 1 时的响应如图 10-7 所示（最下面一条曲线对应的比例控制系数等于零）。

可以使用下面的脚本文件计算响应。

% M 脚本文件如下：

```
j =10;                    %转动惯量
b =2;                     %阻尼力偶矩
```

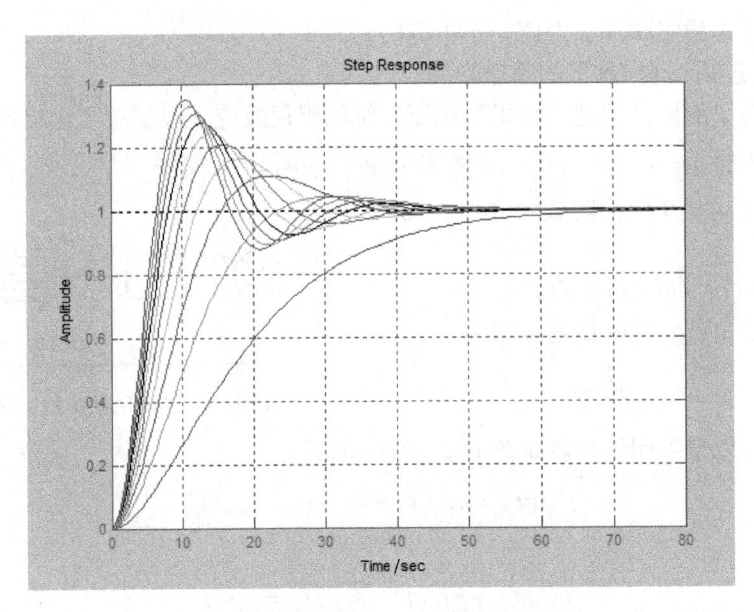

图 10-7　阻尼系统在比例控制下的响应

```
for k=0.1:0.1:1;          %改变比例控制系数从 0 到 1,间隔为 0.1
num=[k]                   %传递函数分子系数
den=[j b k];              %传递函数分母系数
sys=tf(num,den);          %建立系统传递函数
step(sys);                %给系统施加单位阶跃激励
grid on
holdon
end
```

由此可得关于瞬态响应的结论，即阻尼系统在比例控制和单位阶跃激励下，其比例系数 k_p 对系统的影响有

（1）影响系统的固有频率为 $\omega_n = \sqrt{k_p/J}$，随着 k_p 的增大，固有频率升高。

（2）随着 k_p 的增大，系统的阻尼比减小，即 $\xi = \dfrac{b}{2\sqrt{Jk_p}}$。

（3）随着 k_p 的增大，超调量增大，但上升时间减小，能快速达到稳定值，但同时发生了振荡现象。

（4）当 $k_p=0$ 时，虽然没发生超调现象，调整时间变长。

在实际中，除了在不允许有振荡的一些应用中，瞬态响应足够快，并且有合理的阻尼是比较理想的情况，因此一般情况下阻尼 ξ 应在 0.4 ~ 0.8 之间取值，在小阻尼情况下（$\xi<0.4$），系统将发生明显超调。

在这里看到了最大超调量与上升时间之间是一对矛盾，如果一个减小则另一个会变大，在具体应用中按实际情况选择。

下面分析系统的稳态误差，输出与输入误差为

$$E(s)=r(s)-c(s)=\left(1-\frac{c(s)}{r(s)}\right)r(s)=\left(\frac{Js^2+bs}{Js^2+bs+k_p}\right)r(s)$$

在单位阶跃激励下，$r(s)=\frac{1}{s}$。

根据终值定理，有

$$e_{ss}=\lim_{s\to 0}sE(s)=\lim_{s\to 0}\frac{Js^2+bs}{Js^2+bs+k_p}=0$$

这个结论说明，二阶阻尼系统的比例控制能消除误差，这与上面的仿真结果是吻合的。

3. 二阶系统在比例-微分控制下的响应

转子的比例-微分控制环节如图 10-8 所示，控制规律为 $k_p(e(t)+T_d\dot{e}(t))$，其中 k_p 是比例常数，T_d 是微分常数，闭环系统的传递函数为

$$H(s)=\frac{c(s)}{r(s)}=\frac{k_p(1+T_d s)}{Js^2+k_pT_ds+k_p}$$

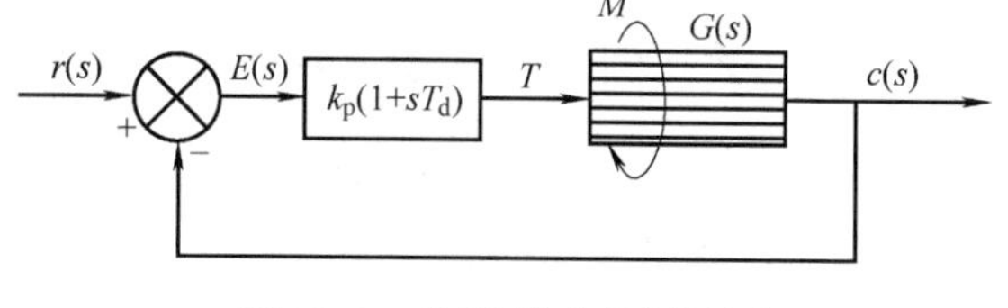

图 10-8　比例-微分控制简图

系统的特征根方程为 $Js^2+k_pT_ds+k_p=0$，在 J，k_p，T_d 都为正的情况下，系统的两个极点为 $s_{1,2}=\frac{1}{2}[-k_pT_d\pm\sqrt{(k_pT_d)^2-4Jk_p}]$，系统的特征根具有负实部，则系统是稳定的，在衰减过程中系统是否发生振荡取决于参数 $\sqrt{(k_pT_d)^2-4Jk_p}$。

显然，引入微分环节后，增加了系统的阻尼效应，即使是系统本身没有物理阻尼的情况下也会如此，系统最终能稳定在给定期望的角度值上，使系统得到控制。

可得系统的闭环传递函数为

$$H(s)=\frac{c(s)}{r(s)}=\frac{k_p(1+T_ds)}{Js^2+(b+k_pT_d)s+k_p} \tag{10-5}$$

或

$$H(s)=\frac{\omega_n^2(T_ds+1)}{s^2+2\xi_d\omega_ns+\omega_n^2} \tag{10-6}$$

式中

$$\xi_d=\xi+\frac{1}{2}T_d\omega_n$$

$$\xi=\frac{b}{2\sqrt{Jk_p}},\quad \omega_n=\sqrt{k_p/J}$$

上式表明，比例-微分控制 k_p 不改变系统的自然频率，但是增加了系统阻尼比（即 $\xi_d>\xi$）；另外，微分控制 T_d 使二阶系统增添了闭环零点（$-1/T_d$），如图 10-9 所示。因此，具有比例-微分控制的二阶系统常称为有零点的二阶系统，而原系统称为无零点的二阶系统。下面对这两种系统进行分析比较。

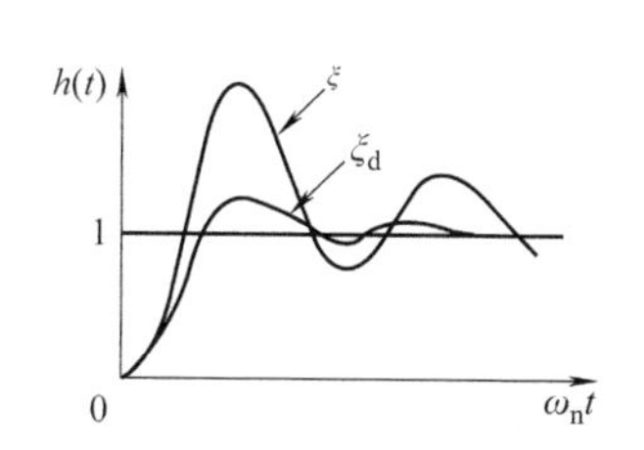

图 10-9　不同阻尼的阶跃响应

若有两个二阶系统只是阻尼比不同，其阶跃响应如图 10-10 所示。可见，比例-微分增加了系统阻尼比，可以改善系统的动态性能。

若两个二阶系统只是有无零点的不同，它们的动态性能又是如何呢？设无零点的二阶系

统的闭环传递函数为

$$H_0(s)=\frac{\omega_n^2}{s^2+2\xi_d\omega_n s+\omega_n^2}$$

比例-微分控制系统是有零点的二阶系统，其闭环传递函数为

$$H(s)=\frac{\omega_n^2 T_d\left(s+\dfrac{1}{T_d}\right)}{s^2+2\xi_d\omega_n s+\omega_n^2}$$

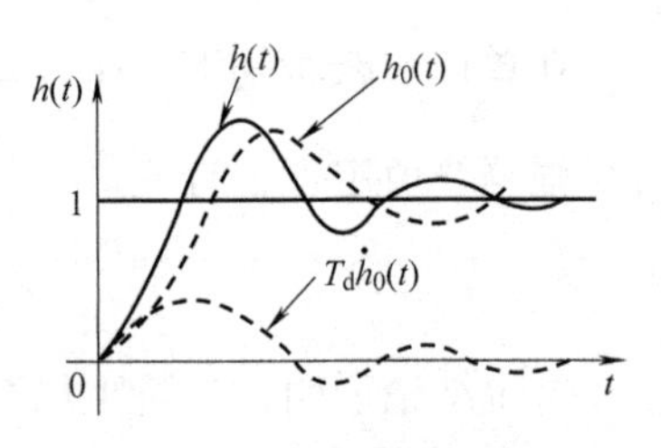

图 10-10　零点对阶跃响应的影响

为了估算比例-微分控制二阶系统的动态性能，应求其阶跃响应。这时系统输出为

$$C(s)=\frac{\omega_n^2 T_d\left(s+\dfrac{1}{T_d}\right)}{s^2+2\xi_d\omega_n s+\omega_n^2}\frac{1}{s}=\frac{\omega_n^2}{s^2+2\xi_d\omega_n s+\omega_n^2}\frac{1}{s}+T_d\frac{s\omega_n^2}{s^2+2\xi_d\omega_n s+\omega_n^2}\frac{1}{s}$$

可见，上式第一项的拉普拉斯逆变换是无零点二阶系统的单位阶跃响应，以 $h_0(t)$ 表示。根据拉普拉斯变换的微分性质，考虑到单位阶跃函数与单位脉冲函数之间的导数关系，上式第二项表示了在零初始条件下 $h_0(t)$ 对时间的导数乘以 T_d，从而得到时域输出为

$$h(t)=h_0(t)+T_d\frac{\mathrm{d}h_0(t)}{\mathrm{d}t} \tag{10-7}$$

式（10-7）的单位阶跃响应曲线如图 10-10 所示。显然，有零点系统与无零点系统相比，前者上升时间和峰值时间均减小，因而响应速度加快，但超调量会有所增加。

下面分析系统的稳态误差，根据

$$\frac{E(s)}{r(s)}=\frac{r(s)-c(s)}{r(s)}=1-\frac{c(s)}{r(s)}=1-\frac{\omega_n^2(T_d s+1)}{s^2+2\xi_d\omega_n s+\omega_n^2}=\frac{s^2+(2\xi_d\omega_n-\omega_n^2 T_d)s}{s^2+2\xi_d\omega_n s+\omega_n^2}$$

在单位阶跃激励下，$r(s)=\dfrac{1}{s}$。

根据终值定理，有

$$e_{ss}=\lim_{s\to 0}sE(s)=\lim_{s\to 0}\frac{s^2+(2\xi_d\omega_n-\omega_n^2 T_d)s}{s^2+2\xi_d\omega_n s+\omega_n^2}=0$$

因此可以得到如下结论：在比例-微分控制下，首先系统阻尼增大，调节时间缩短，但不影响常值稳态偏差及自然频率。其次，当系统具有良好的动态性能时，若采用微分控制，允许选用较高的开环增益，从而可以提高稳态精度，并保持良好的动态性能。但应当指出，当系统输入端噪声较强时，则不宜采用比例-微分控制，因为微分器对于噪声，特别是对于高频噪声的放大作用，远大于对缓慢变化输入信号的放大作用，在情况严重时，甚至干扰噪声有可能淹没有用信号而起不到控制作用，此时需要采用另外的控制方法。

此外，有零点二阶系统的性能指标估算方法与无零点情况相类似，这里不作详细推导，只给出计算公式。设有零点标准闭环传递函数为

$$H(s)=\frac{\omega_n^2}{a}\frac{s+a}{s^2+2\xi_d\omega_n s+\omega_n^2}$$

其中

$$\xi_d=\xi+\frac{\omega_n}{2a}$$

峰值时间和超调量指标近似计算公式为

$$t_{p}=\frac{\pi-\arctan[\omega_{n}\sqrt{1-\xi_{d}^{2}}/(a-\xi_{d}\omega_{n})]}{\omega_{n}\sqrt{1-\xi_{d}^{2}}} \tag{10-8}$$

$$M_{p}=\frac{\sqrt{a^{2}-2\xi_{d}a\omega_{n}+\omega_{n}^{2}}}{a}e^{-\xi_{d}t_{p}/\sqrt{1-\xi_{d}^{2}}}\times100\% \tag{10-9}$$

取 $\Delta=0.05$，调整时间为

$$t_{s}=\frac{3+\frac{1}{2}\ln(a^{2}+2\xi_{d}a\omega_{n}+\omega_{n}^{2})-\ln a-\frac{1}{2}\ln(1-\xi_{d}^{2})}{\xi_{d}\omega_{n}} \tag{10-10}$$

例 10-1　PID 控制问题设计实例——汽车的行驶速度控制。本例主要对汽车的行驶速度进行合理的控制，其原理如下：

（1）汽车速度操作机构的位置变化控制发动机油门，以改变发动机转速进而改变汽车的行驶速度。

（2）由于有惯性的存在，汽车的速度不能立刻达到指定的速度要求，因此当前速度和指定的速度之间会产生差值。

（3）根据检测到的当前速度与指定速度差值，进而改变和控制发动机油门，以改变牵引力来改变当前速度，直到当前速度稳定在指定速度上为止。

这是一个反馈控制问题，通过输出信号改变输入信号，下面分析这个问题的一次模型和二次模型。

1）汽车行驶控制的物理模型与数学模型

① 输入端：设速度操作机构的位置与指定速度为线性模型（可以按实际设计为线性或非线性模型），即

$$v=50x+45,\qquad x\in[0,1]$$

式中，x 为速度操作机构的位置；v 为期望速度，即速度的最小值为 45m/s，最大值为 95m/s。

② 行驶速度控制器：它是控制系统的核心部分，其工作原理是根据当前的速度与期望速度的差值控制牵引力，从而按某种要求达到指定的速度。在控制领域中，采用最多的是 PID 控制器，其数学模型为

$$u(t)=k_{p}e(t)+k_{i}\int e(t)\mathrm{d}t+k_{d}\frac{\mathrm{d}e(t)}{\mathrm{d}t}$$

式中，$e(t)$为偏差（即系统的输出和期望值之间的差值）；$u(t)$为控制量，作用在被控对象上；k_p 为比例控制部分的增益系数，其控制效果是减少被控系统的上升时间和静态误差，但不能消除静态误差；k_i 是积分控制部分的增益系数，其控制效果是消除静态误差；k_d 是微分控制部分的增益系数，其控制效果是增加系统的稳定性，减少过渡时间，降低超调量。

PID 三个系数的相互关联，应该在设计时综合考虑。关于 PID 参数的设计可以根据实验经验，也可以根据性能指标进行设计。

2）建立汽车行驶控制系统的动力学模型

如图 10-11a 所示，设汽车的质量为 m，牵引力为 $F(t)$，汽车的阻尼系数为 b（假定是线性阻尼），则动力学方程为

$$m\frac{\mathrm{d}v}{\mathrm{d}t}=F(t)-bv$$

3）建立仿真模型

假定 $m=1000\mathrm{kg}$，$b=20\mathrm{N}\cdot\mathrm{s/m}$，暂时取 PID 控制参数为 $k_p=18$，$k_i=1$，$k_d=0$（模型建立后可以重新调节）。

构建仿真模型框图如图 10-11b 所示。

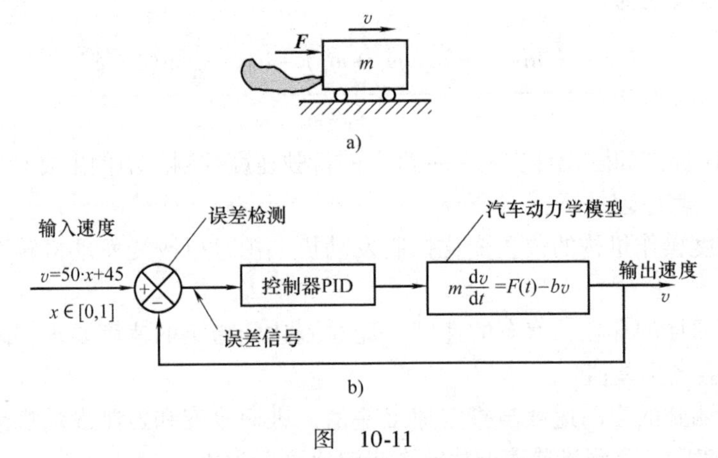

图　10-11

a）汽车模型示意图　b）汽车速度 PID 控制框图

设置系统仿真时间为 1000s，设置示波器的数据点数为 50000，其他参数使用默认值。绘制的仿真框图如图 10-12 所示，汽车速度如图 10-13 所示。

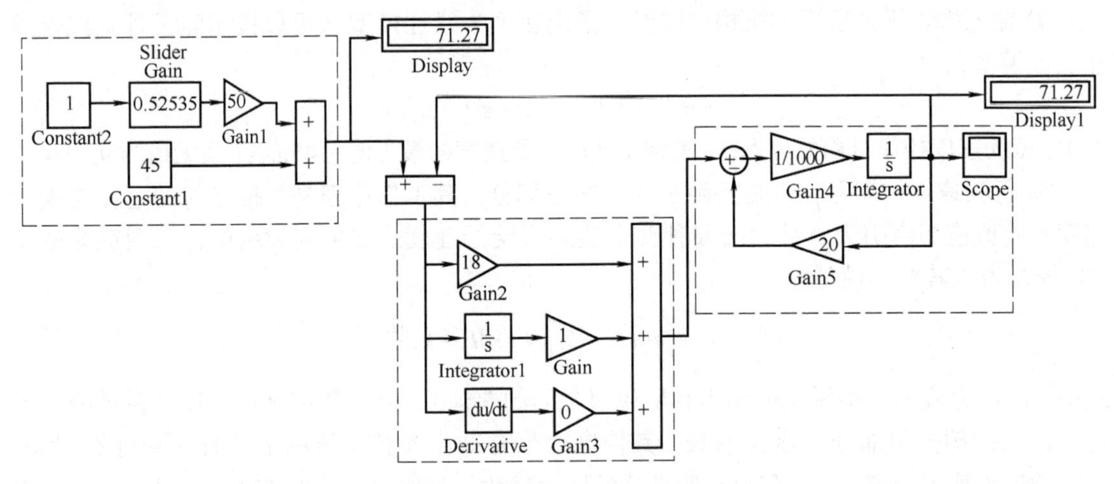

图 10-12　汽车速度 PID 控制仿真图

设系统仿真时间为 1000s，示波器的数据点数为 50000，Slider 参数设置最小值为 0，最大值为 1，变化量为 0.1。

请读者改变 PID 的三个系数，使汽车既能以最快的时间达到指定速度，又不要超调（或不要有太大波动），并在汽车模型不变的情况下去掉 PID 控制器，观察汽车的速度响应过程，分析和 PID 控制作用时的差别。

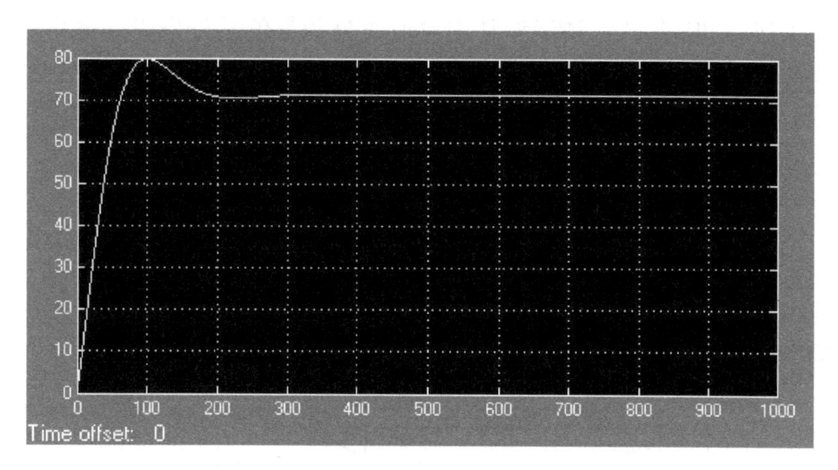

图 10-13 汽车速度图

当去掉 PID 控制时，根据数学模型可知，要得到恒定的速度，必有 $F(t)=bv_0=20v_0$，当施加这样一个恒定的力后，由于有惯性作用，其速度不能立刻达到预定的速度，根据

$$\frac{\mathrm{d}v}{\mathrm{d}t}=\frac{1}{m}[bv_0-bv]=\frac{b}{m}(v_0-v)$$

通过积分可以得到速度

$$\int\frac{1}{(v_0-v)}\mathrm{d}v=\frac{b}{m}\int\mathrm{d}t$$

得

$$v(t)=v_0(1-\mathrm{e}^{-\frac{b}{m}t})$$

显然，当时间 $t\to\infty$ 时，汽车才能达到预定的速度。

理论上，不通过反馈控制是无法达到给定速度的（这里仅说明 PID 的控制作用，并不是说汽车速度控制非 PID 不可，也可以采取其他方法来实现）。图 10-14 是取 $v_0=53.15\mathrm{m/s}$ 时速度的变化情况。

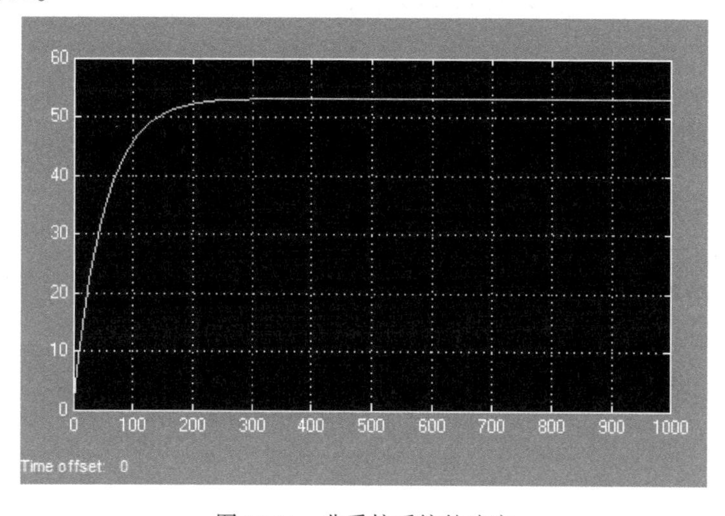

图 10-14 非受控系统的速度

以上使用了连续 PID 形式，请读者利用数值积分和数值微分公式（见第 3 章）得到其中的积分项和微分项。

离散积分：

$$y(k)=y(k-1)+e(k)T$$

离散微分：

$$\frac{\mathrm{d}e(t)}{\mathrm{d}t}(k)=\frac{e(k)-e(k-1)}{T}$$

式中，T 为采样步长。

可以采用单位延迟模块实现离散 PID 模型，如图 10-15 所示。

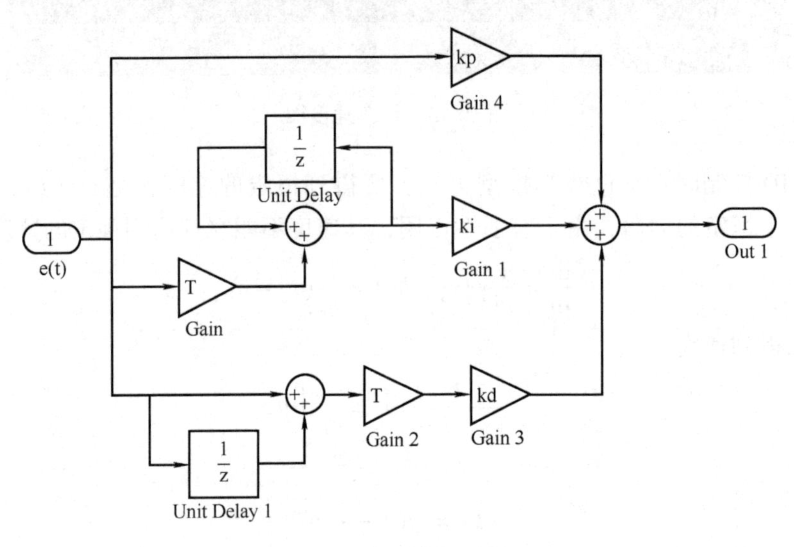

图 10-15　离散 PID 模型

例 10-2　移动机器人驾驶方向控制。严重残障人士的行动可以借助于移动机器人，其驾驶控制系统可用图 10-16 表示，设驾驶控制器为 $G_1(s)=k_1+\frac{k_2}{s}$。

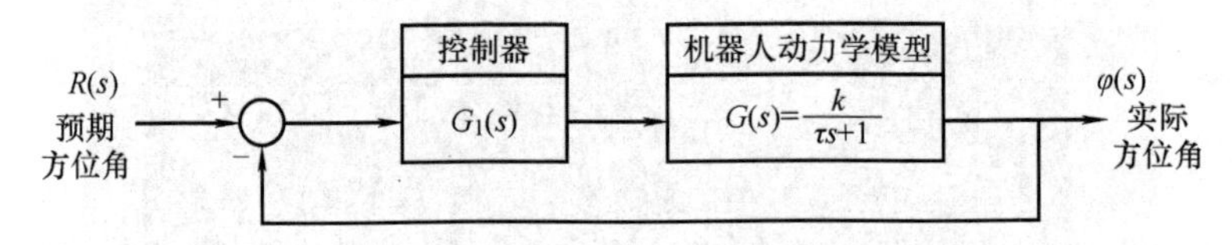

图 10-16　移动机器人仿真框图

这是一个比例积分控制装置，如图 10-16 所示，在不考虑惯性的情况下，动力学方程为

$$a_1\dot{\phi}+a_2\phi=m(t)$$

式中，a_1 为阻尼系数；a_2 为弹性系数。将上式简化为一阶标准系统形式

$$\tau\dot{\phi}+\phi=\frac{1}{a_1}m(t)$$

则机器人的传递函数模型为

$$G(s)=\frac{k}{\tau s+1}$$

其中

$$\tau=\frac{a_1}{a_2},k=\frac{1}{a_2}$$

控制力为

$$m(s)=[R(s)-\phi(s)]\left(k_1+\frac{k_2}{s}\right)$$

下面分析移动机器人在给定路线情况下的运动仿真。

设 $k=\frac{1}{10}$，$k_1=10$，$k_2=20$，则

$$G(s)=\frac{1}{s+10}$$

$$G_1(s)=\frac{1}{s}(10s+20)$$

$$G(s)\cdot G_1(s)=\frac{10s+20}{s^2+10s}$$

闭环控制系统的输出为

$$y(s)=\frac{G(s)G_1(s)}{1+G(s)G_1(s)}r(s)=\frac{10s+20}{s^2+20s+20}r(s)$$

响应如图 10-17 所示，可以看到，导盲机器人基本上可以按照指定的路线行走，但是误差比较大。如果调节控制参数为 $k_1=100$，$k_2=200$，导盲机器人的行走路线就会更加精确(请读者自己验证)。

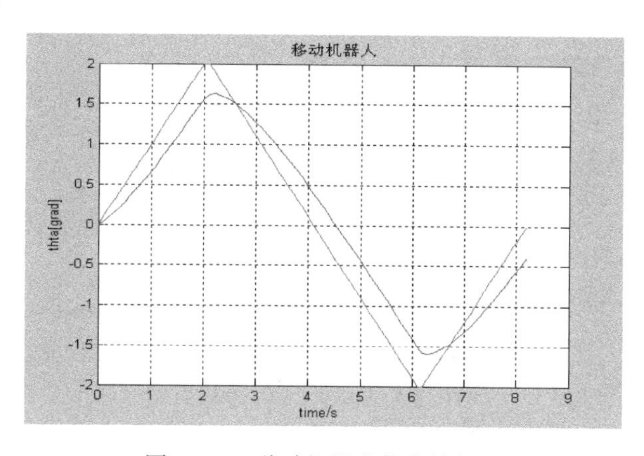

图 10-17　移动机器人仿真结果图

用 lsim 函数对闭环系统在任意信号输入下的响应进行仿真：

```
numg = [10 20];                                          % 传递函数的分子多项式系数
deng = [1 10 0];                                         % 传递函数的分母多项式系数
[num,den] = cloop(numg,deng)                             % 单位反馈
t = [0:0.1:8.2]'                                         % 给定时间范围
v1 = [0:0.1:2]'  v2 = [2: -0.1: -2]'  v3 = [ -2:0.1:0]'  % 给定角度范围
```

```
u=[v1;v2;v3]                              %给定角度范围 ------三角波形
[y,x]=lsim(num,den,u,t)                   %任意信号输入线性系统仿真
plot(t,y,t,u)
grid,title('移动机器人')
xlabel('time[secd]')
ylabel('thta[grad]'),grid on
```

10.3 状态反馈控制系统

10.2 节介绍了 PID 属于经典控制的内容，在现代控制理论中常常使用状态反馈模型，状态反馈是基于状态空间的基本概念，和极点配置结合可以将结构的极点配置在任意位置。通过配置可以使原来不稳定的系统在新的状态下达到稳定，这样将大大扩展系统的动态特性，从而获得理想的动态特性。

设单输入输出可控标准型系统方程为

$$\dot{x}(t)=\boldsymbol{A}x(t)+\boldsymbol{B}u(t) \tag{10-11}$$

$$y(t)=\boldsymbol{C}x(t) \tag{10-12}$$

状态反馈控制为

$$u=r(t)-\boldsymbol{K}x \tag{10-13}$$

式中，$\boldsymbol{K}$ 为状态反馈矩阵，$\boldsymbol{K}=(k_0,k_1,k_2,\cdots,k_{n-1})$。

矩阵中的元素为各个状态量的反馈系数，根据状态反馈的闭环系统的动态方程

$$\dot{x}(t)=(\boldsymbol{A}-\boldsymbol{BK})x(t)+\boldsymbol{B}r(t) \tag{10-14}$$

式中

$$(\boldsymbol{A}-\boldsymbol{BK})=\begin{pmatrix}0&1&0&\cdots&0\\0&0&1&\cdots&0\\\vdots&\vdots&\vdots&&\vdots\\-a_0&-a_1&-a_2&\cdots&-a_{n-1}\end{pmatrix}-\begin{pmatrix}0\\0\\\vdots\\1\end{pmatrix}(k_0,k_1,k_2,\cdots,k_{n-1})$$

$$=\begin{pmatrix}0&1&0&\cdots&0\\0&0&1&\cdots&0\\\vdots&\vdots&\vdots&&\vdots\\-(a_0+k_0)&-(a_1+k_1)&-(a_2+k_2)&\cdots&-(a_{n-1}+k_{n-1})\end{pmatrix} \tag{10-15}$$

闭环系统的特征多项式为

$$\Delta(s)=\det(s\boldsymbol{I}-(\boldsymbol{A}-\boldsymbol{BK}))=s^n+(a_{n-1}+k_{n-1})s^{n-1}+\cdots+(a_1+k_1)s+(a_0+k_0) \tag{10-16a}$$

设给定期望的一组极点 $s_i(i=1,2,\cdots,n)$，则系统特征方程多项式可以表示为

$$\Delta(s^*)=(s-s_1)(s-s_2)\cdots(s-s_n)=s^n+a_{n-1}^*s^{n-1}+a_{n-2}^*s^{n-2}+\cdots+a_1^*s+a_0^* \tag{10-16b}$$

根据式（10-16a）和式（10-16b）的系数应相等，则得

$$a_i+k_i=a_i^* \quad (i=0,1,2,\cdots,n-1) \tag{10-16c}$$

或

$$k_i = a_i^* - a_i \qquad (i = 0,1,2,\cdots,n-1)$$

可以解得一组 k_0，k_1，k_2，…，k_{n-1}，这样就可以得到一组希望的闭环极点，控制框图如图 10-18 所示。

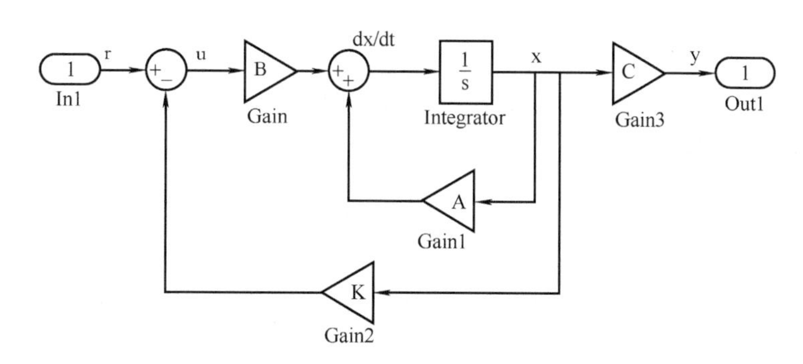

图 10-18　状态反馈仿真图

值得注意的是，以上方法针对的是可观标准型推导的计算公式，对于非可观标准型，可用直接法和间接法，直接法是根据状态方程的具体形式重新推导，间接法是先将任意的状态空间模型化为标准可观模型，然后直接使用以上给出的计算公式。

下面用实例来说明状态控制以及极点配置方法。

例 10-3　分析单级倒立摆系统的状态反馈控制。倒立摆系统如图 10-19 所示，这种模型是各种控制理论研究对象的基础，因为倒立摆本身是不稳定的，如果没有适当的控制力作用其上，它随时可能向任何方向倾倒。这里只考虑二维问题，即认为倒立摆只在图示铅直面内运动。控制力 $\boldsymbol{F}$ 作用于小车上，摆杆长度为 $2l$，质量为 m_1，小车的质量为 m_2，小车瞬时位移为 x，在外力的作用下系统产生运动。假设摆杆的重心位于其几何中心。设输入为作用力 $\boldsymbol{F}$，输出为摆角 θ，小车沿 x 方向运动，受力分析如图 10-20 所示。

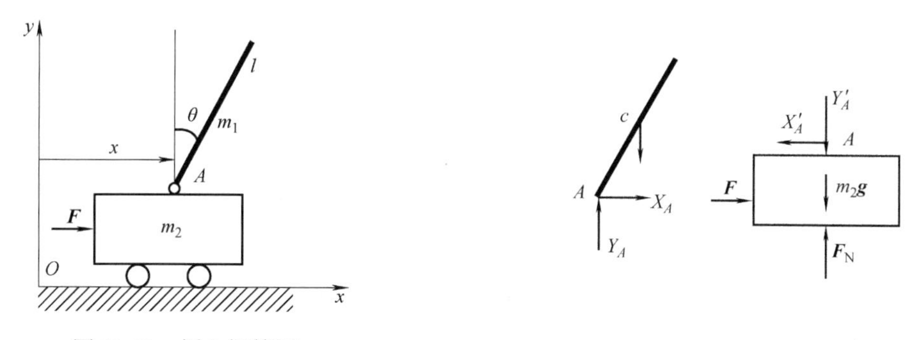

图 10-19　倒立摆简图　　　　图 10-20　倒立摆受力图

为了建立倒立摆系统的数学模型，先做如下假设：①倒立摆与摆杆均为匀质刚体；②忽略摆与载体、载体与外界的摩擦，即忽略摆轴、轮轴、轮与接触面之间的摩擦力等。

杆旋转运动为

$$J\ddot{\theta} = Y_A l\sin\theta - X_A l\cos\theta \tag{10-17}$$

摆杆的质心运动为

$$m_1 \frac{\mathrm{d}^2}{\mathrm{d}t^2}(x + l\sin\theta) = X'_A \tag{10-18}$$

$$m_1 \frac{\mathrm{d}^2}{\mathrm{d}t^2}(l\cos\theta) = Y'_A - m_1 g \tag{10-19}$$

车水平直线运动为

$$M\ddot{x} = F - X_A$$

在角度摆动较小的情况下，可以对系统进行线性化处理，令式（10-1）~式（10-19）中的 $\sin\theta \approx \theta$，$\cos\theta \approx 1$，则有

$$X'_A = m_1(\ddot{x} + l\ddot{\theta}),\ Y'_A = m_1 g,\ J\ddot{\theta} = Y_A l\theta - X_A l$$

消去 X_A，Y_A，则有

$$(J + m_1 l^2)\ddot{\theta} = m_1 g l\theta - m_1 l\ddot{x},\ (m_1 + m_2)\ddot{x} = F - m_1 l\ddot{\theta}$$

消去 $\ddot{x}$，整理后得

$$(J + m_1 l^2)\ddot{\theta} = m_1 g l\theta - \frac{m_1 l}{m_2 + m_1}(F - m_1 l\ddot{\theta})$$

$$[(J + m_1 l^2)(m_2 + m_1) - m_1^2 l^2]\ddot{\theta} = (m_2 + m_1)m_1 g l\theta - m_1 lF$$

$$\ddot{\theta} = \frac{(m_2 + m_1)m_1 g l}{(m_2 + m_1)J + m_2 m_1 l^2}\theta - \frac{m_1 l}{(m_2 + m_1)J + m_2 m_1 l^2}F \tag{10-20}$$

$$\ddot{x} = \frac{-m_1^2 l^2 g}{(m_2 + m_1)J + m_2 m_1 l^2}\theta + \frac{(J + m_1 l^2)}{(m_2 + m_1)J + m_2 m_1 l^2}F \tag{10-21}$$

设摆杆的质量 $m_1 = 0.1\mathrm{kg}$，摆杆的长度 $2l = 1\mathrm{m}$；小车的质量 $m_2 = 1\mathrm{kg}$，重力加速度 $g = 10\ \mathrm{m/s^2}$；摆杆的转动惯量 $J = 0.003\mathrm{kg \cdot m^2}$。取状态变量 $\boldsymbol{x} = [x \quad \dot{x} \quad \theta \quad \dot{\theta}]^{\mathrm{T}}$，则得开环系统的状态空间模型为

$$\dot{\boldsymbol{x}} = \boldsymbol{AX} + \boldsymbol{B}F$$

选择摆杆的倾斜角度 θ 和小车的水平位置 x 作为倒立摆系统的输出，则输出方程为

$$\boldsymbol{y} = \boldsymbol{Cx} + \boldsymbol{D}F$$

式中

$$\boldsymbol{A} = \begin{pmatrix} 0 & 1 & 0 & 0 \\ 0 & 0 & -0.883 & 0 \\ 0 & 0 & 0 & 1 \\ 0 & 0 & 19.434 & 0 \end{pmatrix},\ \boldsymbol{B} = \begin{pmatrix} 0 \\ 0.989 \\ 0 \\ -1.766 \end{pmatrix},\ \boldsymbol{C} = \begin{pmatrix} 1 & 0 & 0 & 0 \\ 0 & 0 & 1 & 0 \end{pmatrix},\ \boldsymbol{D} = 0$$

当不加控制，即 $F = 0$ 时，系统将处于不稳定平衡。因此，需要加控制力 u，使得系统能处于稳定状态。在这里利用状态反馈控制，控制模型为

$$u = r(t) - kx$$

根据开环系统模型，有

$$\det(s\boldsymbol{I} - \boldsymbol{A}) = \det\begin{pmatrix} s & -1 & 0 & 0 \\ 0 & s & 0.8834 & 0 \\ 0 & 0 & s & -1 \\ 0 & 0 & -19.3436 & s \end{pmatrix} = s^4 - 19.4349s^2 = 0$$

得 $s_1=0$，$s_2=0$，$s_3=4.4085$，$s_4=-4.4085$。

由于系统出现了非负的实部，由此可知，开环系统是不稳定的，所以选择期望的闭环极点为 $\lambda_1=-2+\mathrm{j}2\sqrt{3}$，$\lambda_2=-2-\mathrm{j}2\sqrt{3}$，$\lambda_3=-10$，$\lambda_4=-10$。

在这种情况下，λ_1，λ_2 是主导闭环极点。剩余的两个极点 λ_3，λ_4 位于远离主导闭环极点对的左边，对响应的影响很小。

利用前面叙述的状态反馈方法，可以解得状态反馈矩阵。

将状态反馈闭环系统的动态方程式（10-14）写成

$$\dot{\boldsymbol{x}}(t)=\widetilde{\boldsymbol{A}}\boldsymbol{x}(t)+\boldsymbol{B}F(t)$$

式中

$$\widetilde{\boldsymbol{A}}=\boldsymbol{A}-\boldsymbol{B}\boldsymbol{K}$$

$$\widetilde{\boldsymbol{A}}=\begin{pmatrix}0&1&0&0\\0&0&-0.883&0\\0&0&0&1\\0&0&19.434&0\end{pmatrix}-\begin{pmatrix}0\\0.989\\0\\-1.766\end{pmatrix}(k_1\quad k_2\quad k_3\quad k_4)$$

$$=\begin{pmatrix}0&1&0&0\\-0.998k_1&-0.998k_2&-0.883-0.998k_3&-0.998k_4\\0&0&0&1\\-1.766k_1&-1.766k_3&19.434-1.766k_3&-1.766k_4\end{pmatrix}$$

$$\det(s\boldsymbol{I}-\widetilde{\boldsymbol{A}})=\det\begin{pmatrix}s&-1&0&0\\0.998k_1&s-0.998k_2&0.883+0.998k_3&0.998k_4\\0&0&s&-1\\1.766k_1&1.766k_2&19.434-1.766k_3&s+1.766k_4\end{pmatrix}$$

为了省去计算过程，可以利用 Matlab 命令计算。在 Matlab 中可以用 place 或 acker 命令直接求取状态反馈矩阵 k，命令格式为

```
k=acker(A,B,P)
```

状态反馈的 M 文件如下：

```
A=(0 1 0 0;0 0 -0.8834 0;0 0 0 1;0 0 19.4346 0)          % 状态矩阵
B=[0; 0.9893 ;0; -1.7667]                                % 输入矩阵
p=( -2 +2 * sqrt(3) * j, -2 -2 * sqrt(3) * j, -10, -10)  % 期望极点
k=acker(A,B,p)                                           % 计算反馈矩阵 k
```

运行结果为

```
k=(-90.5697  -40.7564  -172.6582  -36.4070)
```

根据配置结果选取相应模块构造控制系统结构图，仿真模型如图 10-21 所示。图中，在小车上和摆杆上加入脉冲扰动，就得到了小车和摆杆的位移响应。

使用状态反馈控制器，可以使处于任意初始状态的系统稳定在平衡状态，即使在初始状态有干扰的情况下，摆杆稍有倾斜或小车偏离基准位置，依靠状态反馈控制也可以使摆杆垂直竖立，使小车保持在基准位置。

在现代控制理论中，由于状态反馈能提供更丰富的状态信息和可供选择的自由度，因而

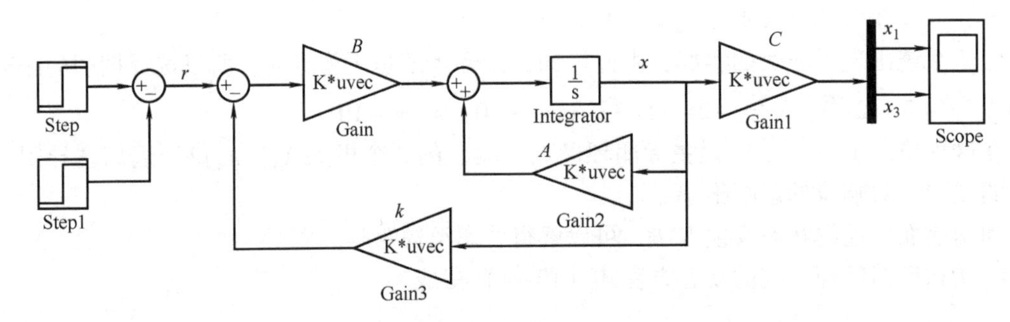

图 10-21　状态反馈仿真框图

使系统容易获得更为优异的性能。极点配置算法通过设计状态反馈控制器，将多变量系统的闭环极点配置在期望的位置上，从而使系统满足瞬态和稳态性能指标。仿真结果如图 10-22 所示。

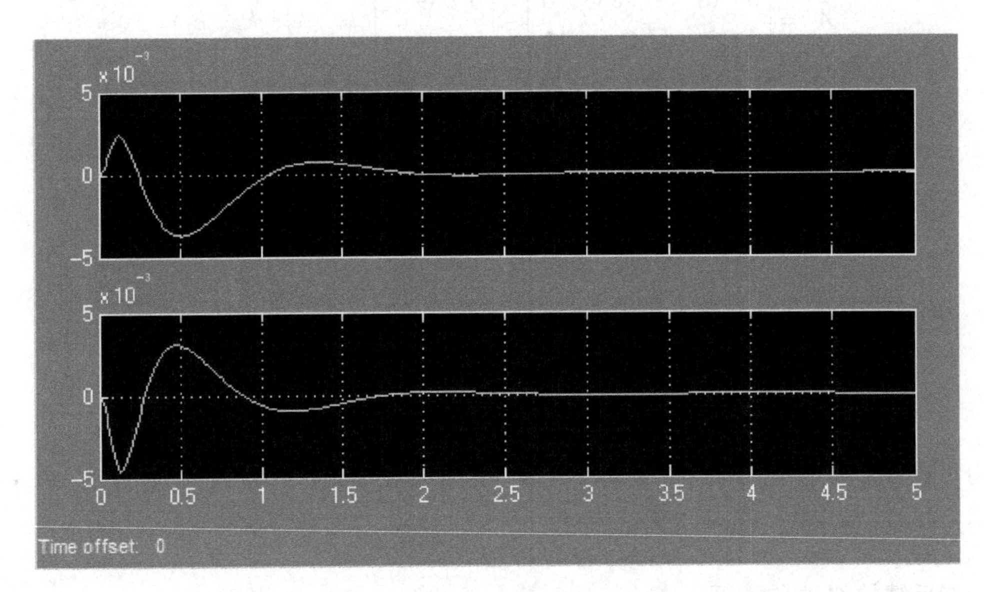

图 10-22　小车和摆杆的响应曲线

10.4 最优控制

最优控制是从一类允许的控制方案中找出一个最优的控制方案，使系统的运动在由某个初始状态转移到指定的目标状态的同时，其性能指标值为最优。最优控制理论是 20 世纪 50 年代中期在空间技术的推动下形成和发展起来的。苏联学者 L. S. 庞特里亚金 1958 年提出的极大值原理和美国学者 R. 贝尔曼 1956 年提出的动态规划，对最优控制理论的形成和发展起了重要的作用。线性系统在二次型性能指标下的最优控制问题则是 R. E. 卡尔曼在 20 世纪 60 年代初提出和解决的。

从数学上看，确定最优控制问题可以表述为：在运动方程和允许控制范围的约束下，对控制函数和运动状态为变量的性能指标函数（称为泛函）求取极值（极大值或极小值）。解决最优控制问题的主要方法有古典变分法（对泛函求极值的一种数学方法）、极大值原理和动态规划。最优控制已被应用于综合和设计最速控制系统、最省燃料控制系统、最小能耗控制系统和线性调节器等。

10.4.1 固定端点的问题最优控制

为了得到一般结果，设非线性时变系统状态方程为 $\dot{x}=f(x,u,t)$，初始状态 $x(t)|_{t=t_0}=x(t_0)$，$x(t)|_{t=t_f}=x(t_f)$ 称为固定端点的问题。其中，f 是 n 维连续可微的矢量函数，u 是 m 维的控制矢量，设性能指标泛函为

$$J=\int_{t_0}^{t_f}L[x(t),u(t),t]\mathrm{d}t \tag{10-22}$$

其中 L 连续可微。对于固定端点极值问题，最优控制问题就是在上述条件下，寻找最优控制 $\overline{u}(t)$，使 J 具有最小值。对于这类问题，通过引入拉格朗日乘子解除约束，将系统化为无约束的极值问题，即将系统的微分方程改写为

$$\dot{x}-f(x,u,t)=0$$

引入待定的 n 维拉格朗日乘子 $\lambda(t)=[\lambda_1(t)\cdots\lambda_n(t)]^{\mathrm{T}}$，可以将条件极值转化为无条件极值来处理，其泛函极值问题为

$$J=\int_{t_0}^{t_f}\{L[x(t),u(t),t)]+\boldsymbol{\lambda}^{\mathrm{T}}(f-\dot{x})\}\mathrm{d}t$$

引入哈密顿函数

$$H(x,u,\boldsymbol{\lambda},t)=L[x(t),u(t),t)]+\boldsymbol{\lambda}^{\mathrm{T}}f$$

则泛函问题可以写为

$$J=\int_{t_0}^{t_f}[H(x,u,\boldsymbol{\lambda},t)-\boldsymbol{\lambda}^{\mathrm{T}}\dot{x}]\mathrm{d}t \tag{10-23}$$

对式（10-23）右边第二项进行分部积分，得

$$J=-\boldsymbol{\lambda}^{\mathrm{T}}[x(t_0)-x(t_f)]+\int_{t_0}^{t_f}[H(x,u,\boldsymbol{\lambda},t)+\dot{\boldsymbol{\lambda}}^{\mathrm{T}}x]\mathrm{d}t \tag{10-24}$$

当 u 为最优时，有 $\delta J=0$，并根据固定端点的变分条件，有

$$\delta x(t_0)=\delta x(t_f)=0$$

则有

$$\delta J=\int_{t_0}^{t_f}\left[\left(\frac{\partial H}{\partial x}+\dot{\boldsymbol{\lambda}}\right)^{\mathrm{T}}\delta x+\left(\frac{\partial H}{\partial u}\right)^{\mathrm{T}}\delta u\right]\mathrm{d}t$$

令 $\delta J=0$，则有

$$\left(\frac{\partial H}{\partial x}+\dot{\boldsymbol{\lambda}}\right)^{\mathrm{T}}\delta x+\left(\frac{\partial H}{\partial u}\right)^{\mathrm{T}}\delta u=0$$

考虑到 δx，δu 的任意性，则

$$\dot{\boldsymbol{\lambda}}=-\frac{\partial H}{\partial x}\text{（协态方程）},\quad \frac{\partial H}{\partial u}=0\text{（控制方程）}$$

根据 H 函数的形式，有

$$\dot{x}=\frac{\partial H}{\partial \lambda}\text{（状态方程）}$$

该组方程

$$\dot{\boldsymbol{\lambda}}=\frac{\partial H}{\partial x},\frac{\partial H}{\partial u}=0,\ \dot{x}=\frac{\partial H}{\partial \lambda} \tag{10-25}$$

式（10-25）统称为正则方程。

值得注意的是，以上只是讨论了固定端点的极值的必要条件，因为指标函数是极大值还是极小值，还有待于要研究二阶变分 $\delta^2 J$，但对于工程实际问题，从物理量的性质就可以判断是否为极小值问题。

10.4.2 在始端时刻固定、末值状态自由情况下的最优控制

初始状态$x(t)|_{t=t_0}=x(t_0)$，要求在控制空间中寻求一个最优控制向量 $\boldsymbol{u}(t)$，使以下性能指标为

$$J=\phi[x(t_f)]+\int_{t_0}^{t_f}L(x,\boldsymbol{u},t)\mathrm{d}t \tag{10-26}$$

式（10-26）称为变分法中的波尔扎问题。引入拉格朗日乘子 $\boldsymbol{\lambda}(t)$，将性能指标改写为其等价形式

$$J=\phi[x(t_f)]+\int_{t_0}^{t_f}\{L(x,\boldsymbol{u},t)+\boldsymbol{\lambda}^{\mathrm{T}}(t)[f(x,\boldsymbol{u},t)-\dot{x}]\}\mathrm{d}t$$

其中哈密顿函数为

$$H(x,\boldsymbol{u},\boldsymbol{\lambda},t)=L(x,\boldsymbol{u},t)+\boldsymbol{\lambda}^{\mathrm{T}}(t)f(x,\boldsymbol{u},t) \tag{10-27}$$

则

$$\begin{aligned}J&=\phi[x(t_f)]+\int_{t_0}^{t_f}[H(x,\boldsymbol{u},\lambda,t)-\lambda^{\mathrm{T}}(t)\,\dot{x}]\mathrm{d}t\\&=\phi[x(t_f)]+\int_{t_0}^{t_f}H(x,\boldsymbol{u},\lambda,t)\mathrm{d}t-\int_{t_0}^{t_f}\boldsymbol{\lambda}^{\mathrm{T}}(t)\,\dot{x}\mathrm{d}t\end{aligned}$$

对上式最后一项进行分部积分，得

$$J=\phi[x(t_f)]+\int_{t_0}^{t_f}H(x,\boldsymbol{u},\boldsymbol{\lambda},t)\mathrm{d}t-\boldsymbol{\lambda}^{\mathrm{T}}(t)x|_{t_0}^{t_f}+\int_{t_0}^{t_f}\dot{\boldsymbol{\lambda}}^{\mathrm{T}}(t)x\mathrm{d}t \tag{10-28}$$

当泛函 J 取极值时，其一次变分等于零，即 $\delta J=0$。可以变分的量为

$$\boldsymbol{u}(t)\to\boldsymbol{u}(t)+\delta\boldsymbol{u},\ x(t)\to x(t)+\delta x,\ x(t_f)\to x(t_f)+\delta x(t_f)$$

不可以变分的量为 t_0，t_f，$x(t_0)$，$\lambda(t)$。求出 J 的一次变分并令其为零，即

$$\delta J=\left[\frac{\partial\phi}{\partial x(t_f)}\right]^{\mathrm{T}}\delta x(t_f)-\boldsymbol{\lambda}^{\mathrm{T}}(t_f)\delta x(t_f)+\int_{t_0}^{t_f}\left\{\left[\frac{\partial H}{\partial x}\right]^{\mathrm{T}}\delta x+\left[\frac{\partial H}{\partial \boldsymbol{u}}\right]^{\mathrm{T}}\delta\boldsymbol{u}+\dot{\boldsymbol{\lambda}}^{\mathrm{T}}\delta x\right\}\mathrm{d}t=0$$

将上式改写成

$$\delta J=\left[\frac{\partial\phi}{\partial x(t_f)}-\boldsymbol{\lambda}(t_f)\right]^{\mathrm{T}}\delta x(t_f)+\int_{t_0}^{t_f}\left\{\left[\frac{\partial H}{\partial x}+\dot{\boldsymbol{\lambda}}\right]^{\mathrm{T}}\delta x+\left[\frac{\partial H}{\partial \boldsymbol{u}}\right]^{\mathrm{T}}\delta\boldsymbol{u}\right\}\mathrm{d}t=0$$

由于 $\boldsymbol{\lambda}(t)$未加限制，可以选择 $\boldsymbol{\lambda}(t)$使上式中 δx 和 $\delta[x(t_f)]$的系数等于零，于是有

$$\dot{\boldsymbol{\lambda}}=-\frac{\partial H}{\partial x} \tag{10-29}$$

$$\boldsymbol{\lambda}(t_f)=\frac{\partial\phi}{\partial x(t_f)} \tag{10-30}$$

由于 δu 有任意性，则有

$$\frac{\partial H}{\partial \boldsymbol{u}}=0 \tag{10-31}$$

式（10-29）称为伴随方程，$\boldsymbol{\lambda}(t)$为伴随变量。式（10-31）为控制方程。

例 10-4　如图 10-23 所示为一直流电动机简图，其动力学方程为

$$K_{\mathrm{m}}I_{\mathrm{D}}-T_{\mathrm{F}}=J_{\mathrm{D}}\frac{\mathrm{d}\omega}{\mathrm{d}t}$$

式中，K_{m}为转矩系数，J_{D}为转动惯量，T_{F}为恒定的负载转矩。

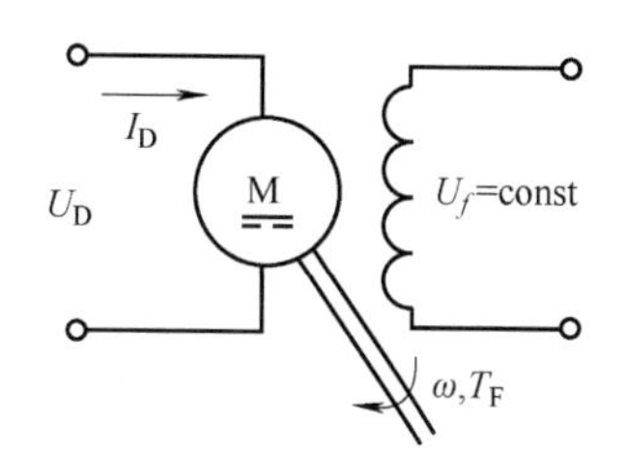

图 10-23　电动机控制原理图

如果希望在时间区间［0，t_f］内，电动机从静止启动转过一定角度θ后停止，即

$$\int_0^{t_f}\omega(t)\,\mathrm{d}t=\theta=\text{常数}$$

为使电枢电阻R_{D}上损耗的能量$E=\int_0^{t_f}R_{\mathrm{D}}I_{\mathrm{D}}^2(t)\,\mathrm{d}t$最小，试求电流$I_{\mathrm{D}}(t)$。

解　分析，因为$I_{\mathrm{D}}(t)$是时间的函数，能量E又是I_{D}的函数，则E是泛函，采用状态方程表示，令

$$x_1=\theta,\ x_2=\dot{x}_1=\dot{\theta}=\omega,\ \dot{x}_2=\dot{\omega}=\frac{K_{\mathrm{m}}}{J_{\mathrm{D}}}I_{\mathrm{D}}-\frac{T_{\mathrm{F}}}{J_{\mathrm{D}}}$$

于是得到状态空间方程为

$$\begin{pmatrix}\dot{x}_1\\ \dot{x}_2\end{pmatrix}=\begin{pmatrix}0 & 1\\ 0 & 0\end{pmatrix}\begin{pmatrix}x_1\\ x_2\end{pmatrix}+\begin{pmatrix}0\\ \dfrac{K_{\mathrm{m}}}{J_{\mathrm{D}}}\end{pmatrix}I_{\mathrm{D}}+\begin{pmatrix}0\\ \dfrac{1}{J_{\mathrm{D}}}\end{pmatrix}T_{\mathrm{F}} \tag{10-32}$$

初始状态

$$\begin{pmatrix}x_1(0)\\ x_2(0)\end{pmatrix}=\begin{pmatrix}0\\ 0\end{pmatrix}$$

末值状态为

$$\begin{pmatrix}x_1(t_f)\\ x_2(t_f)\end{pmatrix}=\begin{pmatrix}\theta\\ 0\end{pmatrix}$$

控制I_{D}不受限制的性能指标为

$$J=E=\int_0^{t_f}R_{\mathrm{D}}I_{\mathrm{D}}^2(t)\,\mathrm{d}t \tag{10-33}$$

本问题的最优控制是：在数学模型式（10-32）的约束下，寻求一个控制I_{D}，使电动机从初始状态转移到末值状态，性能指标式（10-33）为最小。

为了方便计算，设$R_{\mathrm{D}}=1\Omega$，则$J=\int_0^{t_f}I_{\mathrm{D}}^2(t)\,\mathrm{d}t$。最优控制问题就是在状态方程的约束下，寻求$I_{\mathrm{D}}(t)$，使$x(0)$转移到$x(t_f)$，并使$J$取极小值。

（1）取哈密顿函数为

$$H(x,\boldsymbol{u},\boldsymbol{\lambda},t)=I_{\mathrm{D}}^2+\boldsymbol{\lambda}^{\mathrm{T}}\left[\begin{pmatrix}0 & 1\\ 0 & 0\end{pmatrix}x+\begin{pmatrix}0\\ \dfrac{K_{\mathrm{m}}}{J_{\mathrm{D}}}\end{pmatrix}I_{\mathrm{D}}-\begin{pmatrix}0\\ \dfrac{1}{J_{\mathrm{D}}}\end{pmatrix}T_{\mathrm{F}}\right]$$

（2）由控制方程得到

$$\frac{\partial H}{\partial I_{\mathrm{D}}}=2I_{\mathrm{D}}+(\lambda_1 \quad \lambda_2)\begin{pmatrix}0\\ \dfrac{K_{\mathrm{m}}}{J_{\mathrm{D}}}\end{pmatrix}=0$$

即

$$2I_{\mathrm{D}}+\frac{K_{\mathrm{m}}}{J_{\mathrm{D}}}\lambda_2=0,\quad I_{\mathrm{D}}=-\frac{1}{2}\frac{K_{\mathrm{m}}}{J_{\mathrm{D}}}\lambda_2$$

（3）由伴随方程得

$$\dot{\boldsymbol{\lambda}}=-\frac{\partial H}{\partial x}$$

$$\dot{\lambda}_1=0,\lambda_1=c_1=\text{常数},\dot{\lambda}_2=-\lambda_1=-c_1,\lambda_2=-c_1t+c_2$$

式中，c_1，c_2 为积分常数；$I_{\mathrm{D}}=\frac{1}{2}\frac{K_{\mathrm{m}}}{J_{\mathrm{D}}}(-c_1t+c_2)$。

（4）由状态方程，得

$$\dot{x}_1=x_2$$

$$\dot{x}_2=\frac{K_{\mathrm{m}}}{J_{\mathrm{D}}}I_{\mathrm{D}}-\frac{1}{J_{\mathrm{D}}}T_{\mathrm{F}}=\frac{1}{2}\frac{K_{\mathrm{m}}^2}{J_{\mathrm{D}}^2}c_1t-\frac{1}{2}\frac{K_{\mathrm{m}}^2}{J_{\mathrm{D}}^2}c_2-\frac{1}{J_{\mathrm{D}}}T_{\mathrm{F}}$$

$$x_2=\frac{1}{4}\frac{K_{\mathrm{m}}^2}{J_{\mathrm{D}}^2}c_1t^2-\left(\frac{1}{2}\frac{K_{\mathrm{m}}^2}{J_{\mathrm{D}}^2}c_2+\frac{1}{J_{\mathrm{D}}}T_{\mathrm{F}}\right)t+c_3$$

$$x_1=\frac{1}{12}\frac{K_{\mathrm{m}}^2}{J_{\mathrm{D}}^2}c_1t^3-\frac{1}{4}\frac{K_{\mathrm{m}}^2}{J_{\mathrm{D}}^2}c_2t^2-\frac{1}{2}\frac{1}{J_{\mathrm{D}}}T_{\mathrm{F}}t^2+c_3t+c_4$$

式中，c_3，c_4 为积分常数。

根据边界条件，确定积分常数，得

$$c_3=c_4=0,\quad c_1=\frac{-24\theta}{t_f^3}\frac{J_{\mathrm{D}}^2}{K_{\mathrm{m}}^2},\quad c_2=\frac{-12\theta}{t_f^2}\frac{J_{\mathrm{D}}^2}{K_{\mathrm{m}}^2}-\frac{2J_{\mathrm{D}}}{K_{\mathrm{m}}^2}T_{\mathrm{F}}$$

代入 $x_2(t)=\omega(t)$ 和 $I_{\mathrm{D}}(t)$，得

$$\omega(t)=x_2=\frac{6\theta}{t_f^2}\left[t-\frac{t^2}{t_f}\right]$$

$$I_{\mathrm{D}}(t)=\frac{1}{K_{\mathrm{m}}}\left[\left(\frac{6\theta J_{\mathrm{D}}}{t_f^2}+T_{\mathrm{F}}\right)-\frac{12\theta J_{\mathrm{D}}}{t_f^3}t\right]$$

10.5 线性系统的二次型最优设计

在连续系统中，按误差积分指标不能说明系统的性能，因为正负误差的积分制可能会相互抵消，而是按平方积分性能指标 $J=\int_0^{\infty}x^2(t)\mathrm{d}t$ 来评价系统的性能，J 越小，说明动态品质越好。对于多变量系统，采用的是矢量形式的误差平方性能指标。如果性能指标只考虑状态的误差指标，而不考虑控制变量的能量消耗，那么可能使设计出来的控制变量 $\boldsymbol{u}$ 过大，以致物理上难以实现，因此需要对控制变量 $\boldsymbol{u}$ 附加一类约束条件，并综合为二次型性能指标。

$$J = \frac{1}{2}\int_{0}^{\infty}(\boldsymbol{x}^{\mathrm{T}}\boldsymbol{Q}\boldsymbol{x} + \boldsymbol{u}^{\mathrm{T}}\boldsymbol{R}\boldsymbol{u})\mathrm{d}t \tag{10-34}$$

在一般情况下，权矩阵中 $\boldsymbol{R}$ 的因子 r_i 是控制权衡控制变量 u_i 的一个权重，由于每一项 $r_iu_ir_i$ 正比于 u_i 的功率，在 J 取极小值的情况下，r_i 越大，表明该控制变量支付的代价越小。

在实际应用中，并不一定要求 $\boldsymbol{Q}$，$\boldsymbol{R}$ 是对角阵，为了保证各个因子都是正的，即不出现相互抵消的情况，要求 $\boldsymbol{Q}$，$\boldsymbol{R}$ 为正定矩阵。这两个矩阵的具体值是依据具体实际情况设计的，较好的方法是通过计算机仿真与搜索的方法来确定。

式（10-32）中的变量可以是各种物理量，如位移、速度、加速度、压力和流量等。

二次型指标有较大的优点，它的数学处理比较简单，应用最优控制理论可以得到最优解，因而在工程中应用较为广泛。

设线性时变系统的运动方程为

$$\dot{\boldsymbol{x}} = \boldsymbol{A}(t)\boldsymbol{x} + \boldsymbol{B}(t)\boldsymbol{u}$$

式中，$\boldsymbol{A}$，$\boldsymbol{B}$ 分别是 $n\times n$ 阶与 $n\times m$ 阶给定的函数矩阵。

假定初始条件为 $x(t_0)=x_0$，当 $t_f\neq\infty$，则系统的性能指标可以写为

$$J = \frac{1}{2}x^{\mathrm{T}}(t_f)Sx(t_f) + \frac{1}{2}\int_{0}^{\infty}(\boldsymbol{x}^{\mathrm{T}}\boldsymbol{Q}\boldsymbol{x} + \boldsymbol{u}^{\mathrm{T}}\boldsymbol{R}\boldsymbol{u})\mathrm{d}t \tag{10-35}$$

引入哈密顿函数

$$H = \frac{1}{2}\boldsymbol{x}^{\mathrm{T}}\boldsymbol{Q}\boldsymbol{x} + \boldsymbol{u}^{\mathrm{T}}\boldsymbol{R}\boldsymbol{u} + \boldsymbol{\lambda}^{\mathrm{T}}(\boldsymbol{A}\boldsymbol{x} + \boldsymbol{B}\boldsymbol{u}) \tag{10-36}$$

$$J = \frac{1}{2}\boldsymbol{x}^{\mathrm{T}}(t_f)S\boldsymbol{x}(t_f) + \int_{t_0}^{t_f}[H(\boldsymbol{x},\boldsymbol{u},\boldsymbol{\lambda},\boldsymbol{t}) - \boldsymbol{\lambda}^{\mathrm{T}}\dot{\boldsymbol{x}}]\mathrm{d}t \tag{10-37}$$

根据以上的推导，可以得到状态方程为

$$\dot{\boldsymbol{x}} = \frac{\partial H}{\partial\lambda} = \boldsymbol{A}\boldsymbol{x} + \boldsymbol{B}\boldsymbol{u} \tag{10-38}$$

协态方程为

$$\dot{\boldsymbol{\lambda}} = -\frac{\partial H}{\partial x} = -\boldsymbol{Q}\boldsymbol{x} - \boldsymbol{A}^{\mathrm{T}}\boldsymbol{\lambda} \tag{10-39}$$

当无限制时，有

$$\lambda(t_f) = 0 \quad \text{（约束力等于零）} \tag{10-40}$$

控制方程为

$$\frac{\partial H}{\partial \boldsymbol{u}} = \boldsymbol{R}\boldsymbol{u} + \boldsymbol{B}^{\mathrm{T}}\boldsymbol{\lambda} = 0 \tag{10-41}$$

横截条件为

$$\boldsymbol{\lambda}(t_f) = \frac{\partial}{\partial x}\left[\frac{1}{2}\boldsymbol{x}^{\mathrm{T}}(t_f)S\boldsymbol{x}(t_f)\right] = S\boldsymbol{x}(t_f)$$

由式（10-41）得

$$\boldsymbol{u} = -\boldsymbol{R}^{-1}\boldsymbol{B}^{\mathrm{T}}\boldsymbol{\lambda} \tag{10-42}$$

将式（10-42）代入到式（10-38）得

$$\dot{\boldsymbol{x}} = \boldsymbol{A}(t)\boldsymbol{x} - \boldsymbol{B}\boldsymbol{R}^{-1}\boldsymbol{B}^{\mathrm{T}}\boldsymbol{\lambda} \tag{10-43}$$

为了消去 λ，将式（10-43）与式（10-39）写为

$$\begin{pmatrix} \dot{x} \\ \dot{\lambda} \end{pmatrix} = \begin{pmatrix} \boldsymbol{A} & -\boldsymbol{B}\boldsymbol{R}^{-1}\boldsymbol{B}^{\mathrm{T}} \\ -\boldsymbol{Q} & -\boldsymbol{A}^{\mathrm{T}} \end{pmatrix} \begin{pmatrix} x \\ \lambda \end{pmatrix} \tag{10-44}$$

其解为

$$\begin{pmatrix} x \\ \lambda \end{pmatrix} = \boldsymbol{\phi}(t,t_0) \begin{pmatrix} x(t_0) \\ \lambda(t_0) \end{pmatrix} \tag{10-45}$$

式中，$\boldsymbol{\phi}(t,t_0)$为 $2n \times 2n$ 维状态转移矩阵；$x(t_0)$，$\lambda(t_0)$分别为状态及协态的初始值。

这是一个典型的两点边值问题，求解时需要 $2n$ 个边界条件，其中有 n 个由初始值 $x(t_0)$ 决定，另外 n 个由末态 $\lambda(t_f)$决定。

显然，直接求解式（10-44）有不少困难，如果终端状态 $x(t_f)$和终端协态 $\lambda(t_f)$已知，则可令 $t=t_f$，$t_0=t$，则式（10-45）可以写为

$$\begin{pmatrix} x(t_f) \\ \lambda(t_f) \end{pmatrix} = \boldsymbol{\phi}(t_f,t) \begin{pmatrix} x(t) \\ \lambda(t) \end{pmatrix} = \begin{pmatrix} \phi_{11} & \phi_{12} \\ \phi_{21} & \phi_{22} \end{pmatrix} \begin{pmatrix} x(t) \\ \lambda(t) \end{pmatrix}$$

$$x(t_f) = \phi_{11}x(t) + \phi_{12}\lambda(t)$$

$$\lambda(t_f) = \phi_{21}x(t) + \phi_{22}\lambda(t)$$

考虑到横截条件

$$\lambda(t_f) = Sx(t_f)$$

得

$$\lambda(t) = (\phi_{22} - S\phi_{12})^{-1}(S\phi_{11} - \phi_{21})x(t)$$

令

$$k(t) = (\phi_{22} - S\phi_{12})^{-1}(S\phi_{11} - \phi_{21})$$

则

$$\lambda(t) = k(t)x(t)$$

显然有

$$\boldsymbol{u} = -\boldsymbol{R}^{-1}\boldsymbol{B}^{\mathrm{T}}\boldsymbol{k}(t)\boldsymbol{x}(t) \tag{10-46}$$

状态方程可以表示为

$$\dot{\boldsymbol{x}} = \boldsymbol{A}(t)\boldsymbol{x} - \boldsymbol{B}\boldsymbol{R}^{-1}\boldsymbol{B}^{\mathrm{T}}\boldsymbol{k}(t)\boldsymbol{x}(t) \tag{10-47}$$

因为

$$\dot{\boldsymbol{\lambda}}(t) = \dot{\boldsymbol{k}}(t)\boldsymbol{x}(t) + \boldsymbol{k}(t)\dot{\boldsymbol{x}}(t) = -\boldsymbol{Q}\boldsymbol{x} - \boldsymbol{A}^{\mathrm{T}}\boldsymbol{k}(t)\boldsymbol{x}(t)$$

将式（10-47）代入该式并整理得

$$[\dot{\boldsymbol{k}}(t) + \boldsymbol{k}(t)\boldsymbol{A} - \boldsymbol{k}(t)\boldsymbol{B}\boldsymbol{R}^{-1}\boldsymbol{B}^{\mathrm{T}}\boldsymbol{k}(t) + \boldsymbol{A}^{\mathrm{T}}\boldsymbol{k}(t) + \boldsymbol{Q}]\boldsymbol{x}(t) = 0$$

考虑到 $\boldsymbol{x}(t)$的任意性，有

$$\dot{\boldsymbol{k}}(t) = -\boldsymbol{k}(t)\boldsymbol{A} - \boldsymbol{A}^{\mathrm{T}}\boldsymbol{k}(t) + \boldsymbol{k}(t)\boldsymbol{B}\boldsymbol{R}^{-1}\boldsymbol{B}^{\mathrm{T}}\boldsymbol{k}(t) - \boldsymbol{Q} \tag{10-48}$$

式（10-48）称为黎卡提方程，其边界条件为

$$\lambda(t_f)=k(t_f)x(t_f)$$

根据给定的 $\lambda(t_f)=0$，有 $k(t_f)=0$。这样，在求解黎卡提方程时，可以从 $k(t_f)$ 逆向求解。式（10-48）已有标准的子程序可以求解。

将求得的 $k(t)$ 代入到式（10-46），求得最优控制规律为

$$\boldsymbol{u}^*=-\boldsymbol{G}\boldsymbol{x}(t)$$

式中，$\boldsymbol{G}=\boldsymbol{R}^{-1}\boldsymbol{B}^{\mathrm{T}}\boldsymbol{k}(t)$ 为最优控制增益。

最优控制仿真框图如图 10-24 所示。

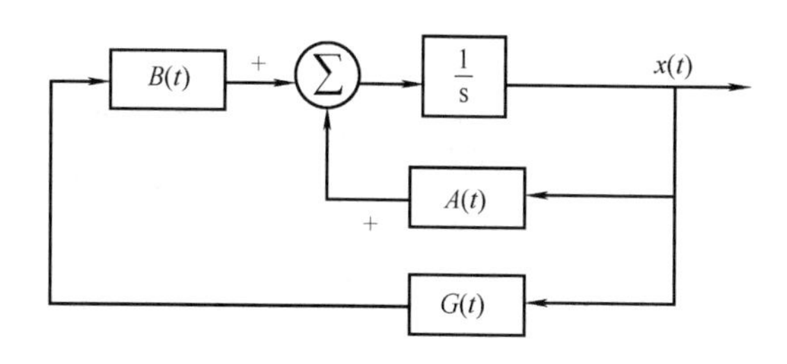

图 10-24　最优控制仿真图

对于线性定常系统

$$\dot{\boldsymbol{x}}=\boldsymbol{A}\boldsymbol{x}+\boldsymbol{B}\boldsymbol{u}$$

$$x(t_0)=x_0,\quad x(t_f\to\infty)=0$$

性能指标取为

$$J=\frac{1}{2}\int_0^{t_f}(\boldsymbol{x}^{\mathrm{T}}\boldsymbol{Q}\boldsymbol{x}+\boldsymbol{u}^{\mathrm{T}}\boldsymbol{R}\boldsymbol{u})\mathrm{d}t$$

根据以上推导，最优控制为

$$\boldsymbol{u}=-\boldsymbol{R}^{-1}\boldsymbol{B}^{\mathrm{T}}\boldsymbol{k}\boldsymbol{x}(t)=-\boldsymbol{G}\boldsymbol{x}$$

当 $\boldsymbol{Q}$，$\boldsymbol{R}$ 为常数矩阵时，$\boldsymbol{k}$ 也为常数，则黎卡提方程退化为

$$\boldsymbol{k}\boldsymbol{A}+\boldsymbol{A}^{\mathrm{T}}\boldsymbol{k}-\boldsymbol{k}\boldsymbol{B}\,\boldsymbol{R}^{-1}\boldsymbol{B}^{\mathrm{T}}\boldsymbol{k}+\boldsymbol{Q}=0$$

例 10-5　线性定常系统的状态方程为

$$\dot{\boldsymbol{x}}=\begin{pmatrix}0&1\\0&0\end{pmatrix}\boldsymbol{x}+\begin{pmatrix}0\\1\end{pmatrix}\boldsymbol{u}\qquad \boldsymbol{x}(0)=\begin{pmatrix}0\\1\end{pmatrix}$$

性能指标为

$$J=\frac{1}{2}\int_0^{\infty}(\boldsymbol{x}^{\mathrm{T}}\boldsymbol{Q}\boldsymbol{x}+\boldsymbol{u}^{\mathrm{T}}\boldsymbol{R}\boldsymbol{u})\mathrm{d}t$$

式中，$\boldsymbol{Q}=\begin{pmatrix}1&0\\0&1\end{pmatrix}$；$\boldsymbol{R}=1$，$\boldsymbol{u}$ 为控制量。

解　根据定常系统的黎卡提方程，有

$$\begin{pmatrix}k_{11}&k_{12}\\k_{21}&k_{22}\end{pmatrix}\begin{pmatrix}0&1\\0&0\end{pmatrix}+\begin{pmatrix}0&0\\1&0\end{pmatrix}\begin{pmatrix}k_{11}&k_{12}\\k_{21}&k_{22}\end{pmatrix}-\begin{pmatrix}k_{11}&k_{12}\\k_{21}&k_{22}\end{pmatrix}\begin{pmatrix}0\\1\end{pmatrix}(1)(0\quad 1)\begin{pmatrix}k_{11}&k_{12}\\k_{21}&k_{22}\end{pmatrix}$$

$$+\begin{pmatrix}1&0\\0&1\end{pmatrix}=0$$

即

$$\begin{pmatrix}1-(k_{21})^2 & k_{11}-k_{21}k_{22}\\ k_{11}-k_{22}k_{21} & k_{21}+k_{12}-k_{22}k_{22}+1\end{pmatrix}=0$$

则可以解得

$$\boldsymbol{k}=\begin{pmatrix}k_{11}&k_{12}\\k_{21}&k_{22}\end{pmatrix}=\begin{pmatrix}\sqrt{3}&1\\1&\sqrt{3}\end{pmatrix}$$

反馈控制系数为

$$G = R^{-1}B^{T}k = (0 \quad 1)\begin{pmatrix} k_{11} & k_{12} \\ k_{21} & k_{22} \end{pmatrix} = (k_{21} \quad k_{22}) = (1 \quad \sqrt{3})$$

即

$$u = -Gx = -(1 \quad \sqrt{3})\begin{pmatrix} x_1 \\ x_2 \end{pmatrix}$$

仿真框图和仿真结果如图 10-25 所示。

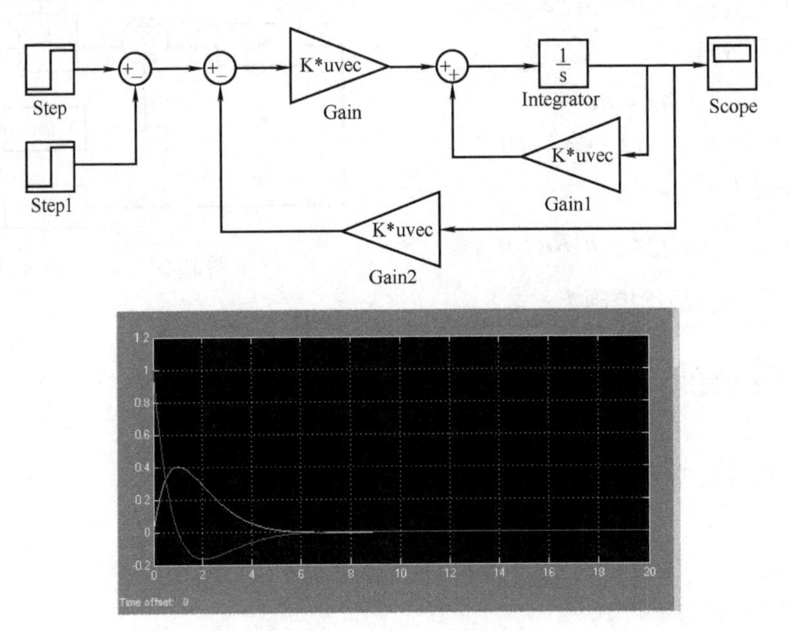

图 10-25　仿真框图与仿真结果

例 10-6　两自由度车辆悬架系统的最优控制。两自由度悬架模型如图 10-26 所示，为了减少在行驶过程中路面的凹凸不平带给悬架的振动，在悬架与车轴之间安装控制器，现在采用最优控制方法，分析控制悬架在脉冲激励和简谐激励下的动态响应。

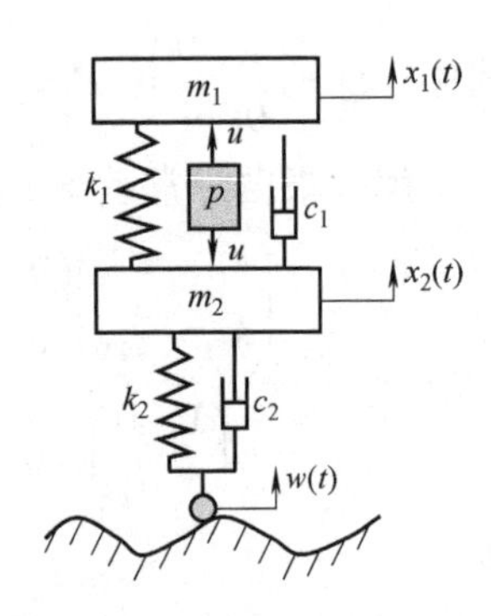

图 10-26　双层悬架简图

解　动力学方程为

$$m_1\ddot{x}_1 = k_1(x_2 - x_1) + c_1(\dot{x}_2 - \dot{x}_1) + u \tag{10-49}$$

$$m_2\ddot{x}_2 = -k_1(x_2 - x_1) - c_1(\dot{x}_2 - \dot{x}_1) + k_2(w - x_2) - c_2(\dot{w} - \dot{x}_2) - u \tag{10-50}$$

式（10-50）是一个具有输入导数的动力学方程，根据具有输入导数的状态变量的选取方法，可以取如下状态变量：

$$y_1 = x_1, y_2 = x_2, y_3 = \dot{x}_1, y_4 = \dot{x}_2 - \frac{c_2}{m_2}w$$

状态空间方程简写为

$$\dot{y} = Ay + Bu + Dw$$

输出方程为

$$z = \boldsymbol{C}x$$

各矩阵元数为

$$\boldsymbol{A} = \begin{pmatrix} 0 & 0 & 1 & 0 \\ 0 & 0 & 0 & 1 \\ -\dfrac{k_1}{m_1} & \dfrac{k_1}{m_1} & -\dfrac{c_1}{m_1} & \dfrac{c_1}{m_1} \\ \dfrac{k_1}{m_2} & \dfrac{-(k_1+k_2)}{m_2} & \dfrac{c_1}{m_2} & \dfrac{c_2-c_1}{m_2} \end{pmatrix}$$

$$\boldsymbol{B} = \begin{pmatrix} 0 \\ 0 \\ \dfrac{1}{m_1} \\ -\dfrac{1}{m_2} \end{pmatrix}$$

$$\boldsymbol{C} = (1 \quad 0 \quad 0 \quad 0)$$

$$\boldsymbol{D} = \left(0 \quad \frac{c_2}{m_2} \quad \frac{c_1 c_2}{m_1 m_2} \quad \frac{k_2}{m_2} - \left(\frac{c_2}{m_2}\right)^2 - \frac{c_1 c_2}{m_2^2}\right)^{\mathrm{T}}$$

实例分析：设 $m_1 = 2500\text{kg}$，$m_2 = 320\text{kg}$，$k_1 = 10000\text{N/m}$，$k_2 = 10k_1$，$c_1 = 14000\text{N}\cdot\text{s/m}$，$c_2 = 100\text{N}\cdot\text{s/m}$，

$$\boldsymbol{A} = \begin{pmatrix} 0 & 0 & 1 & 0 \\ 0 & 0 & 0 & 1 \\ -4 & 4 & -5.6 & 5.6 \\ 31.25 & -44 & 343.75 & -44.06 \end{pmatrix},\quad \boldsymbol{B} = \begin{pmatrix} 0 \\ 0 \\ 0.0004 \\ -0.0031 \end{pmatrix},\quad \boldsymbol{D} = \begin{pmatrix} 0 \\ 0.31 \\ 1.75 \\ 299 \end{pmatrix}$$

使用二次型最优控制指标

$$J = \int_0^{\infty} (\boldsymbol{x}^{\mathrm{T}} \boldsymbol{Q} \boldsymbol{x} + \boldsymbol{u}^{\mathrm{T}} \boldsymbol{R} \boldsymbol{u}) \mathrm{d}t$$

式中

$$\boldsymbol{Q} = \mathrm{diag}(q_1, q_2, q_3, q_4), \boldsymbol{R} = 1$$

取 $q_1 = 3.35e10$，$q_2 = 0$，$q_3 = 4.055e10$，$q_4 = 0$。

求解黎卡提方程 Matlab 指令为

```
[K,P]=lqr(A,B,Q,R)
```

其中，K 为黎卡提方程的解，P 是系统的特征根。

可得最优控制系数为

$$\mathrm{K} = 1.0\mathrm{E}5\,[1.7428 \quad -0.4111 \quad 2.1571 \quad 0.1270]$$

$$\boldsymbol{u} = -\boldsymbol{R}^{-1} \boldsymbol{B}^{\mathrm{T}} \boldsymbol{k} \boldsymbol{x}(t) = -\boldsymbol{G} \boldsymbol{x}$$

Simulink 仿真框图如图 10-27 所示。

悬架在脉冲激励和简谐激励下的动态响应仿真结果如图 10-28 和图 10-29 所示。这里可以看到，有控制和无控制对上层悬架的振动抑制是非常明显的。

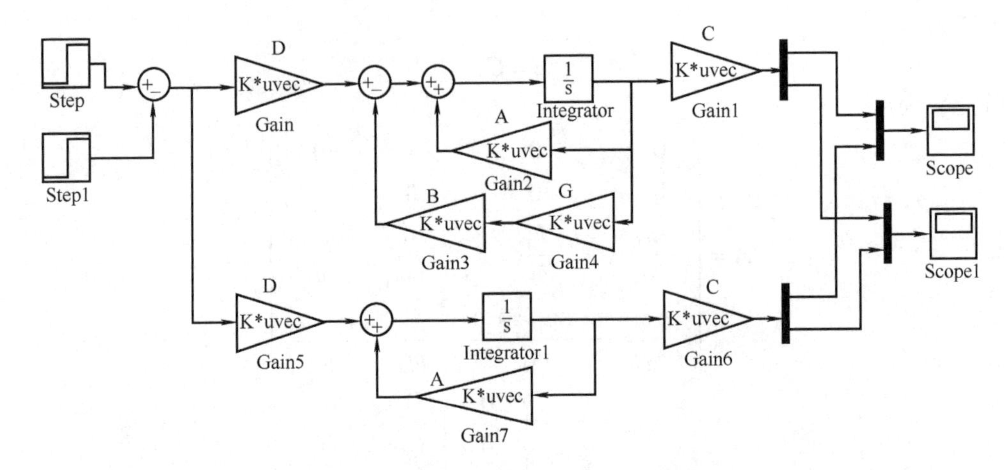

图 10-27　仿真框图

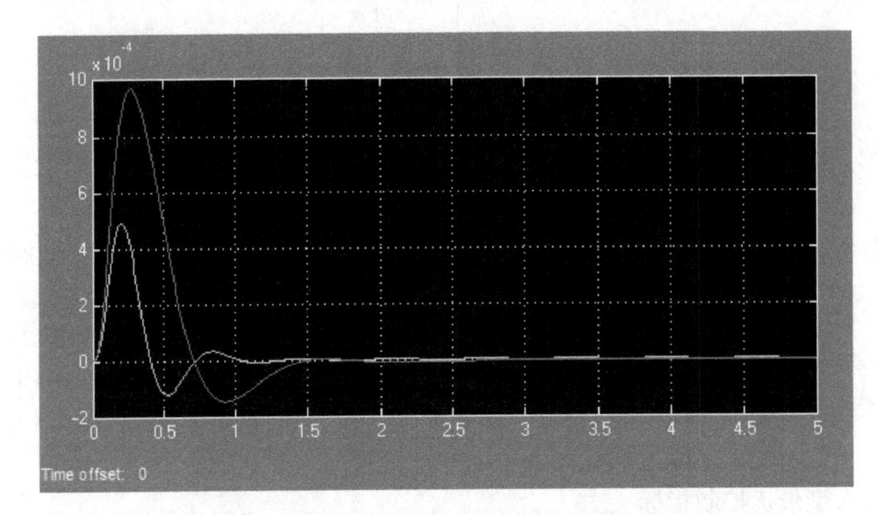

图 10-28　脉冲激励下上层框架的位移响应

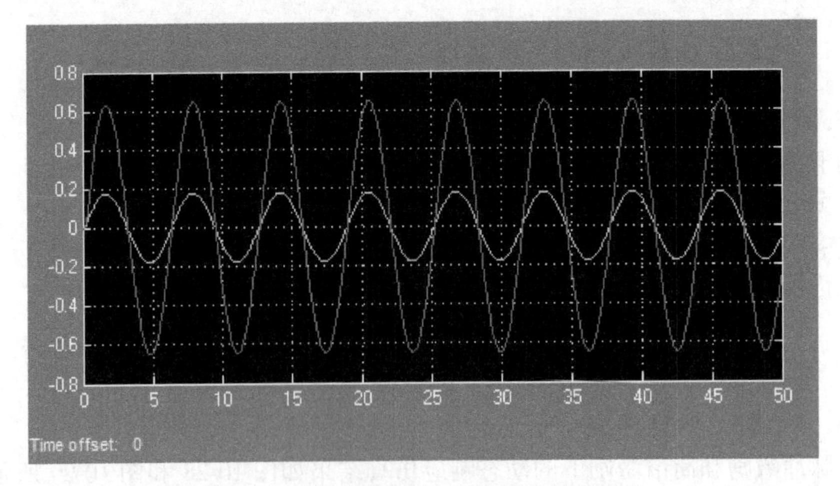

图 10-29　简谐激励下上层框架的位移响应

习　题

习题 10-1　PID 控制规律为

$$u(t) = k_p e(t) + k_i \int e(t)\,dt + k_d \frac{de(t)}{dt}$$

式中，k_p，k_i，k_d 为常数，$e(t)$为误差函数。

试写出 $u(t)$的差分模型，并画出给予单位模块的 Simulink 仿真框图，应用 PID 差分模型替换例 10-1 中的 PID 连续模型，给出仿真结果，分析两者的不同。

习题 10-2　如图 10-30 所示，汽车的质量为 m，牵引力为 $\boldsymbol{F}_e$，汽车受到的风阻力为 $\boldsymbol{F}_n$，路面的倾斜角度为 θ（假定是线性阻尼）。设车辆的质量为 $m = 15000\text{kg}$，$\theta = 15°$，风阻力为 $F_n = 5\sin(0.1t)$，驱动力和刹车力的最大值为 $-2000 < F_e < 1000$。试建立汽车的速度控制模型，并分别使用比例控制、微分-积分控制以及比例-微分控制和 PID 控制来分析它们各自的瞬态响应。

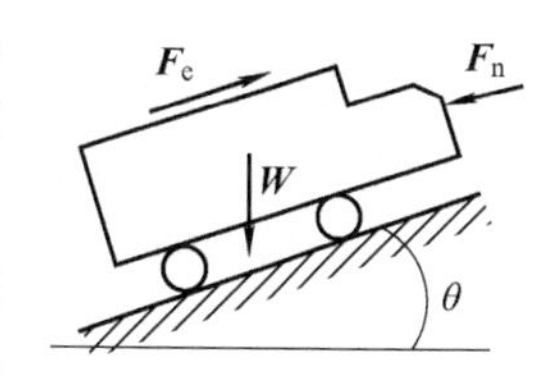

图 10-30　习题 10-2 图

习题 10-3　建立如图 10-31 所示的倒立摆的动力学微分方程，已知小车的质量为 m_1，摆杆的质量为 m_2，在小车上作用有控制力 $F(t, x,\varphi)$，试取 φ 和 x 为广义坐标，用拉格朗日方程导出系统的动力学微分方程，设质量与杆长取例 10-3 中的数据，建立倒立摆的 PID 控制系统模型，并分析控制参数对外界脉冲干扰下角度 φ 的控制效果（提示，PID 的参数选择要满足系统的稳定性）。

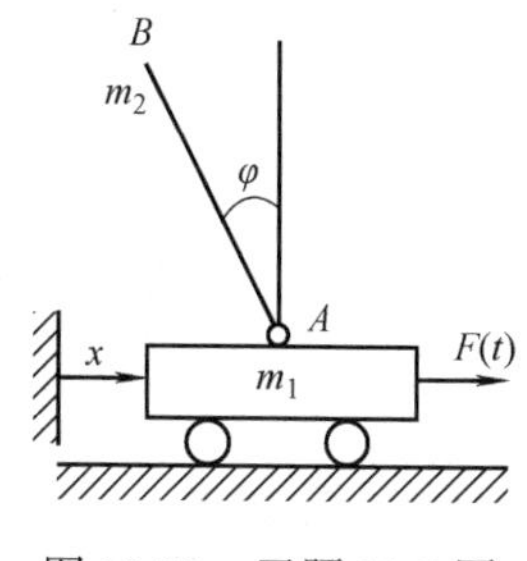

图 10-31　习题 10-3 图

习题 10-4　试分析具有 PID 控制的单自由度隔振器对典型脉冲激励和斜坡下的瞬态响应以及参数的选取。

习题 10-5　在图 10-32 所示系统中，当输入 $R(t)$是单位阶跃函数时，试分析该系统的瞬态响应。

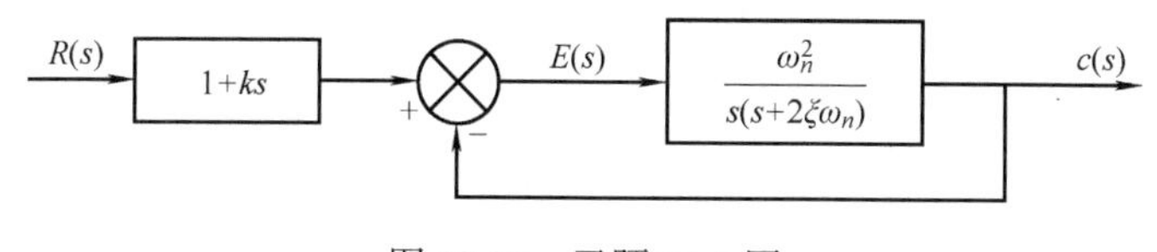

图 10-32　习题 10-5 图

习题 10-6　图 10-33 所示为一个反相 PID 控制器，试建立系统的传递函数，并求出比例控制系数、积分控制系数和微分控制系数。

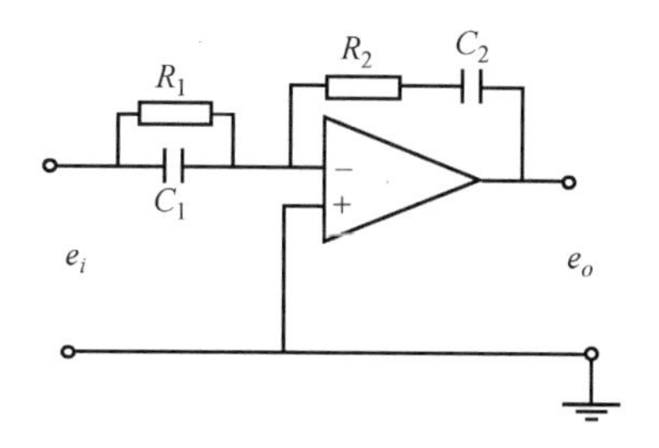

图 10-33　习题 10-6 图

已知 $R_1=2\text{k}\Omega$，$C_1=1\mu\text{F}$，$R_2=10\text{k}\Omega$，$C_2=10\mu\text{F}$；且 $T_i=R_1C_2$，$\tau_1=R_1C_1$，$\tau_2=R_2C_2$。

习题 10-7 设计一个按正弦波路线行走的机器人（见图 10-34），假定机器人为慢速行驶，转向架的转动惯量为 $J=200\text{kg}\cdot\text{m}^2$，弹性恢复力矩和阻尼力矩分别为 $M_k=800\phi$，$M_c=150\dot{\phi}$，请设计一个 PD 控制器，分析控制系数对行走路线的影响。

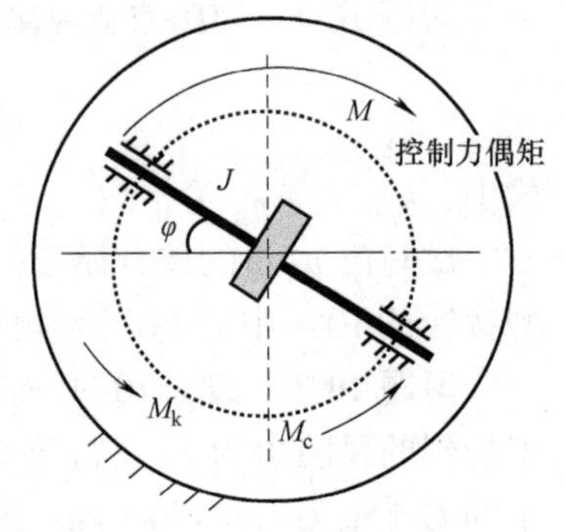

图 10-34 习题 10-7 图

习题 10-8 直流伺服电动机的基本原理是直流伺服电动机由定子和转子构成，定子中有励磁线圈提供磁场，转子中有电枢线圈。在一定的磁场力情况下，通过改变电枢电流可以改变电动机的转速，图 10-35 所示为直流伺服电动机原理简图。试建立控制电动机角速度的 PID 控制系统，并建立仿真模型，分析 PID 参数对控制的影响。

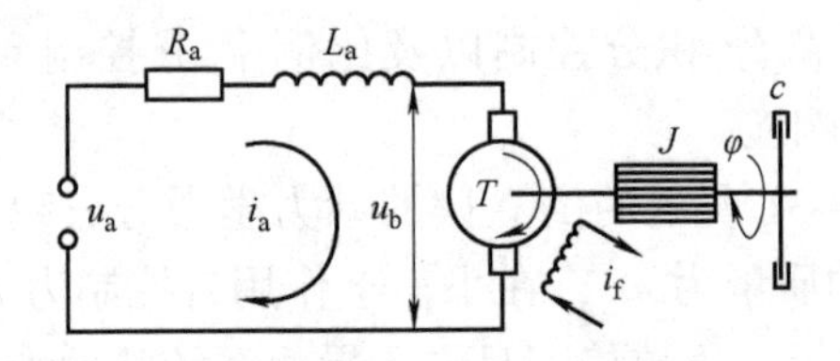

图 10-35 习题 10-8 图

R_a—电枢电阻 L_a—电枢电感 i_a—电枢电流 u_a—电枢外电压 u_b—电枢电动势 i_f—励磁电流
T—电动机转矩 J—电动机转子转动惯量 c—电动机和负载的黏性阻尼系数

习题 10-9 在例 7-13 中的磁悬浮系统的数学建模与仿真中，现用电子 PID 替换原题中的 PID 控制，在取得同样控制效果的情况下，问电子 PID 中的参数如何选取？

习题 10-10 设系统的状态方程为

$$\dot{\boldsymbol{x}}=\begin{pmatrix}0 & 1\\ -1 & -2\xi\end{pmatrix}\boldsymbol{x},\quad \boldsymbol{x}(0)=\begin{pmatrix}1\\0\end{pmatrix}$$

性能指标为

$$J=\int_0^{\infty}\boldsymbol{x}^{\mathrm{T}}\boldsymbol{Q}x\mathrm{d}t$$

式中

$$\boldsymbol{Q}=\begin{pmatrix}1 & 0\\ 0 & \mu\end{pmatrix}$$

试求系统的最优解参数 ξ。

附　　录

附录 A　Simulink 仿真系统常用模块库

模 块 名	功 能	模 块 名	功 能
1. 连续系统模块（continuous）			
integrator	积分环节	memory	对前一步的输入作出输出
derivative	微分环节	transport delay	将输入按给定的时间常数延迟
state-space	状态空间	Variable transport delay	对输入信号进行不定量的延迟
transfer fcn	传递函数	zero-pole	零极点形式
2. 输入源模块（sources）			
constant	常数	chirp signal	频率不断变化的正弦信号
signal generator	信号发生器	clock	输出当前的仿真时间
step	阶跃信号	digital clock	输出当前仿真时间
ramp	线性增加或减小的信号	from file	从文件读数据
sine wave	正弦波	from workspace	从当前工作空间读数据
repeation sequence	重复的线性信号	random number	高斯分布的随机信号
discrete generator	与采样时间有关的离散脉冲发生器	pulse generator	与采样时间无关的离散脉冲发生器
uniform random number	平均分布的随机信号	band-limited white noise	带限的白噪声
3. 输出模块（sinks）			
scope	示波器	to file	将数据保存到文件
xy graph	用图形方式显示	to workspace	输出给当前工作空间的变量
display	实时数值显示	stopsimulation	输入不为零时停止仿真
4. 数学运算模块（math）			
sum	对输入求和或差	trigonometric function	三角函数
product	对输入求积或商	min max	求最大值或最小值
dot product	点积（内积）	combinatorial logic	建立逻辑真值表
gain	常量增益	logic operator	逻辑操作符
slider gain	可用滑动条改变的增益	relational operator	比较操作符
matrix gain	矩阵增益	Complex to magnitude-angle	求复数的幅值、相角
math function	数学运算函数	magnitude-angle to complex	根据幅值、相角得到复数
abs	求绝对值或复数的模	complex to real-imag	求复数的实部、虚部
sign	取输入的正负符号	real-imag to complex	根据实部、虚部得到复数
rounding function	取整函数	algebraic constraint	强制输入信号为零

（续）

5. 信号与系统模块（signal & systems）			
in1，out1	子系统或模型提供输入、输出端口	configurable subsystem	从用户指定的模块库里选择的任何模块
enable	放到子系统中建立使能子系统	terminator	连到未连接的输出端终止输出信号
trigger	放到子系统中建立触发子系统	ground	给未连接的输入端接地，输出为0
mux	把向量或标量组合为大的向量	merge	将输入信号合并为输出信号
demux	把微量分为标量或小向量	subsystem	空的子系统
bus selector	从输入中选择信号	data type conversion	数据类型转换
selector	选择输入的元素	model info	显示模型的修改信息
width	检查输入信号的宽度	function-callgenerator	函数调用发生器
hit crossing	检测输入信号的零交叉点	from	接收标记相同的 goto 模块的信号
goto tag visibility	定义 goto 模块标记的有效范围	data store read	从指定的数据存储器读取数据
goto	将信号输送到标记相同的 from 模块	probe	检测连线的宽度、采样时间和复数信号标记
data store memory	为数据存储定义内存区域	data store write	将数据写入指定的数据存储器
ic	设置信号的初始值		
6. 离散系统模块（discrete）			
zero-order hold	零阶保持器	discrete filter	离散滤波器
unit delay	延迟一个周期的采样保持	discrete transfer fcn	离散传递函数
discrete time integrator	离散时间积分	discrete zero-pole	离散零-极点形式
discrete state-space	离散状态空间	first-order hold	一阶保持器
7. 非线性系统模块（nonlinear）			
backlash	间隙特性	quantizer	对输入进行阶梯状量化处理
coulombic&viscous friction	在原点不连续，在原点外具有线性增益	rate limiter	限制信号的变化速率不超过规定的限制值
dead zone	死区特性	switch	当第二个输入端信号大于临界值时，输出第一个输入端信号，否则输出第三个输入端的信号
manual switch	手动开关		
multiport switch	在多输入中选择一个输出		
relay	继电器特性	saturation	饱和特性

附录 B　典型函数的拉普拉斯变换和 Z 变换

	$f(t)$	$F(s)$	$F(z)$
1	单位脉冲函数 $\delta(t)$	1	1
2	$\delta(t-kT)$	e^{-kTs}	z^{-k}
3	单位阶跃函数 $1(t)$	$\frac{1}{s}$	$\frac{z}{z-1}$

（续）

	$f(t)$	$F(s)$	$F(z)$
4	单位斜坡函数 t	$\frac{1}{s^2}$	$\frac{Tz}{(z-1)^2}$
5	t^2	$\frac{2}{s^3}$	$\frac{T^2z(z+1)}{(z-1)^3}$
6	e^{-at}	$\frac{1}{(s+\alpha)}$	$\frac{z}{z-e^{-\alpha T}}$
7	$1-e^{-at}$	$\frac{a}{s(s+\alpha)}$	$\frac{z(1-e^{-\alpha T})}{(z-1)(z-e^{-\alpha T})}$
8	指数函数 $Ae^{-\alpha t}$，$t\geqslant 0$	$\frac{A}{s+\alpha}$	$A\frac{Tz}{(z-1)^2}$
9	正弦函数 $A\sin\omega t$，$t\geqslant 0$	$\frac{A\omega}{s^2+\omega^2}$	$\frac{Az\sin\omega T}{z^2-2z\cos\omega T+1}$
10	余弦函数 $A\cos\omega t$，$t\geqslant 0$	$\frac{As}{s^2+\omega^2}$	$\frac{Az(z-\cos\omega T)}{z^2-2z\cos\omega T+1}$
11	$e^{-at}-e^{-bt}$	$\frac{b-a}{(s+\alpha)(s+b)}$	$\frac{z(e^{-\alpha T}-e^{-bT})}{(z-e^{-\alpha T})(z-e^{-bT})}$
12	$e^{-\alpha t}\sin\omega t$	$\frac{\omega}{(s+\alpha)^2+\omega^2}$	$\frac{ze^{-\alpha T}\sin\omega T}{z^2-2ze^{-\alpha T}+e^{-2\alpha T}}$
13	$e^{-\alpha t}\cos\omega t$	$\frac{s+\alpha}{(s+\alpha)^2+\omega^2}$	$\frac{z^2-ze^{-\alpha T}\cos\omega T}{z^2-2ze^{-\alpha T}+e^{-2\alpha T}}$
14	$te^{-\alpha t}$	$\frac{1}{(s+\alpha)^2}$	$\frac{Tze^{-\alpha T}}{z-e^{-\alpha T}}$

附录 C　Matlab/Simulink 部分功能设置

（1）设置数据精度。Matlab 有关变量的数字精度在默认情况下是以短型（Short）类型显示和存储的。但是有时候需要得到更高精度时，需要对它的显示格式（精度）进行更改，以适合我们的需求。更改方法如下：

打开 Matlab，选择 File→Perference-Command-Windows，找到 Numeric 然后选择 Long；以及在 Array Editor 中 找到 Format 下的 Default array format，选择 Long 即可。

（2）设置 Scop 数据点数。当系统的仿真时间较长，或者采样步长太小时，有时示波器（Scope）仅显示部分数据曲线，这时可以将 Scope 界面中 Paramenters中的 Data history 属性中的 Limint data to last 设置为更大的数或者不勾选，如附图 C-1 所示，以保证有足够的数据容量获得全部曲线。

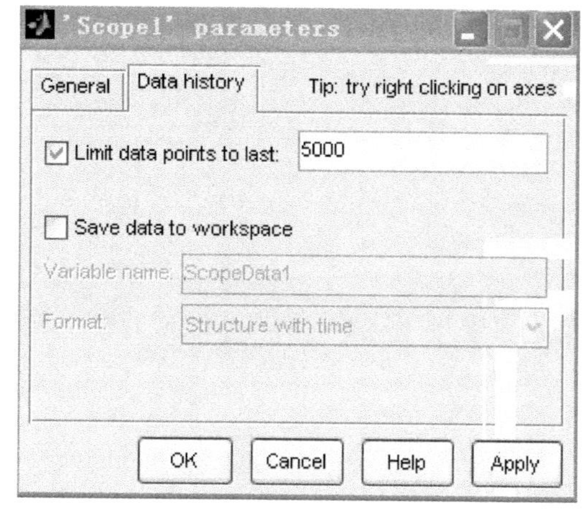

附图　C-1

参考文献

[1] 黄昭度，纪辉玉. 分析力学 [M]. 北京：清华大学出版社，1985.
[2] 姚俊，马松辉. Simulink 建模与仿真 [M]. 西安：西安电子科技大学出版社，2003.
[3] 王划一，杨西侠，林家恒. 现代控制理论基础 [M]. 北京：国防工业出版社，2009.
[4] 李颖，朱伯立，张威. Simulink 动态系统建模与仿真基础 [M]. 西安：西安电子科技大学出版社，2004.
[5] KATSUHIKO OGATA. 系统动力学 [M]. 韩建友，李伟，等译. 北京：机械工业出版社，2005.
[6] 黄永安，马路，刘慧敏. MATLAB7. 0/SIMULINK6. 0 建模仿真开发与高级应用 [M]. 北京：清华大学出版社，2005.
[7] 吴旭光，王新民. 计算机仿真技术 [M]. 西安：西北工业大学出版社，1998.
[8] 刘白雁，等. 机电系统动态仿真——基于 MATLAB/Simulink [M]. 北京：机械工业出版社，2005.
[9] 方同，薛璞. 振动理论及应用 [M]. 西安：西北工业大学出版社，1998.
[10] 倪振华. 振动力学 [M]. 西安：西安交通大学出版社，1986.
[11] 龚沛曾，杨志强，陆慰民. Visual Basic 程序设计教程 [M]. 3 版. 北京：高等教育出版社，2007.
[12] 叶敏，肖龙翔. 分析力学 [M]. 天津：天津大学出版社，2001.
[13] 张莲，胡晓倩，王士彬，等. 现代控制理论 [M]. 北京：清华大学出版社，2008.
[14] 李德葆. 振动模态分析及其应用 [M]. 北京：宇航出版社，1989.
[15] 夏永源，张阿舟. 机械振动问题的计算机解法 [M]. 北京：国防工业出版社，1993.
[16] 施妙根，顾丽珍. 科学和工程计算基础 [M]. 北京：清华大学出版社，1999.
[17] 钱学森，宋健. 工程控制论 [M]. 北京：科学出版社，1980.
[18] 顾中权，马扣银，陈卫东. 振动主动控制 [M]. 北京：国防工业出版社，1997.
[19] 黎明安，等. 复杂边界条件下任意变刚度梁的固有模态算法 [J]. 振动与冲击，1996，15 (2)：53-61.
[20] 黎明安. 动力学控制基础与应用 [M]. 北京：国防工业出版社，2013.